土木工程经济与管理

李昌友　主编

中　国　铁　道　出　版　社

2014年·北　京

内 容 简 介

本书介绍了工程经济的基本概念、资金时间价值的计算及工程评价的基本方法。全面阐述了工程项目招投标、施工组织设计、工程定额与概预算、施工项目技术管理、施工项目质量与安全管理、施工项目材料管理、施工项目机械设备管理、施工项目成本管理、线性规划方法与应用等内容。

本书编写注重理论知识与工程实践的结合，具有较强的理论性和实用性，内容介绍以铁路工程和建筑工程为主。本书可作为高等院校土木工程专业本、专科教材，也可供土木工程技术管理人员参考。

图书在版编目(CIP)数据

土木工程经济与管理/李昌友主编．—北京：中国铁道出版社，2001.9（2014.10重印）
ISBN 978-7-113-04315-5

Ⅰ．土…　Ⅱ．李…　Ⅲ．土木工程－工程经济－经济管理　Ⅳ．F407.9

中国版本图书馆CIP数据核字(2001)第050999号

土木工程经济与管理
作　　者：李昌友　主编

责任编辑：许士杰　**电话**：(010)51873065　**电子信箱**：syxu99@163.com
封面设计：马　利

出版发行：中国铁道出版社
地　　址：北京市西城区右安门西街8号　　邮政编码：100054
网　　址：www.tdpress.com　　电子信箱：发行部ywk@tdpress.com
　　总编办 zbb@tdpress.com
印　　刷：北京新魏印刷厂
版　　次：2001年9月第1版　2014年10月第8次印刷
开　　本：787mm×1092mm　1/16　印张：18　插页：1　字数：450千
印　　数：12 501～14 500册
书　　号：ISBN 978-7-113-04315-5/TU·669
定　　价：36.00元

前　　言

在土木工程专业的学生中加强工程经济和工程管理的知识是我国建设形势发展的需要。我国对高等教育专业的设置已进行了较大幅度的调整，新设置的土木工程专业取代了过去的交通土建、建筑工程等四个相近专业。根据土木工程专业新的教学计划和课程内容要求，我们编写了本教材。教材是在原内部教材《工程经济与管理》并经多年使用的基础上，根据当前实际，重新规划、编写而成。教材以铁路工程和建筑工程为主，介绍了工程经济的基本知识及工程经济评价的基本方法；以施工项目管理为主线，全面阐述了工程项目招投标、施工组织设计、工程定额与概预算、施工项目技术管理、施工项目质量与安全管理、施工项目材料管理、施工项目机械设备管理、施工项目成本管理等内容。全书注重理论知识与工程实践的结合。

本书由中南大学李昌友主编，全书共分十二章。具体章节编写由下述老师完成：第一、四、七、八、九、十、十二章由中南大学李昌友编写，第二、三章及附表由中南大学王敏编写，第五、六章由中南大学刘武成编写，第十一章由中南大学张飞涟编写。第五章第五节的插图由中南大学刘伟描绘。

本教材在编写过程中，得到了中南大学铁道校区土木建筑学院工程管理教研室全体老师的关心和支持，同时特别得到了中南大学铁道校区教材科的大力支持和帮助，在此一并表示感谢！

本教材在编写过程中，参考了大量的有关教材、论著和资料，在此谨向编著者表示衷心的感谢！

由于作者水平有限，教材中难免有不足之处，谨请各位读者批评指正。

编　者

2001 年 6 月

目　　录

第一章　总　　论

第一节　基本建设与建筑业

一、固定资产投资

1. 固定资产和固定资产再生产

固定资产一般是指使用期限超过一年，单位价值在规定标准以上，并且在使用过程中保持原有实物形态的资产，包括房屋及建筑物、机器设备、运输设备、工具器具等。根据新的财务制度的规定，使用期限在一年以上的房屋建筑物、机器、机械、运输工具及其他与生产经营有关的设备、器具、工具等资产应作为固定资产；不属于生产经营主要设备的物品，单位价值在2 000元以上，并且使用期限超过两年的也应作为固定资产。达不到固定资产标准的，称低值易耗品。

作为企业主要劳动资料的固定资产，主要有三个特点：一是使用期限较长，一般均在1年以上；二是能够多次参加生产过程，不改变其实物形态；三是不打算在正常生产、经营中销售，而是为了在生产经营中使用。

固定资产按其经济用途，可分为生产性固定资产和非生产性固定资产二大类。生产性固定资产，是在物质资料生产过程中，能在较长时期内发挥作用而不改变其实物形态的劳动资料，如厂房、机器设备、铁路、桥梁等。非生产性固定资产，作为消费资料的一部分，直接服务于人民的物质文化生活，在较长的时间内不改变其实物形态，如住宅、医院、学校、影剧院、办公楼和其他生活福利设施等。固定资产按其使用情况，一般可分为生产用固定资产、非生产用固定资产、租出固定资产、未使用固定资产、不需用固定资产、融资租入固定资产、土地（指1951年清产核资时确定的土地和1956年私营工商业社会主义改造时确定的土地）等7大类。

固定资产在长期使用过程中，由于受使用和自然力的影响而发生实体磨耗，引起使用价值和价值上的损失甚至报废；由于受科学技术进步的影响，会有效率更高、经济效益更好的劳动资料出现，引起原劳动资料的贬值，继续使用将是不经济的。这就是通常所说的固定资产有形损耗和无形损耗。对不断被消耗的固定资产给予不断的补偿、更新和扩大，是固定资产再生产。

固定资产再生产分为简单再生产和扩大再生产。固定资产简单再生产是指在原有规模上进行的固定资产的建造和购置活动。这些建造和购置的固定资产只能补偿和替换被消耗的那部分固定资产。主要通过大修、更新和改造等形式去实现。固定资产的扩大再生产是指在扩大规模上所进行的固定资产的建造和购置活动。主要采取新建、扩建等建设方式，靠追加投资、增加设备、扩大生产场所等去实现。固定资产扩大再生产又可分为外延扩大再生产和内涵扩大再生产两种方式。前者通过追加投资增加生产要素（如厂房、设备、劳力）的数量来扩大生产的规模；后者是通过采用新技术、革新工艺、改进设备、挖掘企业内部潜力、提高劳动生产率等，来扩大生产规模。

2. 固定资产投资

固定资产投资是指用于固定资产再生产的资金。

目前我国将固定资产投资划分为两部分,即基本建设投资和更新改造措施投资。

固定资产投资这一概念,是随着我国建设事业的发展逐渐形成的。建国初期,我国不采用这一概念,而采用基本建设这一概念。当时的基本建设包括新建企业投资和原有企业更新改造投资。这是因为当时的固定资产投资,基本上都是以外延扩大再生产为主的基本建设,更新改造措施投资所占比例极小。随着经济建设事业的发展和时间的流逝,达到退废年龄、需要更新替换的固定资产多了;由于技术落后、效率不高、消耗太大等原因,需要进行技术改造的固定资产也增多了。因此,将基本建设投资和更新改造措施投资区分开来势在必行。从 1982 年起,国家决定把基本建设投资和更新改造措施投资全部纳入国家计划,称为固定资产投资计划。于是固定资产投资不仅在理论上,而且在实践上组成了一个完整的概念,它由基本建设投资和更新改造措施投资两个部分即两个投资渠道组成。

二、基本建设

(一)基本建设的定义

基本建设,是指固定资产的建筑、添置和安装,是国民经济各部门为了扩大再生产而进行的增加固定资产的建设工作。具体来讲,就是把一定的建筑材料、设备等,通过购置、建造和安装等活动,转化为固定资产的过程,诸如工厂、矿山、铁路、公路、港口、学校、医院等工程的建设以及机具、车辆、各种设备等的添置和安装。

(二)基本建设的作用

基本建设对于发展国民经济,对于迅速实现现代化,对于满足人民群众日益增长的物质文化生活的需要,都有十分重要的作用。

1. 为国民经济各物质生产部门提供各种劳动资料,用先进的技术来装备物质生产部门,从而促进国民经济的发展。

2. 直接为城乡居民建造住宅,建造教育、科学、文化、卫生和城市公用设施,为不断提高人民的物质文化生活水平创造条件。

3. 为有计划地调整旧的部门结构,建立新的合理的部门结构提供物质技术基础,从而保证国民经济的协调发展。

4. 为合理分布生产力创造条件。通过控制固定资产的投资方向,调整生产力的分布,使生产接近原料、燃料产地和销售地区,促进各地区经济的合理分工和综合发展,缩小地区间、城乡间的差别。

5. 有效地为贯彻我国对外开放政策服务,使我国能在独立自主、自力更生、平等互利、互守信用基础上,积极开展对外经济合作和技术交流,同时为利用外资发展我国国民经济开辟渠道。

(三)基本建设分类

基本建设是通过勘察、设计和施工,以及有关的经济活动来实现。按项目的性质可分为新建、扩建、改建和重建,其中新建和改建是最主要的形式;按经济内容可分为生产性建设和非生产性建设;按项目规模可分为大型、中型和小型。大、中、小型项目是按项目建设总规模和总投资确定的,国家对建设项目的大、中、小型划分标准有明文规定。

(四)基本建设程序

基本建设程序是指基本建设全过程中各项工作必须遵循的先后顺序。这个程序是由基本建设进程的客观规律(包括自然规律和经济规律)决定的。

基本建设是综合性的经济活动,涉及面广。它受到地质、气候、水文等自然条件和资源供应、技术水平等物质技术条件的严格制约,完成一项基本建设工作,需要进行多方面的工作,需要内外各个环节的密切配合,这些工作必须按照一定的程序,依次进行,才能达到预期的效果。

我国的基本建设程序分为 6 个阶段, 即项目建议书阶段、可行性研究阶段、设计工作阶段、建设准备阶段、建设实施阶段和竣工验收阶段。基本建设程序如图 1—1 所示。其中项目建议书阶段和可行性研究阶段称为"前期工作阶段"或决策阶段。具体包括以下环节和内容:

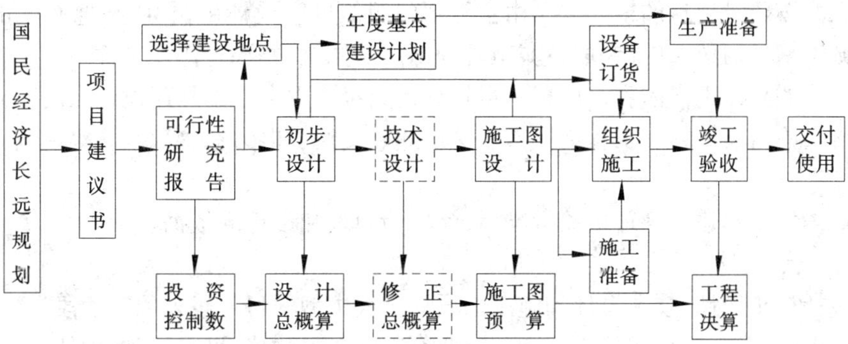

图 1—1　基本建设程序简图

1. 项目建议书

项目建议书是业主单位向国家提出的要求建设某一建设项目的建议文件,是对建设项目的轮廓设想,是从拟建项目的必要性及大方面的可能性加以考虑的。在客观上,建设项目要符合国民经济长远规划,符合部门、行业和地区规划的要求。

2. 可行性研究

项目建议书批准后,应紧接着进行可行性研究。可行性研究是对建设项目在技术上和经济上(包括微观效益和宏观效益)是否可行进行科学分析和论证工作,是技术经济的深入论证阶段,为项目决策提供依据。

可行性研究的主要任务是通过多方案比较,提出评价意见,推荐最佳方案。

可行性研究的内容可概括为市场(供需)研究、技术研究和经济研究三项。具体说来,工业项目的可行性研究的内容是:项目提出的背景、必要性、经济意义、工作依据与范围,需要预测和拟建规模,资源材料和公用设施情况,建厂条件和厂址方案,环境保护,企业组织定员及培训,实际进度建议,投资估算数和资金筹措,社会效益及经济效益。在可行性研究的基础上,编制可行性研究报告。

可行性研究报告经批准后,是初步设计的依据,不得随意修改和变更。如果在建设规模、产品方案、建设地区、主要协作关系等方面有变动以及突破投资控制数时,应经原批准机关同意。

按照现行规定,大中型和限额以上项目可行性研究报告经批准之后,项目可根据实际需要组成筹建机构,即组织建设单位。但一般改、扩建项目不单独设筹建机构,仍由原企业负责筹建。

3. 选择建设地点

建设地点的选择又称厂址选择,是在拟建地区具体选择和确定建设项目的位置。它是生产力布局的基本环节,又是建设项目进行设计的前提。

建设地点选择的好,有利于生产和使用,可以促进所在地区的经济繁荣。选择的不好,就会增加建设投资,影响建设速度,给生产和使用留下后患,影响投资的经济效益。

选择建设地点应注意:

(1)贯彻执行工业布局大分散、小集中、多搞小城镇的方针;

(2)考虑战备和环境保护的要求;

(3)注意工农结合,城乡结合,有利生产、方便生活;

(4)经济合理,节约用地。

选点工作按建设项目的隶属关系由主管部门组织勘察设计单位、所在地有关部门共同进行。凡在城市辖区内选点的,要取得城市规划部门的同意,并要有协议文件。

选点工作的具体工作内容,应根据可行性研究报告中关于选择建设地点的不同方案,进一步调查落实原料、燃料、工程地质、水文地质、交通、电力、水源水质等建设条件,提出选点报告。

选点报告经基本建设管理机关批准后,就成为建设和设计的依据。

4. 编制设计文件

设计包括初步设计、技术设计和施工图设计。大中型项目一般采用两阶段设计,即初步设计和施工图设计;重大项目或技术复杂和行业有特殊要求的建设项目可增加技术设计;小型项目中技术要求和建设条件简单的项目,经主管部门同意可采用一阶段设计,即在可行性研究报告的基础上直接进行施工图设计。

(1)初步设计。是根据可行性研究报告的要求所做的具体实施方案,目的是为了阐明在指定的地点、时间和投资控制数额内,拟建项目在技术上的可能性和经济上的合理性,并通过对建设项目所作出的基本技术经济规定,编制项目总概算。

初步设计不得随意改变被批准的可行性研究报告所确定的建设规模、产品方案、工程标准、建设地址和总投资等控制指标。如果初步设计提出的总概算超过可行性研究报告总投资的10%以上或其他主要指标需要变更时,应说明原因和计算依据,并报告可行性研究报告原审批单位同意。

(2)技术设计。是根据初步设计和更详细的调查研究资料编制的,进一步解决初步设计中的重大技术问题,如工艺流程、建筑结构、设备选型及数量确定等,以使建设项目的设计更具体,更完善,技术经济指标更好。

(3)施工图设计。施工图设计完整地表现建筑物外型、内部空间分割、结构体系、构造状况以及建筑群的组成和周围环境的配合,具有详细的构造尺寸。它还包括各种运输、通讯、管道系统、建筑设备的设计。在工艺方面,应具体确定各种设备的型号、规格及各种非标准设备的制造加工图。在施工图设计阶段应编制施工图预算。

设计文件是工程建设的主要依据,设计单位必须严格保证设计质量。设计文件的审批实行分级管理、分级审批的原则,审批单位必须严肃认真,严格履行审批权限和审查职能,不能层层下放,更不能自编自审,以确保审批的质量。经审查批准的设计文件,不得随意更改,不得随意增加工程内容。

5. 建设准备

(1)预备项目。初步设计已经批准的项目,可列为预备项目。国家的预备项目计划,是对列入部门、地方编报的年度建设预备项目计划中的大中型和限额以上项目,经过从建设总规模、生产力总布局、资源优化配置以及外部协作条件等方面进行综合平衡后安排和下达的。预备项目在进行建设准备过程中的投资活动，不计算建设工期，统计上单独反映。

(2)建设准备的内容。建设准备的主要工作内容包括：

①征地、拆迁和场地平整；

②完成施工用水、电、路等工程；

③组织设备、材料订货；

④准备必要的施工图纸；

⑤组织施工招标投标，择优选定施工单位。

(3)报批开工报告。按规定进行了建设准备和具备了开工条件以后，建设单位要求批准新开工，要经国家计委统一审核后编制年度大中型和限额以上建设项目新开工计划报国务院批准。部门和地方政府无权自行审批大中型和限额以上建设项目的开工报告。年度大中型和限额以上新开工项目经国务院批准，国家计委下达项目计划。

6. 建设实施

建设项目经批准新开工建设，项目便进入了建设实施阶段。这是项目决策的实施、建成投产发挥投资效益的关键环节。新开工建设的时间，是指建设项目设计文件中规定的任何一项永久性工程第一次破土开槽开始施工的日期。不需要开槽的，正式开始打桩日期就是开工日期。铁道、公路、水库等需要进行大量土、石方工程的，以开始进行土、石方工程日期作为正式开工日期。分期建设的项目，分别按各期工程开工的日期计算。施工活动应按设计要求、合同条款、预算投资、施工程序和顺序、施工组织设计，在保证质量、工期、成本计划等目标的前提下进行，达到竣工标准要求，经过验收后，移交给建设单位。

在实施阶段还要进行生产准备。生产准备是项目投产前由建设单位进行的一项重要工作。它是衔接建设和生产的桥梁，是建设阶段转入生产经营的必要条件。建设单位应适时组成专门班子或机构做好生产准备工作。

生产准备工作的内容根据企业的不同而异，总的来说，一般包括下列内容：

(1)组织管理机构，制定管理制度和有关规定。

(2)招收并培训生产人员，组织生产人员参加设备的安装、调试和工程验收。

(3)签订原料、材料、协作产品、燃料、水、电等供应及运输的协议。

(4)进行工具、器具、备品、备件等的制造或订货。

(5)其他必须的生产准备。

7. 竣工验收、交付使用

建设项目按批准的设计文件所规定的内容建成，工业项目经负荷运转和试生产考核合格，非工业项目符合设计要求，能正常使用时，应及时组织验收，办理资产移交手续，以便及时投入生产使用，发挥投资效益。

竣工验收是对基本建设成果的全面最终考核，也是检验设计质量和建筑安装工程质量的重要环节，做好这一工作，对促进建设工程及时投产，发挥投资效果，总结建设经验都具有重要作用。

竣工验收工作仍按分级管理的原则，由国家各级基本建设管理机关负责组织验收。

竣工验收前，建设单位应组织设计、施工等单位进行初验，向主管部门提出竣工验收报告，并系统整理技术资料，绘制竣工图、分类立卷，在竣工验收时作为技术档案，移交生产单位保存。建设单位要认真清理所有财产和物资，编好工程竣工决算，报上级主管部门审查。

三、建筑业

长期以来,计划经济从理论上混淆了基本建设和建筑业的区别,没有把建筑业当作一个独立的物质生产部门对待,而把基本建设过程当作物质生产活动,把建筑业看作是基本建设的组成部分和附属部分,是消费部门和赔钱的行为。因而在管理体制和经济政策上采取了许多消极的限制措施,如不承认建筑产品是商品,将价格和价值人为地严重背离等。致使建筑业长期处于不利地位。

实际上,建筑业作为我国独立的物质生产部门,其总产值占社会总产值近10%,在我国国民经济中占有重要地位;建筑业可为社会提供建筑产品,有着巨大的、稳定的社会需求;建筑业是工业和其他行业的重要市场,可带动一批相关产业的发展;建筑业也有较大的就业容量,1997年建筑业企业从业人数达2 100多万;建筑业还有创外汇的巨大潜力。1992年党的十四大再次提出要把建筑业和机械电子、石油化工、汽车制造业一起振兴,成为我国国民经济的支柱产业。

(一)建筑业分类

根据我国国民经济行业分类国家标准GB 4754—94中的建筑业门类由“土木工程建筑业”、“线路、管道和设备安装业”、“装修装饰业”三个大类组成。其具体内容如下:

1. 土木工程建筑业

包括从事矿山、铁路、公路、隧道、桥梁、堤坝、电站、码头、机场、运动场、房屋(如厂房、剧院、旅馆、商店、学校和住宅)等建筑活动。也包括专门从事土木建筑物的修缮和爆破等活动。不包括房管所兼营的房屋零星维修,它应列入房地产管理业。

2. 线路、管道和设备安装业

包括专门从事电力、通讯线路、石油、燃气、给水、排水、供热等管道系统和各类机械设备、装置的安装活动。一个施工单位从事土木工程时,在工程内部敷设电路、管道和安装一些设备的,应计入土木工程建筑业,不列入本类。

3. 装修装饰业

包括从事对建筑物的内、外装修和装饰的施工和安装活动,车、船和飞机等的装饰、装璜活动也包括在内。

建筑业不包括各部门、各地区设立的行政上、经济上独立核算的筹建机构。各项建设工程的筹建机构,应随所筹建的建设工程的性质划分行业。例如化工工程的筹建机构,应列入化学工业的有关行业。

(二)工程勘察、设计单位的分类

工程勘察、设计单位按其承包工作内容分为工程勘察和工程设计两种。

1. 工程勘察单位

工程勘察是指依据工程建设目标,通过对地形、地质、水文等要素进行测绘、勘探、测试及综合分析评定,查明建设场地和有关范围内的地质地理环境特征,提供建设所需要的勘察成果资料及其相关的活动。

工程勘察单位为从事工程勘察活动的专门单位。其进行经营性活动必须按规定申请资格审查,经审查合格后取得《工程勘察证书》。

工程勘察资质分为工程地质勘察、岩土工程、水文地质勘察、工程测量四个专业。

2. 工程设计单位

工程设计是指依据工程建设目标、运用工程技术和经济方法,对建设工程的工艺、土木、建筑、公用、环境等系统进行综合策划、论证,编制建设所需要的设计文件及其相关的活动。

工程设计单位是从事工程设计活动的单位。其进行工程设计活动必须按规定申请资格审查,经审查合格后取得《工程设计证书》。

工程设计资格由于工程专业性质及归口管理部门的不同划分为28类行业。

工程勘察、工程设计实行一个行业一认证制度

工程勘察、工程设计资质按承担不同业务范围一般分为甲、乙、丙、丁4个等级。

(三)建筑业企业分类

建筑业企业按照其承包工程能力,划分为工程总承包企业、施工承包企业和专项分包企业三类。

1. 工程总承包企业

工程总承包企业是从事工程建设项目全过程承包活动的智力密集型企业。具备的能力是:工程勘察设计、工程施工管理、材料设备采购、工程建设咨询等。工程总承包企业可以对工程建设项目进行总承包或施工承包,可以将所承包工程的部分工程发包给其他具备相关资质条件的企业。

2. 施工承包企业

施工承包企业是从事工程建设项目施工阶段承包活动的企业。具备的能力是:工程施工承包和施工管理。施工承包企业可以直接对工程建设项目进行施工承包,也可为工程总承包企业提供工程分包,还可将所承包的施工项目中的部分工程分包给其他具备相应资质条件的企业。

3. 专项分包企业

专项分包企业是从事工程建设项目施工阶段专项分包和承包限额以下小型工程活动的企业。具备的能力是:在工程总承包企业和施工承包企业的管理下进行专项分包,对限额以下小型工程实行施工承包与施工管理。限额以下小型工程的范围,由省、自治区、直辖市人民政府建设行政主管部门确定。

工程总承包企业的资质等级分为一、二级;

施工承包企业的资质等级分为一、二、三、四级;

专项分包企业的资质等级标准由各省、自治区、直辖市人民政府建设行政主管部门自定。

工程总承包企业和施工承包企业的资质标准及承包工程范围,按专业性质和归口管理部门已制订了34个类别。

第二节　施工项目管理基本概念

一、施工项目的概念

(一)项目

项目是指那些作为管理对象,按限定时间、预算和质量标准完成的一次性任务。其特征如下:

1. 项目的一次性

项目的一次性是项目的最主要特征,也可称为单件性。指的是没有与此完全相同的另一项任务,其不同点表现在任务本身与最终成果上。只有认识项目的一次性,才能有针对性地根

据项目的特殊情况和要求进行管理。

2. 项目目标的明确性

项目的目标有成果性目标和约束性目标。成果性目标是指项目的功能性要求，如一座钢厂的炼钢能力及其技术经济指标。约束性目标是指限制条件，期限、预算、质量都是限制条件。只有项目目标明确了，才称得上是项目。

3. 项目作为管理对象的整体性

一个项目，是一个整体管理对象，在按其需要配置生产要素时，必须以总体效益的提高为标准，做到数量、质量、结构的总体优化。由于内外环境是变化的，所以管理和生产要素的配置是动态的。

每个项目都必须具备上述三个特征，缺一不可。重复的、大批量的生产活动及其成果，不能称作"项目"。项目的种类按其最终成果划分，有建设项目、科研开发项目、航天项目及维修项目等。

(二)建设项目

建设项目是项目中最重要的一类。一个建设项目就是一项固定资产投资项目，既有基本建设项目(新建、扩建等扩大生产能力的建设项目)，又有技术改造项目(以节约、增加产品品种、提高质量、治理"三废"、劳动安全为主要目的的项目)。建设项目是指需要一定量的投资，经过决策和实施(设计、施工等)的一系列程序，在一定的约束条件下以形成固定资产为明确目标的一次性事业。建设项目有以下基本特征：

1. 在一个总体设计或初步设计范围内，由一个或若干个互相有内在联系的单项工程(或单位工程)所组成的、建设中实行统一核算、统一管理的建设单位。

2. 在一定的约束条件下，以形成固定资产为特定目标。约束条件一是时间约束，即一个建设项目有合理的建设工期目标；二是资源的约束，即一个建设项目有一定的投资总量目标；三是质量约束，即一个建设项目有预期的生产能力、技术水平或使用效益目标。

3. 需要遵循必要的建设程序和经过特定的建设过程。即一个建设项目从提出建设的设想、建议、方案选择、评估、决策、勘察、设计、施工一直到竣工、投产或投入使用，有一个有序的过程。

4. 按照特定的任务，具有一次性特点的组织形式。表现为投资的一次性投入，建设地点的一次性固定，设计单一，施工单件。

5. 具有投资限额标准。只有达到一定限额投资的才作为建设项目，不满限额标准的称为零星固定资产购置。随着改革开放，这一限额将逐步提高，如投资 50 万元以上称建设项目。

(三)施工项目

施工项目是建筑施工企业对一个建筑产品的施工过程及成果，也就是建筑施工企业的生产对象。它可能是一个建设项目的施工，也可能是其中的一个单项工程或单位工程的施工。因此，施工项目具有三个特征：

1. 它是建设项目或其中的单项工程或单位工程的施工任务。

2. 它作为一个管理整体，是以建筑施工企业为管理主体的。

3. 该任务的范围是由工程承包合同界定的。但只有单位工程、单项工程和建设项目的施工才谈得上是项目，因为单位工程才是建筑施工企业的产品。分部、分项工程不是完整的产品，因此也不能称作"项目"。

建设项目与施工项目一般统称为工程项目，在不引起混淆时，本书中的工程项目泛指建设项目和施工项目。

二、施工项目管理的概念

(一)项目管理

项目管理是为使项目取得成功(实现所要求的质量、所规定的时限、所批准的费用预算)所进行的全过程、全方位的规划、组织、控制与协调。因此,项目管理的对象是项目。项目管理的职能同所有管理的职能均是相同的。需要特别指出的是,项目的一次性,要求项目管理具有程序性和全面性,也需要有科学性,主要是用系统工程的观念、理论和方法进行管理。项目管理的目标就是项目的目标。该目标界定了项目管理的主要内容,那就是“三控制、二管理、一协调”,即进度控制、质量控制、费用控制、合同管理、信息管理和组织协调。

(二)建设项目管理

建设项目管理是项目管理的一类,其管理对象是建设项目。它可以定义为:在建设项目的生命周期内,用系统工程的理论、观点和方法,进行有效的规划、决策、组织、协调、控制等系统性的、科学的管理活动,从而按项目既定的质量要求、动用时间、投资总额、资源限制和环境条件,圆满地实现建设项目目标。建设项目管理的职能如下:

1.决策职能。建设项目的建设过程是一个系统的决策过程,每一建设阶段的启动靠决策。前期决策对设计阶段、施工阶段及项目建成后的运行,均产生重要影响。

2.计划职能。这一职能可以把项目的全过程、全部目标和全部活动都纳入计划轨道,用动态的计划系统协调与控制整个项目,使建设活动协调有序地实现预期目标。正因为有了计划职能,各项工作都是可预见的,是可控制的。

3.组织职能。这一职能是通过建立以项目经理为中心的组织保证系统实现的。给这个系统确定职责,授予权力,实行合同制,可以进行有效的运转,确保项目目标的实现。

4.协调职能。由于建设项目实施的各阶段、相关的层次、相关的部门之间,存在着大量的结合部。在结合部内存在着复杂的关系和矛盾,处理不好,便会形成协调配合的障碍,影响项目目标的实现。故应通过项目管理的协调职能进行沟通,排除障碍,确保系统正常运转。

5.控制职能。建设项目的主要目标的实现,是以控制职能为保证手段的。这是因为,偏离预定目标的可能性是经常存在的,必须通过决策、计划、协调、信息反馈等手段,采用科学的管理方法,纠正偏差,确保目标的实现。目标有总体的,也有分目标和阶段目标,各项目标组成一个体系,因此,目标的控制也必须是系统的、连续的。建设项目管理的主要任务就是进行目标控制。主要目标是投资、进度和质量。

建设项目的管理者应当是建设活动的参与各方组织,包括业主单位、设计单位和施工单位。一般由业主单位进行工程项目的总管理,即全过程的管理,该管理包括从编制项目建议书至项目竣工验收交付使用的过程。由设计单位进行的建设项目管理一般限于设计阶段称设计项目管理。由施工单位进行的项目管理一般为建设项目的施工阶段,称施工项目管理。由业主单位进行的建设项目管理如果委托给社会监理单位进行监督管理,则称为工程建设监理。所以,工程建设监理是建设监理单位受业主单位委托,按合同为业主单位进行的项目管理。一般由监理单位进行实施阶段的项目管理。

(三)施工项目管理

施工项目管理是由建筑施工企业对施工项目进行的管理。它主要有以下特点:

1.施工项目的管理者是建筑施工企业。建设单位和设计单位都不进行施工项目管理。一般地，建筑施工企业也不委托咨询公司进行施工项目管理。由业主单位或监理单位进行的工程项目管理中涉及到的施工阶段管理仍属建设项目管理，不能算作施工项目管理。监理单位把施工单位作为监督对象，虽与施工项目管理有关，但不能算作施工项目管理。

2.施工项目管理的对象是施工项目。施工项目管理的周期也就是施工项目的生命周期，包括工程投标、签订工程项目承包合同、施工准备、施工以及交工验收等。施工项目的特点给施工项目管理带来了特殊性。施工项目的特点是多样性、固定性及庞大性，施工项目管理的特殊性是生产活动与市场交易活动同时进行；先有交易活动，后有“产成品”(工程项目)；买卖双方都投入生产管理，生产活动和交易活动很难分开。所以施工项目管理是对特殊的商品、特殊的生产活动、在特殊的市场上，进行的特殊的交易活动的管理，其复杂性和艰难性都是其他生产管理所不能比拟的。

3.施工项目管理的内容是在一个长时间进行的有序过程之中，按阶段变化的。每个工程项目都按建设程序进行，也按施工程序进行，从开始到结束，要经过几年乃至十几年的时间。随着施工项目管理时间的推移带来了施工内容的变化，因而也要求管理内容随着发生变化。准备阶段、基础施工阶段、结构施工阶段、装修施工阶段、安装施工阶段、交工验收阶段，管理的内容差异很大。因此，管理者必须做出设计、签订合同、提出措施、进行有针对性的动态管理，并使资源优化组合，以提高施工效率和施工效益。

4.施工项目管理要求强化组织协调工作。由于施工项目的生产活动的单件性，对产生的问题难以补救或虽可补救但后果严重；由于参与项目施工人员不断在流动，需要采取特殊的流水方式，组织工作量很大；由于施工在露天进行，工期长，需要的资源多；还由于施工活动涉及到复杂的经济关系、技术关系、法律关系、行政关系和人际关系等，故施工项目管理中的组织协调工作最为艰难、复杂、多变，必须通过强化组织协调的办法才能保证施工顺利进行。主要强化方法是优选项目经理，建立调度机构，配备称职的调度人员，努力使调度工作科学化、信息化，建立起动态的控制体系。

5.施工项目管理与建设项目管理是不同的。首先是管理的任务不同，其次是管理内容不同，第三是管理范围不同，其不同点见表1—1。

表1—1　施工项目管理与建设项目管理的区别

区别特征	施工项目管理	建设项目管理
管理任务	生产出建筑产品、取得利润	取得符合要求的，能发挥应有效益的固定资产
管理内容	涉及从投标开始到交工为止的全部生产组织与管理及维修	涉及投资周转和建设的全过程的管理
管理范围	由工程承包合同规定的承包范围，是建设项目、单项工程或单位工程的施工	由可行性研究报告确定的所有工程，是一个建设项目
管理的主体	施工企业	建设单位或其委托的咨询监理单位

第三节　工程经济基本概念

一、工程技术的两重性

工程技术和科学不同，是科学的应用。科学家的目的在于增加人类已经积累起来的系统的知识，发现宇宙间的各种规律。对于工程技术人员来说，知识本身不是目的，而是他们用来设计和制造各种结构、系统、过程等等的素材。

工程技术的先进性表现在两个方面。一个方面是它能够创造落后技术所不能创造的产品和劳务,例如宇宙航行技术、海底资源开发技术、原子能利用技术等等;另一方面是它能够用更少的物力和人力创造出相同的产品和劳务。

工程技术作为人类进行生产斗争的手段,它的经济目的性是十分明显的。因此,对于任何一种技术,在一般的情况之下,都不能不考虑经济效果的问题。脱离了经济效果的标准,技术是好、是坏、是先进、是落后,都无从加以判断。

既然人类发展技术是为了经济的目的,因而技术不断发展的过程,也就是其经济效果不断提高的过程,随着技术的日新月异,人类越来越能够用较少的人力、物力获得更多更好的产品或劳务。从这一方面来看,技术的先进性是同它的经济合理性相一致的。凡是先进的技术,一般说来,总是具有较高的经济效果;恰恰是较高的经济效果才决定它是先进的技术。

但是另一方面,在技术的先进性和其经济的合理性之间又存在着一定的矛盾。这是因为在实际的生产斗争中采用技术时不能不凭借当时当地的具体的自然条件和社会条件,而条件不同,技术所带来的效果也不同。某种技术在某种条件下体现出较高的经济效果,而另一种条件下就不一定是这样。可能从远景的发展方向来看,应该采用某种技术,而从近期的利益来看,则需要采用另一种技术。这方面的例子是很多的。例如,大家知道,铁路机车的牵引动力,从总效率方面比较,以电子牵引为最优,内燃牵引其次,蒸汽牵引最差。采用电力牵引,可以节省燃料,提高行车速度,降低运输成本,但是需要建设庞大的电力网和许多发电站。因此,目前阶段,世界上许多国家仍然以蒸汽牵引或内燃牵引作为主要的牵引动力。由此可见,联系到具体的自然条件和社会条件,并非一切先进的技术都是经济合理的。

因此,为了保证工程技术很好地服务于经济,最大限度地满足社会的需要,就必须研究在当时当地的具体条件之下采用哪一种技术才是适合的。这个问题显然不是单单由技术是先进或落后所能够决定的,而必须通过经济效果的计算和比较才能够解决。

归纳以上所述,可见工程技术有两类问题。一类是科学技术方面的问题,另一类是经济分析方面的。前者是研究如何把自然规律应用于工程实践,这些知识构成了诸如工程力学、工程材料学等学科的内容;后者是研究经济规律在工程问题中的应用,这些知识构成工程经济类学科的内容。

随着科学技术的飞跃发展,为了用有限的资源来满足人们的需要,可能采用的工程技术方案越来越多。怎样以经济效果为标准把许多技术上可能的方案互相比较,作出评价,从中选择最优方案的问题,就越来越突出,越来越复杂。工程经济学(Engineering Economy)这门学科就是在这样的背景下产生的。

二、工程经济学的研究对象和范围

工程经济学的研究对象是工程项目的经济性方面。这里所说的项目是指投入一定资源的计划、规划和方案并可以进行分析和评价的独立单位。因此工程项目的含义是很广泛的,它可以是一个拟建中的工厂、车间;也可以是一项技术革新或改造的计划;可以是设备、甚至设备中某一部件的更换方案,也可以是一项巨大的水利枢纽或交通设施。

任何工程项目都可以划分成更小的、便于进行分析和评价的子项目。通常,一个项目是指有独立的功能和明确的费用投入者。例如,拟建一个汽车工厂,采用的是通用轮胎。轮胎可以由本厂制造,也可以向其他工厂购进甚至进口。这样轮胎一项可以作为一个独立项目进行专门研究。又如,某水利工程,其水坝和引水渠道等在规划和设计上紧密相连,把它们分成两个项目就不合适了。

工程经济学通常以工程项目为研究对象,拟建中的企业可以是一个工程项目,但企业往往还包括工程项目以外的经济活动。全面的企业经济活动的研究是企业经济学的任务。当然,大的工程项目涉及比企业更大的范围。

工程项目的经济性的研究还有个出发点问题。社会主义所有制的性质要求工程项目的经济评价应以整个国民经济或整个社会为出发点进行考察。这就是要研究工程项目的宏观效果。但是,工程项目的实现又必须落实到某个部门、地区或企业等具体单位,这些单位在经济上又有相对的独立性,它们关心自己所主持的项目的局部经济效果或微观经济效果。理想的情况是,微观的效果与宏观的效果相一致,企业得益越多,社会也因此受益越大。这种情况下,就可以以微观效果(如企业经济评价)来间接地评价工程项目的社会效果。这样做起来要方便得多。但是,由于种种原因,工程项目的宏观经济效果与微观效果也会有不一致,甚至是矛盾的情况。例如,当项目的投入资源的价格偏低,产出价格偏高时,从企业角度往往会过高地估价项目的经济效益,甚至把从宏观角度看来是不可行的项目,看成是经济效益很好的项目。又如,由于企业经济评价通常不包括工程项目造成的环境污染和生态平衡破坏等社会损失,由局部考虑的经济收益还不足以弥补给社会造成的其他方面的损失,这种情况是完全可能的。当然,反过来也有这种情况,从整个国民经济来看完全是有利的项目,但从部门或企业来看是无利可图,就有可能拒绝或消极地对待这些项目。

因此,作为完整的工程项目的经济评价应包括微观和宏观两个方面,并应以宏观效果作为评价的主要依据。宏观与微观不一致方面的研究将有助于国家制定合理的政策(如税收或补贴政策等),以合理调整部门或企业的得益。

三、经济效果及评价原则

(一)经济效果概念

要研究工程技术的经济方面,就是要计算工程技术方案的经济效果。在任何经济活动中,总是用一定的投入得到一定的产出,经济效果的科学概念应当是人们在实践活动中的所得与所费之比。人类的一切活动要达到一定的目的或取得一定的有效成果,就要耗费一定的劳动,取得的有效成果与劳动消耗之比即为经济效果。

为了能对经济效果进行定量的计算,要对不同质的产出和投入进行统一尺度的度量,要精密地做到这一点是很困难的。目前能唯一付之实用的近似方法是用价格对产出的“得”和投入的“失”进行货币计量。

经济效果可用价值型指标表示如下:

$$经济效果=\frac{收\quad益}{费\quad用}$$

(二)经济效果的评价原则

由于经济效果是采用货币计量,经济效果在形式上就表现为利润。我们对利润的追求和资本主义企业对利润的追求有本质的不同。社会主义利润是讲究整个社会经济效果的一种形式。我们的目标是经济效果而不是利润。当利润因种种原因(如价格不合理或存在不能用价格度量的社会得失等等)不能正确反映经济效果时,就应坚决地放弃它。

社会主义生产的性质与资本主义不同,因而有不同的经济效果评价准则和出发点。对工程项目进行经济分析评价时,一般应遵循以下原则:

1. 政策、经济与技术相结合

在进行评价时，既要反对不顾经济效果的错误倾向，同时也必须克服只讲经济效果而忽视政治效果和社会效果的做法。

2. 局部利益与整体利益相结合

工程项目的经济性研究，既要考虑具体部门或企业的经济效果，更应从整个国民经济或整个社会来考察。作为完整的工程项目的经济评价应包括微观和宏观两个方面，并应以宏观效果作为评价的主要依据，局部利益应与整体利益相结合，并服从于整体利益。

3. 当前利益与长远利益相结合

评价一个工程项目的经济效果时，应注意当前经济效果与长远经济效果的结合。不仅考虑一年、二年的经济效果，还要考虑 10 年、20 年甚至更长时间的经济效果。这无论对于资源的合理开发利用，还是对于社会经济和生态环境的协调发展，都有着重要的意义。

4. 定性分析与定量分析相结合

反映工程项目的技术经济指标，一般是以定量形式来表示的，定量分析是工程经济分析的一个重要特点，但有些技术经济效果是不能以定量形式来表示的，而必须凭借定性分析来表示。为了客观、全面、准确地反映工程项目的技术经济效果，必须注意坚持定量分析与定性分析相结合，而以定量分析为主的原则。

5. 静态分析与动态分析相结合

经济分析有静态分析和动态分析之分。静态分析是不考虑资金的时间价值的经济分析，动态分析是指考虑资金的时间价值和工程项目服务年限等时间因素的一种投资效果的分析，它能较好的反映客观真实情况。因此静态分析和动态分析应当结合，而以动态分析为主。

思考题与习题

1. 固定资本的含义和特点是什么？
2. 基本建设的含义是什么？
3. 什么是基本建设程序？其包含哪几个阶段和内容？
4. 建筑业的含义是什么？如何分类？
5. 项目、建设项目、施工项目的含义是什么？各有何特点？
6. 项目管理、建设项目管理、施工项目管理的含义是什么？建设项目管理与施工项目管理有何区别？
7. 工程经济学的研究对象和范围是什么？
8. 经济效果评价的原则有哪些？

第二章　资金的时间价值

第一节　资金时间价值的基本概念

一、货币与资金

货币是固定地充当一般等价物的特殊商品。它能够衡量商品价值的大小，充当商品交换的媒介。同时，还可将其贮藏起来，达到保值的目的，如金银铸币、金条等。但货币的贮藏只能保值，不能增值。

货币参与生产过程的循环就成为资金。资金是社会再生产过程中财产、物资的货币表现，其实质是再生产过程中运动着的价值。

二、资金时间价值概念及产生原因

两笔等额的资金，由于发生在不同的时期，它们在价值上就存在着差别，发生在前的资金价值高，发生在后的资金价值低。产生这种现象的根源在于资金具有时间价值。

资金的时间价值，是指资金在生产和流通过程中随着时间推移而产生的增值。

资金是再生产过程中运动着的价值。要分析资金增值的原因，应先了解资金的运动过程，即社会再生产过程。

首先，要进行生产，必须用货币在市场上购买生产资料和劳动力，为生产准备条件。在购买了生产资料和劳动力后，货币资金就转化为生产资金，资金循环就进入第二阶段——生产阶段。

在生产阶段，经过生产过程，劳动力被消耗了，原材料被加工了，机器设备磨损了，资金形态又发生了一次改变，变成了商品。这些商品与原来买进的商品比较，不仅在物质形态上发生了变化，而且价值量也发生了变化，此时的商品已包含了新创造的剩余价值。资金循环的这一阶段，在再生产过程中起着决定性的作用，只有经过生产过程，资金的物质形态变化，才会产生剩余价值，资金才会增值。

生产资金转化为商品资金，资金循环就进入了第三个阶段——商品的售卖阶段。将商品拿到市场上出售，换回货币，这样资金又转化为货币形态。但这个货币与原来预付的货币在数量上已发生了改变。它已包含了新实现的剩余价值，是增值的货币资本。这一增值的货币又可投入生产过程，继续资金的运动过程。如此循环反复，每一个循环的结束就意味着下一循环的开始。因此，资金的运动过程是一个不断的，周而复始的循环过程。每一个循环过程的起点和终点都是货币。但终点的货币是一个增大了的价值量，原因就是它包含了剩余价值。因此，资金的时间价值是资金参与社会再生产所产生的价值。其实质是工人创造的剩余价值。

三、现金流量图

资金具有时间价值，等量资金在不同时点上的价值是不同的。因此，要作出正确的投资决策，必须了解各个时点上资金的收支状况，可以借助现金流量图来分析。

(一)现金流量

所谓现金流量是指拟建项目在整个项目计算期内各个时点上实际所发生的现金流入、现金流出,以及流入与流出的差额(又称为净现金流量)。

(二)现金流量图

现金流量图是描述现金流量作为时间函数的图形,它能表示资金在不同时间点流入与流出的情况。现金流量图包括三大要素:大小、流向、时间点。其中大小表示资金数额,流向指项目的现金流入或流出,时间点指现金流入或流出所发生的时间。

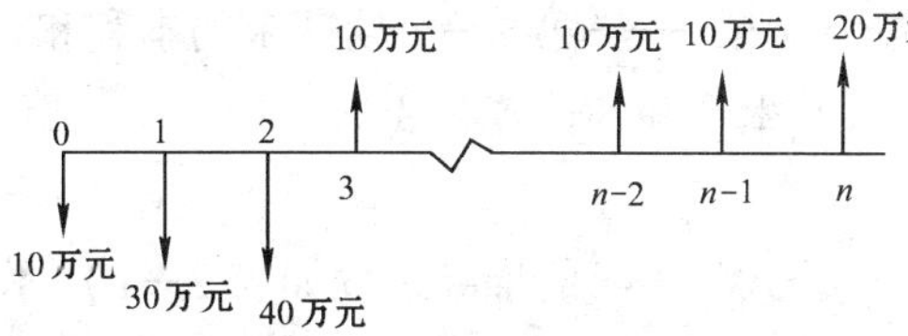

图 2—1　现金流量图

现金流量图的一般形式中如图 2—1 所示。

现金流量图的绘制方法:

1. 水平线表示时间坐标,时间推移从左到右。每一刻度表示一个计息期。

2. 垂直箭线表示现金流量的大小,箭头向上表示现金流入(符号为“+”),箭头向下表示现金流出(符号为“-”)。现金流量大小与箭线长度成比例。

3. 箭线的方向与立足点有关,同一笔资金借贷双方的现金流量方向相反。

四、利息与利率

利息是资金时间价值的表现形式,反映资金时间价值大小的绝对尺度。

利率是一个计息周期的利息与原始金额的比值。

利息的计算有单利法和复利法两种。

(一)单利法

单利法是指只对本金计算利息,“利不生利”的一种计息方法。其利息计算公式为:

$$I_n = P \cdot i \cdot n \tag{2—1}$$

式中　I_n——利息;

p——本金;

i——利率;

n——计息周期数。

其本利和公式为:

$$F - P(1 + i \cdot n) \tag{2—2}$$

式中　F——第 n 期期末的本利和。

【例 2—1】　某工程建设项目借款1 000万元,合同规定借期为 5 年,规定是按单利计息,年利率为 10%,试求 5 年后的本利和。

解:根据公式(2—2),有:$F = P + P \times i \times n$ $= 1\,000 + 1\,000 \times 10\% \times 5 = 1\,500$(万元)

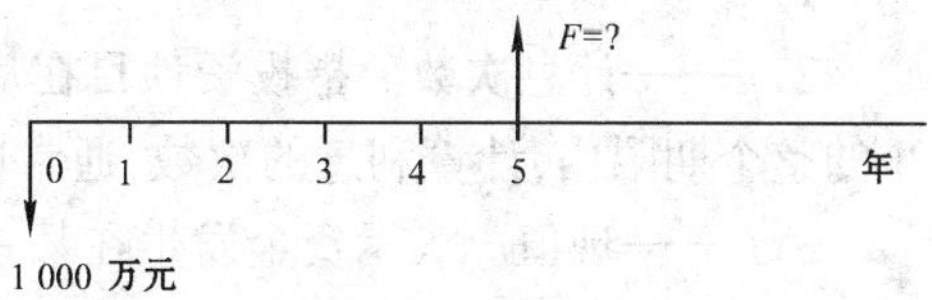

图 2—2　采用单利法计算本利和

即到期应归还的本利和为1 500万元,如图 2—2 所示。

单利法虽然考虑了资金的时间价值,但仅是对本金而言,而没有考虑每期所得利息再进入社会再生产过程从而实现增值的可能性,这是不符合资金运动的实际情况的。因此单利法未能完全反映资金的时间价值,在应用上有局限性,通常仅适用于短期投资及期限不超过一年的借款项目。

(二)复利法

复利法是将这一期的利息作为下一期的本金,下一期将按上一期本利和计算利息。

$$I_n = i \cdot F_{n-1} \tag{2—3}$$

式中 F_{n-1}——第 $n-1$ 期期末的本利和。

其本利和的计算公式为:

$$F = P(1+i)^n \tag{2—4}$$

公式(2—4)的推导过程如表 2—1 所示。

表 2—1 采用复利法计算本利和的推导过程

计息期数	期初本金	期末利息	期末本利和
1	P	$P \cdot i$	$F_1 = P + P \cdot i = P(1+i)$
2	$P(1+i)$	$P(1+i) \cdot i$	$F_2 = P(1+i) + P(1+i) \cdot i = P(1+i)^2$
3	$P(1+i)^2$	$P(1+i)^2 \cdot i$	$F_3 = P(1+i)^2 + P(1+i)^2 \cdot i = P(1+i)^3$
…	…	…	…
$n-1$	$P(1+i)^{n-2}$	$P(1+i)^{n-2} \cdot i$	$F_{n-1} = P(1+i)^{n-2} + P(1+i)^{n-2} \cdot i = P(1+i)^{n-1}$
n	$P(1+i)^{n-1}$	$P(1+i)^{n-1} \cdot i$	$F_n = P(1+i)^{n-1} + P(1+i)^{n-1} \cdot i = P(1+i)^n$

【例 2—2】 在例 2—1,若年利率仍为 10%,但按复利计息,则到期应归还的本利和是多少?

解:用复利法计算,根据复利计算公式(2—4)有:

$$F = P(1+i)^n = 1\,000 \times (1+10\%)^5 = 1\,611(\text{万元})$$

与采用单利法计算的结果相比增加了 111 万元,这个差额所反映的就是利息的资金时间价值。

复利法的思想符合社会再生产过程中资金运动的实际情况,完全体现了资金的时间价值,因此,在工程经济分析中,一般都是采用复利法。

第二节 复利计算

一、复利计算有关的符号及含义

1. i——利率。

2. n——计息次数。指投资项目在从开始投入资金(开始建设)到项目的寿命周期终结为止的整个期限内,计算利息的次数,通常以“年”为单位。

3. P——现值。表示资金发生在某一特定时间序列始点上的价值。在工程经济分析中,它表示在现金流量图中 0 点的投资数额或投资项目的现金流量折算到 0 点时的价值。

4. F——终值。表示资金发生在某一特定时间序列终点上的价值。其含义是指期初收入或支出的金额转换为计算期末的价值,即期末本利和。

5. A——年金。是指各年等额收入或支付的金额,通常以等额序列表示,即在某一特定时间序列期内,每隔相同时间收支的等额款项。

二、复利法计算的基本公式

复利计算公式可分为两类：一次支付系列和等额支付系列。

1. 一次支付系列。一次支付又称整付，是指所分析的系统的现金流量，无论是流入还是流出均在某一个时点上一次发生。它又包括两个计算公式：

(1)一次支付终值公式。如果有一项资金，按年利率 i 进行投资，n 年后本利和应该是多少？也就是已知 P、i、n，求终值 F，此类问题的计算公式称为一次支付值公式，其形式是：

$$F=P(1+i)^n \tag{2—5}$$

公式(2—5)表示在利率为 i，计息期数为 n 的条件下，终值 F 和现值 P 之间的关系。一次支付终值公式的现金流量图如图 2—3 所示。

公式(2—5)中，$(1+i)^n$ 又称为终值系数，记为 $(F/P,i,n)$。

这样公式(2—5)又可写为：

$$F=P(F/P,i,n) \tag{2—6}$$

(2)一次支付现值公式。如果计划在 n 年后得到一笔资金 F，在年利率为 i 的情况下，现在应该投资多少？也即是已知 F,i,n，求现值 P。该公式称为一次支付现值公式，其形式为：

$$P=F(1+i)^{-n} \tag{2—7}$$

其现金流量图如图 2—4 所示。

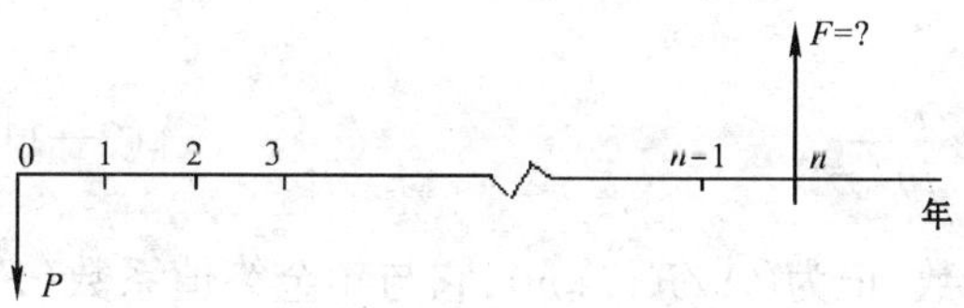

图 2—3　一次支付终值公式现金流量图

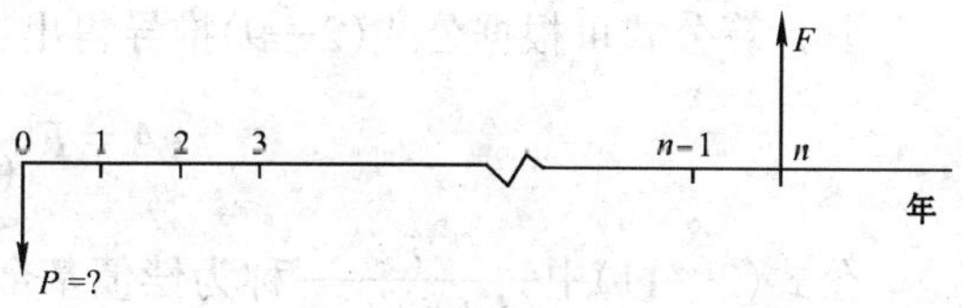

图 2—4　一次支付现值公式现金流量图

在公式(2—7)中，$(1+i)^{-n}$ 又称为现值系数，记为 $(P/F,i,n)$。它与终值系数 $(F/P,i,n)$ 互为倒数，可通过查表求得。因此公式又可写为：

$$P=F(P/F,i,n) \tag{2—8}$$

【例 2—3】 某企业 6 年后需要一笔1 000万元的资金，以作为设备技术更新款项，若已知年利率为 8%，问现在应存入银行多少钱？

解：这是一个根据终值求现值的问题，其现金流量见图 2—5。

根据公式(2—7)可得：

$$P=F(1+i)^{-n}=1\,000\times(1+8\%)^{-6}=1\,000\times0.6302=630.2(\text{万元})$$

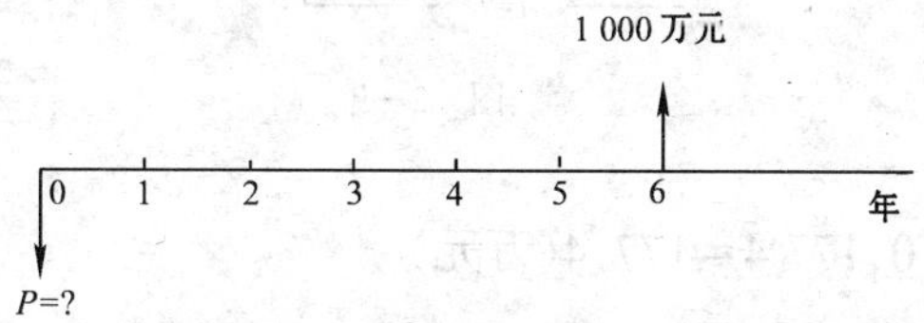

图　2—5

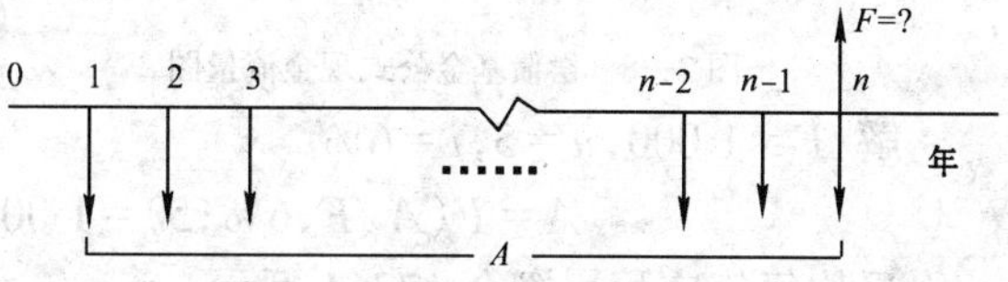

图 2—6　年金终值公式现金流量图

2. 等额支付系列复利计算公式

(1)等额支付序列年金终值公式。其含义是在一个时间序列中，在利率为 i 的情况下连续在每个计息期的期末支付一笔等额的资金 A，求 n 年后由各年的本利和累积而成的总值 F，也

即已知 A,i,n,求 F。其现金流量如图 2—6 所示。

【例 2—4】 某人连续 5 年在每年年末存款 100 万元,利率为 6%,问第 5 年年末他可以得到多少本利和?

解:其现金流量图如图 2—7 所示。

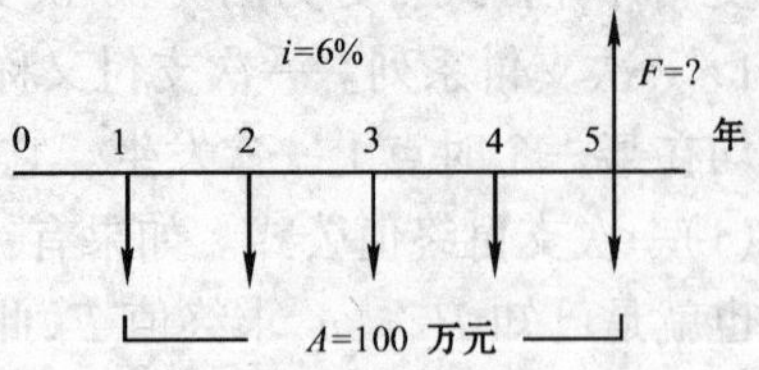

图 2—7

$A=100$ 万元,$n=5,i=6\%$,

$F=A(F/A,6\%,5)$

$=100\times5.637=563.7$(万元)

可得本利和 563.7 万元。

其计算公式为:

$$F=A\frac{(1+i)^n-1}{i} \tag{2—9}$$

公式(2—9)中$\frac{(1+i)^n-1}{i}$称为年金终值系数,记为$(F/A,i,n)$。因此公式(2—9)又可写为:

$$F=A(F/A,i,n) \tag{2—10}$$

(2)偿债基金公式。其含义是:为了筹集未来 n 年后需要的一笔偿债资金,在利率为 i 的情况下,求每个计息期末应等额存储的金额。也即已知 F,i,n,求 A,其现金流量图如图 2—8 所示。

其计算公式可根据公式(2—9)推导得出:

$$A=F\frac{i}{(1+i)^n-1} \tag{2—11}$$

公式(2—11)中$\frac{i}{(1+i)^n-1}$称为偿债基金系数,记为$(A/F,i,n)$,它与年金终值系数$(F/A,i,n)$互为倒数。

公式(2—11)又可写为:

$$A=F(A/F,i,n) \tag{2—12}$$

【例 2—5】 某企业计划自筹资金,在 5 年后扩建厂房,估计那时将需要资金1 000万元,问从现在起平均每年应积累资金多少?利率为 6%。现金流量图如图 2—9 所示。

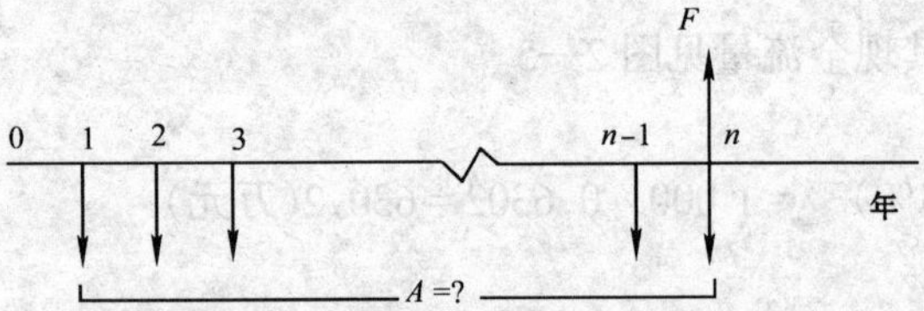

图 2—8 偿债基金公式现金流量图

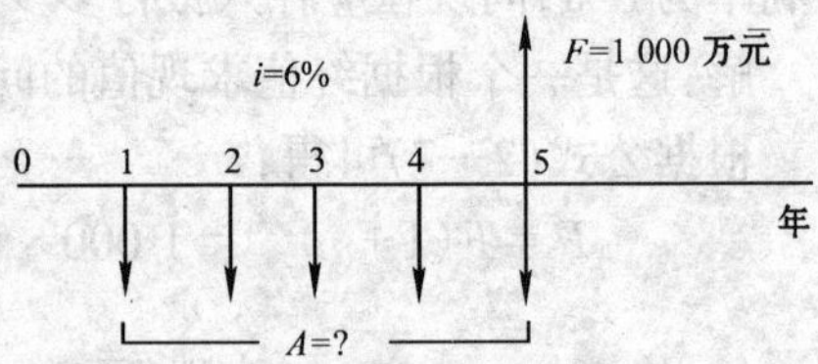

图 2—9

解:$F=1\,000,n=5,i=6\%$

$A=F(A/F,6\%,5)=1\,000\times0.177\,4=177.4$(万元)

平均每年应积累资金 177.4 万元。

(3)资金回收公式。其含义是:期初一次投资数额为 P,欲在 n 年内将投资全部收回,则在利率 i 的情况下,求每年应等额回收的资金。也即已知 P,i,n,求 A,其现金流量图如图 2—10 所示。

资金回收公式可根据偿债基金公式和一次支付终值公式来推导出。

即:
$$A=F\frac{i}{(1+i)^n-1}=P\frac{(1+i)^n}{(1+i)^n-1}\tag{2—13}$$

公式(2—13)中$\frac{(1+i)^n}{(1+i)^n-1}$称为资金回收系数,记为$(A/P,i,n)$,因此资金回收公式(2—13)又可写为:

$$A=P(A/P,i,n)\tag{2—14}$$

【例 2—6】 拟建一新的工程项目,需借款1 000万元,利率为 8%,投资后的 4 年内还清此笔借款,问平均每年应获利多少才能满足要求?现金流量图如图 2—11 所示。

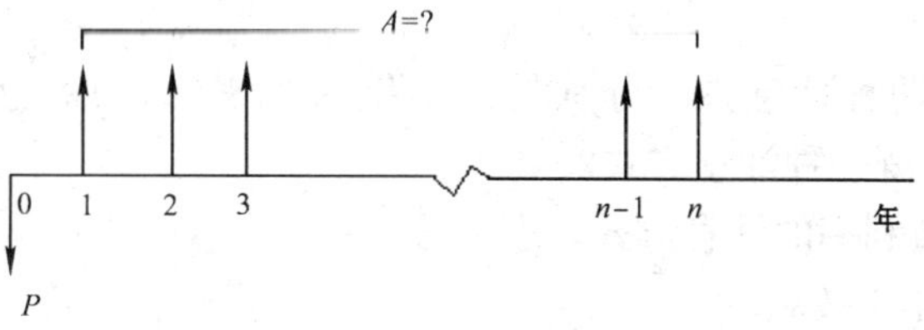

图 2—10 资金回收公式现金流量图

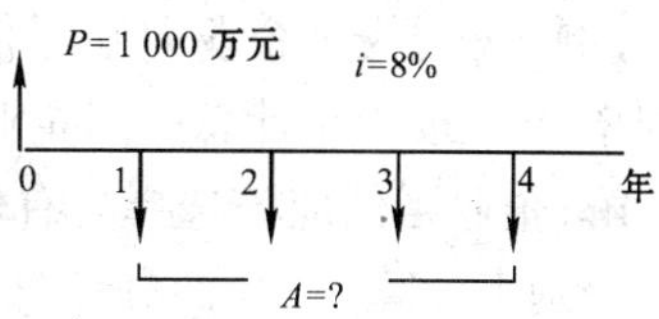

图 2—11

解:$P-1\ 000,n-4,i=8\%$

$$A=P(A/P,8\%,4)=1\ 000\times0.301\ 9=302(\text{万元})$$

平均每年需获利 302 万元。

(4)年金现值公式。其含义是:在 n 年内每年等额收支一笔资金 A,则在利率为 i 的情况下,求此等额年金收支的现值总额,也即已知 A,i,n,求 P。其现金流量图如图 2—12 所示。

$$P=A\frac{(1+i)^n-1}{i(1+i)^n}\tag{2—15}$$

公式(2—15)中$\frac{(1+i)^n-1}{i(1+i)^n}$称为年金现值系数,它恰好是资金回收系数的倒数,记为$(P/A,i,n)$。因此公式(2—15)又可写为:

$$P=A(P/A,i,n)\tag{2—16}$$

【例 2—7】 设立一项基金,计划在从现在开始的 10 年内,每年年末从基金中提取 100 万元,若已知年利率为 10%,问现在应存入基金多少钱?

解:这是一个已知年金求现值的问题,其现金流量图见图 2—13。

$$P=A\frac{(1+i)^n-1}{i(1+i)^n}=A(P/A,i,n)$$
$$=100\times(P/A,10\%,10)=100\times6.144\ 6=614.46(\text{万元})$$

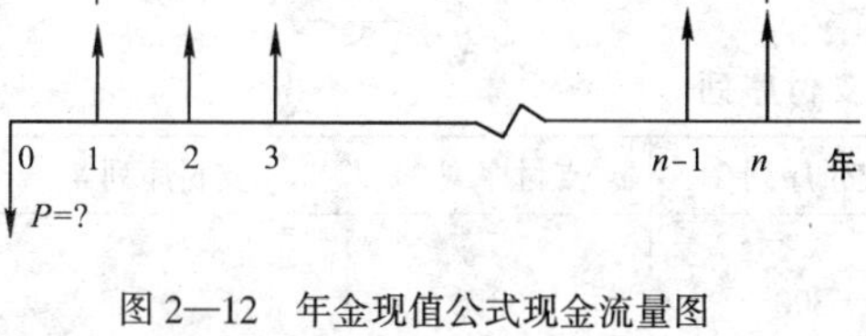

图 2—12 年金现值公式现金流量图

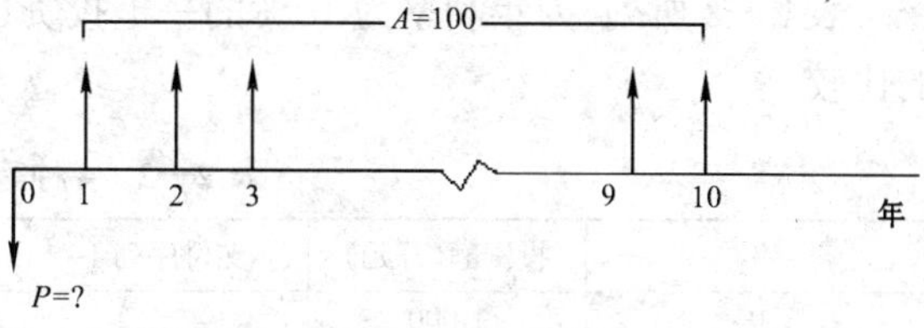

图 2—13

三、名义利率和有效利率

以上计算中的计息周期为一年,但是实际上计息期可以规定为半年、三个月或一个月,当利率的时间单位与计息周期不一致的,就出现了名义利率和有效利率的概念。如:每半年计息一次,每半年计息期的利率为 8%,则 8% 是资金在计息期所发生的实际利率,称为有效利率即指计息期的利率,或按计息期利率,以复利计算方法考虑资金时间价值,所确定的利率。

名 义 利 率:依据计算期利率,以单利计算方法,考虑资金时间价值,所确定的利率。

名义年利率:$r = m \times i_c$

有效年利率:$i = \left(1 + \dfrac{r}{m}\right)^m - 1$ (2—17)

式中 i_c——计息期利率;

m——一年内的计息周期数。

【例 2—8】 某企业向银行借款,有两种计息方式分别是:A. 年利率 8%,按月计息;B. 年利率 9%,按半年计息。问企业应选择哪一种计息方式?

解:企业当然应该选择具有较低有效利率的计息方式。

分别来计算 A、B 两种计息方式的年有效利率。

根据公式(2—17)有:

A 方式:$i_A = \left(1 + \dfrac{8\%}{12}\right)^{12} - 1 = 0.0830 = 8.30\%$

B 方式:$i_B = \left(1 + \dfrac{9\%}{2}\right)^{2} - 1 = 0.0920 = 9.20\%$

由于 $i_A < i_B$,故企业应该选择的计息方式为 A 方式。

第三节 等值计算及应用

在工程经济分析中,为了正确地评价投资项目的经济效果,必须对项目的整个计算期内不同时间点上所发生的全部资金收入和支出进行计算和分析,即要比较发生在不同时间点上各种资金的真实价值。由于资金存在时间价值,这样在不同时间点上发生的现金流量其数值不能直接相加或相减,按某一规定利率等值计算的方法将不同时间点上发生的现金流量换算为同一时间点上的等价的现金流量,然后再来进行计算和分析。这种现金流量的转换计算为等值计算,前面所提到的复利计算的基本公式,就是等值计算的应用。在规定的利率条件下,某项资金的支付,可以化为不同时间,不同形式的支付,虽然其数值不同,但其价值是相等的。

支付的总金额不同且支付的日期也不同,但彼此可以是等值的。这是工程经济的一个重要概念。

表 2—2 所列,为年利率为 10% 的一笔投资1 000万元,在 5 年期间 4 种偿还贷款支付方法的比较。

表 2—2 4 种等值支付序列

年	投资额(万元)	支付序列 1	支付序列 2	支付序列 3	支付序列 4
0	1 000				
1		100	300	263.8	0
2		100	280	263.8	0
3		100	260	263.8	0
4		100	240	263.8	0
5		1 100	220	263.8	1 610.51

这4种不同支付方法，无论从贷款者或是从借款者的立场看，它们都是等值的(即与现在的1 000万元等值)。工程经济研究，通常要在多个不同方案中作出选择。但从各不同方案中作出选择。仅从各不同方案所需支付总额的比较看来并不明显，必须将不同的货币序列换算成等值一次支付序列(如换算成现值)或等值等额支付序列，方可把他们搞清楚。

一、计息周期小于(或等于)资金收付周期的等值计算

计息周期小于(或等于)资金收付周期的等值计算方法有二：

1. 按资金收付周期实际利率计算；

2. 按计息周期利率计算。

【例2—9】 现在存款1 000元，年利率10%，半年复利一次。问第5年末存款金额为多少？

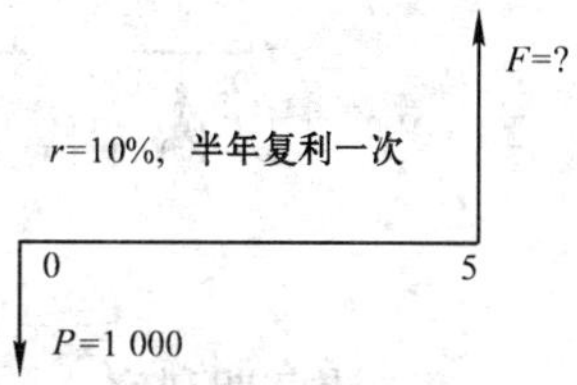

图 2—14

解：现金流量如图2—14所示。

(1)按年实际利率计算

$$i_{年}=[1+(10\%)/2]^2-1=10.25\%$$

则 $F=1\,000(F/P,10.25\%,5)$

$=1\,000\times1.628\,89=1\,628.89$(元)

(2)按计息周期利率计算

$F=1\,000(F/P,10\%/2,2\times5)$

$=1\,000(F/P,5\%,10)=1\,000\times1.628\,8=1\,628.8$(元)

【例2—10】 每半年内存款1 000元，年利率8%，每季复利一次。问第5年末存款金额为多少？

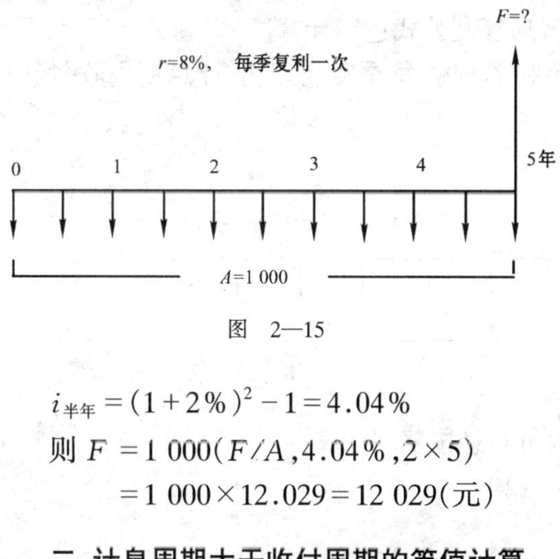

图 2—15

解：现金流量如图2—15所示。

由于本例计息周期小于收付周期，不能直接采用计息期利率计算，故只能用实际利率来计算。

计息期利率 $i_{季}=r/m=(8\%)/4=2\%$

半年期实际利率

$i_{半年}=(1+2\%)^2-1=4.04\%$

则 $F=1\,000(F/A,4.04\%,2\times5)$

$=1\,000\times12.029=12\,029$(元)

二、计息周期大于收付周期的等值计算

由于计息周期大于收付周期，计息周期间的收付常采用下列3种方法之一进行处理。

1. 不计息：在技术经济分析中，当计息期内收付不计息时，其收支可按年初习惯法计入期初，也可按年末习惯法计入期末。

2. 单利计息：在计息期内的收付均按单利计息。其计算公式如下：

$$A_t=\sum A_k'[1+(m_k/N)\times i] \tag{2—18}$$

式中 A_t——第 t 计息期末期净值现金流量；

N——一个计息期内收付周期数；

A_k'——第 t 计息期内第 k 期收付金额；

m_k——第 t 计息期内第 k 期收付金额到达第 t 计息期末所包含的收付周期数；

i——计息期利率。

【例 2—11】 付款情况如图 2—16 所示，年利率为 8%，半年复利一次，计息期内的收付款利息按单利计算。问年末金额多少？

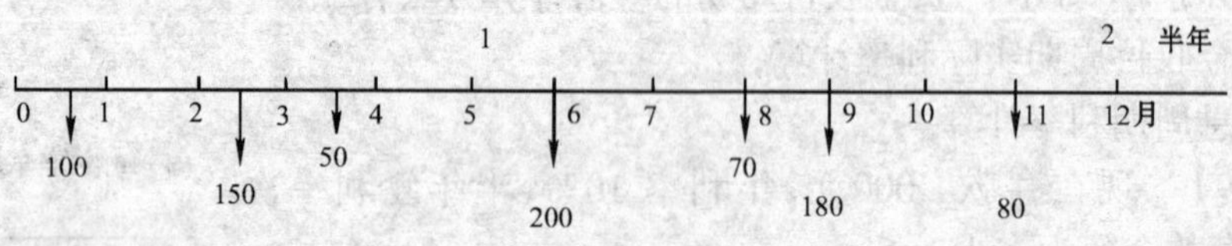

图 2—16

解：计息期利率 $i=(8\%)/2=4\%$

$r=8\%$，半年复利一次，计息期内的收付款利息按单利计算：

$A_1=100[1+(5/6)\times4\%]+150[1+(3/6)\times4\%]+50[1+(2/6)\times4\%]+200=507$(元)

$A_2=70[1+(4/6)\times4\%]+180[1+(3/6)\times4\%]+80[1+(1/6)\times4\%]=336$(元)

然后利用普通复利公式即可求出年末金额 F 为：

$$F=507(F/P,4\%,1)+336=507\times1.04+336=863.28\text{(元)}$$

3. 复利计算：在计息周期内的收付按复利计算。此时，计息期利率相当于"实际利率"，收付周期利率相当于"计息期利率"。收付周期利率的计算正好与已知名义利率去求解实际利率的情况相反。收付周期利率计算出来后即可按普通复利公式进行计算。

【例 2—12】 每月存款 100 元，期限一年，年利率 8%，每季复利一次，计息期内收付利息按复利计算。问年末金额多少？

解：据题意绘制现金流量如图 2—17 所示。

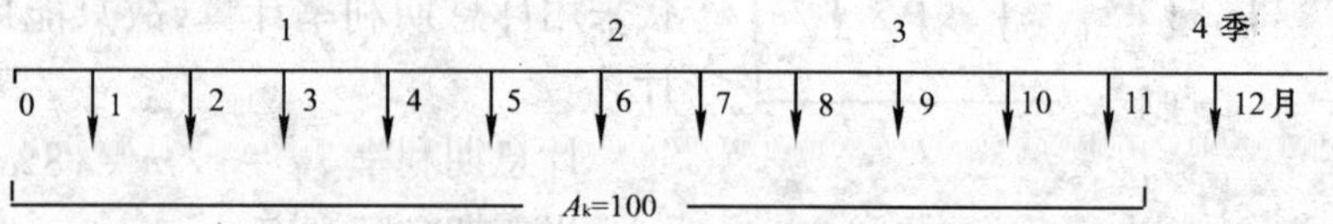

图 2—17

名义年利率 8%，每季复利一次，计息期内收付利息按复利计算

计息期利率(即季度实际利率) $i_季=(8\%)/4=2\%$

运用实际利率公式计算收付期利率如下：

$$i_年=(1+r/m)^m-1$$

$$i_季=(1+r_季/3)^3-1=2\%$$

解得：

$$r_季=1.986\ 8\%$$

则每月利率 $i_月=0.662\ 3\%$，每月复利一次；这与季度利率 2%，季度复利一次是相同的。利用普通复利公式即可求出年末金额 F 为：

$$F=100(F/A,0.662\ 3\%,12)=100\times12.446\ 9=1\ 244.69\text{(元)}$$

注意：在计息周期内的收付按复利计算时，收付周期利率不能直接使用每月利率，即[(8%)/12]=0.666 7%。因为复利是季度一次而非每月一次。

思考题与习题

1. 什么是资金时间价值?

2. 什么是利息?什么是利率?

3. 什么是现金流量?如何绘制现金流量图?

4. 如何利用复利法计算利息?

5. 什么是等值计算?

6. 什么是名义年利率及有效年利率,其关系如何?

7. 若拟建一工程,从第5年投产直至第10年,每年年末可收益2.5万元,10年后工程报废,且无残值回收,若 $i=12\%$。问该工程期初投资应不高于多少,才值得投资。

8. 某人当年年末将600元集资于企业,连续5年,企业规定第7年年末本利一次偿付,若 $i=15\%$,求该职工可得到的本利和。

9. 企业有期限为5年的金融债券5万元,年利率10%,还有两年到期,此时企业需要一笔资金,于是用这5万元的债券到银行请求贴现,银行贴现率为11%,问该企业可贴现到多少资金?

10. 企业年初向银行贷款5万元购置设备,年利率10%,银行要求第10年末本利一次付清,企业则计划在前6年内每年年末等额提取一笔钱存入银行,若银行年利率8%,到第10年末刚好是贷款的本利和,问前6年每年年末存多少钱?

第三章　投资方案经济效果评价方法

项目评价是工程项目初步可行性研究、详细可行性研究的重要组成内容。它是通过多个技术方案、建设方案比较，选出技术上先进，经济上合理的方案，并对其进行全面的技术、经济、社会等各方面的评价，提出对工程项目的技术、经济、社会等方面的全面评价意见。项目评价的结果是投资决策的重要依据，也是总结项目建设的经验及教训，评价项目管理成果的重要依据。

项目评价按评价的时间、内容、方法不同，有以下分类（见图 3—1）：

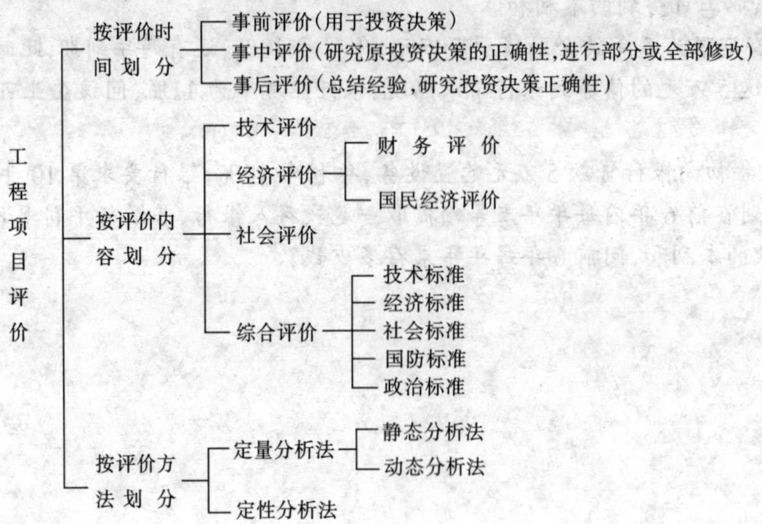

图　3—1

本章主要介绍工程项目的经济评价。在对工程项目进行经济评价前，首先需要建立一套评价指标，并确定一套科学的评判可行与否的标准。

评价指标是投资项目经济效益或投资效果的定量化及其直观的表现形式，它通常是通过对投资项目所涉及的费用和效益的量化和比较来确定的。只有正确地理解和适当地应用各个评价指标的含义及其评价准则，才能对投资项目进行有效的经济分析，才能作出正确的投资决策。

评价指标按照其所考虑的因素及使用方法的不同，可进行不同的分类，其中最常用的分类方法之一是按照是否考虑所量化的费用和效益的时间因素，即是否考虑资金的时间价值，将评价指标分为静态评价指标和动态评价指标，本节即按照这种分类方法介绍评价指标。

第一节　经济效果评价指标

一、静态评价指标

在工程经济分析中，把不考虑资金时间价值的经济效益评价指标称为静态评价指标。此类指标的特点是简单易算。主要包括静态投资回收期和投资收益率。

采用静态评价指标对投资方案进行评价时由于没有考虑资金的时间价值,因此它主要适用于对方案的粗略评价,如应用于投资方案的机会鉴别和初步可行性研究阶段,以及用于某些时间较短,投资规模与收益规模均比较小的投资项目的经济评价等。

(一)静态投资回收期(P_t)

静态投资回收期是指以项目每年的净收益回收项目全部投资所需的时间,是考察项目财务上投资回收能力的重要指标。

静态投资回收期的表达式如下:

$$\sum_{t=0}^{P_t}(\mathrm{CI}-\mathrm{CO})_t=0 \tag{3—1}$$

式中 P_t——静态投资回收期;

CI——现金流入量;

CO——现金流出量;

$(\mathrm{CI}-\mathrm{CO})_t$——第 t 年的净现金流量。

公式(3—1)是一个一般表达式,在具体计算静态投资回收期时又分以下两种情况:

1. 项目建成投产后各年的净收益(也即净现金流量)均相同,则静态投资回收期的计算公式如下:

$$P_t=\frac{P}{A} \tag{3—2}$$

式中 P_t——静态投资回收期;

P——全部投资;

A——每年净收益。

2. 项目建成投产后各年净收益各不相同时,则静态投资回收期一般从建设开始年算起。采用静态投资回收期对投资方案进行评价时,其基本做法如下:

(1)确定行业的基准投资回收期(P_c)。基准投资回收期是国家根据国民经济各部门、各地区的具体经济条件,按照行业和部门的特点,结合财务会计上的有关制度及规范而颁布,同时进行不定期修订的工程项目经济评价参数,是对投资方案进行经济评价的重要标准。

(2)计算项目的静态投资回收期(P_t)。

(3)判别项目可行性

若 $P_t \leqslant P_c$ 则项目可以考虑接受;

若 $P_t > P_c$ 则项目是不可行的。

静态投资回收期(P_t)指标的优缺点:

P_t 指标的优点:经济意义明确、直观,计算简便;在一定程度上反映了投资效果的优劣;可适用于各种投资规模。

P_t 指标的缺点:只考虑投资回收之前的效果,不能反映回收投资之后的情况,也即无法准确衡量项目投资收益的大小;没有考虑资金的时间价值,因此无法正确地辨识项目的优劣。

(二)投资收益率

投资收益率又称投资效果系数。是指在项目达到设计能力后,其每年的净收益与项目全部投资的比率,是考察项目单位投资的盈利能力的指数。

其表达式为：

$$投资收益率=\frac{年净收益}{项目全部投资}\times 100\% \qquad (3—3)$$

当项目在正常生产年份内各年的收益情况变化幅度较大时也可采用下列表达式进行计算：

$$投资收益率=\frac{年平均净收益}{项目全部投资}\times 100\% \qquad (3—4)$$

在采用投资收益率对项目进行经济评价时，其基本做法与采用静态投资回收期的做法相似，也即主要是将计算出的项目的投资收益率与行业的平均投资收益率进行比较：若高于或等于行业平均投资收益率则可以考虑接受，若低于行业平均投资收益率则项目不可行。

投资收益率是一个综合性指标，在进行项目经济评价时，根据分析目的的不同，投资收益率又具体分为：投资利润率、投资利税率、资本金利润率等。其中最常用的是投资利润率。

投资利润率指项目在正常生产年份内所获得的年利润总额或年平均利润总额与项目全部投资的比率，其表达式为：

$$投资利润率=\frac{年利润总额(年平均利润总额)}{项目全部投资}\times 100\% \qquad (3—5)$$

投资收益率指标的优点与不足如下：

投资收益率指标的优点：

计算简便，能够直观地衡量项目的经营成果；可适用于各种投资规模。

投资收益率指标的不足：

没有考虑投资收益的时间因素，忽视了资金具有时间价值的重要性；指标的计算主观随意性太强，在指标的计算中，对于应该如何计算投资资金占用，如何确定利润，都带有一定的不确定性和人为因素，因此以投资收益率指标作为主要的决策依据不太可靠。

二、动态评价指标

一般将考虑了资金时间价值的经济效益评价指标称为动态评价指标。与静态评价指标相比，动态评价指标更加注重考察项目在其计算期内各年现金流量的具体情况。因而也就能够更加直观地反映项目的盈利能力，所以它的应用也就比静态评价指标更加广泛。在项目的可行性研究阶段，进行项目经济评价时一般是以动态评价指标作为主要指标，以静态评价指标作为辅助指标。

动态评价指标常用的一般有：净现值(率)、内部收益率、净年值、动态投资回收期等。

(一)净现值与净现值率

1. 净现值(NPV)的含义及计算。净现值是指把项目计算期内各年的净现金流量，按照一个给定的标准折现率(基准收益率)折算到建设期初(项目计算期第一年年初)的现值之和。

净现值是考察项目在其计算期内盈利能力的主要动态评价指标。其表达式为：

$$NPV=\sum_{t=0}^{n}(CI-CO)_t(1+i_c)^{-t} \qquad (3—6)$$

式中 NPV——净现值；

n——项目计算期；

i_c——标准折现率；

$(CI-CO)_t$——第 t 年的净现金流量。

2. 净现值的判别准则。

若 NPV>0,说明方案可行。因为这种情况说明投资方案实施后的投资收益水平不仅能够达到标准折现率的水平,而且还会有盈余,也即项目的盈利能力超过其投资收益期望水平。

若 NPV=0,说明方案可考虑接受。因为这种情况说明投资方案实施后的投资收益水平恰好等于标准折现率,也即其盈利能力能达到所期望的最低财务盈利水平。

若 NPV<0,说明方案不可行。因为这种情况说明投资方案实施后的投资收益水平达不到标准折现率,也即其盈利能力水平比较低,甚至有可能会出现亏损。

【例 3—1】 修一小型工厂基准收益率 $i_c=10\%$,现金流量见表 3—1,试评价方案可行性。

表 3—1　　单位:万元

方　案	初始投资(第 0 年)	第 1~20 年收益	第 1~20 年成本
建 工 厂	750	280	180

解:现金流量图如图 3—2 所示。

$$\begin{aligned}NPV &= -750+(280-180)(P/A,10\%,20)\\ &=101.36(\text{万元})>0\end{aligned}$$

所以方案可行。

3. 净现值与折现率的关系。从计算公式(3—3)可以看出,对于具有常规现金流量(即在计算期内,方案的净现金流量序列的符号只改变一次的现金流量)的投资方案,其净现值的大小与折现率的高低有直接的关系。比如说,如果我们已知某投资方案各年的净现金流量,则该方案的净现值就完全取决于我们所选用的折现率,折现率越大,净现值就越小,折现率越小,净现值就越大,随着折现率的逐渐增大,净现值将由大变小,由正变负,NPV 与 i 之间的关系一般如图 3—3 所示。

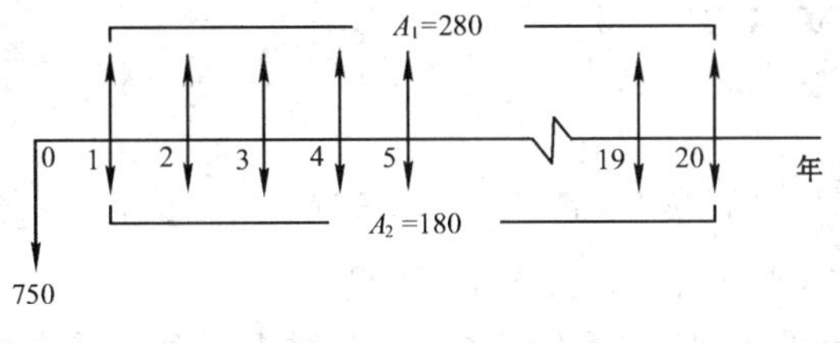

图　3—2

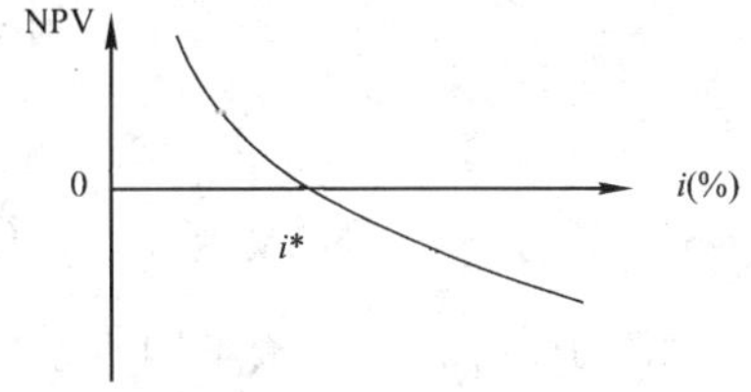

图 3—3　净现值与折现率的关系

从图 3—3 中可以发现,NPV 随 i 的增大而减小,在 i^* 处,曲线与横轴相交,说明如果选定 i^* 为折现率,则 NPV 恰好等于零。在 i^* 的左边,即 $i<i^*$ 时,NPV>0;在 i^* 的右边,即 $i>i^*$ 时,NPV<0。由于 NPV=0 是净现值判别准则的一个分水岭,因此可以说 i^* 是折现率的一个临界值,我们将其称做内部收益率。关于内部收益率将在稍后部分详细介绍。

在 NPV 的表达式中,还有一个重要的概念,就是标准折现率 i_c。

标准折现率又称基准收益率,它代表了项目投资应获得的最低财务盈利水平,也即是衡量投资方案是否可行的标准,是一个重要的经济参数,其数值确定的合理与否,对投资方案的评价结果有直接的影响,算得过高或过低都会导致投资决策的失误。因为如果标准折现率定得过高,由于存在资金的时间价值,会导致现值之和变小,从而使一些经济效益不错的方案被拒绝;而如果定得过低,又会使现值之和变大,致使经济效益不好的一些投资方案也可能会被接受,从而造成不应该有的损失。

标准折现率的确定一般以行业的平均收益率为基础,同时综合考虑(资金成本、投资风险、通货膨胀以及资金限制)等影响因素。对于国家投资项目,进行经济评价时使用的标准折现率是由国家组织测定并发布的行业基准收益率,非国家投资项目可参考行业基准收益率,由投资者自行确定。

4. 净现值(NPV)指标的优点与不足:

NPV 指标的优点:

考虑了资金的时间价值并全面考虑了项目在整个寿命期内的经济状况;经济意义明确直观,能够直接以货币额表示项目的净收益;能直接说明项目投资额与资金成本之间的关系。

NPV 指标的不足:

必须首先确定一个符合经济现实的基准收益率,而基准收益率的确定性往往是比较困难的;净现值不能直接说明在项目运营期间各年的经营成果;净现值不能真正反映项目投资中单位投资的使用效率。

5. 净现值率(NPVR)。净现值指标用于多个方案的比选时,没有考虑各方案投资额的大小,因而不能直接反映资金的利用效率,为了考察资金的利用效率,通常采用净现值率作为净现值的辅助指标。

净现值率(NPVR)是指项目的净现值与投资总额现值的比值,其经济涵义是单位投资现值所能带来的净现值,是一个考察项目单位投资的盈利能力的指标。其表达式为:

$$\mathrm{NPVR}=\frac{\mathrm{NPV}}{K_{\mathrm{p}}} \tag{3—7}$$

式中 K_{p}——全部投资现值之和。

(二)净年值(NAV)

净年值是指通过资金时间价值的计算将项目的净现值换算为项目计算期内各年的等额年金,是考察项目投资盈利能力的指标。其表达式为:

$$\mathrm{NAV}=\mathrm{NPV}(A/P,i,n) \tag{3—8}$$

或:

$$\mathrm{NAV}=\left[\sum_{t=0}^{n}(\mathrm{CI}-\mathrm{CO})_t(1+i_{\mathrm{c}})^{-t}\right](A/P,i,n) \tag{3—9}$$

式中 $(A/P,i,n)$——资本回收系数。其它符号同 NPV 公式中符号。

由 NAV 的表达式可以看出,NAV 实际上是 NPV 的等价指标,也即对于单个投资方案来讲,用净年值进行评价和用净现值进行评价其结论是一样的,其评价准则是:

若 NAV≥0 则方案可以考虑接受;

若 NAV<0 则方案不可行。

(三)内部收益率(IRR)

1. 内部收益率的概念及其判别准则

内部收益率是指项目在整个计算期内各年净现金流量的现值之和等于零时的利率,也就是项目的净现值等于零时的利率,其表达式为:

$$\sum_{t=0}^{n}(\mathrm{CI}-\mathrm{CO})_t(1+\mathrm{IRR})^{-t}=0 \tag{3—10}$$

式中 IRR——内部收益率。

根据净现值与折现率的关系,以及净现值指标在方案评价时的判别准则,可知内部收益率判别准则:

若　IRR＞i_c，则方案可以接受；

IRR＝i_c，则方案可以考虑接受；

IRR＜i_c，则方案不可行。

2.内部收益率的计算。由表达式(3—10)可以看出，内部收益率的计算是求解一个一元多次方程的过程，要想精确地求出方程的解，也即内部收益率，是一件非常困难的事情，因此在实际应用中，一般是采用一种称为线性插值试算法的近似方法来求得内部收益率的近似解。它的基本步骤如下：

(1)首先根据经验，选定一个适当的折现率 i_0。

(2)根据投资方案的现金流量情况，利用选定的折现率 i_0，求出方案的净现值 NPV。

(3)若 NPV＞0 则适当使 i_0 继续增大；

若 NPV＜0 则适当使 i_0 继续减小。

(4)重复步骤(3)，直到找到这样的两个折现率 i_1 和 i_2，其所对应求出的净现值 $NPV_1>0$，$NPV_2<0$，其中 i_2-i_1 一般不超过 2%～5%。

(5)采用线性插值公式求出内部收益率的近似解，其公式为：

$$IRR=i_1+\frac{NPV_1}{NPV_1+|NPV_2|}(i_2-i_1) \tag{3—11}$$

【例 3—2】 某项目净现金流量如表 3—2 所示。当基准收益率 $i_c=12\%$时，试用内部收益率指标判断该项目的经济性。

表 3—2　某项目现金流量表　　单位：万元

年　序	0	1	2	3	4	5
净现金流量	－100	20	30	20	40	40

解：此项目净现值的计算公式为：

$$NPV=-100+20(P/F,i,1)+30(P/F,i,2)+20(P/F,i,3)+40(P/F,i,4)+40(P/F,i,5)$$

现分别设 $i_1=12\%$，$i_2=15\%$，计算相应的 NPV_1 和 NPV_2。

$$\begin{aligned}NPV_1(i_1)&=-100+20(P/F,12\%,1)+30(P/F,12\%,2)+20(P/F,12\%,3)\\&\quad+40(P/F,12\%,4)+40(P/F,12\%,5)\\&=-100+20\times0.8929+30\times0.792+20\times0.7118\\&\quad+40\times0.6355+40\times0.5674\\&=4.126(\text{万元})\end{aligned}$$

$$\begin{aligned}NPV_2(i_2)&=-100+20(P/F,15\%,1)+30(P/F,15\%,2)+20(P/F,15\%,3)\\&\quad+40(P/F,15\%,4)+40(P/F,15\%,5)\\&=-100+20\times0.8686+30\times0.7651+20\times0.6575\\&\quad+40\times0.571+40\times0.4972\\&=-4.015(\text{万元})\end{aligned}$$

用线性插值计算公式(3—6)可算出 IRR 的近似解：

$$IRR=i_1+\frac{NPV_1}{NPV_1+|NPV_2|}(i_2-i_1)$$

$=12\%+4.126/(4.126+|-4.015|)\times(15\%-12\%)$

$=13.5\%$

因为 $IRR=13.5\%>i_c=12\%$，故该项目在经济效果上是可以接受的。

3. 关于内部收益率的计算，注意事项如下：

(1)采用线性插值计算法计算内部收益率，只适用于具有常规现金流量的投资方案，而对于具有非常规现金流量的方案，由于其内部收益率的存在可能不是唯一的，因此这种方法就不太适用。

(2)在计算中所得到的内部收益率的精度与(i_2-i_1)的大小有关。i_2 与 i_1 之间的差距越小，则计算结果就越精确，反之，结果误差就越大。

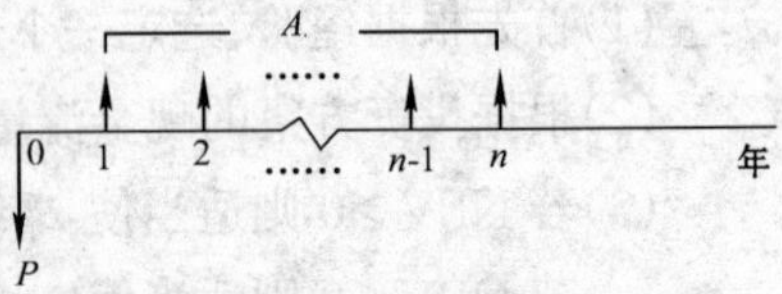

图 3—4　期初一次投资各年等额收益的现金流量图

(3)若方案的现金流量比较简单，投资 P 在建设期初一次性投入，在计算期内各年有等额的净收益 A，即现金流量图如图 3—4 所示。

则 IRR 的计算比较简单，可按下述步骤进行：

第一步，计算年金现值系数：

$$(P/A,IRR,n)=\text{初始投资 } P/\text{年金 } A$$

第二步，查年金现值系数表，找到与上述年金现值系数相邻的两个系数$(P/A,i_1,n)$和$(P/A,i_2,n)$以及对应的 i_1 和 i_2。

第三步，用插值法计算 IRR：

$$\frac{IRR-i_1}{i_2-i_1}=\frac{P/A-(P/A,i_1,n)}{(P/A,i_2,n)-(P/A,i_1,n)}$$

4. 内部收益率的经济含义。内部收益率反映的是项目全部投资所能获得的实际最大收益率。

5. 内部收益率(IRR)指标的优点与不足：

IRR 指标的优点：

考虑了资金的时间价值以及项目在整个寿命期内的经济状况；能够直接衡量项目的真正的投资收益率；不需要事先确定一个基准收益率，而只需要知道基准收益率的大致范围即可。

IRR 指标的不足：

需要大量的与投资项目有关的数据，计算比较麻烦；对于具有非常规现金流量的项目来讲，其内部收益率往往不是唯一的，在某些情况下甚至不存在。

(四)动态投资回收期

动态投资回收期是指在考虑了资金时间价值的情况下，以项目每年的净收益回收项目全部投资所需要的时间。这个指标的提出主要是为了克服静态投资回收期指标没有考虑资金的时间价值，因而不适合用于计算期较长的项目经济评价的弊病。

动态投资回收期的表达式如下：

$$\sum_{t=0}^{P_t'}(CI-CO)_t(1+i_c)^{-t}=0 \qquad (3\text{—}12)$$

式中　P_t'——动态投资回收期。

采用公式(3—12)计算 P_t' 一般比较繁琐，因此在实际应用中往往是根据项目的现金流量表，用下列近似公式计算：

$$P_t' = \text{累计净现金流量现值开始出现正值的年份数} - 1 + \frac{\text{上一年累计净现金流量现值的绝对值}}{\text{当年净现金流量现值}} \quad (3\text{—}13)$$

【例 3—3】 某项目有关数据见表 3—3，计算该项目的动态投资回收期。设 $i_c = 10\%$

解：根据公式(3—13)，有：

$$P_t' = 6 - 1 + \frac{|-118.5|}{141.1} = 5.84(\text{年})$$

表 3—3　某项目有关数据表　　单位：万元

年　序	0	1	2	3	4	5	6	7
投　资	20	500	100					
经营成本				300	450	450	450	450
销售收入				450	700	700	700	700
净现金流量	-20	-500	-100	150	250	250	250	250
净现金流量现值	-20	-454.6	-82.6	112.7	170.8	155.2	141.1	128.3
累计净现金流量现值	-20	-474.6	-557.2	-444.5	-273.7	-118.5	22.6	150.9

动态投资回收期是考察项目财务上投资实际回收能力的动态指标。它反映了等值回收，而不是等额回收项目全部投资所需要的时间，因而更具有实际意义。

判别准则：

$P_t' \leqslant P_c$，方案可行；

$P_t' > P_c$，方案不可行。

第二节　方案类型与评价方法

投资方案经济效果评价，不仅是对单方案的经济结果的评价，更多的是进行多方案的比选。

单方案评价是指对某个初步选定的投资方案，根据项目收益与费用的情况，计算经济评价指标，确定项目的可行性。

其主要步骤如下：

1. 确定项目的现金流量情况；
2. 根据公式计算项目的经济评价指标，如 NPV、NAV、IRR、P_t 等；
3. 根据计算出的指标值及相对应的判别准则，如 NPV≥0，NAV≥0，IRR≥i_c，$P_t \leqslant P_c$ 等来确定项目的可行性。

单方案评价的基本内容在前面已经介绍过，本节主要介绍多方案比选的有关内容。

多方案比选是指对根据实际情况所提出的多个备选方案，通过选择适当的经济评价方法与指标，来对各个方案的经济效益进行比较，最终选择出具有最佳投资效果的方案。

投资方案可有几种不同类型。第一种是互斥(互不相容)的投资方案。即在一组投资方案中接受了某一方案便不能再接受其他的方案，比如建设一个工厂可能有几个可供选择的厂址方案(或者是有几种可供选择的生产工艺方案，或者是几种可能的分期建设方案)，那么我们只能选定其中某一方案,而不能同时选择几种方案。第二种是相互独立的投资方案,即在一组方案中采纳了某一方案,并不影响再采纳其他的方案,只要资金充裕,可以同时兴建几个项目,它们之间并不相互排斥。例如对一系列备选方案进行初步评价,这些备选方案就可以看成是相互独立的。第三种是相关的投资方案,即在多个方案之间,如果接受(或拒绝)某一方案,会显著改变其他方案的现金流量,或者接受(或拒绝)某一方案会影响其它方案的接受(或拒绝),这些方案就是相关的投资方案。

一、互斥投资方案比选

(一)服务期相同的互斥方案的比选

服务期相同的互斥方案,在时间上具有统一的比较范围,满足可比性的要求。对这类方案比选常用的方法有净现值法、净年值法、净现值率法、差额投资内部收益率法、最小费用法等。

1. 净现值法

用净现值法评价互斥方案的步骤如下:

第一步,计算各方案的 NPV 值,并排除 NPV<0 的方案;

第二步,对所有 NPV≥0 的方案比较其净现值;

第三步,选择 NPV 最大者为最佳方案。

表 3—4　互斥方案现金流量表　(单位:元)

方　案	初始投资	年净收益	寿　命
A	10 000	2 800	10年
B	16 000	3 800	10年
C	20 000	5 000	10年

【例 3—4】　三个服务期相同的方案如表 3—4 所示。$i_c=15\%$,试用净现值法选择最佳方案。

解:各方案的净现值计算结果如下:

$$NPV_A = -10\,000 + 2\,800(P/A, 15\%, 10) = 4\,053.2 \text{ 元}$$

$$NPV_B = -16\,000 + 3\,800(P/A, 15\%, 10) = 3\,072.2 \text{ 元}$$

$$NPV_C = -20\,000 + 5\,000(P/A, 15\%, 10) = 5\,095 \text{元}$$

因为 $NPV_C > NPV_A > NPV_B$

所以 C 方案为最佳方案。

2. 差额投资内部收益率法

内部收益率是项目经济评价中经常用到的指标,但它只适用于单方案的评价,对于多方案的比选,则应采用差额投资内部收益率法,否则会得出错误的结论。

差额投资内部收益率是在项目计算期内,使被比较的两方案的投资差额净现值为零时对应的利率,即差额投资内部收益率。其表达式为:

$$\sum_{t=0}^{n}[(CI-CO)_{甲}-(CI-CO)_{乙}]_t(1+\Delta IRR)^{-t}=0 \tag{3—14}$$

式中　CI——现金流入;

CO——现金流出;

ΔIRR——差额投资内部收益率;

t——年份;

n——项目计算期。

采用差额投资内部收益率进行互斥方案比选的步骤

(1)计算各备选方案 IRR,排除不可行的方案。

(2)将 IRR$\geqslant i_c$ 的方案按投资额由小到大依次排列。

(3)计算排在最前面的两个方案的差额内部收益率 ΔIRR,若 ΔIRR$\geqslant i_c$,则说明投资大的方案优于投资小的方案,保留投资大的方案;反之,若 ΔIRR$< i_c$,则保留投资小的方案。

(4)将保留的较优方案依次与相邻方案两两逐对比较,直至全部方案比较完毕,则最后保留的方案就是最优方案。

【例 3—5】 有 A、B、C 二个互斥投资方案,其寿命期均为 10 年,各方案投资和年收益见表 3—5,用差额投资内部收益率选择最佳方案($i_c=10\%$)。

解:由于三个方案的 IRR 均大于 i_c,将它们按投资额大小排列为:$A\rightarrow B\rightarrow C$。

先对方案 A 和 B 进行比较。

根据差额内部收益率的计算公式,有:

$$-(260-170)+(59-44)(P/A,\Delta IRR_{B-A},10)=0$$

可求出: $\Delta IRR_{B-A}=10.43\%>i_c=10\%$

故方案 B 优于方案 A,保留方案 B,继续进行比较。

将方案 B 和方案 C 进行比较:

$$-(300-260)+(68-59)(P/A,\Delta IRR_{C-B},10)=0$$

可求出 $\Delta IRR_{C-B}=18.68\%>i_c=10\%$

故方案 C 优于方案 B。

最后可得结论:方案 C 为最佳方案。

表 3—5 各个方案的净现金流量表 单位:万元

方案 \ 年份	0	1~10
A	−170	44
B	−260	59
C	−300	68

(二)服务期不等的互斥方案比选

对于服务期不等的互斥方案比选的方法主要有净现值法和净年值法。

1. 净现值法

服务期不等的互斥方案不能直接采用净现值法,必须进行适当处理,使其满足时间可比要求。一般可采用研究期法或最小公倍数法,来确定一个共同的分析期限。

(1)研究期法:又称最小计算期法,即选取各方案中最短的计算期为各个方案的共同分析期限。

对于服务期比共同分析期长的方案,要对其在分析期以后的现金流量进行估算,到分析期末回收资产余值。

(2)最小公倍数法:取两方案服务期的最小公倍数作为共同分析期限,并假定各方案现金流量均在这个分析期内反复进行,重复进行计算。

【例 3—6】 某建设项目有 A、B 两个方案,其净现金流量情况如表 3—6 所示,若 $i_c=10\%$,试用净现值法对方案进行比选。

解:A 方案计算期 10 年,B 方案计算期为 5 年,则其共同的计算期为 10 年,也即 B 方案需重复实施两次,B 方案现金流量图如图 3—5 所示。计算在计算期为 10 年的情况下,A、B

两个方案的净现值。

$$NPV_A = -400 + 150 \times (P/A,10\%,9) + 100(P/F,10\%,10) = 502.4(万元)$$

$$NPV_B = -200 + 100 \times (P/A,10\%,5) - 200(P/F,10\%,5) + 100(P/A,10\%,5)(P/F,10\%,5) = 290.27(万元)$$

表 3—6　*A*、*B* 两方案的净现金流量　　单位:万元

方案＼年序	0	1~5	6~9	10
A	-400	150	150	100
B	-200	100	—	—

因为 $NPV_A > NPV_B$

所以 *A* 方案优于 *B* 方案。

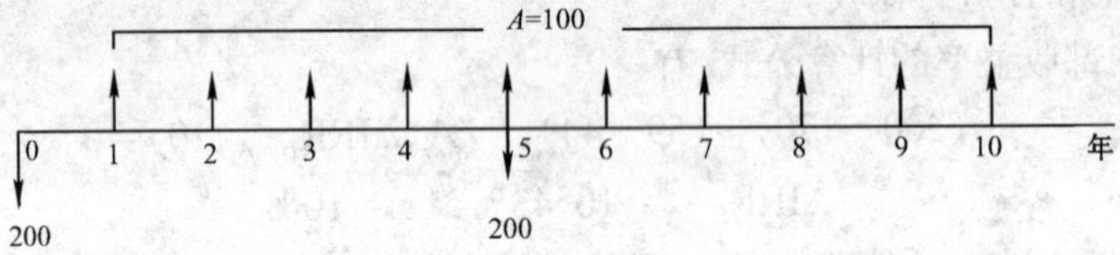

图　3—5

2. 净年值法(NVA)

对于服务期不等的方案比选,净年值法最简便。其比选的步骤如下:

(1)计算各备选方案的等额年值 NAV,排除 NAV≤0 方案;

(2)NAV 值最大的方案为最佳方案。

$$NAV = \left[\sum_{t=0}^{n}(CI - CO)_t(1 + i_c)^{-t}\right](A/P, i_c, n) \tag{3—15}$$

或:

$$NAV = NPV(A/P, i_c, n) \tag{3—16}$$

【例 3—7】　依据例 3—6 资料,采用年值法比较如下:

解:$NAV_A = [-400 + 150(P/A,10\%,9) + 100(P/F,10\%,10)](A/P,10\%,10)$

$= 81.74(万元)$

$NAV_B = [-200 + 100(P/A,10\%,5)](A/P,10\%,5)$

$= 47.24(万元)$

因为 $NAV_A > NAV_B$,

所以 *A* 方案优于 *B* 方案。

二、独立方案的比选

独立方案,是否取舍只与自身经济性有关,其比选方案与单方案评价方法一致,只要本身 NAV≥0,NPV≥0,IRR≥i_c,项目就可被接受。

【例 3—8】　两个独立方案 *A*、*B* 的资料见表 3—7,$i_c = 12\%$,试判定其经济可行性。

解:　$NAV_A = -[500 + 700(P/F,12\%,10)](A/P,12\%,16)$

$+ 240(P/A,12\%,14)(P/F,12\%,2)(A/P,12\%,16)$

$$=20.41(\text{万元})$$

$$NAV_B=-[400+600(P/F,12\%,1)](A/P,12\%,16)$$
$$+240(P/A,12\%,14)(P/F,12\%,2)(A/P,12\%,16)$$
$$=7.78(\text{万元})$$

表 3—7

方 案	A	B
建设期(年)	2	2
第1年投资(万元)	500	400
第2年投资(万元)	700	600
生产期(年)	14	12
年收益(万元)	240	200

因为 $NAV_A>0$,$NAV_B>0$

所以 A、B 两方案均可接受。

三、相关方案比选

相关方案,即各方案中,任一方案的取舍会影响其他方案的取舍,对这类方案比选,常采用"互斥方案组合法"进行选择,即将各方案组合成互斥方案,按互斥方案的评价方法进行评价比选。

【例 3—9】 城市规划部门,决定在甲、乙两地之间修建一条公路,一条铁路,若只建其一,则它们的现金流量见表 3—8。若两个都建,它们的现金流量见表 3—9,由于客货分流的影响,两项都会减少收益,当 $i_c=10\%$时,应如何选择方案?

表 3—8 只上一个项目的净现金流量 单位:百万元

方案＼年序	0	1	2	3～32
铁路(A)	-200	-200	-200	100
公路(B)	-100	-100	-100	60

表 3—9 两个项目都上的净现金流量 单位:百万元

方案＼年序	0	1	2	3～32
铁路(A)	-200	-200	-200	80
公路(B)	-100	-100	-100	35
两项目合计(A+B)	-300	-300	-300	115

解:先将两个相关方案组合成三个互斥方案,再分别计算其净现值,结果如表 3—10 所示。

表 3—10

方案＼年序	0	1	2	3～32	NPV
1. 铁路(A)	-200	-200	-200	100	281.65
2. 公路(B)	-100	-100	-100	60	218.73
3.(A+B)	-300	-300	-300	115	149.80

根据净现值最大的评价标准，在 3 个互斥方案中，$NPV_A > NPV_B > NPV_{A+B} > 0$，故方案 A 为最优可行方案。

此相互独立的投资方案，当有资金限制时，就不能只考虑自身的可行性，这时的独立投资方案具有相关性。资金有限的方案选择，常采用的方法有“净现值率排序法”和“互斥方案组合法”。

1. 净现值率排序法

净现值率排序法的步骤如下：

(1)计算各方案的净现值率；

(2)按净现值率由大到小排列；

(3)按(2)中方案的排列顺序，依次将各方案投资累加，落于资金约束条件范围内的方案，为可接受方案。

【例 3—10】 有 A、B、C 3 个独立方案，基准折现率 $i_c = 10\%$，有关资料见表 3—11，已知总投资限额为1 000万元，试做出最佳投资决策。

解：根据表 3—11 的计算可知 $NPVR_B > NPVR_A > NPVR_C$，且投资总额为1 000万元，所以最佳投资选择 A、B 方案。

表 3—11 独立方案数据表 (单位：万元)

方 案	0	1~10	NPV	NPVR(%)	排 序
A	-400	70	30.12	7.53	2
B	-300	53	25.66	8.55	1
C	-500	86	22.29	4.46	3

2. 互斥方案组合法

互斥方案组合法步骤如下：

(1)将 n 个独立方案任意组合，列出所有的组合方案(共 $2^n - 1$)个。组合后的方案为互斥方案，排除投资总额超限的组合方案。

(2)计算各组合方案的净现值，其中组合方案中净现值最大的即为最优可行方案。

【例 3—11】 依据例 3—10 有关资料，试用互斥方案组合法选择最佳方案。

解：确定不超资金限额的组合方案并计算其净现值，计算结果见表 3—12 所示。

表 3—12 (单位：万元)

序 号	组合方案	投资总额	净现值	最佳组合
1	A	400	30.12	
2	B	300	25.66	
3	C	500	22.29	
4	$A+B$	700	55.78	√
5	$B+C$	800	47.85	
6	$A+C$	900	52.41	

根据表中结果，可知最佳组合方案为 A、B 方案。

思考题与习题

1. 动态分析指标有哪些?

2. 如何应用净现值及内部收益率指标评价方案可行性?

3. 方案类型有哪几种,各用什么方法分析评价。

4. 新建化工厂工程项目,建设期3年,第一年投资8 000万元,第二年投资4 000万元,生产期20年,若 $i_c=10\%$,项目投产后预计年收益3 600万元,试回答:

(1)项目是否可行?

(2)项目的IRR是多少?

5. 某方案的现金流量如下表所示,基准收益率为15%,试计算:

(1)静态与动态的投资回收期;

(2)净现值NPV;

(3)内部收益率。

单位:万元

年　份	0	1	2	3	4	5
现金流量	−2 000	450	550	650	700	800

6. 某公司现月资金800万元,预计新建项目的建设期2年,生产期20年,若投产后的平均收益为180万元时,期望投资收益率为18%,建设期各年投资如下表。试用NPV法从下列3个投资方案中选优。

单位:万元

方　案	甲方案	乙方案	丙方案
第一年	800	300	100
第二年	0	500	700

7. 已知方案 A、B、C 的有关资料如下,在基准折现率为15%时,试分别用净现值与内部收益率法对这3个方案选优。

方　案	初始投资	年收入	年支出	经济寿命
A	3 000万元	1 800万元	800万元	5年
B	3 650万元	2 200万元	1 000万元	5年
C	4 500万元	2 600万元	1 200万元	5年

8. 某公司有5个可供选择的独立方案,各方案初始投资和每年净收益如表所示,5个方案计算期均为10年,$i_c=10\%$,问当投资限额为1 000万元,1 200万元,2 000万元,2 300万元时,最优方案组合分别是什么?

单位:万元

方　案	A	B	C	D	E
投　　资	275	350	460	520	700
每年净收益	84	92	118	135	180

9. 有3个独立型方案 A, B, C，其初始投资分别为240万元，385万元和420万元；年净收益分别为50万元，75万元和82万元。3个方案计算期均为10年，$i_c=12\%$，若投资限额为700万元时，用互斥方案组合法求最优方案组合。

10. 某项工程有3个投资方案，资料如下，用差额投资内部收益率选择最佳方案。$i_c=10\%$。

方　案	Ⅰ	Ⅱ	Ⅲ
投　资(万元)	2 000	3 000	4 000
年收益(万元)	580	780	920
寿　命(年)	10	10	10

11. 试进行方案选优(各方案均无残值，投资及收益的单位均为万元，$i_c=12\%$)。

方　案	A	B
建设期(年)	2	2
第1年投资	600	500
第2年投资	600	500
生产期(年)	16	14
年均收益	260	220

12. 试进行方案选优(各方案均无残值，投资及收益的单位均为万元，$i_c=12\%$)。

方　案	A	B
建设期(年)	2	2
第1年投资	500	400
第2年投资	700	600
生产期(年)	14	12
年均收益	240	200

13. 试进行方案选优(各方案均无残值，投资及收益的单位均为万元，$i_c=15\%$)。

方　案	A	B
建设期(年)	2	2
第1年投资	1 000	300
第2年投资	0	500
生产期(年)	18	16
年均收益	250	182

14. 有4个独立方案，其数据如下，若预算资金为30万元，各方案寿命均为8年，折现率为12%，应选择哪些方案？

方　案	A	B	C	D
初始投资(万元)	15	14	13	17
年净收益(万元)	5	4	3.5	5.5

15. 为了方便某地与其他地区交通，可在两地之间铺设铁路，也可建一条公路，也可既建铁路又修公路。若两项都上，两项目收入都将减少。现金流量如下表所示，当 $i_c=15\%$ 时，请选择最佳方案(单位为万元)。

方　案	0年	1年	2～30年
建铁路	−400	−300	340
修公路	−250	−270	260
建铁路和修公路	−650	−570	560

第四章　工程项目招标与投标

第一节　工程项目招标与投标概述

一、工程项目招投标的概念与分类

(一)工程项目招投标的概念

工程项目招标,是指招标单位(建设单位或业主)就拟建的工程发布通告,用法定方式吸引工程项目的投标单位(承包单位)参加竞争,进而通过法定程序从中选择条件优越者来完成工程建设任务的法律行为。

工程项目投标,是指经过特定审查而获得投标资格的工程项目承包单位,按照招标文件的要求,在规定的时间内向招标单位填报投标书,并争取中标的法律行为。

工程项目招标投标是在市场经济条件下进行工程建设活动的一种主要的竞争形式和交易方式,是引入竞争机制订立合同的一种法律形式。工程项目招投标是以工程勘察、设计或施工等为对象,在招标人和若干个投标人之间进行的交易方式,是商品经济发展到一定阶段的产物。招标人通过招标活动来选择条件优越者,使其力争用最优的技术、最佳的质量、最低的价格和最短的工期完成工程项目任务。投标人也通过这种方式选择项目和招标人,以使自己获得更丰厚的利润。

(二)工程项目招投标的分类

工程项目招投标按《合同法》对建设工程合同的分类,可分为工程勘察招投标、工程设计招投标、工程施工招投标以及工程项目总承包招投标等。

工程勘察、设计招投标是指招标单位就拟建工程的勘察和设计任务发布通告,以法定方式吸引勘察单位或设计单位参加竞争,经招标单位审查获得投标资格的勘察、设计单位,按照招标文件的要求,在规定时间内向招标单位填报投标书,招标单位从中择优确定中标单位完成工程勘察或设计任务。

工程施工招投标则是针对工程施工阶段的全部工作开展的招投标,根据工程施工范围的大小及专业不同,可分为全部工程招投标、单项工程招投标和专业工程招投标等。

工程项目总承包招投标又叫工程项目全过程招投标,亦称“交钥匙”工程招投标。它是指对工程项目从可行性研究、勘察、设计、材料设备采购、施工、安装直至竣工验收、交付使用全过程的招投标。工程总承包单位根据建设单位(业主)所提出的工程要求,对可行性研究、勘察、设计、材料设备选购、工程施工、职工培训、试生产、竣工验收、交付使用等实行全面报价投标。

本章主要讨论工程施工招投标。

二、工程项目招投标的范围

关于工程项目招标的范围,我国《招标投标法》规定,凡在中华人民共和国境内进行下列工程建设项目包括项目的勘察、设计、施工、监理以及与工程建设有关的重要设备、材料等的采购,必须进行招标:

(1)大型基础设施、公用事业等关系社会公共利益、公众安全的项目。

(2)全部或者部分使用国有资金投资或者国家融资的项目。

(3)使用国际组织或外国政府贷款、援助资金的项目。

按照建设部的有关规定,凡政府和公有制企、事业单位投资的新建、改建、扩建和技术改造工程项目的施工,除某些不适宜招标的特殊工程外,均应实行招标投标。凡具备条件的建设单位和相应资质的施工企业均可参加施工招标投标。施工招标可采用项目的全部工程招标、单位工程招标、特殊专业工程招标,但不得对单位工程的分部、分项工程进行招标。对于涉及国家安全、国家秘密、抢险救灾等特殊情况,不适宜进行招标的项目,按照国家有关规定可以不进行招标。

关于工程项目招标具体范围和规模的确定,需要考虑的因素是多方面的。如工程资产的性质和归属,工程规模对社会的影响,工程运作的特殊要求以及实行招标投标的经济性和可操作性等;此外,我国这么大,各地发展很不平衡,情况十分复杂,因此要想划分出一个有较强适应性的具体范围是很困难的。目前,全国各地方关于建设工程招标范围都有各自具体的规定。有的规定,凡属国有和集体所有资产或国有企业和集体经济组织控股的建设项目实行招标;有的规定,凡新建、扩建、改建的工程项目都要实行招标,只有抢险救灾等特殊工程例外;有的规定建筑面积在一定限额或投资总额在一定限额以上的建设项目应当实施招标等。地方确定工程项目招标具体范围,为国家制定统一的范围奠定了基础。

三、招投标活动应遵循的原则

我国《招标投标法》规定:“招标投标活动应当遵循公开、公平、公正和诚实信用的原则”。

1.“公开原则”。就是要求招标活动具有高的透明度,实行招标信息、招标程序公开,即发布招标通告,公开开标、中标结果,使每一个投标人获得同等的信息,知悉招标的一切条件和要求。

2.“公平原则”。就是要求给予所有投标人平等的机会,使其享有同等的权利,并履行相应的义务,不歧视任何一方。

3.“公正原则”。就是要求评标时按事先公布的标准对待所有的投标人。

4.“诚实信用原则”。也是民事活动的基本原则之一。其含义是,招标投标当事人应以诚实、守信的态度行使权利,履行义务,以维持双方的利益平衡,以及自身利益与社会利益的平衡。要求当事人不得通过自己的活动损害第三人和社会的利益,必须在法律范围内,以符合其社会经济目的的方式行使自己的权利。

从以上这些原则出发,《招标投标法》规定了不得规避招标、串通投标、泄露标底、骗取中标、转包合同等诸多条款。

第二节　工程项目招标

一、工程项目招标方式

工程项目招标方式包括公开招标、邀请招标。

1. 公开招标

公开招标又称为无限竞争性招标,是由招标单位以招标公告的方式邀请不特定的法人或其他组织投标。

这种招标方式可为所有的承包商提供一个平等竞争的机会，业主有较大的选择余地，有利于降低工程造价，提高工程质量和缩短工期。但由于参与竞争的承包商可能很多，增加资格预审和评标的工作量。也可能出现故意压低投标报价的投机承包商以低价挤掉对报价严肃认真而报价较高的承包商。因此采用这种招标方式时，业主应加强资格预审，认真评标。此类招标方式主要适用于投资额度大、工艺或结构复杂的较大型工程项目。

2. 邀请招标

邀请招标又称为有限竞争性招标。它是指是招标单位以投标邀请书的方式邀请不特定的法人或其他组织投标。

这种方式不发布广告，业主根据自己的经验和所掌握的各种信息资料，向有能力承担该项工程的承包商发出邀请，一般邀请5～10家(但不能少于3家)前来投标。收到邀请书的单位才有资格参加投标。

这种方式一般可以保证参加投标的承包商有此项目施工经验，信誉可靠，有能力完成该工程项目，招标的组织工作容易，工作量比较小。但由于参加的投标单位较少，竞争性较差，使招标单位对投标单位的选择余地较少，如果招标单位在选择邀请单位前所掌握信息资料不足，则会失去发现最适合承担该项目的承包商的机会。

公开招标和邀请招标都必须规定的招标程序进行，要制订统一的招标文件，投标单位都必须按招标文件的规定进行投标。

在这里值得注意的是议标方式已被取消。这种通过协商的办法确定承包者的方式过去一般用于专业性非常强、紧急工程或不宜公开的工程中，但议标属于非竞争性招标，已不被《招标投标法》认可。

实行公开招标的工程，必须在有形建筑市场或建设行政主管部门指定的报刊上发布招标公告，也可以同时在其他全国性或国外报刊上刊登招标公告。实行邀请招标的工程，也应在有形建筑市场发布招标信息，由招标单位向符合承包条件的单位发出邀请。凡按照规定应该招标的工程不进行招标，应该公开招标的工程不公开招标的，招标单位所确定的承包单位一律无效。建设行政主管部门按照《建筑法》的有关规定，对这种情况不予颁发施工许可证；对于违反规定擅自施工的，依法追究其法律责任。

二、工程项目施工招标条件

1. 建设单位招标应当具备的条件

(1)招标单位是法人或依法成立的其他组织；

(2)有与招标工程相适应的经济、技术、管理人员；

(3)有组织编制招标文件的能力；

(4)有审查投标单位资质的能力；

(5)有组织开标、评标、定标的能力。

不具备上述(2)～(5)项条件的，须委托具有相应资质的招标代理机构办理招标事宜。上述五条中，(1)、(2)两条是对招标单位资格的规定，后三条则是对招标人能力的要求。

2. 招标代理机构应当具备的条件

招标代理机构是依法设立、从事招标代理业务并提供相应服务的社会中介组织。

(1)有从事招标代理业务的营业场所和相应资金；

(2)有能够编制招标文件和组织评标的相应专业力量；

(3)有符合《招标投标法》规定的可以作为评标委员会成员人选的技术、经济等方面的专家库。

招标代理机构从事工程项目招标代理业务的资格由国务院或者省、自治区、直辖市人民政府的建设行政主管部门认定。

3. 工程项目招标应当具备的条件

(1)概算已经批准;

(2)建设项目已经正式列入国家、部门或地方的年度固定资产投资计划;

(3)建设用地的征用工作已经完成;

(4)有能够满足施工需要的施工图纸及技术资料;

(5)建设资金和主要建筑材料,设备的来源已经落实;

(6)已经建设项目所在地规划部门批准,施工现场"三通一平"已经完成或一并列入施工招标范围。

三、工程项目施工招标程序

工程项目施工招标投标程序,是指在工程施工招标投标活动中,按照一定的时间、空间顺序运作的次序、步骤、方式。由于公开招标是程序最为完整、规范、典型的招标方式,因此,掌握公开招标的程序,对于承揽工程任务,签订相关合同具有重要意义。

公开招标的程序分为6大步骤,即工程项目报建;编制招标文件;投标者的资格预审;发放招标文件;开标、评标与定价;签订合同。整个程序包含15个环节,具体见图4—1。

(一)工程项目报建

工程项目报建,是工程项目招投标的重要条件之一。它是指工程项目建设单位或个人,在工程项目确立后的一定期限内向建设行政主管部门(建设工程招标投标管理机构)申报工程项目,办理项目登记手续。凡未报建的工程项目,不得办理招标投标手续和发放施工许可证,施工单位不得承接该项目的施工任务。

1. 工程项目报建范围:各类房屋建筑、土木工程、设备安装、管道线路敷设、装饰装修等新建、扩建、改建、迁建、恢复建设的基本建设及技改项目。属于招标范围的工程项目都必须报建。

2. 工程项目报建内容主要包括:工程名称、建设地点、建设内容、投资规模、资金来源、当年投资额、工程规模、结构类型、发包方式、计划开工竣工日期、工程筹建情况等。

3. 办理工程项目报建时应交验的文件资料:立项批准文件或年度投资计划,固定资产投资许可证,建设工程规划许可证,资金证明。

(二)审查建设单位资质

审查建设单位资质即审查建设单位是否具备招标条件,不具备有关条件的建设单位,须委托具有相应资质的中介机构代理招标,建设单位与中介机构签订委托代理招标的协议,并报招标管理机构备案。

(三)招标申请

招标申请书是招标单位向政府主管机关提交的要求开始组织招标、办理招标事宜的一种文书。招标单位进行招标,应填写"建设工程施工招标申请表",凡招标单位有上级主管部门的,需经该主管部门批准同意后,连同"工程项目报建登记表"报招标管理机构审批。申请书的主要内容包括:工程名称、建设地点、招标工程建设规模、结构类型、招标范围、招标方式、要求施工企业等级、施工前期准备情况(土地征用、拆迁情况、勘察设计情况、施工现场条件等)、招标机构组织情况等。招标申请书批准后,就可以编制资格预审文件和招标文件。

(四)资格预审文件、招标文件编制与送审

公开招标时,要求进行资格预审,只有通过资格预审的施工单位才可以参加投标。

资格预审文件和招标文件须经招标管理机构审查,审查同意后方可刊登资格预审通告、招标通告。

(五)刊登资审通告、招标通告

招标申请书和招标文件获得批准后,招标单位就要发布招标公告。我国《招标投标法》指出,招标人采用公开招标方式的,应当发布招标公告。依法必须进行招标的项目的招标公告,应当通过国家指定的报刊、信息网络或者其他媒介发布。招标公告应当载明招标人的名称和地址,招标项目的性质、数量、实施地点和时间以及获取招标文件的办法等事项。工程项目的公开招标应在建设工程交易中心发布信息,同时也可通过报刊、广播、电视等公共传播媒介发布"资格预审通告"或"招标通告"。

(六)资格预审

《招标投标法》规定,招标人可以根据招标项目本身的要求,在招标公告或者投标邀请书中,要求潜在投标人提供有关资质证明文件和业绩情况,并对潜在投标人进行资格审查;国家对投标人的资格条件有规定的,依照其规定。招标人不得以不合理的条件限制或者排斥潜在投标人,不得对潜在投标人实行歧视待遇。

通过对申请资格预审的投标人送交填报的资格预审文件和资料进行评比分析,确定出合格的投标人的名单,并报招标管理机构核准。

(七)发放招标文件

招标单位将招标文件、图纸和有关技术资料发放给通过资格预审获得投标资格的投标单位。不进行资格预审的,发放给愿意参加投标的单位。投标单位收到招标文件、图纸和有关资料后,应认真核对,核对无误后应以书面形式予以确认。招标单位在发放招标文件和有关资料时,可收取投标保证金。

(八)勘察现场

招标文件发放后,招标单位要在招标文件规定的时间内,组织投标单位踏勘现场。

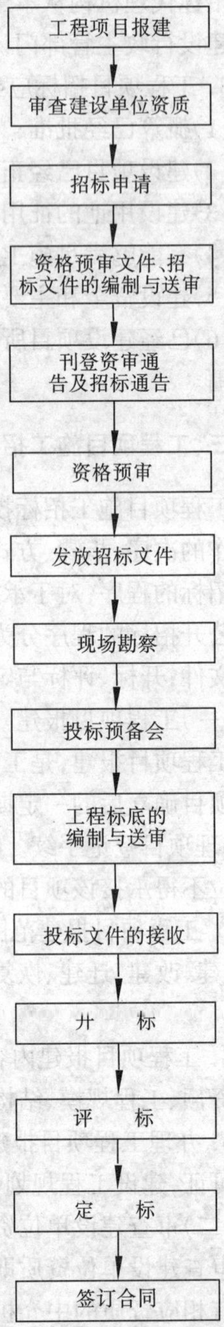

图 4—1　公开招标程序框图

1. 勘察现场的目的在于了解工程场地和周围环境情况,以获取投标单位认为有必要的信息。为便于投标单位提出问题并得到解答,勘察现场一般安排在投标预备会之前进行。

2. 投标单位在勘察现场中如有疑问或不清楚的问题,应在投标预备会前以书面形式向招标单位提出,但应给招标单位留有解答时间。

3. 招标单位应向投标单位介绍有关现场的以下情况:施工现场是否达到招标文件的条

件;施工现场的地理位置和地形、地貌;施工现场的地质、土质、地下水位、水文等情况;施工现场气候条件,如气温、湿度、风力、年雨雪量等;现场环境,如交通、饮水、污水排放、生活用电、通信等;工程在施工现场中的位置或布置;临时用地、临时设施搭建等。

(九)投标预备会

投标预备会也称答疑会、标前会议,是指招标单位为澄清或解答招标文件或现场踏勘中的问题,以便投标单位更好地编制投标文件而组织召开的会议。

(十)工程标底的编制与送审

当招标文件的商务条款一经确定,即可进入标底编制阶段。标底编制完后应将必要的资料报送招标管理机构审定。

(十一)投标文件的接收

投标文件是招标单位判断投标单位是否愿意参加投标的依据,也是评标组织进行评审和比较的对象,中标的投标文件和招标文件一起成为招投标双方订立合同的法定依据。因此,投标文件是招标活动中最重要的文件之一。

依照《招标投标法》规定,投标人应当在招标文件要求提交投标文件的截止时间前,将投标文件送达指定地点。招标人收到投标文件后,应当签收保存,不得开启。投标人少于3个的,招标人应依法重新招标。在招标文件要求提交投标文件的截止时间后送达的投标文件,招标人应当拒收。投标人在招标文件要求提交投标文件的截止时间前,可以补充、修改或者撤回已提交的投标文件,并书面通知招标人。补充、修改的内容为投标文件的组成部分。

在投标截止时间前,招标单位在接收投标文件中应注意核对投标文件是否按招标文件的规定进行密封和标志。在开标前,应妥善保管好投标文件、修改和撤回通知等投标资料;由招标单位管理的投标文件需经招标管理机构密封或送招标管理机构统一保管。

(十二)开　标

在投标截止日期后,按规定时间、地点,在投标单位法定代表人或授权代理人在场的情况下举行开标会议,按规定的议程进行开标。

(十三)评　标

由建设单位(或招标代理机构)、建设单位上级主管机关协商,按有关规定成立评标委员会,在招标管理机构监督下,依据评标原则、评标方法,对投标单位报价、工期、质量、主要材料用量、施工方案或施工组织设计、以往业绩、社会信誉、优惠条件等方面进行综合评价,公正合理择优选择中标单位。

(十四)定　标

中标单位选定后由招标管理机构核准,获准后招标单位发出“中标通知书”。

(十五)合同签订

建设单位与中标的单位在规定的期限内签订工程承包合同。

邀请招标的程序与公开招标大同小异,其不同点是将公开招标程序中的资格预审环节改为发出投标邀请书,其他环节相同。

四、工程施工招标资格预审

(一)资格预审的目的

通常公开招标采用资格预审,只有资格预审合格的施工单位才准许参加投标;不采用资格预审的公开招标应进行资格后审,即在开标后进行资格审查。通过资格预审可以达到下列目的:

1. 了解投标人的财务状况、技术力量以及类似本工程的施工经验,为招标人选择优秀的投标人打下良好的基础;

2. 事先淘汰不合格的投标人,排除将合同授予不合格的投标人的风险;

3. 减少评标阶段的工作时间,减少评标费用;

4. 使不合格的投标人节约购买招标文件、现场考察和投标的费用。

(二)资格预审程序

在公开招标进行资格预审时,首先通过对申请单位填报的资格预审文件和资料进行评比和分析,确定出合格申请单位的短名单,将短名单报招标管理机构审查核准。其次待招标管理机构核准同意后,招标单位向所有合格的申请单位发出资格预审合格通知书。申请单位在收到资格预审合格通知书后,应以书面形式予以确认,在规定的时间购买招标文件、图纸及有关技术资料,并在投标截止日期前递交有效的投标文件。

(三)资格预审审查的主要内容

1. 参加投标的单位至少须满足该工程所要求的资质等级。

2. 参加投标的施工单位必须具有独立法人资格和相应的施工资质。

3. 投标单位应按规定格式提供资格文件,以证明其符合投标合格条件和具有履行合同的能力。包括:有关确立投标单位法律地位的原始文件的副本(包括营业执照、资质等级证书等);投标单位在近3年(或按资审文件规定的年限)内完成的与本工程相似的工程的情况和正在履行合同的工程情况;管理和执行本合同所配备主要人员的情况;执行本合同拟采用的主要施工机械设备情况;提供拟分包的工程项目及拟承担分包工程项目的分包人情况;提供近两年(或按资审文件规定的年限)经审计的财务报表、今后两年财务预测以及投标单位出具的允许招标人在其开户银行进行查询的授权书;投标单位近两年(或按资审文件规定的年限)介入的诉讼情况等。

4. 两个以上法人或者其他组织可以组成一个联合体,以一个投标人的身份共同投标。联合体各方均应当具备承担招标项目的相应能力;国家有关规定或者招标文件对投标人资格条件有规定的,联合体各方均应当具备规定的相应资格条件,由同一专业的单位组成的联合体,按照资质等级低的单位确定资质等级。联合体各方应当签订共同投标协议,明确约定各方拟承担的工作和责任,并将共同投标协议连同投标文件一并提交招标人。联合体中标的,联合体各方应当共同与招标人签订合同,并就中标项目向招标人承担连带责任。

五、工程项目施工招标文件的内容

工程项目施工招标文件一般包含下列10个方面的内容:即投标邀请书、投标人须知、合同条件、技术规范、投标书和投标保证金格式、工程量清单、合同协议书、各类保证、资料表、图纸等。下面就其中的部分内容作一介绍。

(一)投标邀请书

投标邀请书是用来邀请资格预审合格的投标人,按招标人规定的条件和时间前来投标。它一般应说明以下几点:

1. 招标人单位,招标性质;

2. 资金来源；

3. 工程简况，分标情况，主要工程数量，工期要求；

4. 承包人为完成本工程所需提供的服务内容，如施工、设备和材料采购、劳务等；

5. 发售招标文件的时间、地点、售价；

6. 投标文件送交的地点、份数和截止时间；

7. 提交投标保证金的规定额度和时间；

8. 开标的日期、时间和地点；

9. 现场考察和召开标前会议的日期、时间和地点。

(二)投标人须知

投标须知是招标文件中很重要的一部分内容，投标者在投标时必须仔细阅读和理解，按须知中的要求进行投标，其内容包括：总则、招标文件、投标报价说明、投标文件的编制、投标文件递交、开标、评标、授予合同等8项内容。一般在投标须知前有一张“前附表”。“前附表”是将投标者须知中重要条款规定的内容用一个表格的形式列出来，投标者在整个投标过程中必须严格遵守和深入的考虑。前附表的格式和内容如表4—1所示。

表4—1 投标须知的前附表

项 号	内 容 规 定
1	工程名称： 建设地点： 结构类型： 承包方式： 要求工期：______年______月______日开工 ______年______月______日竣工 工期__________天(日历天)
2	合同名称：
3	资金来源：
4	投标单位资质等级：
5	投标有效期__________天(日历天)
6	投标保证金额：______%或______元
7	投标预备会： 时间： 地点：
8	投标文件份数： 正本______份 副本______份
9	投标文件递交至 单位： 地址：
10	投标截止日期： 时间：
11	开标时间： 时间： 地点：
12	评标办法：

以下对投标人须知的有关内容作进一步介绍。

1. 总　　则

(1)工程描述。说明本工程的名称、地理位置、工程规模和性质、工程分标情况、本合同的工作范围等。

(2)资金来源。说明招标项目的资金来源。

(3)资格与合格条件要求。投标人应提交独立法人资格和相应的施工资质证书,提供令招标人满意的资格文件,包括拟实施本合同的项目经理简历及拟在现场和不在施工现场的管理和主要施工人员情况、拟采用的主要施工机械设备情况、投标单位在过去三年中已完成合同和正在履行的工程合同的情况、投标单位自身的财务状况包括近二年经过审计的财务报表等,以证明投标人具有履行合同的能力。两个或两个以上施工单位组成的联合体投标时,每一个成员均应提交上述资格与合同要求的资料,应指定联营体中的某一成员为主办人,并由联营体各成员的法人代表签署一份授权书,证明其主办人的资格,联营体应随投标文件递交联营体各成员之间签订的"联营体协议书"的副本。协议书中应明确为实施合同各成员所承担的共同责任和各自的责任。

(4)投标费用。投标单位应承担投标期间的一切费用,不管是否中标,招标单位不承担投标单位的任何投标费用。

2. 招标文件

(1)招标文件。招标文件包括下列内容:

第一卷　投标须知、合同条件及合同格式(亦称商务条款)

　第一章　投标须知

　第二章　施工合同通用条款

　第三章　施工合同专用条款

　第四章　合同格式

第二卷　技术规范

　第五章　技术规范

第三卷　投标文件

　第六章　投标书及投标书附录

　第七章　工程量清单与报价表

　第八章　辅助资料表

　第九章　资格审查表(资格后审用)

第四卷　图纸

　第十章　图纸

对于邀请招标的招标文件的内容除去上述公开招标文件的第九章资格审查表以外,其余与公开招标文件的完全相同。我国在施工项目招标文件的编制中除合同协议条款较少采用外,基本都按《建设工程施工招标文件范本》的规定进行编制。

(2)招标文件的澄清。投标单位在得到招标文件后,若有问题需要澄清,应以书面形式向招标单位提出,招标单位应以通讯的形式或招标预备会的形式予以解答,但不说明其问题的来源,答复将以书面形式送交所有的投标者。

(3)招标文件的修改。在投标截止日期前,招标单位可以补充通知形式修改招标文件。为使投标单位有时间考虑招标文件的修改,招标单位有权延长递交投标文件的截止日期。对投标文件的修改和延长投标截止日期应报招标管理部门的批准。

3. 投标文件的编制

投标文件的编制主要说明投标文件的语言、投标文件的组成、投标有效期、投标保证金、投标预备会、投标文件的份数和签署等内容。

(1)投标文件的语言

投标文件及投标单位与招标单位之间的来往通知、函件应采用中文,在少数民族聚居的地区也可使用该少数民族的语言文字。

(2)投标文件的组成

投标文件一般由下列内容组成:投标书、投标书附录、投标保证金、法定代表人的资格证明书、授权委托书、具有价格的工程量清单与报价表、辅助资料表,资格审查表(有资格预审的可不采用)、提出的替代方案和按本须知规定提供的其他资料。

对投标文件中的以上内容通常都在招标文件中提供统一的格式,投标单位按招标文件的统一规定和要求进行填报。

(3)投标报价

这是投标须知中对投标价格、投标价格采用的方式和投标货币等问题的说明。

①投标价格。除非合同另有规定,具有报价的工程量清单中所报的单价和合价,以及报价总表中的价格应包括人工、施工机械、材料、安装、维护、管理、保险、利润、税金,政策性文件规定、合同包含的所有风险和责任等各项费用。

不论是招标单位在招标文件中提出的工程量清单,还是招标单位要求投标单位按招标文件提供的图纸列出的工程量清单,其工程量清单中的每一项的单价和合价都应填写,未填写的将不能得到支付,并认为此项费用已包含在工程量清单的其他单价和合价中。

②投标价格采用的方式。投标价格采用价格固定和价格调整两种方式。

采用价格固定方式的应写明:投标单位所填写的单价和合价在合同实施期间不因市场变化因素而变化,在计算报价时可考虑一定的风险系数。

采用价格调整方式的应写明:投标单位所填写的单价和合价在合同实施期间可因市场变化因素而变动。

③投标的货币。对于国内工程的国内投标单位的项目应写明:投标文件中的报价全部采用人民币表示。

(4)投标有效期

投标有效期一般是指从投标截止日起到公布中标日为止的一段时间。一般在投标须知的前附表中规定投标有效期的时间(例如 28 天),那么投标文件在投标截止日期后的 28 天内有效。按照国际惯例,投标有效期一般为 90~120 天。在此期间,全部投标均为有效,投标人不得修改或撤销其投标。有效期应保证招标人有足够的时间对全部投标文件进行比较、评价及最后选定中标者。

在原定投标有效期满之前,如因特殊情况,经招标管理机构同意后,招标单位可以向投标单位书面提出延长投标有效期的要求,此时,投标单位须以书面的形式予以答复,对于不同意延长投标有效期的,招标单位不能因此而没收其投标保证金。对于同意延长投标有效期的,不得要求在此期间修改其投标文件,而且应相应延长其投标保证金的有效期,对投标保证金的各种有关规定在延长期内同样有效。

(5)投标保证金

投标人应按前附表中规定的数额提交投标保证金。投标保证金可以是现金、支票、银行汇票,也可以是在中国注册的银行出具的银行保函。对于银行保函应按招标文件规定的格式填写,其有效期应超过招标文件规定的投标有效期28天。对未能按要求提供投标保证金的投标文件,招标单位将视为不响应投标而予以拒绝。

未中标的投标单位的投标保证金,招标单位应尽快将其退还,一般最迟不得超过投标有效期期满后的14天。

中标的投标单位的投标保证金,在按要求提交履约保证金并签署合同协议后,予以退还。

对于在投标有效期内撤回其投标文件或在中标后未能按规定提交履约保证金或签署协议者将没收其投标保证金。

(6)投标预备会

投招标预备会目的是为了澄清投标单位对投标文件的疑问,解答投标单位提出的问题,而且往往与组织投标单位考察现场结合进行。投标预备会召开的时间和地点在前附表中应作出明确规定。

投标预备会的会议记录包括对投标单位提出问题和答复的副本,应尽快发送给投标单位。对于投标单位提出要求答复的问题要求在投标预备会前7天以书面形式送达招标单位,对于在投标预备会期间产生的招标文件的修改按本须知中招标文件修改的规定,以补充通知形式发出,并作为招标文件的组成部分。

(7)投标文件的份数和签署

投标单位应按前附表规定提交一份"投标文件正本"和数份副本。正本是指投标人填写所购买的招标文件的表格以及"投标人须知"中所要求提交的全部文件和资料,副本为正本的复印件,并在封面上明确标明"正本"和"副本"字样。若投标文件的正本与副本有不一致时,以正本为准。投标文件均应使用不能擦去的墨水打印和书写,由投标单位法定代表人亲自签署并加盖法人公章和法定代表人印鉴。

全套投标文件应无涂改和行间插字,若有涂改和行间插字处,应由投标文件签字人签字并加盖印鉴。

4. 投标文件的递交

(1)投标文件的密封与标志

投标单位应将投标文件的正本和副本分别密封在内层包封内,再密封在一个外层包封内,并在内包封上注明"投标文件正本"或"投标文件副本"。

外层和内层包封都应写明投标单位名称,合同名称、投标编号并注明开标时间以前不得开封。在内层包封上还应写明投标单位的邮政编码、地址和名称,以便投标出现逾期送达时能原封退回。

如果在内层包封未按上述规定密封并加写标志,招标单位将不承担投标文件错放或提前开封的责任,由此造成的提前开封的投标文件将予以拒绝,并退回投标单位。

(2)投标截止日期

投标单位应按前附表规定的投标截止日期的时间之前递交投标文件。

招标单位因补充通知修改招标文件而酌情延长投标截止日期的,招标和投标单位在投标截止日期方面的全部权力、责任和义务,将适用延长后新的投标截止期。

(3)投标文件的修改与撤回

投标单位在递交投标文件后,可以在规定的投标截止时间之前以书面形式向招标单位递交修改或撤回其投标文件的通知。在投标截止时间之后,则不能修改与撤回投标文件,否则,将没收投标保证金。

5. 开　　标

招标单位应在前附表规定的开标时间和地点举行开标会议，投标单位的法人代表人或授权代理人应签名报到，以证明出席开标会议。投标单位未派代表出席开标会议的视为自动弃权。

开标会议在招标管理机构监督下，由招标单位组织主持，对投标文件开封进行检查，确定投标文件内容是否完整和按顺序编制，是否提供了投标保证金，文件签署是否正确。按规定提交合格撤销投标通知的投标文件不予开封。

投标文件有下列情况之一者将视为无效：

①投标文件未按规定标志和密封；

②未经法定代表人签署或未盖投标单位公章或未盖法定代表人印鉴的；

③未按规定格式填写，内容不全或字迹模糊、辨认不清的；

④投标截止日期以后送达的。

招标单位在开标会议上当众宣布开标结果，包括有效投标的投标人名称、投标报价、工期、质量、主要材料用量、投标保证金以及招标单位认为适当的其他内容。

6. 评　　标

(1)评标过程保密

公开开标后，直到宣布授予中标单位为止，凡属于评标机构对投标文件的审查、澄清、评比和比较的有关资料和授予合同的信息、工程标底情况都不应向投标单位和与该过程无关的人员泄露。

在评标和授予合同过程中，投标单位对评标机构的成员施加影响的任何行为，都将导致取消投标资格。

(2)投标文件的澄清

为了有助于对投标文件的审查评比和比较，评标机构可以个别要求投标单位澄清其投标文件。有关澄清的要求与答复，均须以书面形式进行，在此不涉及投标报价的更改和投标的实质性内容。

(3)投标文件的实质上响应检查

在详细评标之前，评标机构将首先审定每份投标文件是否实质上响应了招标文件的要求。所谓实质响应招标文件的要求，是指投标文件应与招标文件所规定的要求、条件、条款和规范相符，无显著差异或保留。所谓显著差异或保留是指对工程的发包范围、质量标准、工期等方面有重大改变，或者对合同中规定的招标单位权力及投标单位的义务有重大限制，而且纠正这种差异或保留，将会对其他实质上响应要求的投标单位的竞争地位产生不公正的影响。

如果投标文件没有实质上响应招标文件的要求，其投标将被予以拒绝，并且不允许通过修正或撤销其不符合要求的差异或保留使其成为具有响应性的投标。

(4)错误的修正

评标机构将对确定为实质响应的投标文件进行校核，看其是否有计算和累加的错误，若发现算术错误，按以下修正：

①如果用数字表示的数额与用文字表示的数额不一致时，以文字数额为准。

②当单价与合价不一致时，以单价为准，除非评估机构认为有明显的小数点错位，此时应以标出的合价为准，并修改单价。

按上述修改错误的方法,调整投标书的投标报价须经投标单位同意后,调整后的报价才对投标单位起约束作用。如果投标单位不同意调整投标报价,则视投标单位拒绝投标,没收其投标保证金。

(5)投标文件的评价与比较

在评价与比较时应根据前附表评标办法一项规定的评标内容进行。通常是对招标单位的投标报价、工期、质量标准、主要材料用量、施工方案或施工组织设计、优惠条件、社会信誉及以往业绩等进行综合评价。

投标价格采用价格调整的,在评标时不考虑执行合同期间价格变化和允许调整的规定。

7. 授予合同

(1)授予合同的标准

招标单位将把合同授予其投标文件在实质上响应招标文件的要求,经评价和比较选出的报价合理、有足够的能力和资源完成本合同的投标人。

(2)中标通知书

经评标确定出中标单位后,在投标有效期截止前,招标单位将以书面的形式向中标单位发出:"中标通知书",说明中标单位按本合同实施、完成和维修本工程的中标报价(合同价格),以及工期、质量和有关签署合同协议书的日期和地点,同时声明该"中标通知书"为合同的组成部分。

(3)履约保证

中标单位应按规定提交履约保证,履约保证可由在中国注册银行出具的银行保函(保证数额为合同价的5%),也可由具有独立法人资格的经济实体出具履约担保书(保证数额为合同价10%)。投标单位可以选其中一种,并使用招标文件中提供的履约保证格式。中标后不提供履约保证的投标单位将没收其投标保证金。

(4)合同协议书的签署

中标单位按"中标通知书"规定的时间和地点,由投标单位和招标单位的法定代表人按招标文件中提供的合同协议书签署合同。若对合同协议书有进一步的修改或补充,应以"合同协议书谈判附录"形式作为合同的组成部分。

中标单位按文件规定提供履约保证后,招标单位及时将评标结果通知其他未中标的投标单位。

六、招标工程标底的编制与审查

(一)标底的概念及其作用

1. 标底的概念

标底,是指由招标单位自行编制或委托具有编制标底资格和能力的代理机构代理编制,并按规定经审定的招标工程的预期价格。标底是招标人对招标工程所需费用的自我测算和控制,也是判断投标报价合理性的依据。制定标底是工程招标的一项重要准备工作。

2. 标底的作用

(1)使建设单位预先明确招标工程的投资额度,并据此筹措和安排建设资金。

(2)给上级主管部门提供核实建设规模的依据。

(3)是衡量投标报价的准绳,评标的重要尺度。

只有制定了正确的标底,才能正确判断投标人所投报价的合理性、可靠性。因此,招标工程必须以严肃认真的态度和科学的方法来编制标底。

（二）编制标底的依据和一般原则

1. 编制标底的主要依据

（1）招标文件。

（2）工程施工图纸、工程量计算规则。

（3）施工现场地质、水文、地上情况的有关资料。

（4）施工方案或施工组织设计。

（5）现行工程预算定额、工期定额、工程项目计价类别及取费标准。

（6）国家或地方有关价格调整文件规定。

（7）招标时建筑安装材料及设备的市场价格。

2. 编制标底应遵循的原则

（1）遵守国家的法律和政策的原则。依据国家、行业、地方规定的有关标准、规则和定额进行编制。

（2）公平的原则。保证不同性质企业的投标人享有同等待遇，应按工程项目类别计价。

（3）有利于市场竞争的原则。力求与市场的实际变化吻合。

（4）合理定价的原则。标底应由成本、利润、税金等组成，应控制在批准的总概算（或修正总概算）及投资包干的限额内。

（5）优质优价的原则。工程要求优良的应增加相应的费用。

（6）公正原则。一个工程只能编制一个标底。

（7）保密原则。标底编制完成后，有保密责任，不得泄漏，并采用编审分离和回避制度。

（三）标底组成的主要内容

1. 标底的综合编制说明。

2. 标底价格审定书、标底价格计算书、带有价格的工程量清单、现场因素、各种施工措施费的测算明细以及采用固定价格工程的风险系数测算明细等。

3. 主要材料用量。

4. 标底附件：如各项交底纪要、各种材料及设备的价格来源、现场的地质、水文、地上情况的有关资料、编制标底价格所依据的施工方案或施工组织设计等。

（四）标底的编制方法

当前，我国工程项目施工招标标底主要采用工料单价法和综合单价法来编制。

1. 工料单价法

具体做法是根据施工图纸及技术说明，按照预算定额规定的分部分项工程子目，逐项计算出工程量，再套用定额单价（或单位估价表）确定直接费，然后按规定的费用定额确定其他直接费、现场经费、间接费、计划利润和税金，还要加上材料调价系数和适当的不可预见费，汇总后即为工程预算，也就是标底的基础。

2. 综合单价法

综合单价法编制标底其各分部分项工程的单价，应包括人工费、材料费、机械费、其他直接费、间接费、有关文件规定的调价、利润、税金以及采用固定价格的风险金等全部费用。综合单价确定后，再与各分部分项工程量相乘汇总，即可得到标底价格。

（五）标底的审定

标底的审定，是指政府有关主管部门对招标人已完成的标底进行的审查认定。工程施工招标的标底价格应在投标截止日期后、开标之前按规定报招标管理机构审查，招标管理机构在规定时间内完成标底的审定工作，未经审查的标底一律无效。

1. 标底审查时应提交的文件

标底报送招标管理机构审查时，应提交工程施工图纸、方案或施工组织设计、填有单价与合价的工程量清单、标底计算书、标底汇总表、标底审定书、采用固定价格的工程的风险系数测算明细以及现场因素、各种施工措施测算明细、主要材料用量、设备清单等。

2. 标底审定内容

对采用工料单价法编制的标底价格，主要审查以下内容，标底计价内容；预算内容；预算外费用。对采用综合单价法编制的标底价格，主要审查以下内容：标底计价内容；工程量清单单价组成分析；设备市场供应价格、措施费、现场因素费用等。

3. 标底的审定时间

标底的审定时间一般在投标截止日后，开标之前。

4. 标底的保密。

标底审定完后应及时封存，直至开标。

第三节　工程项目投标

一、投标的组织

进行工程投标，需要有专门的机构和人员对投标的全部活动过程加以组织和管理，实践证明，建立一个强有力的、内行的投标班子是投标获得成功的根本保证。

在工程承包招标投标竞争中，对于业主来说，招标就是择优。由于工程的性质和业主的评价标准的不同，择优可能有不同的侧重面，但一般包含如下 4 个主要方面：

(1)较低的价格；

(2)先进的技术；

(3)优良的质量；

(4)较短的工期。

业主通过招标，从众多的投标者中进行评选，既要从其突出的侧重面进行衡量，又要综合考虑上述 4 个方面的因素，最后确定中标者。

对于投标人来说，参加投标就面临一场竞争。投标人希望以自己在技术、经验、实力和信誉等方面的优势在竞争中获胜，占据市场，求得发展。

一个好的投标班子应该由经营管理类人才、技术专业类人才、商务金融类人才和合同管理类人才组成。所谓经营管理类人才，是指专门从事工程承包经营管理、制定和贯彻经营方针与规划，负责工作的全面筹划和安排，具有决策水平的人才。这类人才应具备渊博的知识、广阔的视野；具有一定的法律知识和实际工作经验；具备较强的思维能力和社会活动能力；掌握一套科学的研究方法和手段。所谓专业技术人才，主要是指工程施工中的各类技术人员，诸如建筑师、土木工程师、电气工程师、机械工程师等各类专业技术人员。他们应拥有本学科最新的专业知识，具备熟练的实际操作能力，以便在投标时能从本公司的实际技术水平出发，考虑各项专业实施方案。所谓商务金融类人才，是指具有金融、贸易、税法、保险、采购、保函、索赔等专业知识的人才。财务人员要懂税收、保险、涉外财会、外汇管理和结算等方面的知识。所谓合同管理类人才，是指熟悉经济合同相关法律、法规，熟悉合同条件并能进行深入分析、提出应特别注意的问题、具有合同谈判和合同签订经验、善于发现和处理索赔等方面的敏感问题的专业人员。总之，投标班子应由方方面面的人才组成，同时要注意保持投标班子成员的相对稳定，积累和总结以往经验，不断提高其素质和水平，以形成一个高效率的工作集体，从而提高投标报价的竞争力。同时，逐步采用或开发有关投标报价的软件，使投标报价工作更加快速、准确。如果是国际工程(包含境内涉外工程)投标，则应配备懂得专业和合同管理的外语翻译人员。

二、工程联合承包的方式

对于那些工程规模巨大或技术复杂，以及承包市场竞争激烈，而由一家公司总承包有困难的项目，可以由几家工程公司联合起来承包，以发挥各公司的特长和优势，降低报价，提高工程质量，缩短工期，赢得竞争能力。联合承包，可以是同一国家或地区的公司的国内联合，也可以是国际性的联合，即几个不同国家或地区的公司的联合。这类联合组织有多种形式，如：

1. 合资公司。合资公司是由两个或两个以上公司共同出资成立具有法人资格的承包公司，属于紧密型的联合。这种合资公司具有长远的目标，不是为承包某一项具体工程而组织的。

2. 联合集团。各公司单独具有法人资格，但联合集团不一定以集体名义注册为一家公司，他们可以联合承包一项或多项工程。

3. 联合体。专门为特定的工程项目组成一个非永久性集团，对该项目进行承包。

联合承包有利于各公司相互学习、取长补短、相互促进、共同发展，但需要拟定完善的合作协议和严格的管理制度，并加强科学管理。

三、投标程序

(一)投标程序

已经具备投标资格并愿意投标的投标人，可以按照图 4—2 投标工作程序图所列步骤进行投标。

(二)投标过程

投标过程是指从填写资格预审表开始，到将正式投标文件送交业主为止所进行的全部工作。一般需要完成下列各项工作：

(1)填写资格预审调查表，申报资格预审。

(2)购买招标文件(当资格预审通过后)。

(3)组织投标班子。

(4)进行投标前调查与现场考察。

(5)选择咨询单位。

(6)分析招标文件，校核工程量，编制施工规划。

(7)工程估价，确定利润方针，计算和确定报价。

(8)编制投标文件。

(9)办理投标担保。

(10)递交投标文件。

下面分别介绍投标过程中的各个步骤。

1. 资格预审

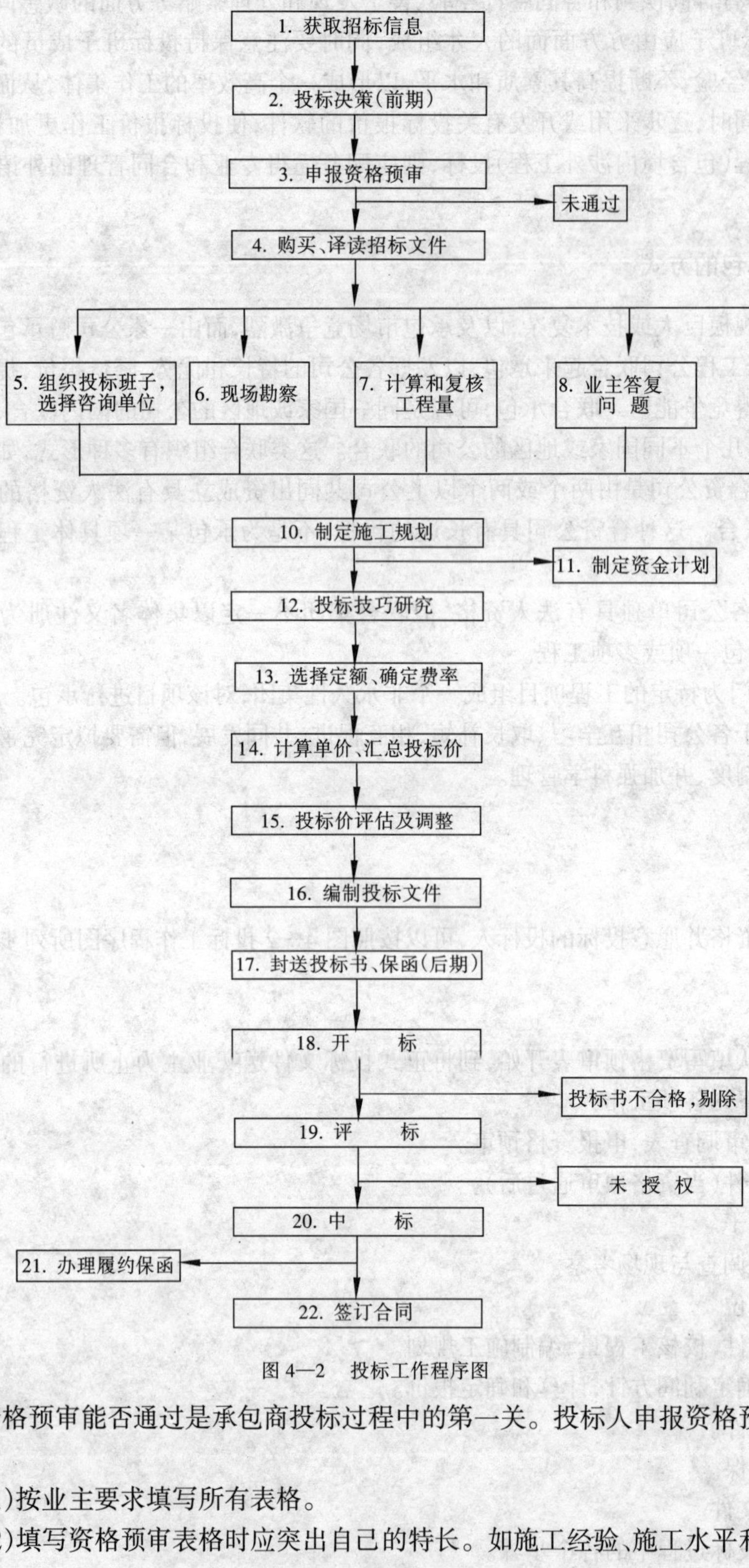

图 4—2 投标工作程序图

资格预审能否通过是承包商投标过程中的第一关。投标人申报资格预审时应注意以下几点:

(1)按业主要求填写所有表格。

(2)填写资格预审表格时应突出自己的特长。如施工经验、施工水平和施工组织管理能力等。

(3)对强制性指标部分的填写应特别慎重,应满足业主要求。

(4)注意平时资料的积累,做好资料储存工作。

(5)做好递交资格预审表后的跟踪工作。

2. 投标前的调查与现场考察

施工现场考察是投标者必须经过的投标程序,按照国际惯例,投标者提出的报价单一般被认为是在现场考察的基础上编制的,一旦报价单提出之后,投标者就不得因为现场考察不周,情况了解不细或因素考虑不全面而提出修改投标、调整报价或提出补偿等要求。

现场考察既是投标者的权利又是他的职责。因此,投标者在报价以前必须认真地进行施工现场考察,全面地、仔细地调查了解工地及其周围的政治、经济、地理等情况。

现场考察之前,应先仔细地研究招标文件,特别是文件中的工作范围、专用条款,以及设计图纸和说明,然后拟定出调研提纲,确定重点要解决的问题,做到事先有准备,因有时业主只组织投标者进行一次工地现场考察。

现场考察均由投标者自费进行。

进行现场考察应从下述5方面调查了解:

(1)工程的性质以及与其他工程之间关系。

(2)投标人投标的那一部分工程与其他承包商或分包商之间的关系。

(3)工地地貌、地质、气候、交通、电力、水源等情况,有无障碍物等。

(4)工地附近有无住宿条件,料场开采条件,其他加工条件,设备维修条件等。

(5)工地附近治安情况。

3. 分析招标文件、校核工程量、编制施工规划

(1)分析招标文件。招标文件是投标的主要依据,因此应该仔细地分析研究。分析重点是投标者须知、合同条件、设计图纸、工程范围以及工程量表。

(2)校核工程量。对于招标文件中的工程量清单,投标者一定要进行校核,因为它直接影响投标报价及中标机会。如发现工程量有重大出入的,特别是漏项的,必要时可找招标人核对,要求招标人认可,并给予书面证明,这对于总价固定合同,尤为重要。

(3)编制施工规划。

在投标过程中,必须编制全面的施工规划,但其深度和广度都比不上施工组织设计,如果中标,再编制施工组织设计。施工规划的内容,一般包括施工方案和施工方法,施工进度计划、施工机械、材料、设备和劳动力计划,以及临时生产、生活设施。制定施工规划的依据是设计图纸,执行的规范,经复核的工程量,招标文件要求的开工、竣工日期以及对市场材料、机械设备、劳力价格的调查。编制的原则是在保证工期和工程质量的前提下,如何使成本最低,利润最大。

具体内容包括:

①选择和确定施工方法。

②选择施工设备和施工设施。

③编制施工进度计划。

4. 投标报价的计算

投标报价计算包括定额分析、单价分析、计算工程成本、确定利润方针,最后确定标价。

5. 编制投标文件

编制投标文件也称填写投标书,或称编制报价书。

投标文件应完全按照招标文件的各项要求编制，一般不能带任何附加条件，否则将导致投标作废。

6. 准备备忘录提要

招标文件中一般都有明确规定，不允许投标者对招标文件的各项要求进行随意取舍、修改或提出保留。但是在投标过程中，投标人对招标文件反复深入地进行研究后，往往会发现很多问题，这些问题大体可分为三类：

第一类是对投标人有利的，可以在投标时加以利用或在以后提出索赔要求的，这类问题投标者一般在投标时是不提的。

第二类是发现的错误明显对投标人不利的，如总价包干合同工程项目漏项或是工程量偏少的，这类问题投标人应及时向业主提出质疑，要求业主更正。

第三类问题是投标者企图通过修改某些招标文件和条款或是希望补充某些规定，以使自己在合同实施时能处于主动地位的问题。

上述问题在准备投标文件时应单独写成一份备忘录提要，但这份备忘录提要不能附在投标文件中提交，只能自己保存。第三类问题留待合同谈判时使用，也就是说，当该投标使招标人感兴趣，邀请投标人谈判时，再把这些问题根据当时情况，一个一个地拿出来谈判，并将谈判结果写入合同协议书的备忘录中。

7. 递送投标文件

递送投标文件也称递标。是指投标人在规定的截止日期之前，将准备妥当的所有投标文件密封递送到招标单位的行为。

第四节　投标决策和报价技巧

一、工程项目投标决策

工程投标是施工企业承揽工程任务的基本方法。但并不是每标必投。投标决策有三方面的含义：

(1)是投标，还是不投标？

(2)倘若去投标，是投什么性质的标？

(3)投标时，如何投？

投标决策的正确与否，关系到能否中标和中标后的效益；关系到施工企业的发展前景和职工的经济利益。

投标决策可以分为投标决策的前期阶段和投标决策的后期阶段。

投标决策的前期阶段必须在购买投标人资格预审资料前后完成。决策的主要依据是招标广告，以及公司对招标工程、业主的情况的调研和了解的程度，如果是国际工程，还包括对工程所在国和工程所在地的调研和了解的程度。前期阶段必须对投标与否做出论证。通常情况下，下列招标项目应放弃投标：

(1)本施工企业主营和兼营能力之外的项目；

(2)工程规模、技术要求超过本施工企业技术等级的项目；

(3)本施工企业生产任务饱满，而招标工程的盈利水平较低或风险较大的项目；

(4)本施工企业技术等级、信誉、施工水平明显不如竞争对手的项目。

如果决定投标，即进入投标决策的后期阶段，它是指从申报资格预审至投标报价(封送投标书)前完成的决策研究阶段。主要研究倘若去投标,是投什么性质的标,以及在投标中采取的策略问题。

按性质分,投标有风险标和保险标;按效益分,投标有盈利标、保本标。

风险标:明知工程承包难度大、风险大,且技术、设备、资金上都有未解决的问题,但由于队伍窝工,或因为工程盈利丰厚,或为了开拓新技术领域而决定参加投标,同时设法解决存在的问题,即是风险标。投标后,如问题解决的好,可取得较好的经济效益,可锻炼出一支好的施工队伍,使企业更上一层楼;解决的不好,企业的信誉、效益就会受到损害,严重者可能导致企业亏损以至破产。因此,投风险标必须审慎。

保险标:对可以预见的情况从技术、设备、资金等重大问题都有了解决的对策之后再投标,谓之保险标。企业经济实力较弱,经不起失误的打击,则往往投保险标。当前。我国施工企业多数都愿意投保险标,特别是在国际工程承包市场上投保险标。

盈利标:如果招标工程既是本企业的强项,又是竞争对手的弱项;或业主意向明确;或本企业任务饱满,利润丰厚,才考虑让企业超负荷运转时,此种情况下的投标,称投赢利标。

保本标:当企业无后继工程,或已出现部分窝工,必须争取中标。但本企业对招标的工程又无优势可言,竞争对手又多,此时,就是投保本标,至多投薄利标。

二、工程项目投标报价技巧

工程项目投标报价技巧,是指工程项目承包商在投标过程中所形成的各种操作技能和决窍。工程项目投标活动的核心和关键是报价问题,因此,工程项目投标报价的技巧至关重要。常见的投标报价技巧,主要有:

1. 不平衡报价

不平衡报价,是指在一个工程项目的总价基本确定的前提下,如何调整内部各个子项的报价,以期既不提高总价,不影响中标,又能在中标后使投标人尽早收回垫支于工程中的资金和获得较好的经济效益。但要注意避免畸高畸低现象,避免失去中标机会。通常采用的不平衡报价有下列几种情况:

(1)对能够早日结账的项目(如开办费、基础工程、土方开挖、桩基等)可以报以较高价,以利资金周转;对后期工程项目(如机电设备安装、装饰等),单价可适当降低。

(2)经过工程量核算,预计今后工程量可能增加的项目,其单价可适当提高,而工程量可能减少的项目,其单价可降低。

但是上述两种情况要统筹考虑,对于工程量有错误的早期工程,如不可能完成工程量表中的数量,则不能盲目抬高单价,需要具体分析后再确定。

(3)设计图纸不明确或有错误,估计修改后工程量要增加的,可以提高单价;而工程内容不明确的,则可以降低一些单价。

(4)没有工程量,只填报单价的项目(如疏浚工程中的开挖淤泥工作等),其单价宜高。这样,既不影响总的报价,又可多获利。

(5)暂定项目又叫任意项目或选择项目,对这类项目要做具体分析,因这一类项目要开工后由业主研究决定是否实施,由哪一家承包商实施。如果工程不分标,只由一家承包商施工,则其中肯定要做的单价要高些,不一定要做的则应低些。如果工程分标,该暂定项目也可能由其他承包商施工时,则不宜报高价,以免抬高总报价。

2. 零星用工(计工日)一般可稍高于工程单价表中的工资单价

之所以这样做是因为零星用工不属于承包有效合同总价的范围，发生时实报实销，也可多获利。

3. 多方案报价法

有时招标文件中规定，可以提一个建议方案；或对于一些招标文件，如果发现工程范围不很明确，条款不清楚或很不公正，或技术规范要求过于苛刻时，则要在充分估计风险的基础上，按多方案报价法处理。即按原招标文件报一个价，然后再提出如果某条款作某些变动，报价可降低的额度。这样可以降低总价，吸引业主。

投标者这时应组织一批有经验的技术专家，对原招标文件的设计和施工方案仔细研究，提出更理想的方案以吸引业主，促成自己的方案中标。这种新的建议可以降低总造价或提前竣工或使工程运用更合理。但要注意的是对原招标方案一定也要报价，以供业主比较。

增加建议方案时，不要将方案写得太具体，保留方案的技术关键，防止业主将此方案交给其他承包商，同时要强调的是，建议方案一定要比较成熟，或过去有这方面的实践经验。因为投标时间往往较短，如果仅为中标而匆忙提出一些没有把握的建议方案，可能引起很多后患。

但是，如有规定，政府工程合同的方案是不容许改动的，这个方法就不能用。

4. 突然降价法

报价是一件保密的工作，但是对手往往通过各种渠道、手段来刺探情报，因此在报价时可以采用迷惑对手的手法。即先按一般情况报价或表现出自己对该工程兴趣不大，到快要到投标截止时，再突然降价。如鲁布革水电站引水系统工程招标时，日本大成公司知道主要竞争对手是前田公司，因而在临近投标截止前突然把报价降低 8.04%，取得最低报价，为以后中标打下基础。

采用这种方法时，一定要在准备投标报价的过程中考虑好降价的幅度，在临近投标截止日期前，根据情报信息与分析判断，再做最后决策。

采用突然降价法而中标，因为开标只降总价，在签订合同后可采用不平衡报价的思想调整工程量表内的各项单价或价格，以期取得更高的效益。

5. 先亏后盈法

对大型分期建设工程，在第一期工程投标时，可以将部分间接费分摊到第二期工程中去，少计算利润以争取中标。这样在第二期工程投标时，凭借第一期工程的经验、临时设施以及创立的信誉，比较容易拿到第二期工程。但第二期工程遥遥无期时，则不可以这样考虑。

6. 许诺优惠条件

投标报价附带优惠条件是行之有效的一种手段。招标者评标时，除了主要考虑报价和技术方案外，还要分析别的条件，如工期、支付条件等。所以在投标时主动提出提前竣工、低息贷款、赠给施工设备、免费转让新技术或某种技术专利、免费技术协作、代为培训人员等，均是吸引业主、利于中标的辅助手段。

思考题与习题

1. 工程项目招投标的范围和原则是什么？
2. 工程项目招标有哪几种形式？
3. 工程项目招标应具备哪些条件？
4. 公开招标包括哪些环节？
5. 为什么要对申请投标单位进行资格预审？资格预审的内容有哪些？

6. 工程项目施工招标文件包括哪些内容?
7. 什么是投标有效期?
8. 哪些投标文件将被招标单位视作无效?
9. 什么是标底? 其作用是什么?
10. 工程项目投标包括哪些主要工作?
11. 试述投标决策的含义和投标报价的常见技巧?

第五章　施工组织设计

施工组织设计是针对工程项目施工过程的复杂性，用系统的思想并遵循技术经济规律，对拟建工程的各阶段、各环节及所需的各种资源进行统筹安排的计划管理行为。它努力使复杂的生产过程，通过科学、经济、合理的规划安排，以达到工程项目能够连续、均衡、协调地进行施工，满足工程项目对工期、质量、投资等方面的各项要求。由于建筑产品的多样性，没有不变的施工组织设计适用于任何工程项目，所以根据不同工程的特点编制相应的施工组织设计就成为施工管理中的重要一环。

第一节　施工组织设计概述

一、施工组织设计的概念及任务

施工组织设计是用来指导拟建工程施工全过程中各项活动的技术、经济和组织的综合性文件，是对拟建工程在人力和物力、时间和空间、技术和组织等方面所做的全面合理的安排。

施工组织设计作为指导拟建工程项目的全局性文件，应尽量适应施工过程的复杂性和具体施工项目的特殊性，并尽可能保持施工的连续性、均衡性和协调性，以实现施工生产活动的最佳经济效果。

施工组织设计的基本任务是根据业主对工程项目的各项要求，选择经济、合理、有效的施工方案；确定合理可行的施工进度；拟定有效的技术组织措施；采用最佳的劳动组织，确定施工中劳动力、材料、机械设备等需要量；合理布置施工现场的空间，以确保全面高效地完成最终建筑产品。

二、施工组织设计的作用

1. 施工组织设计是施工准备工作的一项重要内容，同时又是指导各项施工准备工作的依据。

2. 施工组织设计可体现实现基本建设计划和设计的要求，可进一步验证设计方案的合理性与可行性。

3. 施工组织设计为拟建工程所确定的施工方案、施工进度和施工顺序等，是指导开展紧凑、有秩序施工活动的技术依据。

4. 施工组织设计所提出的各项资源需要量计划，直接为物资供应工作提供数据。

5. 施工组织设计对现场所作的规划与布置，为现场的文明施工创造了条件，并为现场平面管理提供了依据。

6. 施工组织设计对施工企业的施工计划起决定和控制性的作用。施工计划是根据施工企业对建筑市场所进行科学预测和中标的结果，结合本企业的具体情况，制定出的企业不同时期应完成的生产计划和各项技术经济指标。而施工组织设计是按具体的拟建工程的开竣工时间编制的指导施工的文件。因此，施工组织设计与施工企业的施工计划两者之间有着极为密切、不可分割的关系。施工组织设计是编制施工企业施工计划的基础,反过来,制定施工组织设计又应服从企业的施工计划,两者是相辅相成、互为依据的。

7. 施工组织设计是统筹安排施工企业生产的投入与产出过程的关键和依据。建筑产品的生产和其他工业产品的生产一样，都是按要求投入生产要素，通过一定的生产过程，而后生产出成品，而中间转换的过程离不开管理。建筑施工企业也是如此，从承担工程任务开始到竣工验收交付使用止的全部施工过程的计划、组织和控制的基础就是科学的施工组织设计。

8. 通过编制施工组织设计,可充分考虑施工中可能遇到的困难与障碍,主动调整施工中的薄弱环节,事先予以解决或排除,从而提高了施工的预见性,减少了盲目性,使管理者和生产者做到心中有数,为实现建设目标提供了技术保证。

9. 施工组织设计还为概预算的编制提供有关的基础资料,所以施工组织设计还是编制概预算的主要依据。特别是在基本建设管理体制改革,推行招标承包制的投标工作中,施工组织设计更是必不可少的重要文件。

三、施工组织设计的分类

施工组织设计根据建设工程的类别、工程规模、编制阶段、编制对象和范围的不同,在编制的深度和广度上也有所不同。

(一)按编制的阶段不同分类

- 设计阶段
  - 二阶段设计
    - 扩大初步设计→施工组织总设计
    - 施工图设计→单位工程施工组织设计
  - 三阶段设计
    - 初步设计→施工组织设计大纲
    - 技术设计→施工组织总设计
    - 施工图设计→单位工程施工组织设计
- 施工阶段
  - 投标阶段→综合指导性施工组织设计(标前施工组织设计)
  - 中标后施工阶段→实施性施工组织设计(标后施工组织设计)

(二)按编制对象范围不同分类

施工组织设计按编制对象范围的不同可分为施工组织总设计、单位工程施工组织设计、分部分项工程施工组织设计 3 种。

1. 施工组织总设计

施工组织总设计是以一个建筑群或一个工程项目为编制对象,用以指导整个建筑群或工程项目施工全过程的各项施工活动的综合技术经济性文件。施工组织总设计一般在初步设计或扩大初步设计被批准之后,由总承包企业的总工程师主持下进行编制。

2. 单位工程施工组织设计

单位工程施工组织设计是以一个单位工程(一个建筑物或构筑物,一个交工系统)为编制对象,用以指导其施工全过程的各项施工活动的综合性技术经济文件。单位工程施工组织设计一般在施工图设计完成后,在拟建工程开工之前,由工程处的技术负责人主持下进行编制。

3. 分部分项工程施工组织设计

分部分项工程施工组织设计也叫分部分项工程作业设计。它是以分部(分项)工程为编制对象,由单位工程的技术人员负责编制,用以具体实施其分部(分项)工程施工全过程的各项施工活动的技术、经济和组织的综合性文件。一般对于工程规模大,技术复杂或施工难度大的建筑物或构筑物,在编制单位工程施工组织设计之后,常需对某些重要的又缺乏经验的分部(分项)工程再深入编制施工组织设计,例如深基础工程、大型结构安装工程、高层钢筋混凝土主体结构工程、地下防水工程等。

四、施工组织设计的基本内容

施工组织设计的内容,决定于它的任务和作用。因此,它必须能够根据不同建筑产品的特点和要求,根据现有的和可能争取到的施工条件,从实际出发,决定各种生产要素的基本结合方式,这种结合方式的时间和空间关系,以及根据这种结合方式和该建筑产品本身的特点,决定所需工人、机具、材料等的种类与数量,及其取得的时间与方式。不切实地解决这些问题,就不可能进行任何生产。由此可见,任何施工组织设计必须具有以下相应的基本内容:

(一)施工方案

施工方案包括的内容很多,但概括起来,主要是4项,这就是:

1. 施工方法的确定;
2. 施工机具的选择;
3. 施工顺序的安排;
4. 流水施工的组织。

前两项属于施工方案的技术方面,后两项属于施工方案的组织方面,不过,机械的选择中也含有组织问题,如机械的配套;在施工方法中也有顺序问题,它是技术要求不可变的顺序,而施工顺序则专指可以灵活安排的施工顺序。技术方面是施工方案的基础,但它同时又必须满足组织方面的要求,施工的组织方面把施工的技术方面,同时也把整个的施工方案同进度计划联系起来,从而反映进度计划对于施工方案的指导作用,两方面是互相联系而又互相制约着的。为把各项内容的关系更好地协调起来,使之更趋完善,为其实现创造更好的条件,施工技术组织措施也就成为施工方案各项内容的必不可少的延续和补充,成了施工方案的有机的组成部分。

(二)施工进度计划

施工进度计划是施工组织设计在时间上的体现。进度计划是组织与控制整个工程进展的依据,是施工组织设计中关键的内容。因此,施工进度计划的编制要采用先进的组织方法(如立体交叉流水施工)和计划理论(如网络计划、横道图计划等)以及计算方法(如各项参数、资源量、评价指标计算等),综合平衡进度计划,规定施工的步骤和时间,以期达到各项资源在时间、空间上的合理利用,并满足既定的目标。

施工进度计划包括划分施工过程、计算工程量、计算劳动量、确定工作天数和工人人数或机械台班数,编排进度计划表及检查与调整等项工作。为了确保进度计划的实现,还必须编制与其适应的各项资源需要量计划。

(三)施工现场平面布置

施工现场平面布置是根据拟建项目各类工程的分布情况,对项目施工全过程所投入的各项资源(材料、构件、机械、运输、劳动力等)和工人的生产、生活活动场地做出统筹安排。通过施工现场平面布置图或总布置图的形式表达出来,它是施工组织设计在空间上的体现。因为施工场地是施工生产的必要条件,合理安排施工现场,绘制施工现场平面布置图应遵循方便、经济、高效、安全的原则进行,以确保施工顺利进行。

(四)资源需要量及其供应

资源需要量是指项目施工过程中所必要消耗的各类资源的计划用量,它包括:劳动力、建筑材料、机械设备以及施工用水、电、动力、运输、仓储设施等的需要量。各类资源是施工生产的物质基础,必须根据施工进度计划,按质、按量、按品种规格、按工种、按型号有条不紊地进行准备和供应。

第二节　流水施工原理

生产实践证明,在所有的生产领域中,流水作业法是组织产品生产的理想方法;流水施工也是工程项目施工的最有效的科学组织方法。它是建立在分工协作的基础上。但是,由于建筑产品及其生产的特点不同,流水施工的概念、特点和效果与其他产品的流水作业也有所不同。

一、流水施工的基本概念

在组织多幢同类型房屋或将一幢房屋分成若干个施工区段进行施工时,可以采用顺序施工、平行施工和流水施工 3 种组织方式。下面举例介绍这 3 种施工组织方式及其特点。

1. 顺序施工组织方式

顺序施工是将拟建工程项目的整个建造过程分解成若干个施工过程,按照一定的施工顺序,前一道施工过程完成后,后一个施工过程才开始施工;或前一个工程完成后,后一个工程才开始施工。它是一种最基本的,最原始的施工组织方式。

【例 5—1】 拟兴建三幢同类型房屋,其施工和作业时间为:

①基础 5 天;

②结构 10 天;

③屋面 5 天;

④装修 10 天。

如采用顺序施工组织方式建造,则其施工进度计划如图 5—1 所示(图中Ⅰ、Ⅱ、Ⅲ分别代表房屋号,①、②、③、④代表相应的施工过程,下同)。

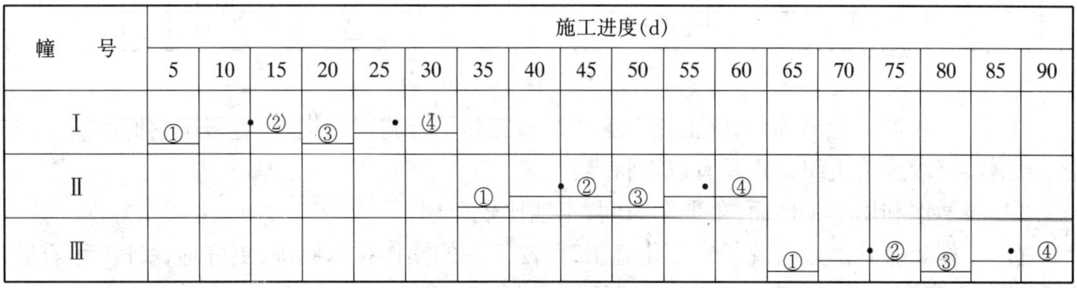

图 5—1　顺序作业示例图

由图 5—1 可以看到,采用顺序施工组织方式时,组织管理工作比较简单,投入的劳动力较少,单位时间内投入的资源量比较少,有利于资源供应的组织工作,适用于规模较小,工作面有限的工程。其突出的问题是由于没有充分地利用工作面去争取时间,所以施工工期长;工作队不能实现专业化施工,不利于改进工人的操作方法和施工机具,不利于提高工程质量和劳动生产率;在施工过程中,由于工作面的影响很可能造成部分工人窝工。

2. 平行施工组织方式

在拟建工程任务十分紧迫、工作面允许以及资源保证供应的条件下，可以组织几个相同的工作队，在同一时间、不同的空间上进行施工，这样的施工组织方式称为平行施工组织方式。在例 5—1 中，如果采用平行施工组织方式，其施工进度计划如图 5—2 所示。

由图 5—2 可以看出，采用平行施工组织方式，可以充分地利用工作面，争取时间、缩短施工工期。但同时单位时间投入施工的资源量成倍增长；现场临时设施也相应增加，施工现场组织、管理复杂；与顺序施工组织方式相同，平行施工组织方式工作队也不能实现专业化生产，不利于改进工人的操作方法和施工机具，不利于提高工程质量和劳动生产率，容易造成工人窝工。

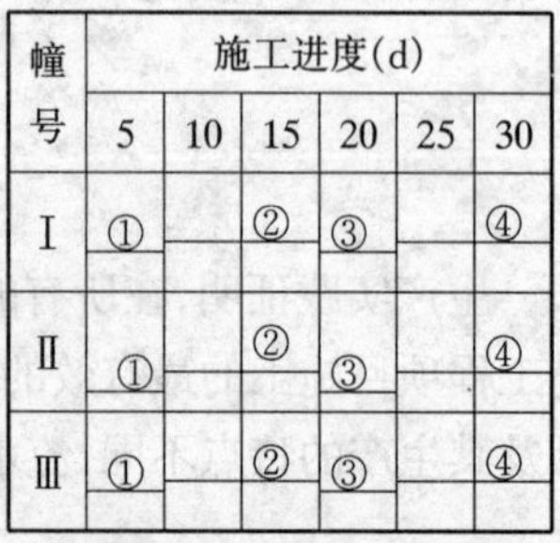

图 5—2 平行作业示意图

3. 流水施工组织方式

流水施工组织方式是将拟建工程项目的整个建造过程分解成若干个施工过程，也就是划分成若干个工作性质相同的分部、分项工程或工序；同时将拟建工程项目在平面上划分成若干个劳动量大致相等的施工段；在竖向上划分成若干个施工层，按照施工过程分别建立相应的专业工作队；各专业工作队按照一定的施工顺序投入施工，在完成第一个施工段上的施工任务后，在专业工作队的人数、使用的机具和材料不变的情况下，依次地、连续地投入到第二、第三……直至最后一个施工段的施工，在规定的时间内，完成同样的施工任务；不同的专业工作队在工作时间上最大限度地、合理地搭接起来；当第一施工层各个施工段上的相应施工任务全部完成后，专业工作队依次地、连续地投入到第二、第三……施工层，保证拟建工程项目的施工全过程在时间上，有节奏、连续、均衡地进行下去，直到完成全部施工任务。在例 5—1 中，如果采用流水施工组织方式，则施工进度计划如图 5—3 所示。

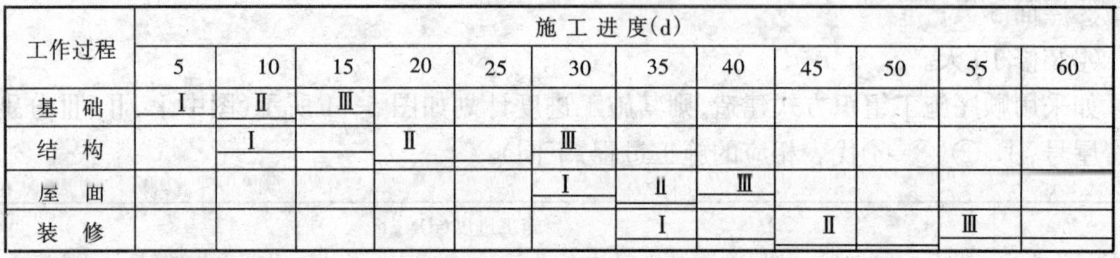

图 5—3 流水施工示意图

由图 5—3 可以看出，流水施工综合了顺序施工和平行施工的优点，克服了它们的缺点，与之相比较，流水施工组织方式具有以下特点：

(1)科学地利用了工作面，争取了时间，工期比较合理；

(2)工作队及其工人实现了专业化施工，可使工人的操作技术熟练，更好地保证工程质量，提高劳动生产率；

(3)专业工作队及其工人能够连续作业，相邻的专业工作队之间实现了最大限度的、合理的搭接；

(4)单位时间投入施工的资源量较为均衡，有利于资源供应的组织工作；

(5)为文明施工和进行现场的科学管理创造了有利条件。

二、流水施工的技术经济效果

流水施工在工艺划分、时间排列和空间布置上的统筹安排，必然会给相应的项目经理部带来显著的经济效果，具体可归纳为以下几点：

(1)由于流水施工的连续性，减少了专业工作的间隔时间，达到了缩短工期的目的，可使拟建工程项目尽早竣工，交付使用，发挥投资效益；

(2)便于改善劳动组织，改进操作方法和施工机具，有利于提高劳动生产率；

(3)专业化的生产可提高工人的技术水平，使工程质量相应提高；

(4)工人技术水平和劳动生产率的提高，可以减少用工量和施工临时设施的建造量，降低工程成本，提高利润水平；

(5)可以保证施工机械和劳动力得到充分、合理的利用；

(6)由于工期短、效率高、用人少、资源消耗均衡，可以减少现场管理费和物资消耗，实现合理储存与供应，有利于提高项目经理部的综合经济效益。

三、流水施工的分类

(一)按流水施工的组织范围分类

1. 细部流水

细部流水又称分项工程流水，指一个专业队利用相同的生产工具依次地、连续不断地在各个施工段中完成同一施工过程的工作。

2. 专业流水

专业流水也称分部工程流水，是指把若干个工艺上密切联系的细部流水组合起来的流水。它是各个专业队共同完成一个分部工程的流水，如基础工程流水、结构工程流水等。

3. 工程项目流水

即为完成单位工程而组织起来的全部专业流水的总和。

4. 综合流水

是为完成工业企业或民用建筑群而组织起来的全部工程项目流水的总和。

(二)按流水施工的节奏性分类

1. 有节奏流水。有节奏流水又分等节奏流水和异节奏流水。

(1)等节奏流水。指流水组中，每一个施工过程在各个流水段上的流水节拍都相等，并且各个施工过程相互之间流水节拍也相等。

(2)异节奏流水。指流水组中，每一个施工过程在各个流水段上的流水节拍都相等，但不同施工过程之间流水节拍不完全相等。

2. 无节奏流水

指流水组中各施工过程在各流水段上的流水节拍不完全相等，也无规律可循。

四、流水施工的主要参数

在组织拟建工程项目流水施工时，用以表达流水施工在工艺流程、空间布置、时间排列等方面开展状态的参数，称为流水参数。它主要包括工艺参数、空间参数和时间参数三类。

(一)工艺参数

1. 施工过程数 n

施工过程数也叫工序数,用“n”表示。

施工过程的划分与工程项目的工作内容及施工专业组织的分工情况有关,还要结合各项工作所需作业时间及流水作业安排考虑。施工过程数要划分得适当,使各施工过程持续时间大致相等,便于安排流水作业;施工过程不能划分得太多太细或太少,太多太细会给安排施工和编制计划增添麻烦;太少则会使计划过于笼统和专业队分组的工作过于庞杂,也不利于提高工效和保证质量。

2. 流水强度 V

流水强度又称流水能力、生产能力,每一施工过程在单位时间所完成的工程量叫流水强度。根据流水强度,可确定各施工段上相应工程量的流水节拍及所需机械设备。

(二)空间参数

1. 工作面 A

工作面又称工作前线 L,它的大小可表明施工对象能安置多少工人操作和布置机械地段的大小,也就是反映施工过程在空间上布置的可能性。在确定一个施工过程必要的工作面时,不仅要考虑前一施工过程为这个施工过程可能提供的工作面大小,也要遵守安全技术和施工技术规范的规定。

2. 施工段数 m

在组织流水施工时,通常把施工对象划分为所需劳动量大致相等的若干段,这些段就叫施工段。

在划分施工段时,应考虑以下几点:

(1)施工段的分界同施工对象的结构界限(温度缝、沉降缝和单元尺寸等)取得一致;

(2)各施工段上所消耗的劳动量大致相等;

(3)各段要有足够的工作面,使工人操作方便,既有利于提高工效,又能保证施工安全;

(4)划分段数的多少,应考虑机械使用效能、工人的劳动组合、材料供应情况、施工规模大小等因素。

(三)时间参数

1. 流水节拍 t_i

流水节拍是指某个施工过程(或专业队)在某个施工段上的作业持续时间。它的大小关系着投入的劳动力、机械和材料数量的多少,决定着施工的速度和施工的节奏性。通常有定额计算法、三时估算法、工期计算法等确定方法。

2. 流水步距 $k_{j,j+1}$

在组织流水施工时,相邻两专业队在保证施工顺序、满足连续施工、最大限度搭接和保证工程质量要求的条件下,相继投入施工的最小时间间隔,称为流水步距。

确定流水步距时应考虑以下几点:

(1)始终保持相邻两施工过程的先后工艺顺序;

(2)保证各专业队能连续施工;

(3)保证相邻两专业队在开工时间上最大限度地、合理地搭接;

(4)保证工程质量、满足安全生产。

五、流水施工的基本方式

由于工程项目构造的复杂程度不同,所处的具体位置多变以及工程性质各异等因素的影响,流水施工的基本方式通常有等节奏流水、异节奏流水、无节奏流水三种。

(一)等节奏流水

等节奏流水也称为全等节拍流水,是指各施工过程在各施工段上的流水节拍均相等,同时相邻施工过程之间的流水步距也相等且等于流水节拍,即 $t_i = k_{j,j+1} =$ 常数。它是最理想的流水组织方式。

组织这种流水,首要的前提是使各施工段上的工程量基本相等;其次,要先确定主导施工过程的流水节拍;第三,使其他施工过程的流水节拍与主导施工过程的流水节拍相等,做到这一点的办法主要是调节各专业队的人数。

图 5—4 是一个等节奏流水施工的例子。图中 $m = 3, n = 5, t_i = k_{j,j+1} = 2$,等节奏流水施工的总工期为:

$$T = (n-1)\cdot k_{j,j+1} + m\cdot t_i = (m+n-1)\cdot t_i \tag{5—1}$$

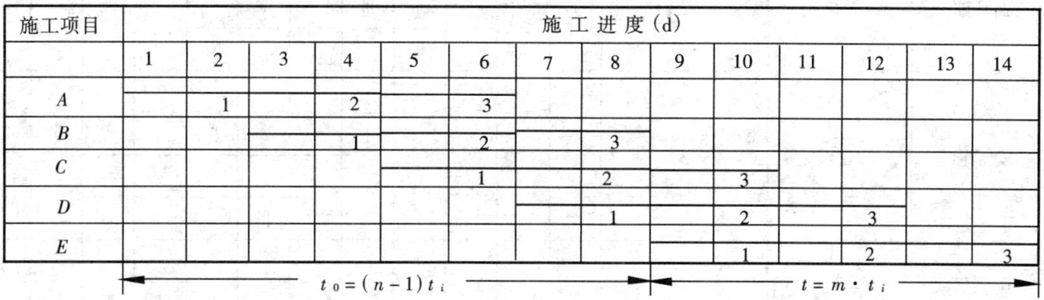

图 5—4 等节奏流水施工

(二)异节奏流水施工

当各施工过程的流水节拍彼此不相等,但有互成倍数的常数关系时,如仍按全等节拍流水组织施工,则会造成专业队窝工或工作面空闲,从而导致总工期的延长,此时为了使各施工队仍能连续、均衡地依次在各施工段上施工,应按异节奏流水组织施工。异节奏流水也称为成倍节拍流水,其步骤如下:

1. 求各流水节拍的最大公约数 K,它相当于各施工过程都共同遵守的"公共流水步距",为了使用方便和便于与其他流水作业法比较起见,今后仍称这个 K 为流水步距。

2. 求各施工过程的专业队数目 b_i。每个施工过程的流水节拍 t_i 是 K 的几倍,就相应安排几个施工队,才能保证均衡施工。同一施工项目的各个专业队依次相隔 K 天投入流水施工,因此,施工队数目 b_i 按下式计算:

$$b_i = \frac{t_i}{K} \tag{5—2}$$

3. 将专业施工队数目总和 $\sum b_i$ 看成为施工过程数 n,将 K 看成是流水步距,按等节奏流水的方法安排施工进度。

4. 计算总工期 T

$$T = (m + \sum b_i - 1)\cdot K \tag{5—3}$$

图 5—5 是一个异节奏流水施工的例子。由于作业面限制,只能容纳 4 人同时操作,因此每个专业队按 4 人组成时,挖槽需 2 天,做基础 4 天,安涵管 6 天,洞口砌筑 2 天。它们的最大公约数 $K = 2$,由式(5—2)计算得各施工过程应建立的专业队数 b_i 分别为:挖槽 1 个;基础 2 个,安涵管 3 个,洞口砌筑 1 个队。该例中 $m = 6, \sum b_i = 1+2+3+1 = 7, K = 2$,由公式(5—3)

计算得总工期为：

$$T=(m+\sum b_i-1)\cdot K=(6+7-1)\times 2=24\text{ 天}$$

(三)无节奏流水施工

无节奏流水可用分别流水法施工。分别流水法的实质是，各工作队连续作业(流水)，流水步距经计算确定，使工作队之间在一个施工段内不相互干扰(不超前，但可能滞后)，或做到前后工作队之间工作紧密衔接。因此，组织无节奏流水的关键就是正确计算流水步距。

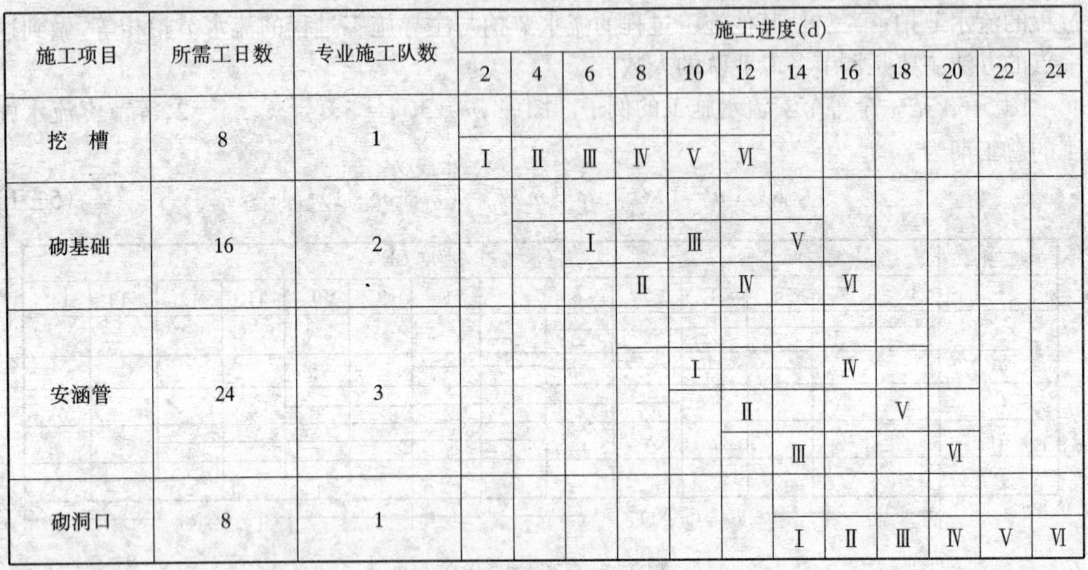

图 5—5 异节奏流水施工

计算流水步距可用最大差法，由于该方法是由前苏联专家潘特考夫斯基提出的，所以又称潘氏方法，现举例如下。

某工程的流水节拍见表 5—1。

表 5—1 某工程施工的流水节拍数

施工过程	流水节拍(d)			
	一段	二段	三段	四段
甲	2	4	3	2
乙	3	3	2	2
丙	4	2	3	2

计算流水步距的步骤是：

第 1 步，累加各施工过程的流水节拍，形成累加数据系列；

第 2 步，相邻两施工过程的累加数据系列错位相减；

第 3 步，取差数之大者作为该两个施工过程的流水步距。

根据以上 3 个步骤对本例进行计算。首先求甲、乙两施工过程的流水步距：

$$\begin{array}{rrrrrr} & 2 & 6 & 9 & 11 & 0 \\ -) & 0 & 3 & 6 & 8 & 10 \\ \hline & 2 & 3 & 3 & 3 & -10 \end{array}$$

可见，其最大差值为 3，故甲、乙两施工过程的流水步距可取3 d。

同理可求乙、丙两个施工过程的流水步距是3 d。

	3	6	8	10	0
－）	0	4	6	9	11
	3	2	2	1	－11

该工程的流水作业图表见图 5—6。

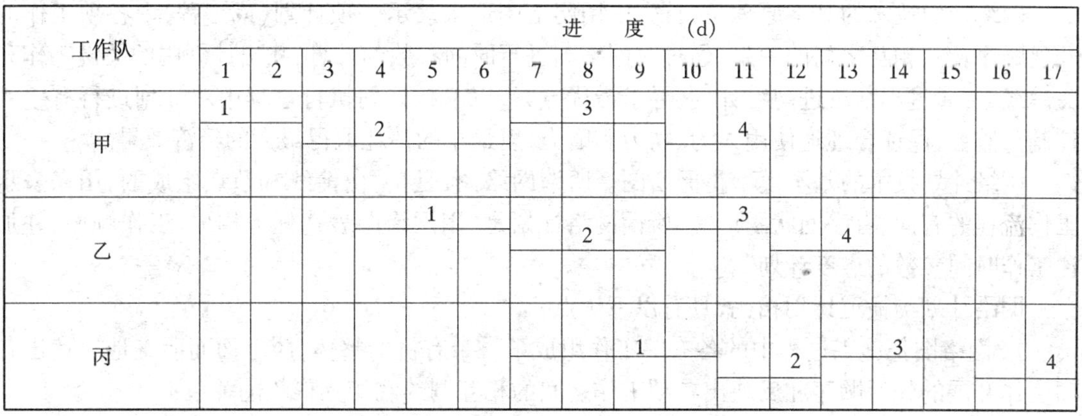

图 5—6 无节奏流水施工

第三节 网络计划技术

一、概 述

(一)网络计划的产生和发展

20 世纪初，H.L. 甘特创造了“横道图法”，也就是将各项生产或工作任务按其起讫时刻用一条线段表示在有时间坐标的图表上。由于横道图能清楚地表明各项生产或施工任务的进展安排，对提高管理水平作用明显，并且易于编制、阅读和理解，所以很快得到推广和应用。然而随着科学技术的迅速发展，生产规模越来越大，生产技术和工艺日益复杂，横道图法的一些缺点也就暴露出来，主要是不能显示各工作之间的内在联系和逻辑关系，不能清晰地显示影响整个工程的生产或施工的关键因素，这就使得该方法在安排组织大型工程的生产或施工中难以发挥令人满意的作用，由此促使人们去探索更科学的组织管理方法。

20 世纪 50 年代以来，一些行之有效的网络计划相继问世，1956 年，美国的杜邦公司在制定化工建设计划中，为协调企业同业务部门的系统规划，运用网络计划技术来统筹各项工作，并找出编制与执行计划的关键路线。所以把此方法称为关键线路法(Critical Path Method)，简称 CPM。1958 年，美国海军武器局在制定研究“北极星”导弹计划时，开发出了计划评审技术(Program Eva1uation and Review Technique)，简称 PERT。随着随机因素在科研项目、试制工程以及大型和复杂服务中的作用日益重要，1962 年产生了能够体现随机因素作用的图示评审技术(Graphic Eva1uation and Review Techniqe)，简称 GERT。20 世纪 70 年代初，美国的 G.L. 穆勒(G.L.Moeller)等人在 GERT 技术基础上提出了风险评审技术(Venture Eva1uation Review Techniqe)，简称 VERT。从而形成了一大类计划管理的现代化方法。

我国从 20 世纪 60 年代初在华罗庚教授倡导下，对网络技术进行了研究和应用，收到了一定的效果。1984 年国家经委提出推广 18 种现代管理方法，其中就包括网络计划技术。1992 年建设部颁布了行业标准《工程网络计划技术规程》(JGJ/T 1001—91)。同年又颁布了国家标准《网络计划技术》(GB/T 13400—92)，使得工程网络计划技术在计划编制与控制管理的实际应用中有了一个可以遵循的技术标准。此外，建设部于 2000 年又颁发新的《工程网络计划技术规程》(JGJ/T 121—99)，于 2000 年 2 月 1 日起施行，将进一步推进网络计划技术的发展和应用水平的提高。

(二)网络计划技术的基本原理及特点

网络计划技术的基本原理是：首先应用网络图形来表示一项计划(或工程)中各项工作的开展顺序及其相互之间的关系；通过对网络图进行时间参数的计算，找出计划中的关键工作和关键线路；通过不断改进网络计划，寻求最优方案，以求在计划执行过程中对计划进行有效的控制与监督，保证合理地使用人力、物力和财力，以最小的消耗取得最大的经济效果。

网络计划技术的基本模型是网络图。所谓网络图，是指“由箭线和节点组成的，用来表示工作流程的有向、有序网状图形”。所谓网络计划是“用网络图表达任务构成、工作顺序，并加注工作时间参数的进度计划”。

网络计划与横道计划相比，具有以下优点，

1. 网络图把施工过程中的各有关工作组成了一个有机的整体，能全面而明确地表达出各项工作开展的先后顺序和反映出各项工作之间的相互制约和相互依赖的关系；

2. 能进行各种时间参数的计算；

3. 在名目繁多、错综复杂的计划中找出决定工程进度的关键工作，便于计划管理者集中力量抓主要矛盾，确保工期，避免盲目施工；

4. 能够从许多可行方案中，选出最优方案；

5. 在计划的执行过程中，某一工作由于某种原因推迟或者提前完成时，可以预见到它对整个计划的影响程度，而且能根据变化的情况迅速进行调整，保证自始至终对计划进行有效的控制与监督；

6. 利用网络计划中反映出的各项工作的时间储备，可以更好地调配人力、物力，以达到降低成本的目的；

7. 更重要的是，它的出现与发展使现代化的计算工具——计算机在建筑施工计划管理中得以应用。

网络计划技术可以为施工管理提供许多信息，有利于加强施工管理，既是一种编制计划的方法，又是一种科学的管理方法。它有助于管理人员全面了解、重点掌握、灵活安排、合理组织、多快好省地完成计划任务，不断提高管理水平。

网络计划技术的缺点是在计算劳动力、资源消耗量时，与横道图相比较为困难。

(三)网络计划的分类

网络计划有以下分类。

1. 按代号的不同区分，可分为双代号网络计划和单代号网络计划。

(1)双代号网络计划。即用双代号网络图表示的网络计划。双代号网络图是以箭线及其两端节点的编号表示工作的网络图。

(2)单代号网络计划。单代号网络计划是以单代号网络图表示的网络计划。单代号网络图是以节点及其编号表示工作、以箭线表示工作之间逻辑关系的网络图。

2. 按目标的多少区分，可分单目标网络计划和多目标网络计划。

(1)单目标网络计划。网络计划所用的网络图只有一个终点节点的网络计划,称为单目标网络计划。

(2)多目标网络计划。网络计划所用的网络图有多个终点节点的网络计划,称为多目标网络计划。

以上所称终点节点,是指网络图最后一个节点,表示一项任务的完成,终点节点的特征是没有外向箭线,即没有从该节点引出的箭线。

单目标网络图和多目标网络图都只有一个起点节点,即网络图的第一个节点,表示任务的开始。起点节点没有内向箭线,即没有指向该节点的箭线。

3. 时标网络计划。时标网络计划是以时间坐标为尺度编制的网络计划,其特点是箭线长度根据时间的多少绘制。

4. 搭接网络计划。搭接网络计划是前后工作之间有多种逻辑关系的网络计划。

5. 按肯定与非肯定进行区分,可分为肯定型网络计划与非肯定型网络计划。

(1)肯定型网络计划。肯定型网络计划指子项目(工作)、工作之间的逻辑关系及各工作的持续时间都肯定的网络计划。本文只涉及肯定型网络计划。

(2)非肯定型网络计划。非肯定型网络计划指计划子项目(工作)、工作之间的逻辑关系及各工作的持续时间三者之中有一项以上不肯定的网络计划。

6. 按网络计划包含的范围区分,可分为局部网络计划、单位工程网络计划和综合网络计划。

(1)局部网络计划。局部网络计划指以一个建筑物或构筑物中的一部分、或以一个施工段为对象编制的网络计划。

(2)单位工程网络计划。是指以一个单位工程或单体工程为对象编制的网络计划。

(3)综合网络计划。综合网络计划是指以一个单项工程或以一个工程项目为对象编制的网络计划。

二、双代号网络计划

(一)双代号网络图。双代号网络图如图 5—7 所示,图中的每一条箭线表示一项工作,箭线的箭尾节点表示该工作的开始,箭头节点表示该工作的结束。在非时标网络图中,箭线的长度不直接反映该工作所占的时间长短。箭线应画水平直线、折线或斜线,而以水平直线为主,其水平投影的方向应自左向右,表示工作的进行方向。

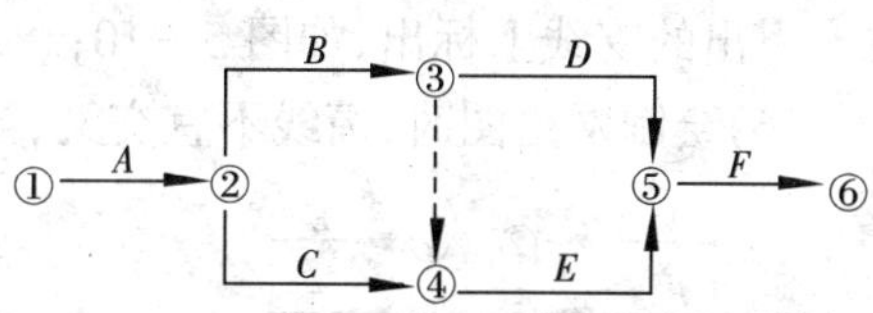

图 5—7　双代号网络图

1. 双代号网络图的基本符号。双代号网络图的基本符号是圆圈、箭线及编号,如图 5—8 所示。图中的圆圈表示节点,圆圈内的数字表示节点编号,节点表示某项工作开始或结束的瞬间,箭线表示一项工作。所谓“工作”,是指计划任务按需要粗细程度划分而成的、消耗时间或同时也消耗资源的一个子项目或子任务。箭线之下用数字表示工作的持续时间,箭线之上用符号或文字表示工作的名称(有时可以不标注,而用箭线两端的编号表示工作名称)。箭尾节点的编号在前,箭头节点的编号在后,前小后大,因此在编号时,凡箭尾节点未编号,箭头节点不能编号。

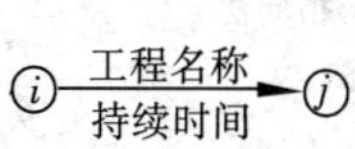

图 5—8　双代号网络图工作的表示方法

在图 5—7 中,含有一条虚线 3→4。该箭线表示一项虚工作。虚箭线的唯一功能是用以正确表达相关工作的逻辑关系。它不消耗资源,持续时间为零。虚工作可垂直向上、向下,也可以水平方向向右。

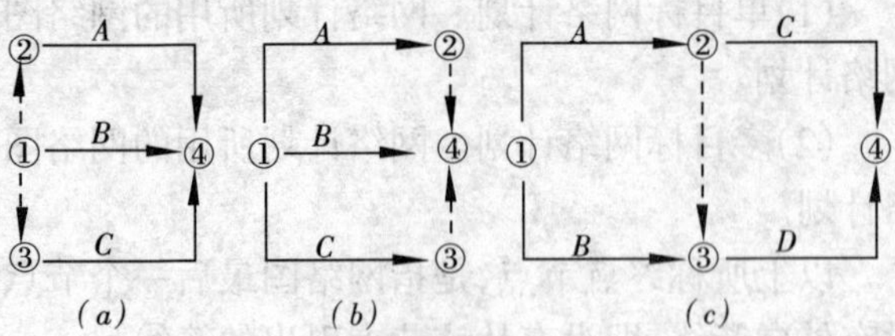

图 5—9　虚箭线的作用

图 5—9 的三个图表示了虚工作的作用：

图(*a*)用虚箭线将节点①到节点④的三项工作从开始节点区分开来；

图(*b*)用虚箭线将节点①到节点④的三项工作从结束节点区分开来；

图(*c*)表示 *A* 工作完成后进行 *C*,*A*、*B* 完成后进行 *D*,*A*、*D* 两项工作就是用虚箭线相联的,由于箭头向下,证明 *B*、*C* 工作被隔断,并无联系。

2. 网络图的逻辑关系。网络图中的逻辑关系是指工作之间相互制约或依赖的关系,例如图 5—7 中,工作 *E* 的开始必须待工作 *B* 和 *C* 完成;工作 *A* 完成后,工作 *B* 和工作 *C* 同时开始,就表示为逻辑关系。

逻辑关系包括工艺关系和组织关系。工艺关系是指生产工艺上客观存在的先后顺序,例如,建筑施工时,先做基础,后做结构,就是一种工艺关系;组织关系是指在不违反工艺关系的前提下,人为安排的工作先后顺序关系。例如,建筑群中某栋号开工的先后、一栋建筑中各施工段间的施工顺序等,就是组织关系。在施工方案确定后,一般说来工艺关系是不变的,而组织关系则应优化,即它是可变的。无论工艺关系或组织关系,在网络图中均表现为工作进行的先后顺序。

3. 双代号网络图的绘图规则。《工程网络计划技术规程》确定了网络计划的 7 条规则如下:

(1)双代号网络图必须正确表达已定的逻辑关系;

(2)双代号网络图中,严禁出现循环回路;

(3)双代号网络图中,在节点之间严禁出现带双向箭头或无箭头的连线;

(4)双代号网络图中,严禁出现没有箭头节点或箭尾节点的箭线;

(5)当双代号网络图的某些节点有多条外向箭线或多条内向箭线时,在保证一项工作有唯一的一条箭线和对应的一对节点编号前提下,允许使用母线法绘图。箭线线型不同,可在从母线上引出的支线上标出,如图 5—10;

(6)绘制网络图时,箭线不宜交叉,当交叉不可避免时,可用过桥法或指向法,见图 5—11;

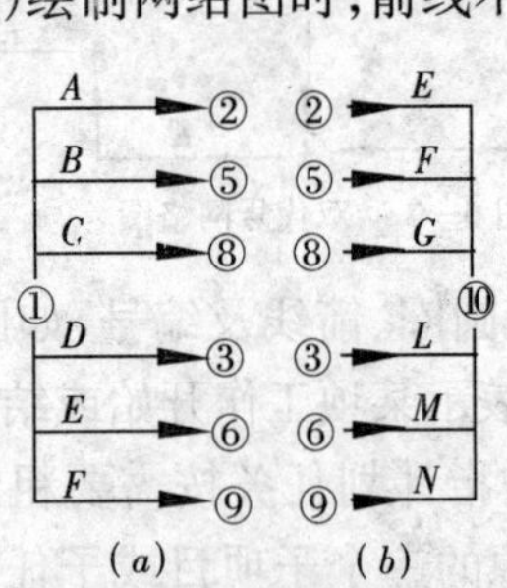

图 5—10　母线法绘图

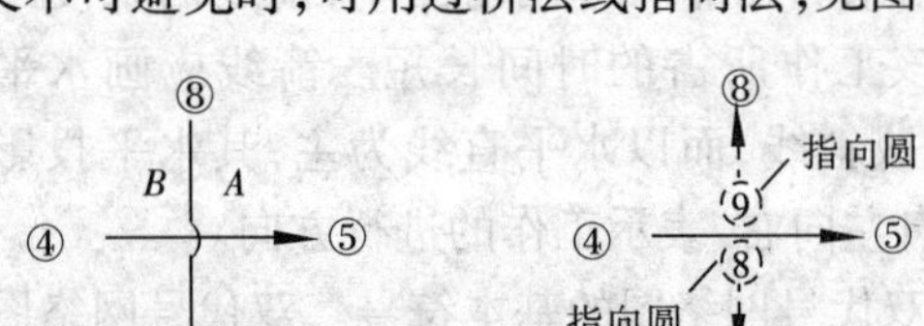

图 5—11　箭线交叉的表示方法

(7)双代号网络图是由许多条线路组成的、环环相套的封闭图形,只允许有一个起点节点和一个终点节点,而其他所有节点均是中间节点(既有指向它的箭线,又有背离它的箭线)。

4. 网络图的绘制。绘制双代号网络图的关键有两条:

(1)要正确运用虚箭线,正确反映工作之间的既定关系,使有关系的工作一定把关系表达准确,且不要漏画"关系";但没有关系的工作一定不要扯上"关系"。

(2)严格按上述 7 条绘图规则绘图。

双代号网络图逻辑关系的表达见表 5—2。

表 5—2　双代号网络图中各工作逻辑关系表示方法

序号	工作之间的逻辑关系	网络图中表示方法	说　明
1	有 *A*、*B* 两项工作，按照依次施工方式进行		*B* 工作依赖着 *A* 工作，*A* 工作约束着 *B* 工作的开始
2	有 *A*、*B*、*C* 三项工作同时开始	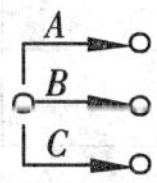	*A*、*B*、*C* 三项工作称为平行工作
3	有 *A*、*B*、*C* 三项工作同时结束	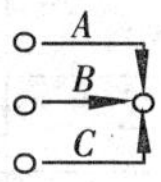	*A*、*B*、*C* 三项工作称为平行工作
4	有 *A*、*B*、*C* 三项工作，只有 *A* 完成后，*B*、*C* 才能开始	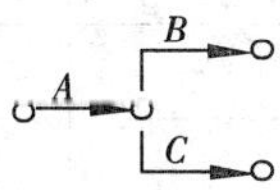	*A* 工作制约着 *B*、*C* 工作，*B*、*C* 为平行工作
5	有 *A*、*B*、*C* 三项工作，*C* 工作只有在 *A*、*B* 完成后才能开始	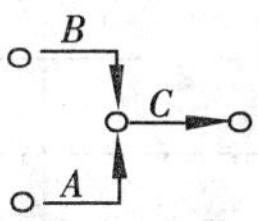	*C* 工作依赖着 *A*、*B* 工作，*A*、*B* 为平行工作
6	有 *A*、*B*、*C*、*D* 四项工作，只有当 *A*、*B* 完成后，*C*、*D* 才能开始	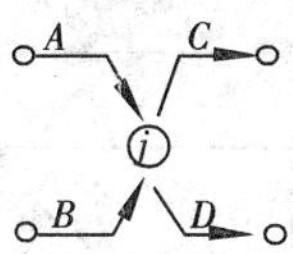	通过中间事件 *j*，王确地表达了 *A*、*B*、*C*、*D* 之间的关系
7	有 *A*、*B*、*C*、*D* 四项工作，*A* 完成后 *C* 才能开始，*A*、*B* 完成后 *D* 才开始	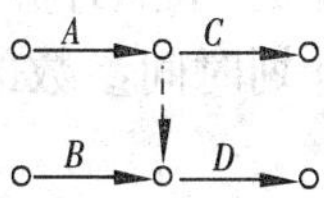	*D* 与 *A* 之间引入了逻辑连接(虚工作)只有这样才能正确表达它们之间的约束关系
8	有 *A*、*B*、*C*、*D*、*E* 五项工作，*A*、*B* 完成后 *C* 开始，*B*、*D* 完成后 *E* 开始	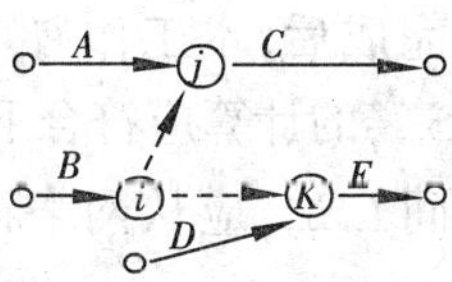	虚工作 *i*—*j* 反映出 *C* 工作受到 *B* 工作的约束；虚工作 *i*—*k* 反映出 *E* 工作受到 *B* 工作的约束
9	有 *A*、*B*、*C*、*D*、*E* 五项工作，*A*、*B*、*C* 完成后 *D* 才能开始，*B*、*C* 完成后 *E* 才能开始	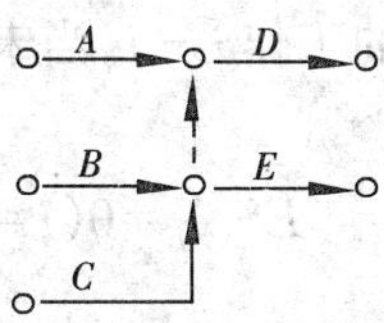	这是前面序号 1、5 情况通过虚工作联接起来，虚工作表示 *D* 工作受到 *B*、*C* 工作制约
10	*A*、*B* 两项工作分 3 个施工段，平行施工	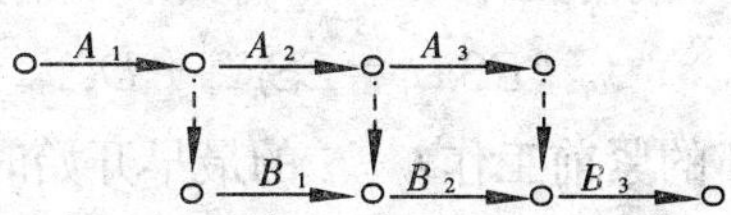	每个工种工程建立专业工作队，在每个施工段上进行流水作业，不同工种之间用逻辑搭接关系表示

为了说明网络图的绘制方法，下面举出表 5—3 的逻辑关系，根据这个逻辑关系绘制的双代号网络图见图 5—13 所示的图形。

表 5—3　某网络计划工作逻辑关系及持续时间表

工　作	紧前工作	紧后工作	持续时间
A_1	—	A_2、B_1	2
A_2	A_1	A_3、B_2	2
A_3	A_2	B_3	2
B_1	A_1	B_2、C_1	3
B_2	A_2、B_1	B_3、C_2	3
B_3	A_3、B_2	D、C_3	3
C_1	B_1	C_2	2
C_2	B_2、C_1	C_3	4
C_3	B_3、C_2	E、F	2
D	B_3	G	2
E	C_3	G	1
F	C_3	I	2
G	D、E	H、I	4
H	G	—	3
I	F、G	—	3

（二）双代号网络计划时间参数的计算。双代号网络计划时间参数的计算方法较多，主要有分析计算法、表上计算法、图上计算法、节点计算法等，现仅用分析计算法进行计算。

现以图 5—13 为模型进行网络计划时间参数的计算，计算结果按图 5—12 的方式标注在箭线之上。

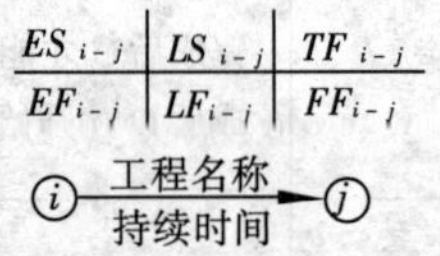

图 5—12　按工作计算法的标注内容

1. 工作最早开始时间的计算。工作的最早开始时间指各紧前工作（紧排在本工作之前的工作）全部完成后，本工作有可能开始的最早时刻。工作 $i-j$ 的最早开始时间 ES_{i-j} 的计算应符合下列规定：

（1）工作 $i-j$ 的最早开始时间 ES_{i-j} 应从网络计划的起点节点开始，顺着箭线方向依次逐项计算。

（2）以起点节点 i 为箭尾节点的工作 $i-j$，当未规定其最早开始时间 ES_{i-j} 时，其值应等于零，即：

$$ES_{i-j}=0(i=1) \tag{5—4}$$

因此，图 5—13 中 $ES_{1-2}=0$。

（3）当工作 $i-j$ 只有一项紧前工作 $h-i$ 时，其最早开始时间 ES_{i-j} 应为：

$$ES_{i-j}=ES_{h-i}+D_{h-i} \tag{5—5}$$

式中　ES_{h-i}——工作 $i-j$ 的紧前工作 $h-i$ 的最早开始时间；

D_{h-i}——工作 $i-j$ 的紧前工作 $h-i$ 的持续时间。

(4)当工作 $i-j$ 有多个紧前工作时，其最早开始时间 ES_{i-j} 应为

$$ES_{i-j}=\max\{ES_{h-i}+D_{h-i}\} \tag{5—6}$$

按式(5—5)和式(5—6)计算图 5—13 中其他各项工作的最早开始时间，其计算结果如下：

$$ES_{2-3}=ES_{1-2}+D_{1-2}=0+2=2$$
$$ES_{2-4}=ES_{1-2}+D_{1-2}=0+2=2$$
$$ES_{3-5}=ES_{2-3}+D_{2-3}=2+3=5$$
$$ES_{3-7}=ES_{2-3}+D_{2-3}=2+3=5$$
$$ES_{4-5}=ES_{2-4}+D_{2-4}=2+2=4$$
$$ES_{4-8}=ES_{2-4}+D_{2-4}=2+2=4$$
$$ES_{5-6}=\max\{ES_{3-5}+D_{3-5},ES_{4-5}+D_{4-5}\}$$
$$=\max\{5+0,4+0\}$$
$$=\max\{5,4\}=5$$
$$ES_{6-7}=ES_{5-6}+D_{5-6}=5+3=8$$

依次类推，算出其他工作的最早开始时间，见图 5—13 标注。

2. 工作最早完成时间的计算。工作最早完成时间指各紧前工作完成后，本工作有可能完成的最早时刻。工作 $i-j$ 的最早完成时间 EF_{i-j} 应按下式进行计算：

$$EF_{i-j}=ES_{i-j}+D_{i-j} \tag{5—7}$$

按公式(5—7)计算图 5—13 的各项工作，结果如下：

$$EF_{1-2}=ES_{1-2}+D_{1-2}-0+2=2$$
$$EF_{2-3}=ES_{2-3}+D_{2-3}=2+3=5$$
$$EF_{2-4}=ES_{2-4}+D_{2-4}=2+2=4$$

依次类推，算出其他工作的最早完成时间，见图 5—13 标注。

3. 网络计划工期的计算。

(1)网络计划的计算工期 T_c 指根据时间参数计算得到的工期，它应按下式计算：

$$T_c=\max\{EF_{i-n}\} \tag{5—8}$$

式中 EF_{i-n}——以终点节点($j=n$)为箭头节点的工作 $i-n$ 的最早完成时间，按式(5—8)计算，图 5—13 的计算工期为：

$$T_c=\max\{EF_{13-15},EF_{16-15}\}$$
$$=\max\{22,22\}$$
$$=22 \tag{5—9}$$

此数用方框标注于图 5—13 的终点节点 15 之下。

(2)网络计划的计划工期 T_p 的计算。网络计划的计划工期，指按要求工期和计算工期确定的作为实施目标的工期。其计算应按下述规定：

当已规定了要求工期 T_r 时：

$$T_p\leqslant T_r \tag{5—10}$$

当未规定要求工期时：

$$T_p\leqslant T_c \tag{5—11}$$

由于图 5—13 未规定要求工期，故其计划工期取其计算工期，即：

$$T_p = T_c = 22$$

此工期标注在终点节点 15 之下，并用方框框起来。

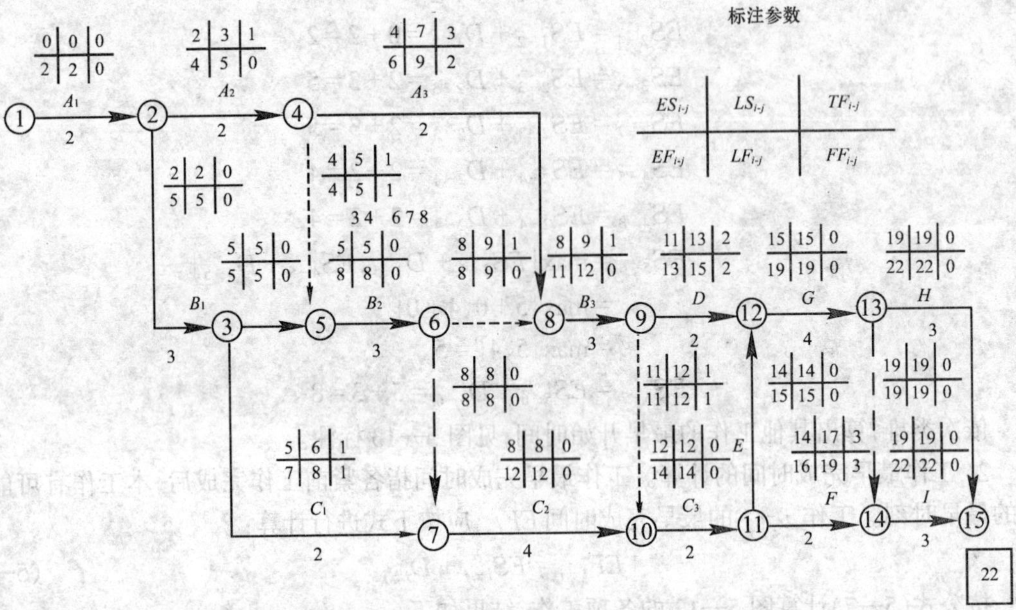

图 5—13　按工作计算法示例

4. 工作最迟完成的时间的计算。工作最迟完成时间指在不影响整个任务按期完成的前提下，工作必须完成的最迟时刻。

(1)工作 $i-j$ 的最迟完成时间 LF_{i-j} 应从网络计划的终点节点开始，逆着箭线方向依次逐项计算。

(2)以终点节点($j=n$)为箭头节点的工作的最迟完成时间 LF_{i-n}，应按网络计划的计划工期 T_p 确定，即：

$$LF_{i-n} = T_p \tag{5—12}$$

(3)其他工作 $i-j$ 的最迟完成时间 LF_{i-j}，应按下式计算：

$$LF_{i-j} = \min\{LF_{j-k} - D_{j-k}\} \tag{5—13}$$

式中　LF_{j-k}——工作 $i-j$ 的各项紧后工作 $j-k$ 的最迟完成时间；

D_{j-k}——工作 $i-j$ 的各项紧后工作(紧排在本工作之后的工作)的持续时间。

按公式(5—12)，网络计划以终点节点 15 为结束节点的工作的最迟完成时间计算如下：

$$LF_{13-15} = T_p = 22$$

$$LF_{14-15} = T_p = 22$$

按式(5—13)，网络计算其他工作的最迟完成时间计算如下：

$$LF_{13-14} = \min\{LF_{14-15} - D_{14-15}\} = 22-3 = 19$$

$$LF_{12-13} = \min\{LF_{13-15} - D_{13-15}, LF_{13-14} - D_{13-14}\} = \min\{22-3, 19-0\} = 19$$

$$LF_{11-14} = \min\{LF_{14-15} - D_{14-15}\} = 22-3 = 19$$

依次类推，算出其他工作的最迟完成时间，见图 5—13 的相应标注。

5. 工作最迟开始时间的计算。工作的最迟开始时间指在不影响整个任务按期完成的前提下,工作必须开始的最迟时刻。

工作 $i-j$ 的最迟开始时间应按下式计算：

$$LS_{i-j}=LF_{i-j}-D_{i-j} \tag{5—14}$$

按公式(5—14)计算,网络计划图 5—13 的各项工作的最迟开始时间计算如下：

$$LS_{14-15}=LF_{14-15}-D_{14-15}=22-3=19$$
$$LS_{13-15}=LF_{13-15}-D_{13-15}=22-3=19$$
$$LS_{12-13}=LF_{12-13}-D_{12-13}=19-4=15$$
$$LS_{13-14}-LF_{13-14}-D_{13-14}-19-0-19$$
$$LS_{11-14}=LF_{11-14}-D_{11-14}=19-2=17$$

依次类推,算出其他工作的最迟开始时间,见图 5—13 相应的标注。

6. 工作总时差的计算。工作总时差是指在不影响总工期的前提下,本工作可以利用的机动时间。该时间应按下式计算：

$$TF_{i-j}=LS_{i-j}-ES_{i-j} \tag{5—15}$$

或

$$TF_{i-j}=LF_{i-j}-EF_{i-j} \tag{5—16}$$

按以上两式计算,图 5—13 各项工作的总时差 TF_{i-j} 计算结果如下：

$$TF_{1-2}=LS_{1-2}-ES_{1-2}=0-0=0$$
$$TF_{2-3}=LS_{2-3}-ES_{2-3}=2-2=0$$
$$TF_{2-4}-LS_{2-4}-ES_{2-4}-3-2-0$$
$$TF_{4-5}=LS_{4-5}-ES_{4-5}=5-4=1$$

依次类推,算出其他工作的总时差,见图 5—13 上相应的标注。

7. 工作自由时差的计算。工作自由时差是指在不影响其紧后工作最早开始时间的前提下,本工作可以利用的机动时间,工作 $i-j$ 的自由时差 FF_{i-j} 的计算应符合下列规定：

(1)当工作 $i-j$ 有紧后工作 $j-k$ 时,其自由时差应为：

$$FF_{i-j}=ES_{j-k}-ES_{i-j}-D_{i-j} \tag{5—17}$$

或

$$FF_{i-j}=ES_{j-k}-EF_{i-j} \tag{5—18}$$

式中　ES_{j-k}——工作 $i-j$ 的紧后工作 $j-k$ 的最早开始时间。

(2)终点节点($j=n$)为箭头节点的工作,其自由时差 FF_{i-j} 应按网络计划的计划工期 T_{p} 确定,即：

$$FF_{i-n}=T_{\mathrm{p}}-ES_{i-n}-D_{i-n} \tag{5—19}$$

或

$$FF_{i-n}=T_{\mathrm{p}}-EF_{i-n} \tag{5—20}$$

网络计划图 5—13 的各项工作的自由时差 FF_{i-j} 按公式(5—18)计算结果如下：

$$FF_{1-2}=ES_{2-3}-EF_{1-2}=2-2=0$$
$$FF_{2-3}=ES_{3-5}-EF_{2-3}=5-5=0$$
$$FF_{2-4}=ES_{4-5}-EF_{2-4}=4-4=0$$
$$FF_{4-5}=ES_{5-6}-EF_{4-5}=5-4=1$$

依次类推,算出其他工作的自由时差,见图 5—13 相应标注。

图中虚箭线中的自由时差为其紧前工作所有。

图 5—13 的结束工作 $i-j$ 的自由时差按公式(5—20)计算如下：

$$FF_{13-15}=T_{\mathrm{p}}-EF_{13-15}=22-22=0$$

$$FF_{14-15}=T_{\mathrm{p}}-EF_{14-15}=22-22=0$$

见图 5—13 相应标注。

8. 关键工作及关键线路的判定

总时差最小的工作即为关键工作，将关键工作自左而右依此首尾相连而形成的线路就是关键线路。见图 5—13 粗线所示。

三、单代号网络计划

单代号网络图如图 5—14 所示。

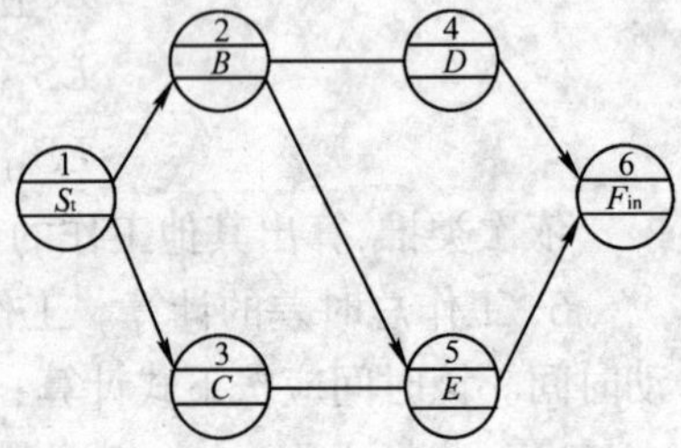

图 5—14　单代号网络图

1. 单代号网络图的基本符号。

(1)节点。在单代号网络图中，节点表示一项工作，宜用圆圈或方框表示，见图 5—15。

(2)编号。单代号网络图中的节点必须编号，编号标注在节点内，其号码可间断，但严禁重复。一项工作必须有唯一的一个节点与相应的一个编号。

(3)箭线。单代号网络图中的箭线表示紧邻工作之间的逻辑关系。箭线应画成水平直线、折线或斜线。箭线水平投影的方向应自左向右，表示工作的进行方向。

2. 单代号网络图的绘图规则

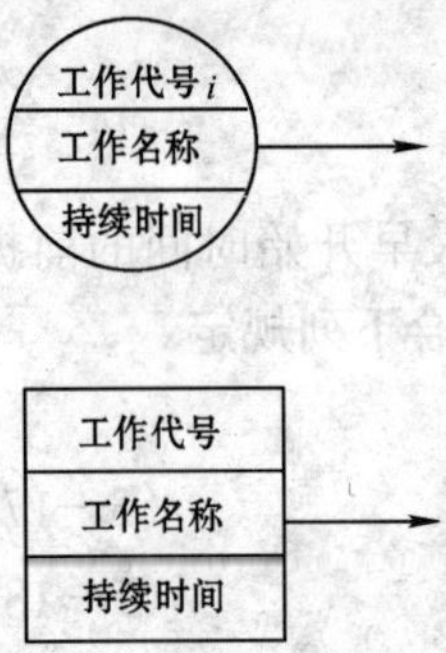

图 5—15　单代号网络图中节点的表示方法

(1)单代号网络图必须正确表述已定的逻辑关系；

(2)单代号网络图中严禁出现循环回路；

(3)单代号网络图中，严禁出现双向箭头或无箭头的连线；

(4)单代号网络图中，严禁出现没有箭尾节点的箭线和没有箭头节点的箭线；

(5)绘制网络图时，箭线不宜交叉。当交叉不可避免时，可采用过桥法或指向法绘制(过桥法绘图及指向法与双代号网络计划中的图 5—11 相同)；

(6)单代号网络图中，只应有一个起点节点和一个终点节点。当网络图中出现多项无内向箭线的工作或多项无外向箭线的工作时，应在网络图的左端或右端分设一项虚工作，作为该网络图的起点节点(S_t)与终点节点(F_{in})。

3. 单代号网络图的绘制。

(1)单代号网络图的绘制比双代号网络图的绘制较易，也不易出错，关键是要处理好箭线交叉，使图形规则，便容易读图。

(2)单代号网络图工作关系表示方法见表 5—4。

(3)仍用表 5—3 的逻辑关系绘制单代号网络图，绘出的图形见图 5—17，图上还标注了计算结果(标注形式见图 5—16)，计算的基本原理与双代号网络计划相同。图中 LAG_{ij} 为时间间隔参数，它表示前面一项工作 i 的最早可能完成时间至其后继工作 j 的最早可能开始时间的时间间隔，即：

$$LAG_{ij} = ES_j - EF_i \tag{5—21}$$

表 5—4　单代号网络图逻辑关系表示方式

描　述	图　示
A 工作完成后进行 B 工作	
B、C 工作完成后进行 D 工作	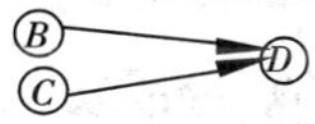
B 工作完成后，D、C 工作可以同时开始	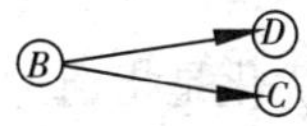
A 工作完成后进行 C 工作，B 工作完成后同时进行 C、D 工作	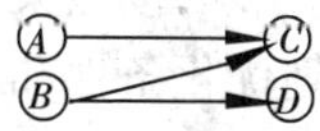

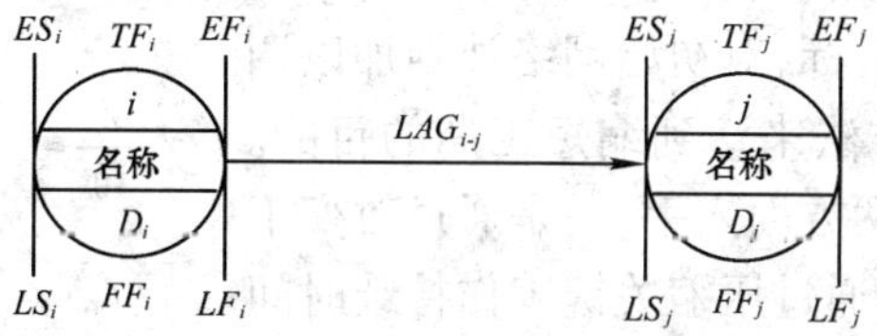

(a)

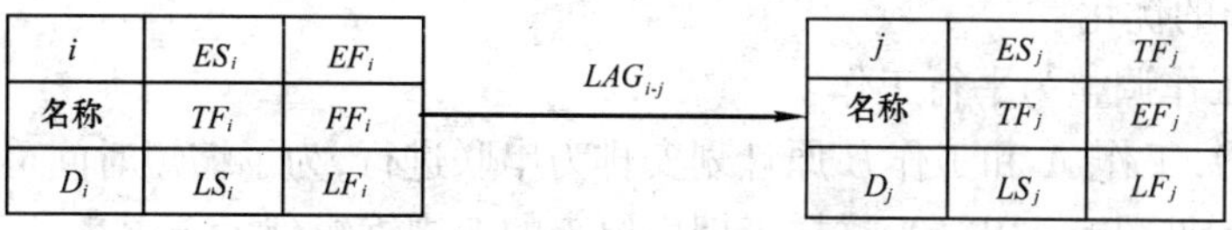

(b)

图 5—16　单代号网络计划时间参数的标注形式

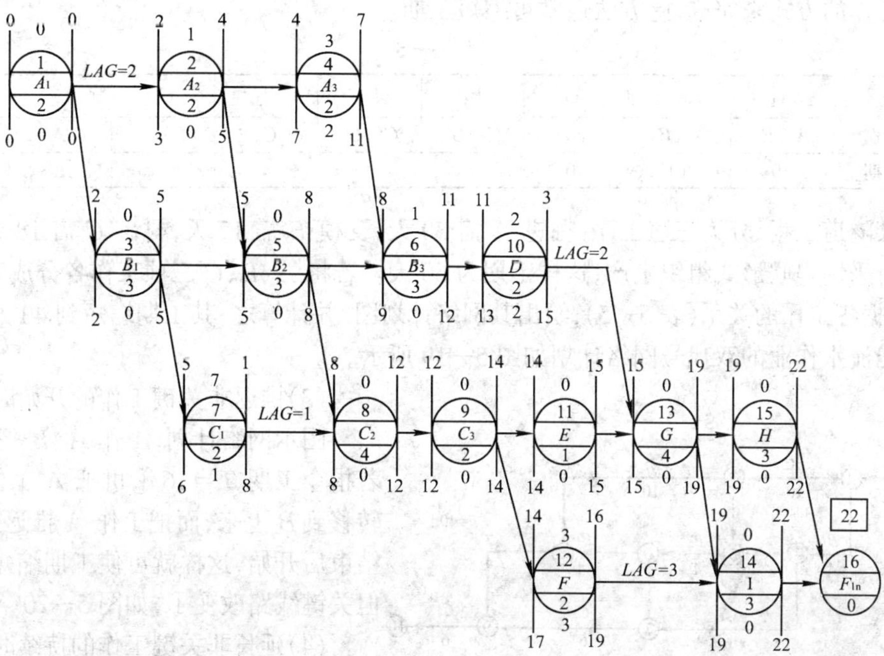

图 5—17　单代号网络计划时间参数计算示例

(4)绘图时，要从左向右，逐个处理表中所给的关系。只有紧前工作都绘制完成后，才能绘制本工作，并使本工作与紧前工作用箭线相连。当出现多个“起点节点”或多个“终点节点”时，增加虚拟起点节点或终点节点，并使之与多个“起点节点”或“终点节点”相连，形成符合绘图规则的完整图形。绘制完成后要认真检查，看图中的逻辑关系是否与表中一致，是否符合绘图规则。如有问题，及时修正。

四、网络计划的优化

网络计划的优化是指通过不断改善网络计划的初始方案，在满足给定网络计划的约束条件下，利用最优化原理，按照某一衡量指标(如时间、成本、资源等)来寻求一个最优的计划方案。根据网络计划优化条件和目标不同，通常有工期优化，资源优化和成本优化等几种。

(一)工期优化

在网络计划中，关键线路控制着任务的总工期，因此，缩短工期的着眼点是关键线路。工期优化就是以缩短工期为目标，对初始网络计划加以调整，通过缩短关键线路的方法来达到缩短工期的目的。为了缩短关键线路可以从两方面入手：一是通过改变工作的组织措施的方法，二是通过压缩关键工作持续时间的时间优化法。

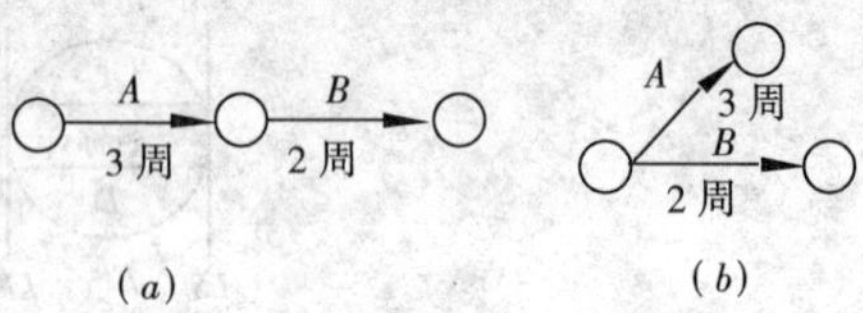

图 5—18

1. 组织措施的优化

(1)将串联工作调整为平行工作

图 5—18(a)，工作 A 和工作 B 原计划安排为串联进行，为了缩短时间可以将这两项工作调整为平行工作，见图 5—18(b)，这样工期由原来的 5 周缩短到了 3 周。

(2)将串联工作调整为交叉工作

几项串联的工作，若紧前工作部分完成后其紧后工作就可以开始，那么这些工作就可以采取交叉工作的方式来完成，此方法通常可缩短工期。

表 5—5

工作代号	A_1	A_2	A_3	B_1	B_2	B_3	C_1	C_2	C_3
紧后工作	A_2,B_1	A_3,B_2	B_3	C_1,B_2	C_2,B_3	C_3	C_2	C_3	—
工　期	10	10	10	4	4	4	6	6	6

如某隧道工程，分为三道工序：掘进 A 需 30 天，支模 B 需 12 天，衬砌 C 需 18 天。显然该工程可采用串联形式组织生产，这样工期为 60 天。若将 A、B、C 三项工作各分成三段交叉进行，根据各工作的关系(表 5—5)，绘出其网络计划图，并计算之，其工期缩短到 40 天。

画出流水作业的双代号网络计划如图 5—19 所示。

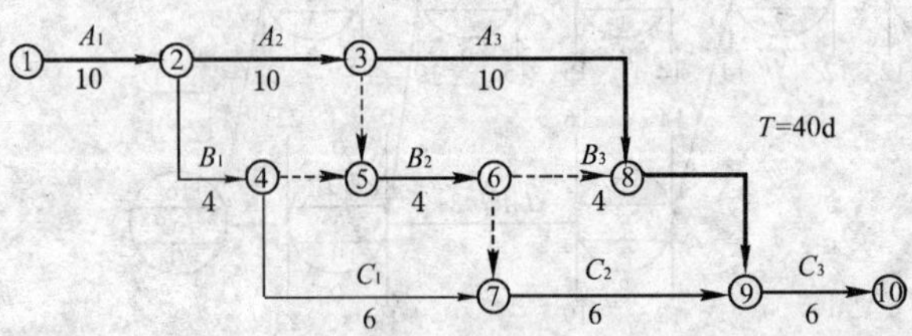

图 5—19

(3)推迟非关键工作的开始时间

图示网络计划，工作 A、B 平行进行，若指令工期 $T=16$ d，可把 A 工作的人力转移到 B 上来，而把工作 A 推迟到工作 B 结束后开始，这样就可使工期缩短到 16 d，但关键线路改变了，如图 5—20。

(4)延长非关键工作的持续时间

如上例，将非关键工作 A 上的人力调一部分分到关键工作 B 上，以缩短关键工作 B 的持续时间。将 A 延长到 12 天，因而可调出 15 人去支援 B 工作，这样整个工期亦可缩短到16 d。见图 5—21 所示。

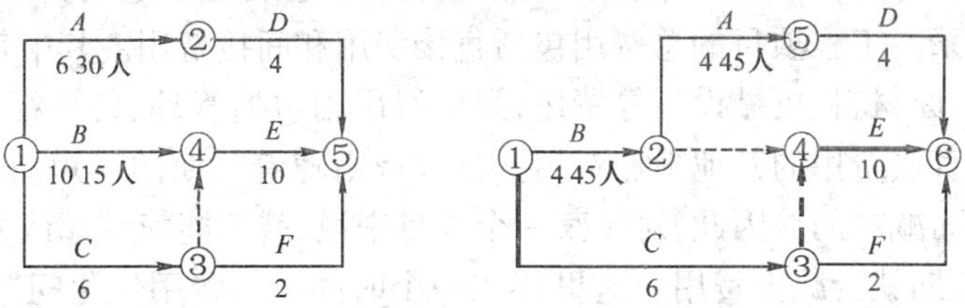

图　5—20

(5)从计划外增加资源

从计划外增加资源，如增加机械设备、运输车辆、劳动力等，来加速关键工作的完成，从而使计划工期缩短。

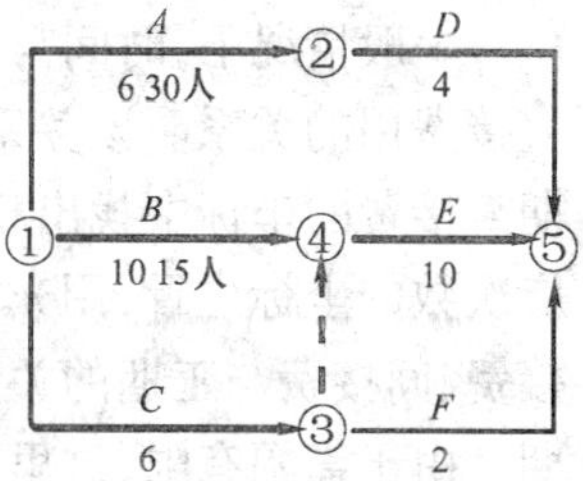

图　5—21

2. 工期优化

网络计划的工期即为关键线路的线路时间，因此，可采用压缩关键工作的持续时间，从而使关键线路的线路时间缩短。需要注意的是，在压缩关系线路的线路时间时，会使某些时差较小的次关键线路上升为关键线路，这时需再次压缩新的关键线路，如此逐次逼近，直到达到规定工期为止。

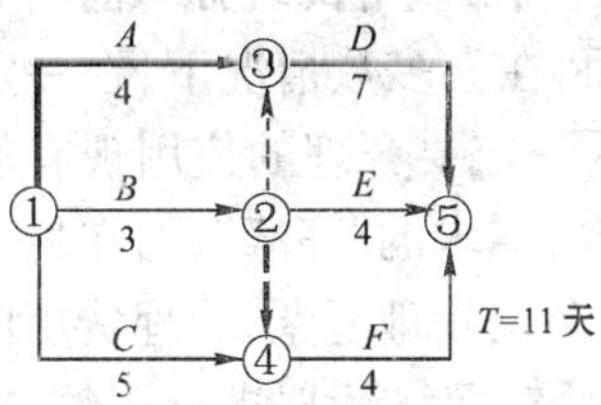

图 5—22　某网络计划初始方案图

以图 5—22 示网络计划为例，说明时间优化的方法和步骤，假定规定工期为 8 天。

(1)先计算网络计划初始方案的工期，并在图中标出关键线路。

(2)根据资源供应和工作面条件，将③→⑤压缩 2 天、工作①→③压缩 1 天，绘出第　次优化的网络图，找出关键线路，计算出工期。$T=9$ 天，如图 5—23 所示。

(3)根据资源供应和工作面条件，将工作①→④压缩 1 天，绘出第二次优化后的网络图，计算优化后工期，在图中标出关键线路。

工期 $T=8$ 天，已满足规定工期，优化结束，如图 5—24 所示。

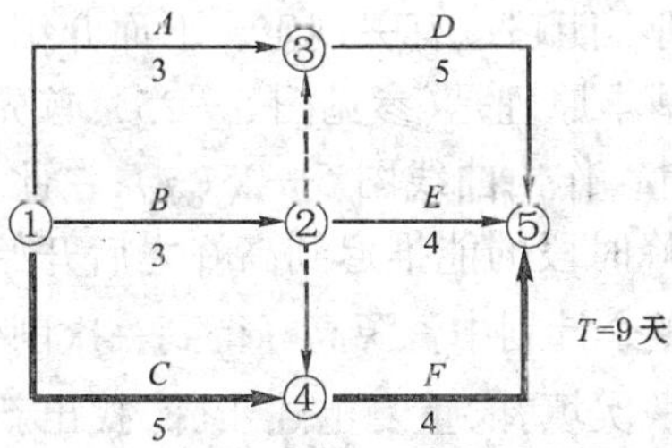

图 5—23　第一次优化循环

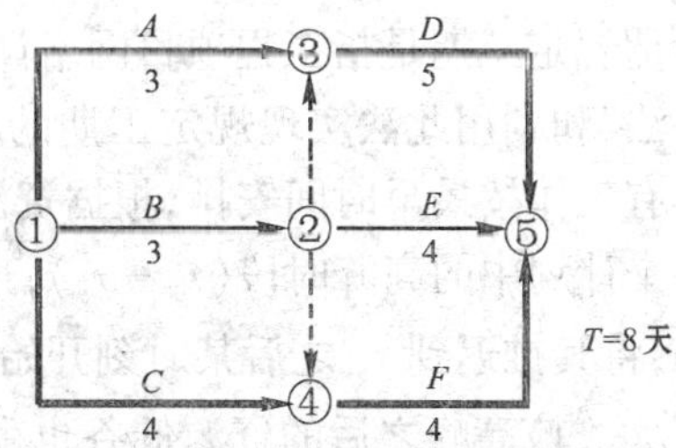

图 5—24　优化后的网络图

在采取这种方法进行工期优化时要注意，工作的持续时间不可以随意压缩，一定要在工作面允许，资源满足供应的情况下进行压缩。否则，计划在实际中根本行不通。此外，实际工作中，工期优化可以将组织措施优化和时间优化结合起来进行。

(二)时间—费用优化

工期优化是在不考虑费用情况下进行的。事实上,在一般工程项目中,要加快某项工作,通常都需要增加劳动力,或加班加点,或增加设备,而这些都会引起费用的增加,因此费用与工期有着密切的关系。工程项目的总费用包括直接费用和间接费用。其中直接费用指完成工程所需要的劳动力、原材料、机械设备等费用;间接费用则包括管理、公用福利事业费用、利息和一切不便于计入直接费用的其他附加费用。直接费用随着工期的缩短而增加,而间接费用是随着工期的缩短而减少的。因此,对于某一个项目来说,就不能简单地认为缩短工期就会增加费用,或者延长工期就会减少费用。这里存在一个时间——费用优化问题。所谓时间一费用优化就是求网络计划的最小费用的最优工期。解决这一问题的途径,可这样进行:先确定间接费用与工期的关系曲线,再确定直接费与工期的关系曲线;两曲线叠加即得到总费用与工期的关系曲线,该曲线的最低点即为最小费用,此费用对应的工期即为最优工期。

一般情况下,时间与间接费用的关系可视为线性关系。所以主要问题是如何确定时间与直接费用的关系。该关系可由正常工期条件下,每缩短单位时间需增加费用的数量大小,在工期直接费的坐标中找出相应的坐标位置。通过若干次缩短单位时间后,在坐标中就可标出相应次数的坐标位置,用光滑曲线将这些点连成线,即可得到工期与直接费的关系曲线。再将直接费、间接费与工期的关系迭加即得总费用与工期的关系曲线,从而找出最小费用的最优工期。由于篇幅有限,这里不再举例说明。

(三)资源优化

这里所说的资源是指为完成任务所需的劳动力、材料、机械设备和资金等的统称。前面对网络计划的计算和调整,一般都假定资源供应是完全充分的。然而,在大多数情况下,在一定时间内所能提供的各种资源有一定限额。一项好的工程计划安排,一定要合理的使用现有的资源。如果工作进度安排不恰当,就会在计划的某些阶段出现对资源需求的“高峰”;而在另一些阶段出现对资源需求的“低谷”。这种高峰与低谷的存在,势必使劳动管理复杂,管理费用增加,给施工企业带来不必要的经济损失。因此,就需要根据资源情况对网络计划进行调整,在保证规定工期和资源供应之间寻求相互协调和相互适应的途径,这就是资源优化。

资源优化通常有两种不同的情况:

一是在工期规定的条件下,力求资源消耗均衡、即规定工期的资源均衡问题;

二是在资源供应有限制的条件下,寻求计划的最短工期,即资源有限,工期最短的问题。

1. 规定工期的资源均衡

所谓规定工期是指工程项目网络计划的计划工期不能超过有关规定。下面介绍一种“削峰填谷法”和利用此法实现规定工期的均衡问题,其基本原理是(参见图 5—25):首先将计划中的所有工作按最早时间安排,根据资源的逐日需要量,作出曲线图 5—25(a);在此基础上,找出整个计划中的高峰时段(t_a-t_b),选择位于该高峰时段的能推迟到高峰之后开始的非关键工作,将其推迟到 t_b 之后某时刻开始,这样就使得整个计划中资源高峰得到一次削低,如图 5—25(b)。该高峰之后的资源低谷也就相应地得到一次填补,重复上述步骤,找出新的资源高峰,选择适当的非关键工作,进行下一次调整。这样逐步的“削峰填谷”,直到整个计划的资源高峰再也不能削低为止。

最理想的资源均衡图应是一个矩形图(如图 5—25c),也就是说整个计划在每个单位时间的资源需求量保持不变,当然要得到这种理想的计划是不可能的,但是如果求出每单位时间内资源的平均需求量,将对整个资源的均衡调整有所帮助。事实上,资源的均衡就是要近似地达到这个平均值。

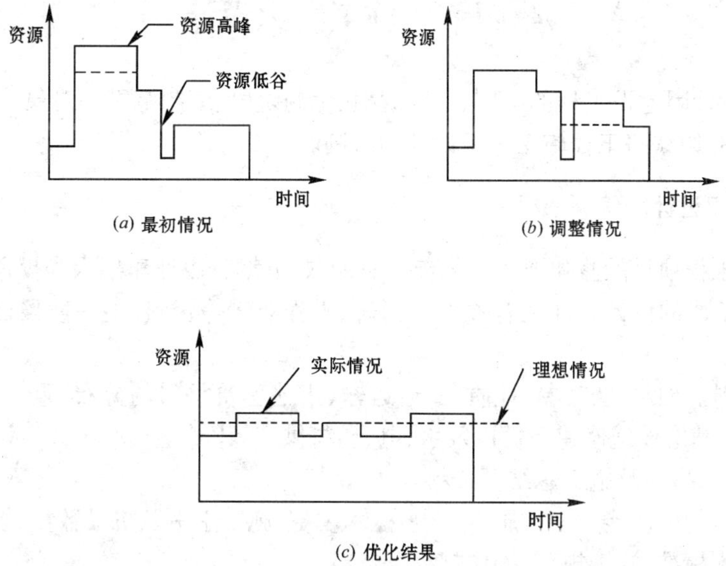

图 5—25　资源分布图式

被推迟的非关键工作应该有一定的时差，以便在被推迟时不会影响计划工期。这些非关键工作的调整应按以下两条优先推迟规则进行：

(1)优先推迟资源强度小的工作(资源强度是指单位时间内资源需要量)；

(2)当有几项工作的资源强度相同时，优先推迟有效机动时间大的工作。

2. 资源有限，工期最短

当一项工程计划通过资源均衡之后，如果所需要的资源很充足，就可以下达实施了。但是，当资源供应有限时，计划在执行过程中就可能出现资源供不应求的现象，这就需要合理安排资源，可采用有限资源的分配方法，即"备用库法"来处理。

备用库法分配有限资源的基本原理是：设可供分配的资源储存在备用库中，任务开始后，从库中取出资源，按工作的"优先安排规则"给即将开始的工作分配资源，并考虑到尽可能的最优组合，分配不到资源的工作就推迟开始。随着时间推移和工作的结束，资源陆续返回到备用库中。当库中的资源达到能满足即将开始的一项或数项工作的资源需要时，再从备用库中取出资源，按这些工作优先安排规则进行分配，这样循环反复，一直到所有工作都分配到资源为止。资源分配的优先安排规则为：

(1)优先安排机动时间小的工作；

(2)当数项工作的机动时间相同时，优先安排持续时间短和资源强度小的工作。

要注意的是，必须在保障关键工作的资源条件下，力争减少资源的库存积压，提高利用率。灵活地利用以上优先安排规则，并考虑尽可能的最优组合，这样虽然由于资源有限工期有可能要延长，但这种延长是最短的。

这里介绍的资源优化问题，只是单项资源的调整问题，而且只考虑每项工作每天的资源需要为常数的简单情况。实际工程要复杂得多，大量的实际问题是要解决多种材料、机械设备的多资源而且需要量为变数的问题。但是复杂问题往往是以简单问题为基础的，它们的基本原理是一致的。因篇幅有限复杂问题在此不作讨论。

第四节　施工组织设计

施工组织设计因建设工程的类别、工程规模、编制阶段、编制范围和对象不同而有所不同。在本节中,重点介绍铁路工程施工组织设计的编制。

一、施工组织设计的编制依据

1. 国家对工程项目的修建要求。如施工总期限,分期分段通车期限和投资计划等。

2. 本设计阶段的设计文件及有关设计图表、工程数量等资料,上一阶段已批准的施工组织设计及鉴定意见。

3. 调查资料。如水文、气象、地质、交通运输、当地建筑材料的分布、重点工程施工条件、大型临时工程及辅助设施修建条件以及水、电、燃料供应等资料。

4. 有关定额、指标及施工总结等资料。

5. 施工单位的生产能力。如施工人数、技术装备、施工水平及机具数量、规格、性能等。

6. 有关技术标准、施工规范、操作规程等资料。

7. 有关协议、合同、纪要及上级文件等资料。

二、施工组织设计的编制原则

1. 认真贯彻国家的方针、政策和法令,严格执行基本建设程序。

2. 从实际出发,在保证质量的前提下,正确处理需要与可能、局部与全局的关系。

3. 先重点后一般,全面规划,突出重点。同时也要安排好一般工程的衔接和站后配套工程。做到修一段、通一段、用一段,迅速形成运输生产能力,尽快交付使用。

4. 尽量不搞预铺轨和预架梁工程。如有条件,临时工程与永久工程应尽量结合考虑,同时要注意因地制宜、就地取材,以节约和减少投资,降低工程造价。

5. 尽量采用先进的施工方法和施工工艺,积极而慎重地采用新技术、新结构、新材料、新设备。

6. 采用流水施工作业方法,组织连续、均衡、有节奏的施工,保证人力、物力充分发挥作用。

7. 大力推行工厂化、机械化施工,充分发挥机械设备效能是减轻劳动强度、提高生产效率、加快施工进度、缩短工期的有力措施。

8. 根据工程所在地区的季节性特征、工程类别及工程特点,落实季节性施工措施,安排好施工顺序和工程及作业项目的衔接,确保全年不间断施工。

三、铁路工程施工组织设计的分类及编制阶段

在铁路工程设计和施工阶段,必须编制相应的施工组织设计文件。铁路工程施工组织设计根据编制单位的不同,分为设计单位编制的施工组织设计与施工单位编制的施工组织设计。

(一)设计单位编制的施工组织设计

根据铁道部铁建设[2000]95号《施工组织调查与设计办法》,在不同设计阶段应编制相应的施工组织设计:

1. 概略施工组织方案意见

在预可行性研究阶段提出，作为编制投资预估算的依据。

2. 施工组织方案意见

在可行性研究阶段编制，经审批成立，作为制订基本建设计划及编制投资估算的依据。

3. 施工组织设计

在初步设计阶段编制施工组织设计，经审批成立，作为修订基本建设计划，指导工程项目施工组织安排，编制初步设计概算，控制分年度投资及安排施工力量的依据。

另外，对深水复杂桥，特长隧道及5 000 m以上的长隧道等工程（工点），初步设计阶段应编制个别工程施工组织设计。

（二）施工单位编制的施工组织设计

施工单位在施工前，以设计单位编制的施工组织设计为依据，结合施工单位的具体情况进行编制。

施工单位编制的施工组织设计，按性质不同分为指导性施工组织设计和实施性施工组织设计。

1. 指导性施工组织设计

指导性施工组织设计，是施工部门对一个工程项目施工的总体部署和规划，按照前面所述的编制依据，结合施工单位的具体情况进行编制。指导性施工组织设计应提出对控制本工程项目总工期的地质条件、施工条件以及重点工程的安排意见；重点大型临时工程的规划；工程用地和房屋拆迁的计划；对完成控制工程所采用新技术和科研攻关项目的安排，以及为配合新的施工方法而对新的机具研制工作的安排等。指导性施工组织设计经批准后是编制实施性施工组织设计的依据。

2. 实施性施工组织设计

实施性施工组织设计，是以单项工程、单位工程、地段、工点为编制单元，根据指导性施工组织设计的要求和编制依据，结合施工单位具体条件进行编制。经上级批准后，方能正式施工，并以此督促、检查工程施工。因此，要求内容详尽具体，对工地布置、施工方法、施工顺序、机具材料配备、劳动组织、定额指标、安全、质量、工期等都应仔细计算和安排，尤其是对技术复杂的作业项目，应充分发动群众讨论，编写出技术操作与安全操作规程，使现场施工人员能据以进行施工。

四、施工组织设计的编制

施工组织设计是铁路基本建设工程设计文件的重要组成部分，是编制投资（预）估算和设计概算的重要依据。由于铁路基本建设规模较大、工点分散、专业工种多、建设周期长、涉及面广，因此，必须统筹考虑，认真做好施工组织设计。

（一）施工组织调查

施工组织调查是施工组织设计的重要环节，施工组织设计人员应深入现场，认真做好当地材料供应方案，大型临时工程方案的调查比选和有关资料的收集工作，编写施工组织调查报告。

（二）施工组织设计的编制

1. 预可行性研究阶段

（1）编制内容

①修建时机。

②合理的施工总工期及分段、分期修建的意见。

③概略的材料供应计划。

④主要工程数量。

(2)编制方法

根据沿线自然条件、经济状况、近期及远期发展规划和国家有关政策,参考类似工程项目情况,结合全线工程量分布和踏勘资料编制。

2. 可行性研究阶段

(1)编制内容

1)施工组织方案意见的内容

①施工总工期,分段、分期施工安排的意见。

②施工区段划分意见。

③征地拆迁和移民安置意见。

④主要工程(指重点土石方地段、特大桥、高桥、长隧道、铺轨、铺碴等)和控制工程的施工方法、顺序、进度、工期及施工关键问题的措施意见。

⑤改建铁路解决施工与行车相互干扰的措施意见,包括改变运输组织的意见(如调整运行图、货物分流等)及安全措施。

⑥材料供应计划及运输方案。

⑦大型临时设施和过渡工程的设置意见及规模、标准和数量。

⑧主要工程数量,主要人工、材料、施工机械台班数量。

2)施工组织方案比选的内容

①施工总工期,分段、分期施工安排的意见。

②铺轨及控制工程的施工进度与措施。

③改建铁路解决施工与行车相互干扰的过渡方案。

④材料供应计划及运输方案。

⑤大型临时设施的设置,工程数量及费用。

⑥分年度完成的主要工程数量及投资划分。

⑦分年度主要人工、材料(三大材、轨料、梁)。

(2)编制方法

根据初测阶段施工组织调查资料,按国家的修建计划、工期要求、投资安排,结合工程项目的特点,从技术可行性和经济合理性等方面进行全面研究、分析,均衡分配劳动力、物资、机械设备的投入,拟定最佳施工组织方案。

施工组织方案的编制步骤

①拟定控制工程的施工期限,可采用综合进度指标计算。如经分析计算后,仍不能满足总工期的要求时,应提出相应的措施意见。

②拟定铺轨、铺碴方向和期限。

③按划分的施工区段确定施工准备的期限和安排路基土石方、桥隧等建筑物的施工期限。在施工总工期确定的情况下,拟定不同的施工组织方案。

④分析比较各方案的优缺点,提出推荐意见。

3. 初步设计阶段

(1)编制内容

1)施工总工期,分期、分段、分区间施工安排(包括施工顺序及进度)。

2)施工区段划分意见。

3)征地拆迁和移民安置意见。

4)控制工程和施工条件困难与特别复杂的工程所采取的措施。

5)主要工程的施工方法、顺序、进度、工期及措施(包括土石方调配意见、重点土石方施工方法及重点取土场地点的选择);施工准备工作(施工准备、砂石备料、临时设施等)与主要工程配合的措施及收尾配套工程的安排意见。

6)材料供应计划及运输方法

①外来材料(厂发料、直发料)来源、运输方法及供应范围。

②当地料的来源、生产规模、计划产量、运输方法及供应范围。

7)大型临时设施和过渡工程

①铁路便线、便桥、岔线等的修建地点、标准及工程数量。

②大型临时辅助设施(包括材料厂、成品厂、轨节拼装场、存梁场、制梁场、路基填料集中拌合场、混凝土拌合站、换装站、施工单位自采砂石场等)的设置地点、进度、规模及工程数量。

③临时电力、临时给水、临时通信、运输便道(包括渡口、码头、浮桥等)的修建方案、修建地点、标准及工程数量(实地调查和进行必要的设计)。

④正式工程和临时工程的结合意见。

⑤改建铁路解决施工与行车相互干扰和维持通过能力的各项过渡措施意见,过渡工程的修建规模、标准及数量。

⑥影响通航、公路交通等的工程,解决施工干扰的过渡措施意见,过渡工程的修建规模、标准及数量。

8)主要工程数量和主要人工、材料、施工机械台班数量。

9)分年度施工的主要工程数量及所需主要人工、材料、施工机械台班数量,分年度投资划分。

10)个别工程施工组织设计主要内容包括:

施工场地的布置,材料供应方案,分部工程的施工顺序、进度、施工方法、措施意见以及有关注意事项等。

(2)编制方法

参照可行性研究阶段编制施工组织方案意见的方法,在批准的施工组织方案意见基础上,依据定测施工组织调查资料,优化、细化施工组织方案,对施工总工期进行必要调整,侧重以下内容:

1)施工区段的划分,应考虑地形、工程量分布、控制工程的位置等因素后合理确定。

2)控制工程、施工条件困难和特别复杂的工程,应提出切实可行的措施意见。

3)主要工程,应按路基、桥涵、隧道(包括明洞)、铺架(包括铺轨、铺碴、架梁)、房屋、通信、信号、电力、电力牵引供电和其他运营生产设备及建筑物,逐项提出施工方法、顺序、进度、工期及措施。

4)材料供应计划,确定材料来源、运输方法及供应范围。

5)大型临时设施和过渡工程

①确定大型临时设施的修建地点、规模或标准,计算工程数量。

②制定切实可行的施工过渡措施，确定过渡工程的修建地点、规模，计算工程数量。

③确定施工供电、供水方案。

④确有条件时，应提出临时工程和正式工程结合的意见。

6)根据分年度安排的工程数量，计算分年度主要人工、材料、施工机械台班数量及分年度投资划分。

7)施工组织进度示意图和施工总平面布置示意应根据定测资料和初步设计有关数据绘制。对个别工程施工组织设计工点，应绘制个别工程施工组织进度示意图。

第五节　施工组织设计实例

一、工程概况

本线为某干线中的一段，线路自 *A* 站西闸口接轨起至终点 *M* 站，全长105 km。

线路自 *A* 站向东北方向走行，通过平坦的耕地，在 DK14＋800 跨越伟河特大桥后至 *F* 站与既有线相接，利用既有线一个区间到 *G* 站，而后逐渐折向东走行，至 DK92＋000 折向北至本段终点 *M* 站。线路自 DK92＋000 至本段终点(如图 5—26 所示)，走行在乐河二阶台地上，横穿黄土冲沟，起伏较大，山坡陡峻，河岸高差 50～70 m，故高桥较多，其主要工程数量见表 5—6。

表 5—6　主要工程数量

工程名称			单位	数量
区间土方			断面 m^3	3 560 342
站场土方			断面 m^3	1 242 275
挡土墙			m^3	144
涵管			座—m	202—3 384
特大桥			座—m	1—1 189
大桥			座—m	9—1 411
中桥			座—m	2—75
小桥			座—m	33—506
隧道			座—m	2—406
轨道工程	铺轨	正线	km	94.28
		站线	km	35.12
	铺道岔		组	99
	铺碴		m^3	240 622
生产房屋			m^2	17 805
生活房屋			m^2	35 501

二、施工期限

经上级批准，本段工程自××年 3 月份开工，次年 3 月底完工，工期 13 个月。

三、铺轨方案

由于工期紧迫，采用一端铺轨需 3～4 个月，且接轨点 *A* 站又无设置轨排场的条件，同时，在DK14+800处有特大桥工程，工期较长，不能使铺轨工作提早进行。考虑到本段除 A 站外，尚在 F、G 两站与既有线相接，在 G 站附近有设置轨排场的条件，轨料直接运至轨排场组装后，向前后两端铺设，故采用三头铺轨方案，可缩短铺轨时间1～2个月，同时还可增加站前工程的施工时间。

四、施工区段划分

根据本段工程量的分布情况，并考虑到铺轨前路基及桥隧工程施工期限短促的特点，故对全线大量的路基土方、大桥、特大桥等重点工程和通信、信号、电力、给水、房屋等工程，分别由机筑处、桥梁处和各专业队担负施工，其余中小桥涵、部分路基土方和隧道工程，由两个综合工程处担负施工。里程划分自DK0+000～DK75+293由一处施工，人数为10 000人；DK75+293～DK105+000由二处施工，人数为6 000人。

五、施工安排

1．施工准备

DK92+000～DK105+000为全线工程重点地段，汽车运输便道应先修通，其余地段可利用已有道路。此外，施工通信，结合本线情况，自本线起点至DK88+000，地形平坦，交通方便，采用临永结合，提前修建正式通信，待铺轨通车后，再行加固，以交付使用。施工用电，采用分散发电施工。临时供水，结合水源分布情况，由工程段队自行解决。

2．站前工程

全线控制工程有DK14+800处一座36×31.7 m预应力梁特大桥和DK92+000～DK105+000一段正、站线路基土方及其间8座大桥、高桥等工程。根据上述情况，施工应做具体安排。

(1)第一工程处的重点工程为特大桥。该桥1～18号墩为沉井基础，其余各墩为钻孔桩。因基础工程量大，要求3月份充分做好施工准备，4月份全面展开施工。在水中筑岛时，以相间施工为宜，以免遭暴雨堵塞水流，影响进度。主河道桥墩宜在汛期前完成。钻孔桩基础开工前，先进行试桩工作，取得有关数据后方能正式施工，以确保工程质量。特大桥由两个桥梁队负责施工，4月份开工，10月底完工，工期7个月。

路基土石方除DK15+442～DK21+450、DK58+366～DK60+608及DK70+608～DK75+293约13 km，由一处采用人力小型机具施工外，其余地段全部采用机械施工，由两个机筑队担负施工。工程处施工小桥涵时，应配合路基工程展开，其工程进度详见图5—27施工组织计划进度图。

(2)第二工程处重点工程为DK92+000～DK105+000一段正、站线路基土方 $2.7\times10^5\ m^3$，采用机械施工，由两个机筑队负责。要求4月份开工，9月底完工。其余路基土方由二处采用人力小型机具施工，6月份开工，9月中旬完工。小桥涵的施工，应配合路基土方工程进行。8座大桥，配备4个桥梁队施工。3月份做好施工及备料准备工作，4月份开工至9月份完工。具体安排见图5—27所示。

隧道2座共406 m，由第二工程处施工，于5月中旬开工至9月中旬完工。

(3)铺架工程中，轨排组装基地设在 C 站东2 km处。采用三头铺轨，DK15+442～DK41+781及DK49+358～DK105+000采用机械铺轨，铺架日进度为1.0 km。A 站至特大桥段，由 A 站向特大桥采用人工铺轨、日进度1.0 km，特大桥的架梁工程按日架2孔安排。

3. 站后工程

站后工程应配合铺轨和通车的需要展开施工。结合本线通过地区,沿线各乡、村均有砖、瓦、石灰生产,客货运生产房屋可于通车前建成使用,其余生活及附属房屋于铺轨后建成,其他各项工程及进度安排详见施工进度图。

六、材料供应计划

1. 外来材料

利用原有材料厂扩建后供应,该厂设在既有线某站、距本线 *A* 站两个区间。

起点 *A* 站至特大桥(包括特大桥)的用料,均用火车运至 *A* 站转运至工地。特大桥至线路终点 *A* 站的用料,由材料厂用火车沿既有线运至 *G* 站及 *F* 站后再转运至工地。其中 *F* 站为预制管场用料的转运点。

2. 地方材料

(1)砂:全线缺砂,均需外运,由既有线某站附近新建砂场供应,其运输方法及转运点同外来料。

(2)石料:线路起点 *A* 站至特大桥用料,从既有线石场购买,运至 *A* 站转运至工地。特大桥至线路终点 *M* 站间用料,由沿线产地开采,汽车运至工地。

(3)底碴:由沿线产地供应,汽车运至线路铺设。

(4)面碴:均从既有线石场购买,工程列车运输。

(5)砖、瓦、石灰等材料:沿线各乡、村均可生产供应,也可从既有线砖瓦厂购买供应。

3. 用料量及总运量见表 5—7。

表 5—7　用料量及总运量

材料名称	DK0+000～DK75+293			DK75+293～DK105+000			特大桥		
	重量(t)	综合运距(km)	运量(t·km)	重量(t)	综合运距(km)	运量(t·km)	重量(t)	综合运距(km)	运量(t·km)
外来料	7 183	15	107 745	15 840	48	760 320	6 877	10	6 8770
砂	33 778	15	506 670	64 000	48	3 072 000	19 022	10	190 220
石　料	92 809	25	2 320 225	166 320	7	1 164 240	29 291	10	292 910
底　碴	136 620	20	273 2400	44 055	25	1 101 375			
砖　瓦	43 399	30	1 301 970	21 702	25	542 550			
石　灰	1 200	15	18 000	1 000	7	7 000			
合　计	314 989		6 987 010	312 917		6 647 485	55 190		551 900

4. 运输工具配备

根据总运量及各方面的资料(包括定额),可计算出汽车需要量。配备如下:

第一工程处配备汽车 169 辆;第二工程处配备汽车 138 辆;特大桥配备汽车 18 辆。

七、临时辅助建筑及辅助设施

1. 临时辅助建筑物及其主要工程数量见表 5—8 所示。

2. 辅助设施的安排情况。因接轨站(*A* 站)无条件设材料厂,而局原有材料厂距 *A* 站仅两个区间,故利用该厂扩建后供料。轨排场设在 *G* 站东2 km处。成品梁除特大桥用的专用梁需在外地订购外，其余均由局成品厂预制供应。其他辅助设施利用既有厂址，不另设置。

表 5—8　临时辅助建筑物及主要工程量

项　目		单　位	DK0+000～DK75+293	DK75+293～DK105+000	合　计
新建汽车运输便道(干线)		km		17.8	17.8
新建汽车运输便道(支线)		km	1	10.5	11.5
整修汽车运输便道(干线)		km	17	17.7	34.7
整修汽车运输便道(支线)		km	28	24	52
临时通信 DK88～DK105		km		16.5	16.5
铺拆轨道	轨排场(7) 材料厂(1.5) 岔线(5.5)	km	14		14
铺 道 碴	m^3	16 500		16 500	
涵　梁	座	8		8	

八、劳动力、材料及机械数量

劳动力、材料、成品梁及施工机械需要量见表 5—9 所示。

表 5—9　劳动量及材料、机具数量

项　目	单　位	DK0+000～DK75+293	DK75+293～DK105+000	合　计
一、劳动量	工日			
共计工	工日	911 500	639 800	1 551 300
备　料	工日	250 000	216 000	466 000
合　计	工日	1 161 500	855 800	2 017 300
二、外来料				
水　泥	t	10 500	12 000	22 500
钢材、铁件	t	1 500	720	2 220
木　料	m^3	3 450	5 200	8 650
钢　轨	根	13 984	6 862	20 846
枕　木	根	141 551	71 393	212 944
道　岔	组	60	40	100
电　杆	根			505
三、地方料				
砂	m^3	33 000	40 000	73 000
石　料	m^3	74 000	100 800	174 800
底　碴	m^3	82 800	26 700	109 500
面　碴	m^3	109 000	58 000	167 000
砖	千块	9 800	5 400	15 200
瓦	千块	4 700	2 000	6 700

续上表

项　目		单　位	DK0+000～DK75+293	DK75+293～DK105+000	合　计
石　灰		t	1 200	1 000	2 200
四、成品梁					
预应力梁31.7 m		孔	39	21	60
预应力梁23.8 m		孔		8	8
混凝土梁16 m		孔	3	4	7
钢筋混凝土梁	$L=12$ m	孔	1		1
	$L=10$ m	孔		5	5
	$L=8$ m	孔	3		3
	$L=4.5$ m	孔	1	4	5
	$L=2.4$ m	孔		7	7
钢筋混凝土管	$D=0.75$ m	节	389		389
	$D=1.0$ m	节	180	47	227
	$D=1.5$ m	节	153	373	526
	$D=2.0$ m	节	43		43
五、施工机械					
拌合机		台	10	15	25
电焊机		台		5	5
电动卷扬机		台		32	32
通风机		台		4	4
推土机		台	40	40	80
铲运机		台	50	50	100
挖土机		台	2	6	8
水　泵		台	24	16	40
空压机		台		2	2
铺轨机		台	1	1	2
架桥机		台	1	1	2
倾卸车		台	9	36	45

思考题与习题

1. 什么是施工组织设计？其基本内容包括哪些方面？
2. 施工组织设计的作用有哪些？
3. 流水施工的技术经济效果是什么？
4. 什么是网络图？网络计划的基本原理是什么？
5. 网络图与横道图相比较有哪些优缺点？
6. 何谓关键线路？它有何特点？
7. 铁路施工组织设计的编制阶段及作用是什么？
8. 铁路施工组织设计方案意见及施工组织设计的内容是什么？

9. 根据下表绘制双代号网络图，计算时间参数及工期，并用双线标出关键线路。

工　作	A	B	C	D	E	F	G	H	I	J
紧后工作	—	—	A，B	B	B	C，D	C，D，E	D，E	F	F，G，H
持续时间	3	5	3	5	4	5	4	3	4	5

10. 某工程由 A，B，C，D 四个施工过程组成，流水节拍如下表所示，试组织流水施工。

单位：d

n \ m	①	②	③	④
A	2	1	3	1
B	4	2	3	4
C	1	2	2	1
D	2	1	2	1

第六章　工程定额与工程概预算

第一节　工程定额概述

一、工程定额的概念

在基本建设工程施工过程中，要完成某项工程或某一结构构件的生产，必须消耗一定的人力、物力和财力。耗用多少才算合理，一般均以定额为标准。所谓定额，就是指在正常施工条件下（即施工过程按生产工艺和质量验收规范操作，施工条件完善，劳动力组织合理，机械运转正常，材料供应及时），完成单位合格产品所必须消耗的人工、材料、机具设备及其资金的限额标准。它不仅规定了所需的数量，而且还规定了它的工作内容、质量和安全要求。

例如，在《铁路工程预算定额》第二册"桥梁工程"中，石砌涵洞基础的工作内容包括选、修、洗石，砂浆制作，安砌及养护等全部操作过程。QY—667 定额 100 号砂浆砌筑 10 m^3 涵洞片石基础，需要人工 15.71 工天，工费 131.34 元；材料 425 号水泥 970.0 kg，中粗砂 3.72 m^3，片石 12.3 m^3，材料费 315.62 元；机械设备 325 L 灰浆搅拌机 0.32 台班，机械使用费 9.27 元。这些数量限额，是根据铁路现行工程施工技术及验收规范、质量评定标准及安全操作规程取定的。因此，它同时能满足质量和安全的要求。

我国建筑安装工程定额具有科学性、法令性、稳定性、群众性和实践性。因此，定额在基本建设中应用很广，在企业的生产经营活动中起着重要的作用。它是编制各种计划和施工组织设计的依据，也是编制建设项目概、预算，确定工程造价，评定设计方案的基础资料，还是企业推行经济责任制、开展经济核算、贯彻各尽所能、按劳分配和降低工程成本的重要环节。实行定额的最终目的，是为了在建筑安装活动中调动职工生产积极性，提高工人劳动生产率，挖掘一切潜力，力求用最少的人力、物力和财力生产出符合社会需要的建筑产品，获得好的经济效益。

工程定额的形式与内容，是根据施工生产需要决定的。因此，工程定额的分类也是多样化，这里简介如下(见图 6—1)。

从图 6—1 可以看出，建筑安装工程定额无论按何种方法分类，其内容都包含着按生产要素分类这个因素，即劳动定额、材料消耗定额和机械台班使用定额。这三种定额是制定其他各种定额的基础，因此，称之为基本定额。

二、施工过程分析与定额测定

(一)施工过程分类

1. 按使用工具、设备和机械化程度可分为 *A* 人工施工过程，如人力挖土；*B* 机械施工过程，如铲运机运土；*C* 人工与机械并用施工过程，如人力挖土，卷扬机提升土。

2. 按生产特点及组织的复杂过程可分为工序、工作过程和复合过程。如钢筋混凝土构件施工过程可分解成表 6—1 所列工程及工序等项目。

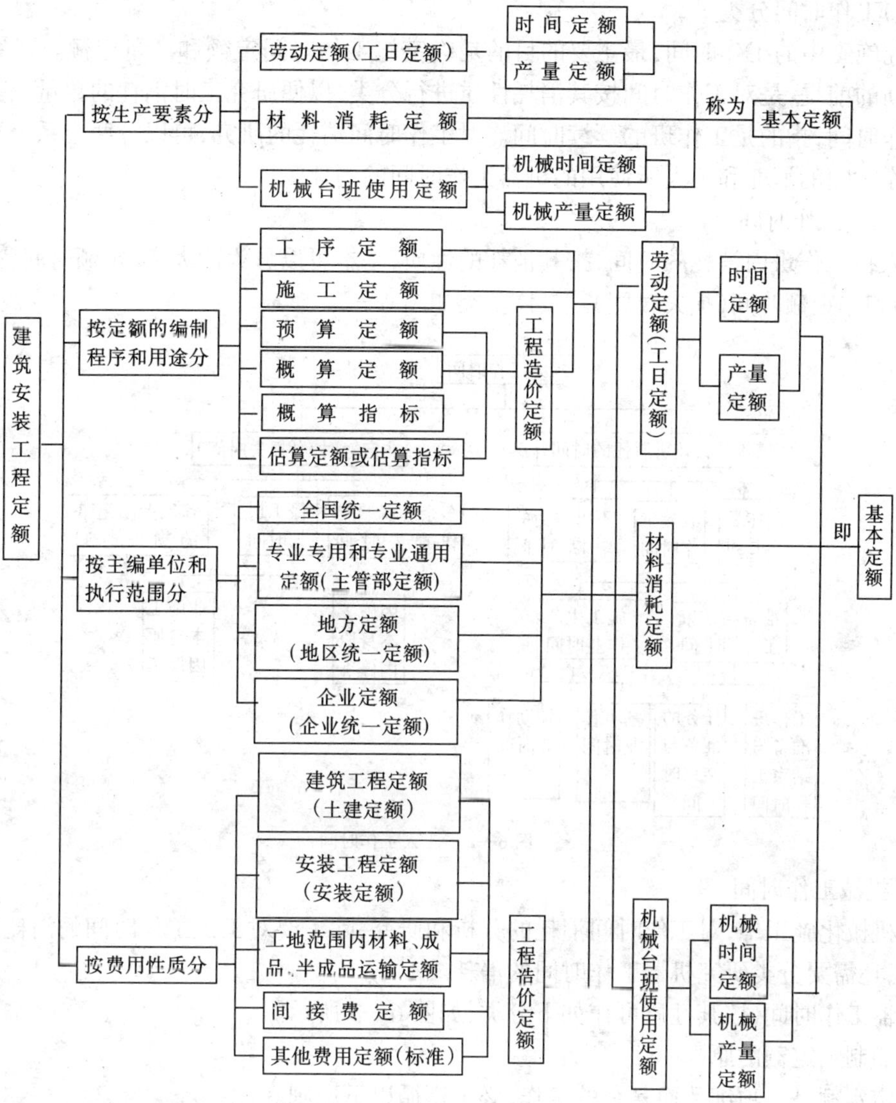

图 6—1　工程定额分类

表　6—1

工程名称	复合过程	工作过程	工　序	操　作	动　作
钢筋混凝土构件	钢筋混凝土构件施工过程	1. 钢筋制作、绑扎 2. 模板制、立、拆 3. 混凝土拌合、运送及灌注	(1)整直 (2)除锈 (3)切断 (4)弯曲 (5)成品运到堆放点(绑扎点) (6)绑扎钢筋	(1)在工作台上号样 (2)把钢筋放在工作台上 (3)对准位置 (4)靠近支点 (5)扳动扳手 (6)弯好钢筋 (7)放回扳手 (8)将弯好的钢筋取出 (9)放在指定地点	(1)工人走到调直、除锈并切断好的钢筋堆放处 (2)拿起钢筋 (3)走向工作台 (4)把钢筋放在工作台上

(二)工作时间分类

研究施工中的工作时间,最主要的目的是确定施工的时间定额和产量定额。研究施工中工作时间的前提,是对工作时间按其消耗性质进行分类,以便研究工时消耗的数量及其特点。

工作时间,指的是工作班的延续时间。对工作时间消耗的研究,可以分两个系统进行。即工人工作时间的消耗和工人所使用的机器工作时间的消耗。

1. 工人工作时间

工人在工作班内消耗的时间,按其消耗的性质,基本可以分为两大类:定额时间(必须消耗的时间)和非定额时间(损失时间)。具体分类如图 6—2。

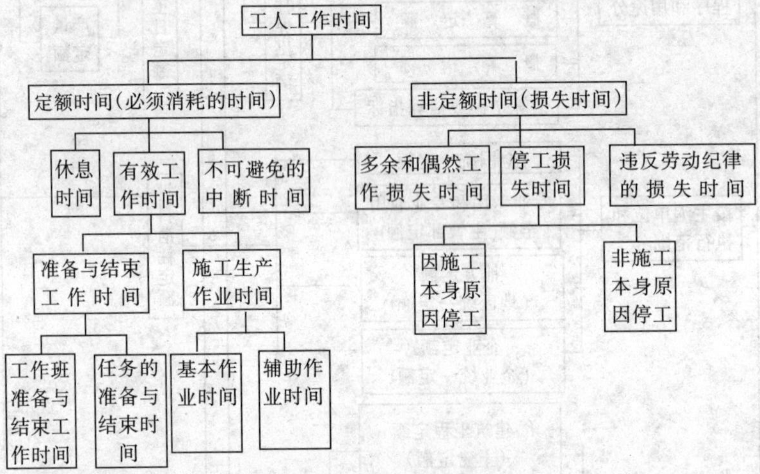

图 6—2　工人工作时间

2. 机械工作时间

在机械化施工中,对工作时间消耗的分析和研究,除了要对工人工作时间的消耗进行分类研究外,还需要分类研究机器工作时间的消耗。

机器工作时间,按其性质可作如下分类,如图 6—3 所示。

(三)制定定额的原则

制定定额是一项细致而复杂的工作,必须遵循以下原则。

1. 定额要具有平均先进水平。既要考虑新技术的应用和先进操作方法的推广,又要从实际出发,考虑客观可能的条件,处理好数量、质量和安全三者的关系。有利于降低生产要素(劳动力、材料、机具设备)的消耗,提高劳动生产率。有利于考核工人的劳动成果,实现按劳分配原则,兼顾国家、企业和个人三者利益。并经过努力,多数企业和工人可以达到,先进企业和工人可以超额,少数企业和工人能够接近定额水平。还要照顾到各部门工种间的定额水平,力求协调平衡,避免出现明显的差距,苦乐不均。

2. 定额制定要准确及时

3. 定额结构要简明适用。项目齐全,粗细恰当,步距合理,文字通俗,计算简便。

4. 定额编制要专群结合。坚持专职定额人员、工程技术人员和工人三结合,并以专职定额人员为主的原则,这是对定额质量提供组织保证。

三、基本定额与施工定额

(一)基本定额

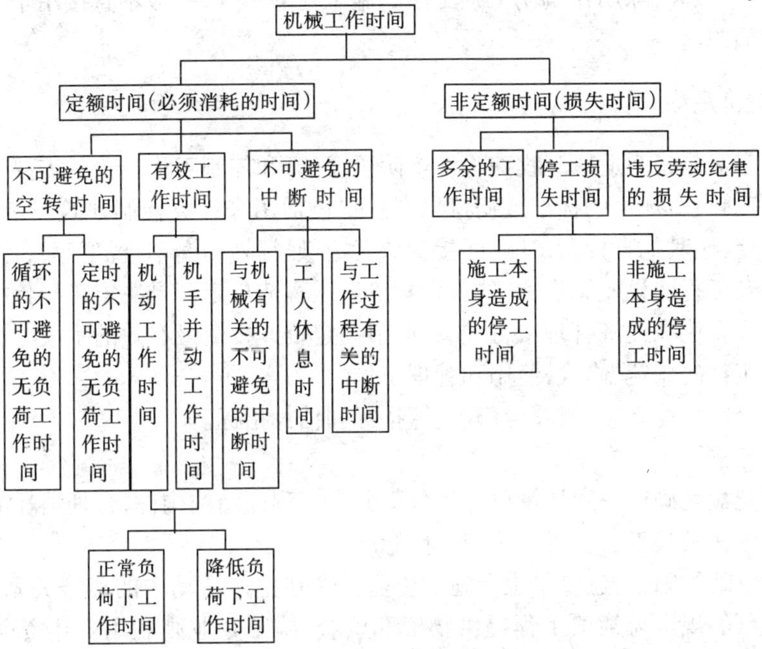

图 6—3　机器工作时间

基本定额是劳动定额、材料消耗定额和机械台班使用定额的总称。它是制定其他各种定额的基础。

1. 劳动定额

劳动定额亦称人工定额、工时定额或工日定额。它蕴含着生产效益和劳动力合理运用的标准,反映了建筑安装工人劳动生产率的平均先进水平,不仅体现了劳动与产品的关系还体现了劳动配备与组织的关系。它是计算完成单位合格产品或单位工程量所需人工的依据。

2. 材料消耗定额

材料消耗定额是指在合理使用材料的条件下,完成单位合格产品或单位工程量所必须消耗的一定规格的建筑材料、半成品或构配件的数量标准。所谓合格产品或工程量是指质量、规格等方面要符合国家标准、部颁标准、或省、自治区、直辖市的标准。材料消耗定额的计量单位是以生产单位产品或工程量所需材料的计量单位表示。如片石混凝土所需水泥、砂子、石子、片石的计量单位分别为“t”和“m^3”。

3. 机械台班使用定额

机械台班使用定额亦称机械设备使用定额。它标志着机械生产率的水平,用它可计算出完成合格产品或工程量所需用的机械台班数量。

(二)施工定额

施工定额是直接用于建筑施工管理中的一种定额。它是由劳动定额、材料消耗定额、机械台班使用定额三部分组成。它是指在一定的施工生产技术组织条件下,为完成一定计量单位的合格产品或工程量所必须消耗的人工、材料、机械台班数量标准。根据它可以直接计算出各种工作项目所需劳动工天、材料和机械台班数量。

施工定额是以同一性质的施工过程为核定对象,并以工序定额为基础,由工序定额综合成工作过程定额和复合过程定额,可直接用于施工生产中。而工序定额是以个别工序(或操作)

为核定对象，比较细碎，除用作编制个别工序的施工任务单外，一般不直接用于施工生产，也不出现在施工定额中。

四、工程造价定额

工程造价定额是指为适应工程建设各个阶段，计算和控制工程造价的需要，对工程建设消耗人力、物力和财力所规定的标准或衡量尺度。它包括用来计算控制建筑安装工程费用的定额（如预、概算定额、其他直接费定额、间接费取费定额、计划利润率、税率等），控制工程建设其他费用的定额及工程建设概算指标、估算指标等。工程造价定额是决定工程价格的重要基础，而价格是国家或企业在经济管理中，控制和调节固定资产投资最有效的手段。因此，必须切实做好工程造价定额的制定、修改、使用和管理工作。

本节主要介绍预算定额、概算定额、概算指标和估算指标。

（一）预算定额

工程预算定额是确定一定计量单位的分部分项工程或结构构件，合理消耗的人工、材料和机械台班数量限额及其工、料、机单价（基价）标准。

预算定额反映了国家、建设单位和施工企业三者在生产活动中的经济关系。国家和建设单位按预算定额的规定为某项工程提供物资和资金，施工企业则利用上述资财组织生产，保质、保量、按期完成工程任务。

预算定额是在施工定额的基础上，综合施工定额工作细目为预算定额的工作细目，并且纳入已经应用的新技术、新工艺，按照合理的施工组织和正常的施工条件编制的。定额中所采用的施工方法和工程质量标准，是根据现行技术规范、规程和标准取定的。它比施工定额更有综合性。

（二）概算定额

概算定额（亦称扩大结构定额或综合预算定额）是确定一定计量单位的扩大分部工程、结构构件或扩大分项工程的人工、材料和机械台班消耗数量及其基价费用标准。它的结构和形式与预算定额基本一样。

概算定额是以预算定额为基础，适当地将预算定额中分部分项工程或结构构件中有关的几个项目，综合扩大成一个项目。

（三）概算指标

概算指标是以整个建筑或整个分部工程为单位而规定的人工、材料和机械台班消耗指标及其费用标准。它是在预算定额和概算定额的基础上编制的。概算指标与概算定额相比，其综合性更强。

（四）估算指标

估算指标亦称投资估算指标，是通过对已交付使用的各种不同地形条件，不同设计标准的建设项目的主要工程量及预概算和决算资料进行分析研究，并在概算指标的基础上扩大计量单位，增加费用内容而制定的各有关专业工程量和建设费用的消耗指标。因估算指标构成的数据是根据各种预概算和决算资料，经过整理、研究、分析、归纳、计算而得。因此，它实际上是一个概括性很强的统计分析指标。例如，桥梁每延长米造价，是根据该工程全部预、概算总价值或竣工决算总价除以全长得出的；桥梁每延长米各种主要材料耗用量，是根据该工程预、概算或竣工决算中某种材料总的消耗量除以该桥全长得出。

第二节　工程概预算概述

由于基本建设工程项目类型各异、工程规模各不相同。因此，工程概预算的费用和组成、编制范围、编制阶段、编制程序和方法也各不相同。限于篇幅有限，本节及以下各节内容仅介绍铁路工程概预算。

一、工程概预算的基本概念

基本建设工程的设计概预算是设计概算和施工图预算的统称，是从项目筹建到竣工验收交付使用全过程建设费用的总和。实质上，工程概预算是设计人员根据设计图纸，结合施工组织设计或施工方案，有关定额及取费标准等基础资料计算出来的，是工程项目的预期造价。建设单位或业主对工程项目设计概预算的管理与控制，就是对工程预期造价和投资的控制和管理，也是国家对基本建设工程实行科学管理和宏观监控的一种手段。

二、铁路工程设计概算的编制阶段及作用

设计概算的编制阶段应与设计阶段一致。各设计阶段概算编制的主要作用如下：

（一）两阶段设计

1. 初步设计阶段：编制总概算。经审批成立，据以确定基本建设项目投资，编制基本建设计划和控制基本建设投资，以及作为实行招标承包和投资包干的依据，也是考核设计技术经济合理性和建设成本的依据。

2. 施工图阶段：编制投资检算。据以检验和确保施工图的总投资严格控制在已批准的初步设计总概算范围内，是考核施工图设计技术经济合理的主要依据。

（二）一阶段设计

施工设计阶段：编制总概算。其作用同两阶段初步设计总概算。

三、铁路工程设计概预算编制范围与深度

（一）设计概算的编制范围及单元

完整的铁路基本建设项目的概算，一般应按个别概算、综合概算、总概算三个层次逐步完成。

1. 总概算的编制范围

总概算是用以反映整个建设项目投资规模和投资构成的文件，一般应按整个建设项目的范围进行编制，不能随意划分编制范围。但遇有以下情况，应按要求分段、分片划分编制范围，分别编制总概算，并汇总编制建设项目的总概算汇总表。

(1)区段站应单独编制总概算。

(2)跨越省（市、自治区）或铁路局者，除应按各自所辖范围编制总概算外，尚需以区段站为界，分别编制总概算。

(3)有分期投资要求者，应按分期投资的工程范围，分别编制总概算。

(4)对投资来源不同的建设项目（包括运输交接站），如有要求，应按其不同投资来源的工程范围分别编制总概算。

(5)通信、信号、电力、电力牵引供电、辅轨、架梁工程，可根据其施工组织设计的需要，按不

同于土建工程的编制范围编制总概算。

(6)一个建设项目,如由几个设计单位共同设计,则由各设计单位按各自承担的设计范围编制总概算。总概算汇总表由建设项目总体设计单位负责汇编。

(7)合资铁路应按各合资公司管辖范围及两端引入工程分别编制总概算。

2. 综合概算的编制范围

综合概算是具体反映一个总概算范围内的工程总额及其构成的文件,其编制范围应与相应的总概算一致。

3. 个别概算的编制内容及单元

个别概算是编制综合概算、总概算的基础,是详细反映各工程类别和某些重大特殊工点的主要概算费用的文件。

其编制内容包括人工费、材料费、施工机械使用费、运杂费、其他直接费、临时房屋及小型临时设施、现场管理费、企业管理费、劳动保险费、财务费用、价差、计划利润和税金。

编制单元应按总概算的编制范围划分,并按工程类别分别编制。其中特大桥、高桥(墩高在50 m以上)及技术复杂的大、中桥,3 000 m以上的单、双线长隧道、多线隧道及地质复杂的隧道,大型房屋(如机车库,1 500 m^2以上的站房)以及投资大,工程复杂的新技术工点等,应按工点分别编制个别概算。

(二)施工预算编制范围及单元

1. 总预算的编制范围

施工总预算的编制范围,原则上按整个建设项目的范围编制,但一个建设项目往往由一个或几个总承包单位承建。因此,应分段、分片的根据各自承建的任务范围,分别编制总预算。总承包单位的上级主管单位编制总预算汇总。

在一个总承包范围的,区段站应单独编制总预算。

2. 综合预算的编制范围

综合预算是总承包单位下属施工单位(工程处、段),按承担任务的范围,工程类别,根据综合预算章节表的要求,有关费率标准,在个别预算的基础上详细编制的。

3. 个别预算的编制单元

个别预算是编制综合预算、总预算的基础,是具体反映某个单项工程建筑、安装工程费用的,是建筑、安装工程的工程成本。它是基层开展经济核算的主要依据。因此,个别预算的编制单元,应根据工程的难易程度,任务量的大小、预算专业人员的能力、编制时间的要求等考虑,没有统一的规定,一般的习惯做法是:

(1)拆迁工程、路基、挡土墙、各类涵管、小桥、一般中桥、全长1 000 m以下的隧道、站场建筑及设备、生产房屋、生活房屋、轨道工程(不包括正、站线铺轨、铺道岔)等工程,原则上以总承包单位或其下属施工单位(施工处、段)施工管区的施工范围各编一个个别预算。为满足基层核算的要求,亦可将施工管区内和各类工程分段、分片、分座进行编制。

(2)重点土石方、大型挡土墙、特大桥、大桥、高桥、双线多线桥、新型结构桥、技术复杂的中桥,全长1 000 m以上的隧道、双线及多线隧道、地质复杂及特殊设计的隧道、大型复杂的房屋(大站房、机车库、车辆库等)应以工点为单位,各编一个个别预算,大型临时设施,视需要亦可分别编制个别预算。

(3)通信工程、信号工程、电力建筑及设备(不含站场建筑及设备),工务及其他建筑及设备,应以总承包单位的施工范围分别编制个别预算,亦可按站分别编制。

(4)正、站线铺轨、桥梁的架设,应按总承包单位的施工范围,由负责铺架工程的单位按其承担的任务,编制个别预算。

(三)编制深度及要求

设计概算的编制深度应与设计阶段及设计文件组成内容的深细度相匹配。

1. 个别概算

应结合建设项目的具体情况、编制阶段、工程难易程度及所占投资比重的大小,视各阶段采用定额的要求,确定其编制深度。

2. 综合概算

根据个别概算,按"综合概算章节表"的顺序进行汇编,没有费用的章、节,其章节号及名称应保持不变,各节中的细目结合具体情况可以增减。一个建设项目有几个综合概算时,应汇编综合概算汇总表。

3. 总概算

根据综合概算,分章汇编。没有费用的章,其章号及名称一律保留。一个建设项目有几个总概算时,应汇编总概算汇总表。

4. 投资检算

设计单位根据施工图编制投资检算,所采用的编制依据、原则、编制范围及单元等,应与批准的总概算相一致。以便于投资检算与总概算在同一基础上进行对照,分析原因,优化施工图设计。

四、铁路工程概预算定额的采用

(一)基本规定

根据不同的设计阶段,各类工程(其中路基、桥涵、隧道、轨道及站场建设设备简称"站前"工程,其余简称"站后"工程)的设计深度,以及铁路工程定额体系的划分,对具体定额的采用,原则上按以下规定执行。

1. 初步设计概算:"站前"工程采用预算定额;"站后"工程采用概算定额。

2. 施工图投资检算:不分"站前"、"站后"一律采用预算定额。

(二)《铁路房屋建筑工程预、概算定额》仅适用于铁路基本建设工程的线路和枢纽建设项目的新与改扩建工程,不包括铁路独立工业建设项目、独立建设项目的大型旅客站房、科研和院校等单位的建设项目以及各单位属于基地建设的生活福利设施等的房屋建筑工程。

上述不包括的房屋建筑工程及配合辅助工程,应执行工程所在地省(市、自治区)的地区统一定额或各相应行业的工程定额。其直接工程费、间接费定额等亦应配套使用。

(三)补充定额

对现行定额中的缺项部分,设计单位可参照现行定额的使用情况及编制说明和有关规定,根据调查、收集测定的资料自行补充单价分析,随同概算文件一并送审,同时报送铁道部建设司工程定额所。在此基础上由工程定额所编制补充定额,供以后编制设计概算时使用。

第三节　工程概预算文件及费用组成

一、铁路工程概预算文件组成内容

概预算文件的组成内容,根据编制阶段、编制范围的不同稍有差异,但均应包括总说明书及附件。

(一)说明书

1. 编制范围。建设项目名称、起讫点、里程(或枢纽范围)、全长正线公里(或正、站线铺轨长度)以及建设单位。

2. 编制依据。

①一般规定。说明编制依据的规章、办法、协议、纪要及公文等。

②工资。采用的工资及各项工资性质的津贴标准。

③料价。采用材料预算单价,以及砂、石、道碴、砖、瓦、石灰料价的依据。

④水、电单价。采用的水、电单价及其依据。

⑤运输及装卸费单价。采用的各种运输单价、装卸费单价及其依据。

3. 各项工程概算及费用的编制。

①拆迁工程。采用资料的来源及分析指标的情况。

②正式工程。分别说明各类工程的编制单元、深度和运杂费的分析,以及采用类似工程指标的来源。

③间接费。各项指标的分析依据和费用的计算原则。

④其他费用。各项费用所采用的费率及其依据。

⑤基本预备费采用系数。

⑥工程造价增涨预留费。费用的计算和分年度投资计划的依据,以及必要的说明。

⑦机车车辆购置费。机车车辆的型号、购置价格。

⑧铺底流动资金。采用的指标及依据。

4. 概算指标。对各类工程费用所占比重及主要技术经济指标,作扼要分析;对一些突出偏低、偏高的费用和指标,应说明原因。

5. 概算总额及技术经济指标分析。

①概算总额及每正线公里指标。

②影响概算总额的主要原因分析。

6. 有待进一步解决的问题及下一阶段应注意事项。

(二)附件

1. 总概(预)算汇总表

2. 总概(预)算表

3. 总概(预)算汇总对照表

4. 总概(预)算对照表

5. 综合概(预)算汇总表

6. 综合概(预)算汇总对照表

7. 综合概(预)算表

8. 综合概(预)算对照表

9. 个别概(预)算费用汇总表

10. 建筑工程个别概(预)算表

11. 设备及安装工程个别概(预)算表

12. 主要材料(设备)平均运杂费单价分析表

13. 补充单价分析表、补充设备价格表

14. 主要劳、材、机及设备统计汇总表

15. 主要工程数量汇总表

二、概预算费用的种类与组成

铁路工程设计概预算应完整地反映设计范围内工程建设项目从筹建至竣工验收交付使用所需的全部费用。

设计概预算费用包括编制期的静态投资、编制期至竣工验收时的动态投资,以及初期投产运营所需要的机车车辆购置费和铺底流动资金四部分。

(一)工程概预算的章节划分

铁路基本建设工程的概预算费用,按不同工程和费用类别划分,共分为四部分,共十六章33节,编制概预算应采用统一的章节表。各章费用名称如下:

第一部分　静态投资

　第一章　拆迁及征地费用

　第二章　路基

　第三章　桥涵

　第四章　隧道及明洞

　第五章　轨道

　第六章　通信及信号

　第七章　电力及电力牵引供电

　第八章　房屋

　第九章　其他运营生产设备及建筑物

　第十章　大型临时设施及过渡工程

　第十一章　其他费用

　第十二章　基本预备费

第二部分　动态投资

　第十三章　工程造价增涨预留费

　第十四章　建设期投资贷款利息

第三部分　机车车辆购置费

　第十五章　机车车辆购置费

第四部分　铺底流动资金

　第十六章　铺底流动资金

(二)总概预算费用组成

铁路工程总概预算费用由静态投资、动态投资、机车车辆购置费、铺底流动资金四大部分组成。如图6—4所示。

(三)铁路工程静态投资费用种类

按投资构成划分,铁路基本建设工程静态投资分属下列五种费用:

1. 建筑工程费

指路基、桥涵、隧道及明洞、轨道、通信、信号、电力、电力牵引供电、房屋、给排水、机务、车辆、站场建筑、工务、其他建筑和属于建筑工程范围内的管线敷设、设备基础、工作台,以及拆迁工程和应属于建筑工程费用内容的费用。

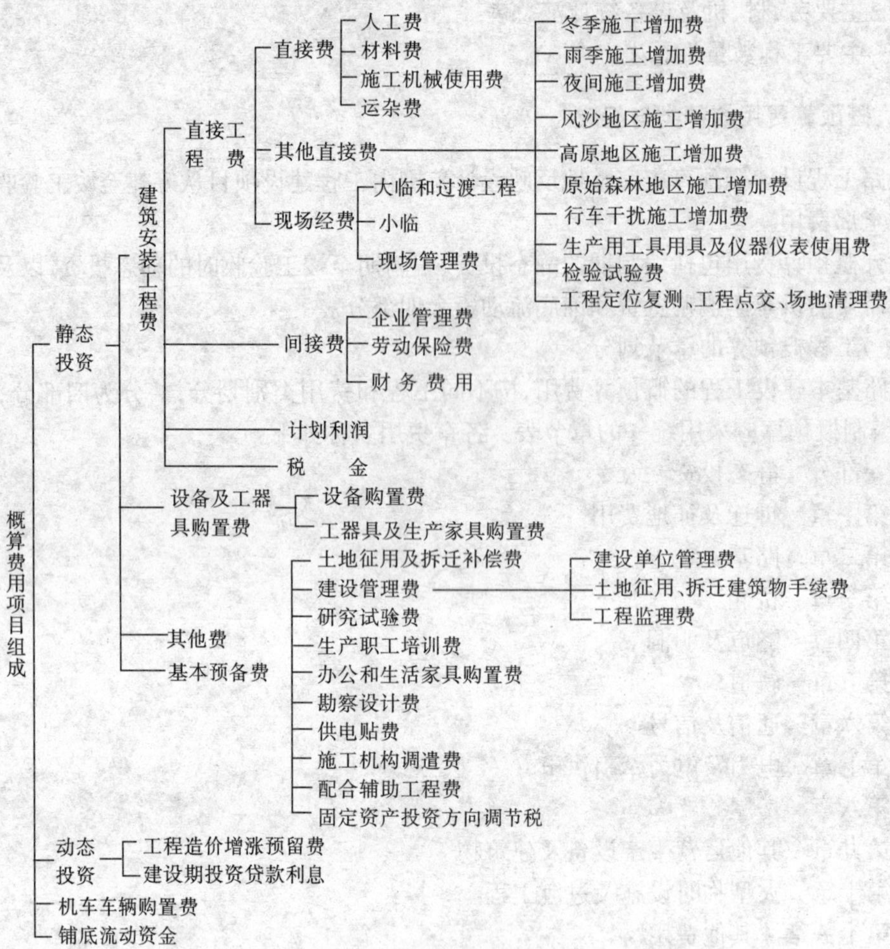

图 6—4　总概算费用组成

2. 安装工程费

指各种需要安装的机电设备的装配、装置工程，与设备相连的工作台、梯子等的装设工程，附属于被安装设备的管线敷设，以及被安装设备的绝缘、刷油、保温和调整、试验所需的费用。

3. 设备及工器具购置费

指一切需要安装与不需要安装的生产、动力、弱电、起重、运输等设备（包括备品备件）的购置，以及新建、改建或扩建项目的新建车间，为生产准备所必须购置的第一套不够固定资产标准（即不同时具备使用期限在一年以上和单位价值在 2000 元以上两个条件者）的设备、仪器、工卡模量、器具和生产家具等的购置费。

4. 其他费

指土地征用及拆迁补偿费、建设管理费、研究试验费、生产职工培训费、办公和生活家具购置费、勘察设计费、供电贴费、施工机构调遣费、配合辅助工程费、固定资产投资方向调节税等。

5. 基本预备费

指初步设计总概算中难以预料的工程和费用。

第四节　铁路工程概预算各项费用组成内容及计算方法

一、人工费

指直接从事建筑安装工程施工的生产工人开支的各项费用。

(一)综合工费的组成内容

1. 基本工资。

2. 工资性补贴。指按规定标准发放的流动施工津贴、施工津贴、隧道津贴、副食品价格补贴、煤燃气补贴、住房补贴、交通费补贴及特殊地区津贴、补贴。

3. 生产工人辅助工资。指生产工人年有效施工天数以外非作业天数的工资。包括开会和执行必要的社会义务时间的工资,职工学习、培训期间的工资,调动工作、探亲、休假期间的工资,因气候影响停工期间的工资,女工哺乳时间的工资,由行政直接支付的病(6个月以内)、产、婚、丧假期间的工资。

4. 职工福利费。指按规定标准计提的职工福利基金和医药费基金。

5. 生产工人劳动保护费。指按国家有关部门规定标准发放的劳动保护用品的购置费、修理费、服装补贴、防暑降温费、在有碍身体健康环境中施工的保健费用等。

(二)综合工费标准

按铁建管[1998]115号《铁路基本建设工程设计概算编制办法》(以下简称《编制办法》)的规定执行。

编制期与基期的津贴差额按价差计列。编制期津贴标准如有调整,按铁道部发布的标准执行。

路基、小桥、涵洞、房屋和临时工程基期及编制期的综合工费标准按《编制办法》规定标准乘以0.8系数。

二、材料费

指施工过程中耗用的构成工程实体的原材料、辅助材料、构配件、零件和半成品的用量以及周转材料的摊销量等按相应的预算价格计算的费用。

(一)材料预算价格的组成

材料预算价格由材料原价及业务费提成两部分组成;其中业务费提成包括:

1. 材料供销部门手续费(包括物资承包公司的劳务费)。

2. 包装费(不包括押金,并减去回收值)。

3. 材料自来源地运至施工组织设计所拟定的材料厂、供料基地或既有线卸料地点前方办理货运业务的营业站,在运输过程中所支出的运输、装卸及合理的运输损耗等费用(直发料和当地料的预算价格不含此项费用)。

4. 材料供应部门的材料采购及保管费用。

(二)基期材料预算价格的取定

按材料预算价格的组成及材料供应方式的不同,各项工程材料预算价格随各建设项目所处地区、修建年代的不同而不同。为统一概算编制工作,编制设计概算时一律采用铁建[1996]49号文发布的《铁路工程建设材料预算价格》(2000年度),作为基期材料价格。

(三)旧轨料、旧梁价格的计算规定

修建正式工程使用的旧轨料、旧梁等,其价格按相同规格型号的新料价格的81%计算(含收集、整修管理费)。不包括定额规定使用废(旧)轨者(如桥梁和平交道的护轮轨,车挡弯轨等)。小临、现场管理费、企业管理费、劳动保险费、财务费用、计划利润仍按相应的新料基期价格计算,并在计算税金之前扣除新料基期价与旧料价的差额。

三、施工机械使用费及工程用水、电综合单价

(一)施工机械台班费用的组成

1. 折旧费:指机械在规定的使用期限(耐用总台班)内,陆续收回其原值(不含贷款利息)的费用。

2. 大修理费:指机械按规定的大修间隔台班进行必要的大修理,以恢复其正常功能所需的费用。

3. 经常修理费:指机械除大修理以外的各级技术保养、修理及临时故障排除所需的费用;为保障机械正常运行所需的替换设备、随机配备的工具与附具的摊销和维护费用;机械运转与日常保养所需的润滑、擦拭材料费用;机械停置期间的维护保养费等。

4. 安拆及进出场费:指机械在施工现场进行安装、拆卸与搬运所需的工费、材料费、机具费和试运转费用;辅助设施(基础、底座、固定锚桩、走行轨道、枕木等)的搭拆与折旧费用;机械整体或解体分件自停置地点到施工现场或由一工地至另一工地的进出场运输转移、装卸、辅助材料及架线等有关费用。

5. 人工费:指机上司机和其他操作人员的人工费,以及上述人员在机械规定的年工作台班以外的人工费。

6. 燃料动力费:指机械在运转施工作业中所耗用的液体燃料(汽油、柴油)、固体燃料(煤)、电和水的费用。

7. 养路费车船使用税:指按国家有关规定应交纳的养路费、车船使用税及保险费。

(二)基期施工机械台班单价的取定

编制设计概算以铁建[1997]55号文批准的《铁路工程施工机械台班费用定额》(1995年度)作为取定基期施工机械使用费的依据。

(三)机车台班费

为了统一编制概算的机车台班费单价的计算,根据《编制办法》机车台班费分析指标,作为编制概算确定机车台班单价的依据。

(四)工程用水综合单价

工程用水基期单价为0.38元/吨。特殊缺水地区或取水困难的工程,可按施工组织设计确定的供水方案,另行分析工作用水单价,分析水价与基期水价的差额,按价差计列。

(五)工程用电综合单价

工程用电基期单价为0.55元/kW·h。

编制概算时,可根据施工组织设计所确定的供电方案,按选用的不同电源及发电机机型,以施工机械台班费用定额及编制期工费、料价标准,按工程用电单价分析办法,计算出各种供电方式的单价,分析电价与基期电价的差额,按价差计列。

四、运 杂 费

指材料(包括供应材料及自备材料)、成品、半成品、构配件及机电设备等,从施工组织设计

所拟定的材料厂、供料基地或既有线卸料地点前方办理货运业务的营业站或自备材料采集地点或交货地点起，运至工地的料库或堆料地点（直发料指从料源地运至工地）所需的有关费用。

（一）运杂费的内容

1. 运输费。

2. 装卸费。

3. 其他有关运输的费用（如火车运输的取送车费、过轨费，汽车运输的渡船费等）。

4. 材料管理费。指由施工单位负责采购、运输、保管和供应的材料、成品、半成品、构配件和机电设备等，在采购、运输、保管和供应过程中所发生的一切有关费用（不包括材料供应部门所发生的费用）。包括采买、办理托运所发生的费用（如按规定由托运单位负担的包装、捆扎、支垫等的料具耗损费，转向架租用费和托运签条），押运、运输途中的损耗，料库盘存，大然毁损和材料的验收、检查、保管等有关各项管理费用以及看料工的工资。

5. 运输损耗费。指砂、碎石（包括道碴及中、小卵石）、黏土砖、黏土瓦、石灰等5种材料，由于运输过程中损耗较大，需增加的运输损耗费。

（二）运杂费的计算

运杂费的计算，应先按各该工程的建筑类型制订的材料重量比例指标，计算平均运杂费单价。分析平均运杂费单价，应按施工组织设计所拟定的材料供应计划，对不同的材料品类及不同的运输方法分别计算平均运距，平均运距应考虑各种运输方法的起码运距及进级规定，如系采用加权平均计算的运距，则不应再次进级。

各种运输方法的比例，应以施工组织设计确定的运输方案为依据。

为简化设计概算编制，编制单位也可根据积累的资料，经分析归纳，制定综合运杂费指标。

在分析平均运杂费单价时，对就地利用及直接送到工地，不发生运杂费的材料，亦应计算其重量，以求算该工程全部材料的平均运杂费单价。

旧轨件的运杂费，其重量应按设计轨型计算。如设计轨型未确定，可按代表性轨型的重量，其运距由调拨地点的车站起算。如未明确调拨地点者，可按以下原则编列：

1. 已明确调拨的铁路局，但未明确调拨地点者，则由该铁路局所在地的车站起算。

2. 未明确调拨的铁路局者，则按工程所在地区的铁路局所在地的车站起算。

五、其他直接费

指直接费以外施工过程中发生的，预概算定额未包括而应属于直接工程费范围以内的其他各项费用。

（一）其他直接费的内容

1. 冬季施工增加费

指建设项目的某些工程，根据施工组织设计的安排需在冬季施工，以致引起需采取的防寒保温设施、人工与机械的工效降低以及技术作业过程的改变等，所增加的有关费用。

2. 雨季施工增加费

指建设项目的某些工程，根据施工组织设计的安排需在雨季施工，以致引起需采取的防雨、防潮和防护设施、人工与机械的工效降低以及技术作业过程的改变等，所需增加的有关费用。

3. 夜间施工增加费

指根据施工组织设计安排，必须在夜间连续施工或在隧道内铺碴、铺轨、铺设电线、电缆、架设接触网等工程，包括夜间装卸材料等，所发生的工作效率降低、夜班津贴以及有关照明设施(包括所需照明设施的装拆、摊销、维修及油燃料、电)等增加的有关费用。

4. 风沙地区施工增加费

指在内蒙古及西北地区的非固定沙漠地区施工时,月平均风力在四级以上的风沙季节(每年3~5月),进行室外建筑安装工程时,由于受风沙影响应增加的费用。

5. 高原地区施工增加费

指在海拔2 000 m以上的高原地区施工时,由于人工和机械受气候、气压的影响而降低工作效率,所应增加的费用。

6. 原始森林地区施工增加费

指在原始森林地区施工,由于受气候影响,其路基土方工程应增加的费用。

7. 行车干扰施工增加费

指在不封锁的营业线上,在维持正常通车的情况下,进行建筑安装工程施工时,由于受行车影响造成局部停工或妨碍施工而降低工作效率等所需增加的费用。

8. 生产用工具、用具及仪器、仪表使用费

指施工生产所需不属于固定资产的生产工具、检验用具及仪器、仪表等的购置、摊销和维修费,以及支付给生产工人自备工具的补贴费。

9. 检验试验费

指施工企业按照施工规范的要求对建筑安装的设备、材料、构件和建筑物等进行一般鉴定、检查所发生的费用,包括自设试验室进行试验所耗用的材料和化学药品费用等,以及技术革新的研究试验费。不包括新结构、新材料的试验费和建设单位要求对具有出厂合格证明的材料进行试验,对构件破坏性试验及其他特殊要求检验试验的费用。

10. 工程定位复测、工程点交、场地清理费用。

(二)其他直接费的计算:见第五节表6—4 建筑安装工程个别概算计算程序。

六、现场经费

指为施工准备、组织施工生产和管理所需的费用。内容包括临时设施费和现场管理费。其中临时设施费包括大型临时设施和过渡工程费、临时房屋及小型临时设施费。

(一)大型临时设施和过渡工程费

指施工企业为进行建筑安装工程施工及维持既有线正常运营,根据施工组织设计确定,所需修建的大型临时建筑物和过渡工程所发生的费用。

大型临时设施和过渡工程,应根据施工组织设计确定的项目、规模及工程量,按《编制办法》规定的同类正式工程的各项费用标准,采用定额或分析指标,计算除小临以外的建筑安装工程费;当采用分析指标(含借用正式工程和使用施工企业工程器材)计算直接费时,计算除小临和价差以外的建筑安装工程费。

大型临时设施和过渡工程,均应结合具体情况,充分考虑借用本建设项目正式工程的材料,以尽可能节约投资。

(二)临时房屋及小型临时设施费(简称小临)

指施工企业为进行建筑安装工程施工,所必须修建的生产和生活用的一般临时建筑物、构筑物和其他小型临时设施所发生的费用。

本项费用以直接费加其他直接费为计算基数,新建铁路按不同工程类别,采用《编制办法》规定的费率标准计算。由施工企业包干使用,不计列回收金额。

(三)现场管理费

指企业在施工现场为组织和管理工程施工所需的费用。

现场管理费按不同工程类别以直接费加其他直接费或以人工费为基数采用《编制办法》规定的费率计算。

七、间接费

指企业管理费、劳动保险费和财务费用。

(一)企业管理费

指施工企业为组织生产经营活动所发生的管理费。

企业管理费按不同工程类别以直接加其他费或人工费为基数采用《编制办法》规定的费率计算。

(二)劳动保险费

指施工企业由福利基金支出以外的,按劳保条例规定支付给离退休职工的退休金、价格补贴,医药费(包括企业支付离退休人员参加医疗保险的费用);6个月以上病假人员的工资;以及按照上述职工工资总额提取的职工福利费;职工死亡丧葬补助费,抚恤金;职工退职金;以及按规定支付给离休干部的各项经费等。

本项费用以直接费加其他直接费作为计算基数,按不同工程类别,采用《编制办法》规定的费率计算。

(三)财务费用

指企业为筹集资金而发生的各项费用,包括企业经营期间发生的短期贷款利息净支出,金融机构手续费,以及其他财务费用。

本项费用按直接费加其他直接费的0.8%计列。

八、计划利润

指按照国家有关规定,施工企业应取得的计入建筑安装工程造价中的利润。

本项费用以直接工程费、间接费、基期至概算编制期价差三项费用之和作为计算基数,按不同工程类别,采用《编制办法》规定的费率计算。

九、税　　金

指按国家税法规定应计入建筑安装工程造价内的营业税,城市维护建设税及教育费附加。

(一)根据国家规定,税金计列标准如下:

1. 营业税按营业额的3%计列。

2. 城市维护建设税以营业税税额作为计税基数,其税率随纳税人所在地区不同而异,即市区按7%,县城按5%,不在市区、县城或镇者按1%计列。

3. 教育费附加按营业税的3%计列。

(二)为简化概算编制,税金统一按建筑安装工程费(不含税金)的3.35%计列。

十、设备及工器具购置费

(一)设备购置费

指构成固定资产标准的设备和虽低于固定资产标准,但属于设计明确列入设备清单的设备,按设计确定的规格、型号、数量,以设备原价加综合业务费提成和运杂费计算的购置费用。工程竣工验交时,设备(包括备品备件)应移交运营部门。

1. 设备购置费的内容

(1)设备原价

指设计单位根据生产厂家的出厂价及国家机电产品市场价格目录和设备信息价等资料综合确定的设备原价。内容包括按专业标准规定的保证在运输过程中不受损失的一般包装费,及按产品设计规定配带的工具、附件和易损件的费用。非标准设备的原价(包括材料费、加工费及加工厂的管理费等)可按厂家加工订货等价格资料,并结合设备信息价格,经分析论证后确定。

(2)综合业务费提成

指设备自生产厂家(来源地)运至施工组织设计所拟定的材料厂、供料基地的运杂费,以及物资供应部门的间接业务费(指采购、供销、保管及与此有关的费用等)。

(3)运杂费

指设备由施工设计所拟定的材料厂、供料基地运至工地料库(或安装地点)所发生的费用。

2. 设备购置费的计算规定

(1)编制设计概算时,采用铁建函[1998]14 号文公布的《铁路工程建设设备预算价格》并扣除 6.2%的综合业务费提成,作为基期设备原价(1995 年度)。编制期设备原价由设计单位根据调查资料确定。编制期与基期设备原价的差额按价差处理,直接列入设备购置费中。缺项设备由设计单位进行补充。

(2)综合业务费提成:一般地区按基期设备原价的 6.2%计列,乌鲁木齐铁路局所属范围按基期设备原价的 9.6%计列。

(3)运杂费:为简化概算编制工作,设备运杂费以铁建函[1998]14 号文公布的《铁路工程建设设备预算价格》作为计费基础,新建线按 3%,既有线按 2%计列。

3. 设备信息价格

设备信息价格由工程定额所根据各设计院提交的设备清单及其编制期设备原价,经分析、审查后综合取定,报部核备后公布,供各单位参考使用。

(二)工器具及生产家具(简称工器具)购置费

指新建、改建项目和扩建项目的新建车间,验交后为满足初期正常运营必须购置的第一套不构成固定资产的设备、仪器、仪表、工卡模具、器具、工作台(框、架、柜)等的费用。不包括:构成固定资产的设备、工器具和备品、备件;已列入设备购置费中的专用工具和备品、备件。

本项费用按设计确定的定员人数计列,电气化铁路工程每一定员1 200元;其余铁路(包括枢纽)工程每一定员 600 元。

十一、其他费

指根据有关规定,应由基本建设投资支付并列入建设项目总概算内,除建筑安装工程费、设备及工器具购置费以外的有关费用。

(一)土地征用及拆迁补偿费

指按照《中华人民共和国土地管理法》规定,为进行铁路建设需征用土地所应支付的土地征用及拆迁补偿费。内容包括:

1. 土地补偿费:指征用耕地补偿费,被征用土地地上、地下附着物及青苗补偿费,征用城市郊区菜地开发建设基金、耕地占用税等。

2. 征用土地安置补助费:指征用耕地需要安置农业人口的补助费。

3. 征地拆迁补偿费:指被征用土地上的房屋及附属构筑物、城市公共设施等拆除、迁建补偿费等。

本项费用应根据设计提出的建设用地面积,按工程所在地区的省(市、自治区)人民政府颁发的有关规定和标准计列。

(二)建设管理费

其内容包括,建设单位管理费,土地征用、拆迁建筑物手续费和工程监理费。

1. 建设单位管理费

指建设单位为进行建设项目的筹建、咨询、评估、建设工作,建设过程中的检查、协调、工程质量监督等工作,联合试运转、验收、总结以及交工验收前的生产准备等工作所发生的费用。

内容包括:工作人员的基本工资、工资性补贴、职工福利费、劳动保险费、工会经费、劳动保护费、差旅交通费、办公费、工具用具使用费、固定资产使用费、零星固定资产购置费、技术图书资料费、合同公证费、咨询费、组织投标工作费、建设单位临时设施费、工程质量监督检查费,按规定交纳的各项税费和其他属管理性质的开支。

本项费用以第二～第十章费用总额为计算基数,按表6—2所列的费率采用累进法计算。

表6—2 建设单位管理费率

二～十章费用总额(万元)	费率(%)	算例(万元)	
		基数	建设单位管理费
500及以内	1.20	500	500×1.20%=6.0
501～1 000	1.00	1 000	6.0+500×1.00%=11.0
1 001～5 000	0.82	5 000	11.0+4 000×0.82%=43.8
5 001～10 000	0.61	10 000	43.8+5 000×0.61%=74.3
10 001～30 000	0.50	30 000	74.3+20 000×0.50%=174.3
30 001～50 000	0.39	50 000	174.3+20 000×0.39%=252.3
50 001～100 000	0.28	100 000	252.3+50 000×0.28%=392.3
100 000～200 000	0.21	200 000	392.3+100 000×0.21%=602.3
200 000以上	0.18	300 000	602.3+100 000×0.18%=782.3

注:建设单位管理费中含工程质量监督费和建设单位工程交易手续费。

2. 土地征用、拆迁建筑物手续费

本项费用按土地补偿费与征用土地安置补助费之和的0.4%计列。

3. 工程监理费

指由部委派或建设单位委托具有铁路工程监理资格证书的单位,按照《铁路工程建设监理暂行规定》进行工程建设监理所发生的费用。

内容包括:监理人员的基本工资,工资性补贴、职工福利费、工会经费、劳动保护费、差旅交通费、劳动保险费、监理单位设备和工器具使用费、办公费、住房费、利润、税金以及监理单位的其他管理费等。

本项费用以第二～第九章建筑安装工程费总额为计算基数。按表6—3所列费率采用内插法计算。

表 6—3　工程监理费率

<table>
<tr><td rowspan="2">二～九章建筑安装工程费用
总额 M(万元)</td><td colspan="2">费　率 b(%)</td></tr>
<tr><td>新建单线、独立工程、增建
二线、电气化改造工程</td><td>新建双线</td></tr>
<tr><td>$M \leqslant 500$</td><td>2.0</td><td rowspan="3"></td></tr>
<tr><td>$500 < M \leqslant 1\,000$</td><td>$1.6 \leqslant b < 2.0$</td></tr>
<tr><td>$1\,000 < M \leqslant 5\,000$</td><td>$1.1 \leqslant b < 1.6$</td></tr>
<tr><td>$5\,000 < M \leqslant 10\,000$</td><td>$0.8 \leqslant b < 1.1$</td><td rowspan="3">0.4</td></tr>
<tr><td>$10\,000 < M \leqslant 50\,000$</td><td>$0.5 \leqslant b < 0.8$</td></tr>
<tr><td>$M \geqslant 50\,000$</td><td>0.5</td></tr>
</table>

(三)研究试验费

指为本建设项目提供或验证设计数据、资料和结合本建设项目在设计和施工过程中进行必要的研究试验所需的费用。不包括：

1. 应由科技三项费用(即新产品试制费、中间试验和重要科学研究补助费)开支的项目。

2. 应由其他直接费开支的施工企业对建筑材料、设备、构件和建筑物等进行一般鉴定、检查所发生的费用及技术革新的研究试验费。

3. 应由勘察设计费开支的项目。

本项费用应根据设计提出的，并经上级主管单位批准的具体研究试验项目，按其内容和要求，计算所需的费用。

(四)生产职工培训费

指新建和改扩建铁路工程，在交验投产前对运营部门生产职工培训所必需的费用。

内容包括：培训人员的工资、工资性补贴、职工福利费、差旅交通费、劳动保护费、培训及教学实习费等。

本项费用按设计定员的比例，非电气化新建铁路工程为 70%，其余铁路工程为 80% 计算。每人培训费用，电气化铁路工程为1 000元，其余铁路工程为 900 元。

(五)办公和生活家具购置费

指为保证新建、改扩建项目初期正常生产、使用和管理所必需购置的办公和生活家具、用具的费用。

范围包括：行政、生产部门的办公室、会议室、资料档案室、阅览室、文娱室、食堂、浴室、理发室、单身宿舍、行车公寓和设计规定必须建设的托儿所、卫生所、招待所、中小学校、医院等的家具用具。

不包括应由企业管理费、奖励基金或行政开支的改扩建项目所需的办公和生活用家具购置费。

本项费用，新建项目按初期设计定员人数，改扩建项目按初期新增设计定员人数，每一定员 500 元计列。

(六)勘察设计费

指铁路勘测设计单位根据国家有关规定，按承担任务的工作量应收取的勘察设计费用。

本项费用按国家主管部门颁发的工程勘察设计收费标准和铁道部有关规定计列。

(七)供电贴费

本项费用按国家有关规定计列。

(八)施工机构调遣费

指施工企业同建设单位签订施工承包合同,由原住址迁移到工程所在地所发生的一次性搬迁费用。

内容包括:施工队伍(包括行管人员及必须随行的家属)在调遣期间所需支付的职工工资、差旅费、交通费以及施工机械、设备、工具、用具和周转性材料的运杂费。

本项费用按第二至第九章建筑安装工程费总额的0.5%~1.0%计列。

(九)配合辅助工程费

指在该建设项目中,凡全部或部分投资由铁路基本建设投资支付修建的工程,而修建后的产权不属铁路部门所有者,其费用应按协议额或具体设计工程量,按《编制办法》的有关规定计算完整的概算费用。

(十)固定资产投资方向调节税

指按照《中华人民共和国固定资产投资方向调节税暂行条例》规定,应缴纳的固定资产投资方向调节税。其具体税目及税率,按《中华人民共和国固定资产投资方向调节税暂行条例》及国家计委、国家税务总局印发的《固定资产投资方向调节税铁道行业税目税率注释》[计投资(1993)412号]执行。即铁路线路、枢纽、客货站段的新、改扩建,税率0%;机车车辆、铁路专用设备购置及机车、车辆修理,税率0%;一般民用住宅,税率5%;计算基数为其建筑安装工程概算费用。

十二、基本预备费

(一)基本预备费主要用途

1. 在进行设计和施工过程中,在批准的初步设计范围内,必须增加的工程和按规定需要增加的费用(含相应增加的价差及税金)。本项费用不含I类变更设计增加的费用。

2. 在建设过程中,工程遭受一般自然灾害所造成的损失和为预防自然灾害所采取的措施费用。

3. 在上级主管部门组织竣工验收时,验收委员会(或小组)为鉴定工程质量,必须开挖和修复隐蔽工程的费用。

4. 由于设计变更所引起的废弃工程,但不包括施工质量不符合设计要求而造成的返工费用和废弃工程。

5. 征地、拆迁的价差。

(二)基本预备费计费标准

基本预备费按第一至第十一章费用总额的5%计列。本项费用由建设单位统筹掌握。

十三、工程造价增涨预留费

本项费用指为正确反映铁路基本建设项目的概算总额,在设计概算编制年度到项目建设竣工的整个期限内,因形成工程造价诸因素的正常变动(如材料、设备价格的上涨,人工费及其他有关费用标准的调整等),导致必须对该建设项目所需的总投资额进行合理的核定和调整,而需预留的费用。

本项费用应根据建设项目施工组织设计安排,以其分年度投资额及不同年限,按规定的工程造价年增长率进行计算。

目前,根据《国家计委关于加强对基本建设大中型项目概算中"价差预备费"管理有关问题的通知》(计投资[1999]1340 号)规定,工程造价增涨率按零计列。

十四、建设期投资贷款利息

(一)本项费用指建设项目中分年度使用国内贷款,在建设期内应归还的贷款利息。

(二)计算公式:

建设期投资贷款利息 = ∑(年初付息贷款本金累计 + 本年度付息贷款额 ÷ 2) × 年利率即:

$$S = \sum_{1}^{N}\left(\sum_{m=1}^{n} F_m \times b_m - F_n \times b_n \div 2\right) \times i$$

式中 S——建设期投资贷款利息;

N——建设工期(年);

N——施工年度;

M——还息年度;

F_n、F_m——在建设的第 n、m 年的分年度资金供应量;

b_n、b_m——在建设的第 n、m 年份还息贷款占当年投资比例;

i——建设期贷款年利率。

十五、机车车辆购置费

根据铁道部《铁路机车、客车投资有偿占用暂行办法》的规定,在新建铁路、增建二线和电气化技术改造等基建大中型项目总概算中,增列按初期运量所需要的新增机车车辆的购置费。

本项费按设计确定的初期运量所需要的新增机车车辆的型号、数量及编制期机车车辆购置价格计算。

十六、铺底流动资金

为保证新建铁路项目投产初期正常运营所需流动资金有可靠来源,根据国家计委的规定,计列本项费用。主要用于购买原材料、燃料、动力,支付职工工资和其他有关费用

本项费用按下列指标计列:

新建单线:Ⅰ级铁路,8 万元/正线公里;

Ⅱ级铁路,6 万元/正线公里。

新建双线:12 万元/正线公里

如初期运量较小,上述指标可酌情核减。

既有线改扩建、增建二线及电气化改造工程不计列铺底流动资金。

第五节　铁路工程概预算编制程序与方法

一、准备工作

(一)确定编制依据

1. 国家和上级主管部门颁布的法规和文件

(1)国家颁布的建筑安装工程费用项目划分规定和其他费用项目划分规定;

(2)上级主管部门颁布的概预算编制办法;

(3)上级主管部门颁布的概预算取费内容和标准;

(4)工程所在地的省、自治区、直辖市政府部门制定的政策性取费内容和标准；

(5)有关的设计规范、施工技术规范、工程质量验收标准、安全操作规程等。

2. 设计文件及有关资料

(1)设计说明、设计图纸及工程数量清单；

(2)施工工期，主要施工方案、方法和新工艺、新材料，临时工程设置等资料；

(3)设计过程中有关各方签订的涉及费用的协议、纪要。

(二)熟悉设计文件和施工组织设计

1. 熟悉设计文件，掌握设计意图，有时仅以图纸上的数量为准是不够的，还需要在编制概预算时考虑增加与设计意图有关的工作内容和工程数量，如路基的压实密度标准，既有线施工的防护措施、隧道开挖的加强支撑，房屋基础的特殊处理等。只有正确地理解设计意图，熟悉设计文件，才能在编制概预算时做到不重、不漏，合理定价。

2. 熟悉和掌握施工组织设计。特别要熟悉本工程的施工方案、施工方法和工艺流程，掌握劳动力配置、施工机具配备、材料供应方案等，防止出现概预算与施工组织设计脱节的现象。

(三)调查了解概预算基础资料

概预算基础资料指计算概预算中各种费用所需要的基本单价、系数和计算依据，它需要通过查询有关文件、法规(即前述编制依据)和到工程所在地现场调查了解获得。

二、编制程序

1. 制定编制原则，确定基础资料。其内容有：确定工费、材料费、机械台班费和运杂费单价；确定各类费用的计算费率和标准；补充分析定额单价；计算地区基价表；编写编制说明及要求。

2. 编制个别概预算。其内容有：按个别概算的编制范围把工程数量整理归类，分工程细目选套概算定额；填写个别概算表，计算基本直接费；其他直接费，小临，现场管理费、间接费、价差、计划利润和税金，完成个别概算表。

3. 编制综合概预算。其内容有：填写综合概算表，计算大型临时设施及过渡工程、其他费用及基本预备费、工程造价增涨预留费，机车车辆购置费、铺底流动资金、汇总全部工、料、机数量，填写工、料、机汇总表。

4. 编制总概预算表，编写说明书。

三、编制方法

(一)编制个别概预算

个别概预算表分两种，即建筑工程个别概预算和设备及安装工程个别概预算表。个别概预算表的内容包括工、料、机费用(综合为定额基价)、运杂费、其他直接费、小临、现场管理费、间接费、价差、计划利润和税金。

1. 个别概预算的编制单元

按概预算编制办法中的“综合概算章节表”的工程项目类别划分，分为大单元和小单元。大单元是单独的工程类别如区间土石方，大桥，中桥等，或规定要单独编制个别概预算的独立工点；小单元是“章节表”上最小的工程子项，如路基土石方中的人力施工、机械施工，桥梁工程中的明挖基础、钻孔桩、沉井等项目。大单元由若干个小单元组成，小单元应满足填写综合概算表每一细目并能计算出费用指标的要求。

2. 个别概预算编制深度、内容及要求

(1)拆迁工程

①拆迁建筑物

因施工必须拆除或迁移的房屋、附属建筑物(如围墙、水井)、坟墓、瓦窑、灰窑、水利设施(如水闸)等,无论属于公产、私产、路产或集体所有,均列本项。其费用,房屋拆迁数量、种类,根据当地政府有关规定及单价编列,其他拆迁可按调查资料编列。

②改移道路

原有道路因修建铁路,必须另外修建新路以代替时,所发生的工程均列本项。其费用根据设计的工程数量(包括土石方、路面、桥涵、挡墙以及其他有关工程和费用)按定额单价分析编列。

③迁移通信、电力线路

由于修建铁路往往与路内外既有通信、电力线路发生干扰,因而需进行迁移。其费用按设计数量和分析单价或有关单位提供的预算资料进行编列。

④砍树及挖除树根

一般地区不计列,当线路通过森林地区或遇有树林、丛林需要砍伐、除根,遇有草原,需铲除草皮等,可按调查数量,分析单价计列。如无调查资料可按类似线路综合指标计列。

(2)路基

路基工程一般以工程处或独立工程地段的施工范围或根据基层核算的要求,分段编列各段的区间路基土石方、站场土石方、路基附属工程(附属工程、加固及防护)、挡土墙等项目,要分别编制个别概预算。

①区间路基土石方、站场土石方的编制内容及要求

A. 土石方工程数量,必须根据土壤的成分按一至六类划分,遇有填渗水土壤及永久冻土、可增列项目,按土石方调配所确定的施工方法、运输距离等条件进行编制。因土方与石方、机械与人工的施工管理费率不同,所以这几项必须分别编列。

B. 特大桥和大、中桥的桥头锥体石方及桥台后缺口土石方不包括在本项目内,应列入第三章的桥涵项目中。

C. 填土压实数量为路堤填方数量减去设计中规定的石质路堤数量。不论采用人力或机械施工,均计列填土压实费。利用石方填筑的路堤(非设计的填石路堤),均计列填土打夯费。

D. 码坡填心路基,按设计要求分别计列码砌边坡和填心费。

②路基附属工程编制内容及要求

A. 路基附属工程:包括区间、站场内的天沟、吊沟、排水沟、缓流井、防水堰等的土石方和浆、干砌片石工程,以及平交道土石方(含路面、涵管)等数量,其费用根据设计数量。定额单价分析计列。附属土石方无资料时,可按正、站线路基土石方费用的5%估列。

B. 路基的加固及防护:包括区间、站场因加固路基而设计的锚固桩、盲沟、片石垛、反压马道;因修筑路堤而引起的改河、河床加固;因防护边坡而采取的铺草皮、种草籽、护墙;为防雪、防沙、防风而设置的设备和防护林带、植树等。其费用按设计工程数量,进行定额单价分析编制。

③挡土墙

挡土墙分浆砌片石挡土墙及混凝土挡土墙，其费用按设计圬工类型，分别计算工程数量，然后按定额单价分析编列。大型挡土墙以座编列。一般情况按施工管段范围编列。

(3)桥涵

①特大桥、大桥、复杂中桥及墩高50 m以上的高桥，按座编列。

②一般小桥、中桥按处、段施工管区范围，汇总的工程数量(包括预制成品梁数量)，分析定额单价编列个别预算。如基层核算单位需要，也可按座编列。

③桥涵的附属构筑物可分为明渠、圆管、盖板箱涵、拱涵、倒虹吸管、渡槽等类，按照处(段)施工范围分类编列，或根据基层核算单位，分类编列。根据设计工程数量，进行计算汇总(包括各类预制成品的数量)，分析定额单价编列个别预算。

④有水挖基应增列基坑抽水费。

⑤要考虑计列围堰筑岛的数量。

⑥上部建筑因桥跨种类和架梁方法繁多，费用标准各不相同，应按下述分类编制：

A．拱桥(分石砌、混凝土)：上部建筑工程数量由拱脚起算。

B．钢梁(架设钢梁)：指钢梁结构及其架设费用。钢梁按出厂价格计算；钢梁的栏杆、支座以及检查设备的钢构件，如已包括在钢梁价格中则不应重复计列，未包括者应单独计列。运杂费均应从调拨地点起算。

C．钢筋混凝土梁：就地浇筑钢筋混凝土梁，指在桥位上直接浇筑或在桥边、桥头预先浇筑成梁并架设者，包括制作、架设全部费用。

成品钢筋混凝土梁：在工厂预先制成的成品运至工点用架桥机或其他机具架设就位者，价购钢筋混凝土梁，按国家规定价格计列。运杂费应自桥梁工厂起算至工地存梁场；施工单位预制钢筋混凝土梁，按预算定额分析单价计列。桥梁单价内包括各种材料的操作损耗、运杂费、材料管理费等。

D．架设钢筋混凝土梁：应包括由存梁场或预制场成品运至桥梁工点的运杂费，和架设钢筋混凝土梁的费用，但不包括梁本身的费用。

E．桥面：指桥面上的栏杆、人行道、避车台、护轮轨及配件、钢梁上的桥枕、压梁木、步行板等。

⑦桥长在500 m以上的特大桥，应编制单独概预算。

工作细目和数量的确定，除设计图纸及施工组织设计所列的特大桥本身主体建安工程外，还应包括试验墩、试验梁、试验桩、桥梁基础承载试验、钢沉井、钢浮筒的水密试验等费用；在基础施工中的吸泥、抽水、水中封底混凝土凿除浮浆层、清理基坑等工作细目及数量；在洪水期间进行施工的防洪措施费用等。由于特大桥工程复杂，工作细目较多，要注意不要重计或漏列。

(4)隧道及明洞

①隧道及明洞均以座编列。

②隧道单项预算分别按正洞、压浆、明洞、辅助导坑、洞门附属工程、整体道床、设备器具购置工程细目分别编制，然后再汇总成一个隧道个别概预算。

③隧道内整体道床工程量列入隧道(包括短枕)，但不包括钢轨与扣件以及过渡段的道碴道床。

④隧道正洞开挖数量应按《铁路工程技术规范》第三篇计算允许超部分(即拱部Ⅳ～Ⅵ类围岩15 cm，Ⅰ～Ⅲ类围岩10 cm，边墙、仰拱、铺底10 cm)和施工误差的范围可与设计部门协商

确定之。

⑤利用隧道弃碴填筑路堤的运输费用列入隧道内。

⑥隧道内使用的施工机械(如发电机、通风机、抽水机及斜井、竖井的卷扬机)要考虑备用机械台班。

⑦设备工器具购置费:是指隧道永久通风及照明设备,按设计数量、单价计算编列。永久设备安装费用,列入隧道安装工程项目内。

(5)轨道

①正、站线铺轨长度按设计标准进行计算;正、站线铺碴数量按道床设计断面计算;新铺钢筋混凝土轨枕地段,要考虑预铺道碴数量,一般每公里 400～500 m^3。道碴单价根据道碴来源、运输方法,按定额进行分析。

②永久石碴线,应连同永久碴厂一起,编制个别概预算。

③道口、线路标志及正、站线沉落整修等其他有关线路工程,原则上按设计工程数量分析单价编列。资料不全时,可按正线铺轨总值(不含铺碴)的 2% 估列,枢纽按站线铺轨总值(不含铺碴)的 1% 估列。

④线路备料应根据《铁路工务规则》规定的标准计列。正线按每公里25 m钢轨 2 根,轨枕 2 根;站线按每公里25 m钢轨 1 根,轨枕 1 根;每 100 组道岔,配备道岔 1 组。

⑤利用旧轨料时,按《编制办法》中规定折成新料价计算有关费用,但应扣除原列的旧料价格或整修费。

(6)站后工程

站后工程包括通信、信号、电力、电气化、房屋、其他运营生产设备及建筑物的建筑安装工程及设备,是形成运输能力的配套工程。

①站后工程的特点是面广、琐碎、复杂、专业性强、设备安装工程量大。应组织各有关业务部门、计算工程数量,编制个别概预算,然后进行汇总。编制时要认真查阅核对设计文件,将需要安装和不需要安装的设备、器具、材料汇编成册,以便查阅和结算。

②房屋工程包括室内上水、下水、暖气、通风、照明及卫生技术设备。室外上、下水道属于给水工程。变压器以外的电线路属于电力工程。

③车站地区建筑物.章节表内容说明的地区照明,包括投光灯塔、灯柱、灯具及配线等;地区道路包括通站公路、站内道路(含路面、桥、涵等);地区暖气设备,指室外暖气管道,单独修建的暖气锅炉等设备。

3. 工程数量整理和归类

个别概预算的最小单元是由若干条定额细目组成的,为了符合概算定额的工作细目内容和计量单位的要求,必须从施工图纸上计算来的工程数量进行归类整理。

(1)计量单位要一致,如有的 m^2 要换算成 m^3,有的 m^3 要换成10 m^3,有的延长米要换算成圬工方等等。

(2)每个工作细目要划归到合适的个别概算小单元中,如桥梁下部工程数量中出现钢板制作的工作细目,就要分清是属于沉井单元还是墩台单元。

(3)对工程数量表上没有数量而实际会发生的项目,也要归类整理,予以考虑。如路基填土时发生的洒水费、取土费,桥涵基础开挖时的抽水费,隧道弃碴费用等。

4. 补充定额与单价分析

在施工过程中往往会发生工程项目、工作细目或施工方法与现在定额不配套或定额缺项。这种情况下,除了套用相近定额外,还可以根据实测,统计分析或抽换近似定额的方法,补充缺项定额并进行单价分析(采用规定的“单价分析表”),补充定额的单价分析必须随概预算一起送审。

5. 填制个别概算表

(1)个别概预算表表头按表格内容填写。

(2)根据工程项目、工作细目选套定额编号、名称、单价、单位重、并准确地填列相应的工程数量。

(3)计算每一子项的合价、合重,汇总工、料、机费用小计和材料重量,统计工、料、机消耗数量,计算方法可用手算,也可用计算机。

(4)按规定计算定额幅度差。

(5)计算运杂费。运杂费的计算方法有以下三种:

①平均运杂费单价计算法。即用“主要材料(设备)平均运杂费单价分析表”计算的平均运杂费单价乘以上述材料重量计算运杂费。优点是简易,不需要分类统计材料重量,缺点是在单价分析时采用的材料比重可能与本工程不符,而出现误差。

②单项运杂费单价计算法。即把运距和运输方法同样的材料分类,如分为三大材、钢筋混凝土梁、轨料、片石、碎石、砂、道碴等若干大类,分别计算其运杂费单价和材料重量,再计算其全部运杂费。缺点是计算复杂。

③综合费率计算法。对一些难以估算重量的材料和设备,往往采用按其价值乘综合费率的方法计算运杂费。

(6)计算其他直接费。按规定的内容,取费基数和取费系数计算。

(7)计算小临及现场管理费。

(8)计算间接费。

(9)计算价差。

(10)计算个别概算总价,求算综合指标。

(11)把若干单元如涵洞的主体、附属工程,桥梁的墩台、基础上部、附属工程等的个别概预算总价汇总为大单元的个别概算总价。

编制个别预概算计算程序及算式见表6—4。按照表列程序与算式进行计算,可以提高编制概预算的工作效率,避免重复和漏项。

表6—4　建筑安装工程个别概预算计算程序

<table>
<tr><th>序号</th><th colspan="3">名　称</th><th>计　算　式</th></tr>
<tr><td>1</td><td rowspan="10">直接工程费</td><td rowspan="5">直接费</td><td>人工费</td><td rowspan="3">按设计工程量和1995年度基期价格水平计列</td></tr>
<tr><td>2</td><td>材料费</td></tr>
<tr><td>3</td><td>施工机械使用费</td></tr>
<tr><td>4</td><td>运杂费</td><td>按施工组织设计材料供应方案及《编制办法》的规定分析计算</td></tr>
<tr><td>5</td><td>小　计</td><td>(1)+(2)+(3)+(4)</td></tr>
<tr><td>6</td><td colspan="2">其他直接费</td><td>[(1)+(2)+(3)]×费率或[(1)+(3)]×费率或(1)×费率</td></tr>
<tr><td>7</td><td rowspan="3">现场经费</td><td>小　临</td><td>[(5)+(6)]×费率</td></tr>
<tr><td>8</td><td>现场管理费</td><td>[(5)+(6)]×费率或(1)×费率</td></tr>
<tr><td>9</td><td>小　计</td><td>(7)+(8)</td></tr>
<tr><td>10</td><td colspan="2">合　计</td><td>(5)+(6)+(9)</td></tr>
</table>

续上表

序号	名称		计算式
11	间接费	企业管理费	[(5)+(6)]×费率或(1)×费率
12		劳动保险费	[(5)+(6)]×费率
13		财务费用	[(5)+(6)]×费率
14		小计	(11)+(12)+(13)
15	价差		基期至编制期的价差,按《编制办法》的有关规定计列
16	计划利润		[(10)+(14)+(15)]×费率
17	税金		[(10)+(14)+(15)+(16)]×税率
18	个别概算价值		(10)+(14)+(15)+(16)+(17)

注:现场经费未含大临和过渡工程,大临和过渡工程需要单独编制个别概算,其计算程序见有关规定。

(二)编制综合概算表

综合概算表的编制应严格按照铁建管[1998]115号《铁路基本建设工程设计概算编制办法》规定的统一格式,章节表的顺序,在个别概算的基础上汇总编制。

1.将第一章至第九章各类工程的个别概预算分建筑工程费、安装工程费、设备工器具费、其他费等四类费用依次分章、节汇总。

2.计算大型临时设施及过渡工程。大型临时设施及过渡工程,按铁建管[1998]115号《铁路基本建设工程设计概算编制办法》规定的项目和施工组织设计提供的数量,或采用编制个别概算的方法,或采用综合指标计算的方法计算其费用。

3.计算其他费用。

4.计算基本预备费。

5.计算动态投资。包括工程造价增涨预留费的计算及建设期贷款利息的计算。

6.计算机车车辆购置费。

7.计算铺底流动资金。

(三)编制总概算表

1.只填制分章价值,不发生费用的章号应予保留。

2.计算各章的技术经济指标和费用比重。

最后写出编制说明。

思考题与习题

1.什么是工程定额?工程定额在基本建设中有何作用?

2.什么是劳动定额?

3.工人工作时间和机械工作时间由哪些时间组成?制定定额应包括哪些时间?

4.什么是施工定额、预算定额、概算定额、概算指标、投资估算指标?它们之间有何关系?

5.何为设计概预算?

6.铁路工程概预算由哪几部分费用组成?

7.铁路工程概预算定额采用原则是什么?

8.铁路工程静态投资包括哪些费用内容?

9.设计概算、施工图预算、施工预算有何区别?

10.铁路工程设计概算的编制内容是什么?

第七章　施工项目技术管理

第一节　施工项目技术管理概述

一、施工项目技术管理的概念和任务

施工项目技术管理是对施工项目生产中各项技术活动和技术工作的各种要素进行科学管理的总称。

施工项目技术管理的任务是正确贯彻执行国家的技术政策,研究、认识和利用技术规律;科学地组织各项技术工作,建立正常的生产技术秩序,保证生产的正常进行;不断改进原有技术和采用新技术,推动企业的技术进步,不断提高企业的技术水平;努力提高技术的经济效益,做到技术与经济的统一。

二、施工项目技术管理的工作内容

1. 技术管理基础工作。包括:实行技术责任制,执行技术标准与技术规程,制定技术管理制度,开展科学实验,交流技术情报,管理技术文件等。

2. 施工准备技术工作。包括:图纸会审、编制施工组织设计、技术交底等。

3. 施工过程技术工作,包括:施工工艺管理、技术试验、技术核实、技术检验、变更设计等。

4. 技术开发与更新工作。包括:技术培训、技术革新、技术改造、合理化建议等。

5. 技术经济分析与评价。

三、施工项目技术负责人的主要职责

1. 直接领导施工员、技术员及有关职能人员的技术工作。

2. 负责贯彻执行技术法规、标准和上级的技术决定,制定施工项目技术管理制度。

3. 组织有关人员熟悉图纸,编制分项工程和单位工程的施工方案,组织按施工组织设计施工。

4. 向施工项目组织内有关人员进行技术交底。

5. 负责组织复查单位工程的测量定位、抄平、放线工作,指导作业队和班组的质量检查工作。

6. 审定施工技术组织措施计划并组织实施。

7. 参加隐蔽工程验收,处理质量事故并向上级报告。

8. 负责组织工程档案中各项技术资料的签证、收集、整理,并汇总上报。

9. 领导项目组织技术学习,总结交流技术经验。

四、施工项目的主要技术管理制度

1. 图纸学习和会审制度

制定、执行图纸会审制度的目的是领会设计意图,明确技术要求,发现设计文件中的差错

与问题，提出修改与洽商意见，避免技术事故或产生经济与质量问题。

2. 施工组织设计管理制度

按企业的施工组织设计管理制度制定施工项目的实施细则，着重于单位工程施工组织设计及分部分项工程施工方案的编制与实施。

3. 技术交底制度

施工项目技术系统一方面要接受企业技术负责人的技术交底，又要在项目内进行层层交底，以保证技术责任制落实，技术管理体系正常运转，技术工作按标准和要求进行。

4. 施工项目材料、设备检验制度

材料、设备的检验制度的宗旨是保证项目所用的材料、构件、零配件和设备的质量，进而保证工程质量。

5. 工程质量检查及验收制度

制定工程质量检查验收制度的目的是加强工程施工质量的控制，避免质量差错造成永久隐患，并为质量等级评定提供数据和情况，为工程积累技术资料和档案。工程质量检查验收制度包括工程预检制度、工程隐蔽检查制度、工程分阶段验收制度、单位工程竣工检查验收制度、分项工程交接检查验收制度等。

第二节　图纸会审与变更设计

一、图纸会审

图纸会审是指开工前，由建设单位或其委托的监理单位组织，设计单位和施工单位参加，对全套施工图纸共同进行的检查与核对。

施工图纸是进行施工的依据。图纸会审是施工单位领会设计意图，熟悉设计图纸的内容，明确技术要求，及早发现并消除图纸中的技术错误和不当之处的重要手段，它是项目组织在学习和审查图纸的基础上，进行质量控制的一种重要而有效的方法。会审图纸有三方代表，即建设单位或其委托的监理单位、设计单位和施工单位。可由建设单位(或监理单位)主持，先由设计单位介绍设计意图和图纸、设计特点、对施工的要求。然后，由施工单位提出图纸中存在的问题和对设计单位的要求，通过三方讨论与协商，解决存在的问题，写出会议纪要，交给设计人员。设计人员将纪要中提出的问题通过书面的形式进行解释或提交设计变更通知书。

(一)图纸学习与自审

施工单位在收到施工图及有关技术文件后，应立即组织有关人员学习研究施工图纸。在学习、熟悉图纸基础上，施工单位进行自审。自审的重点是：

1. 了解、研究图纸与说明有无矛盾，图纸是否齐全，规定是否明确。

2. 主要尺寸、标高、位置有无错误，平面图、立面图之间关系是否有矛盾或标注是否有遗漏。

3. 土建与水、电、设备之间如何交叉衔接。

4. 所采用的标准图编号与设计图纸有无矛盾。

5. 结构图中是否有钢筋明细表，若无钢筋明细表，关于钢筋构造方面的要求在图中是否说明清楚。

(二)图纸会审

图纸会审的主要内容有：

1. 是否是无证设计或越级设计，图纸是否经设计单位正式签署。

2. 地质勘探资料是否齐全。如果没有工程地质资料或无其他地质资料，应与设计单位商讨。

3. 设计图纸与说明是否齐全，有无分期供图的时间表。

4. 设计地震烈度是否符合当地要求。

5. 几个单位共同设计的，相互之间有无矛盾；专业之间平、立、剖面图之间是否有矛盾；标高是否有遗漏。

6. 总平面与施工图的几何尺寸、平面位置、标高等是否一致。

7. 防火要求是否满足。

8. 建筑结构与各专业图纸本身是否有差错及矛盾；结构图与建筑图的平面尺寸及标高是否一致；建筑图与结构图的表示方法是否清楚，是否符合制图标准；预埋件是否表示清楚；是否有钢筋明细表，如无，则钢筋混凝土中钢筋构造要求在图中是否说明清楚，如钢筋锚固长度与抗震要求是否相符等。

9. 施工图中所列各种标准图册施工单位是否具备，如无，如何取得。

10. 建筑材料来源是否有保证。图中所要求条件，企业的条件和能力是否有保证。

11. 地基处理方法是否合理。建筑与结构构造是否存在不能施工、不便于施工，容易导致质量、安全或经费等方面的问题。

12. 工艺管理、电气线路、运输道路与建筑物之间有无矛盾，管线之间的关系是否合理。

13. 施工安全是否有保证。

14. 图纸是否符合监理规划中提出的设计日标描述。

(三)图纸会审纪要

图纸会审的记录要会签。会后由组织会审的单位，将审查中提出的问题以及解决办法，根据记录，写成正式文件或会议纪要，作为施工或修改设计的依据。图纸会审纪要一般包括以下内容：

1. 会议地点、时间、参加会议人员名单。

2. 建设单位与施工单位对设计提出的要求，以及要求修改的内容。

3. 施工单位为便于施工、施工安全或建筑材料问题而要求设计单位、修改部分设计图纸，会议商讨结果与解决办法。

4. 会议中尚未解决或需进一步商讨的问题与要求等。

二、变更设计

按图施工是施工人员必须严格遵守的纪律，施工人员无权对设计图纸进行修改。在施工过程中，如发现图纸仍有差错或与实际情况不符或因施工条件、材料规格、品种、质量不能符合设计要求，以及职工提出了合理化建议等原因，需要进行施工图修改时，必须严格按变更设计管理办法的规定执行。

所有变更设计资料，包括变更设计通知单、修改图纸等，都须有文字记录，归入技术档案，并作为施工和竣工结算的依据。

(一)铁路基本建设变更设计的分类

根据《铁路基本建设变更设计管理办法》(铁建[1997]125号)的规定，铁路基本建设变更设计按其内容的重要性，技术复杂程度和增减投资额等因素分为Ⅰ、Ⅱ、Ⅲ类。

1. Ⅰ类变更设计

凡符合下列条件之一者属Ⅰ类变更设计：

(1)变更批准的建设规模、基本原则、技术标准、重大方案等鉴定意见；

(2)虽未变更意见，而一次变更设计增减投资在300万元(含)以上者。

2. Ⅱ类变更设计

凡变更已经批准的个别重点工程或个别地段工程的一般设计原则；技术比较复杂，影响工程主体结构、整体布置和使用性能；或虽不属于上述范围，而一次变更设计增减投资在20万元(含)至300万元者，属Ⅱ类变更设计(即不属于Ⅰ、Ⅲ两类)。

3. Ⅲ类变更设计

凡变更技术简单，不影响工程主体结构或整体布置，不降低技术条件、使用条件和效能，一次变更设计增减投资在20万元以下者，属Ⅲ类变更设计。具体项目可划分为31种情形。

(二)变更设计项目划分原则

铁路基本建设变更设计项目按如下原则划分。

1. 同一工点或同一病害引起的其内容不可分割的一次性变更，为一项变更设计；

2. 同一工点中的不同变更内容、同一病害类型的不同工点、同一变更内容的不同段落应分别划分为不同的变更设计项目。变更设计类别、项目的划分如有不同意见时，Ⅰ类由批准单位确定，Ⅱ、Ⅲ类由建设单位确定。

(三)变更设计的程序和分工

1. Ⅰ类变更设计

Ⅰ类变更设计由提议单位提出变更理由和技术经济比较资料，经其主管部门(局级)审查同意后提交原设计单位研究。原设计单位在征求建设、施工、监理单位及有关方面意见后，负责变更设计。变更设计文件经院总工程师审查后报原批准单位审定(如有不同意见应一并附送)，以正式文件批复。变更设计文件由建设单位分发有关单位。

2. Ⅱ类变更设计

Ⅱ类变更设计由提议单位提出变更理由和技术经济比较资料。经其主管部门(处级)审查同意后提交原设计单位研究。原设计单位在征求建设、施工、监理单位及有关方面意见后，负责变更设计。变更设计文件经处一级的总工程师或总体设计负责人(项目负责人)审查后报建设单位审定(如有不同意见应一并附送)。建设单位以变更设计通知单(附必要的图表)通知有关单位。

3. Ⅲ类变更设计

Ⅲ类变更设计由提议单位提出变更理由及必要的资料，由建设单位组织原设计、施工、监理单位研究后决定。变更设计由原设计单位负责，建设单位审定。建设单位以变更设计通知单(附必要的图表)通知有关单位。

变更设计应充分考虑对后序专业的影响，凡影响后序专业者，应及时向后序专业提供变更设计资料，后序专业应将变更的有关内容纳入施工图。

变更设计必须按规定的程序和分工进行，严格遵守“先批准，后变更；先变更，后施工”的纪律。未经批准自行变更和施工的要承担技术责任，并不予验工计价。

(四)变更设计的费用处理

1. 变更设计的工程费用

各类变更设计均应附工程数量和费用增减对照表。Ⅰ类变更设计批准后，费用纳入总概算。Ⅱ、Ⅲ类变更设计的工程数量及费用由建设单位逐项审定，其费用在基本预备费中解决。

变更设计费用增减的计算，按原批准概算的编制原则、定额、计费标准、工料价格和有关规定进行。

2. 变更设计的勘测设计费用

因设计单位责任造成的Ⅰ类变更设计不另计勘测设计费，其他原因造成的Ⅰ类变更设计，勘测设计费列入变更设计文件，报批准单位审定。造成Ⅰ类变更设计的原因，由建设单位组织设计、施工、监理单位研究后，由设计单位在上报变更设计文件时说明，如有不同意见一并报送，由批准单位确定。

Ⅱ、Ⅲ类变更设计不另计勘测设计费。

第三节　技术交底

技术交底的目的是使参与施工的人员熟悉和了解所担负的工程的特点、设计意图、技术要求、施工工艺和应注意的问题。应建立技术交底责任制，并加强施工质量检验、监督和管理，从而提高质量。

一、技术交底的要求

技术交底是一项技术性很强的工作，对保证质量至关重要，不但要领会设计意图，还要贯彻上一级技术领导的意图和要求，技术交底必须满足施工规范、规程、工艺标准、质量检验评定标准和建设单位的合理要求。所有的技术交底资料，都是施工中的技术资料，要列入工程技术档案。技术交底必须以书面形式进行，经过检查与审核，有签发人、审核人、接受人的签字，整个工程施工、各分部分项工程，均须作技术交底，特殊和隐蔽工程，更应认真作技术交底。在交底时应着重强调易发生质量事故与工伤事故的工程部位，防止各种事故的发生。

二、设计交底

由设计单位的设计人员向施工单位交底，内容包括：

1. 设计文件依据：上级批文、规划准备条件、人防要求、建设单位的具体要求及合同。

2. 工程项目所处规划位置、地形、地貌、气象、水文地质、工程地质、地震烈度。

3. 施工图设计依据：包括初步设计文件，市政部门要求，规划部门要求，公用部门要求，其他有关部门(如绿化、环卫、环保等)的要求，主要设计规范，甲方供应及市场上供应的建筑材料情况等。

4. 设计意图：包括设计思想，设计方案比较情况，建筑、结构和水、暖、电、通、煤气等的设计意图。

5. 施工时应注意事项：包括建筑材料方面的特殊要求、建筑装饰施工要求、广播音响与声学要求、基础施工要求、主体结构设计采用新结构、新工艺对施工提出的要求。

三、施工单位技术负责人向下级技术负责人交底的内容

1. 工程概况一般性交底。

2. 工程特点及设计意图。

3. 施工方案。

4. 施工准备要求。

5. 施工注意事项,包括地基处理、主体施工、装饰工程的注意事项及工期、质量、安全等。

四、施工项目技术负责人向工长、班组长进行技术交底

施工项目技术负责人向工长、班组长的技术交底是技术交底的关键,其内容包括:

1. 有关工程的各项要求。
2. 必须注意的尺寸、轴线、标高以及预留孔洞、预埋件的位置、规格、数量等。
3. 使用材料的品种、规格、等级、质量要求以及混凝土、砂浆、防水和耐火材料的配合比。
4. 施工方法、施工顺序、工程配合、工序搭接、安全操作要求。
5. 各项技术指标的要求和实施措施。
6. 设计变更情况。
7. 施工机械性能及使用注意事项等。

班组长在接受各项技术交底后,应组织班组的工人进行认真的讨论,制定保证全面完成任务的班组措施。班组长对新工人还应组织应知、应会的技术学习和技术练兵。

技术管理的大量工作是检查、督促。在施工过程中,反复检查技术交底的情况,加强施工监督,对中间验收要严格,从而保证施工质量。

第四节　交接桩与施工测量

一、交接桩

对铁路工程,施工单位收到施工图设计文件后,在开工前应请设计单位派人到工地共同进行线路交接桩工作。由施工单位总工程师(或技术负责人)组织各工点相关工程技术人员一起进行。一条线由几个施工单位交接桩时,则各施工单位的交接桩范围应从其管理界外的一个交点或转点桩开始或终止。交接桩前,施工单位与设计单位应共同研究拟定交接桩计划,并按以下原则进行。

1. 双方交接主要桩橛:直线转点、交点、曲线主点,有关控制点、三角点、导线点、水准点等。

2. 交接桩时,由设计单位按图表(包括线路平面图、线路控制桩表及护桩示意图、水准基点表)逐个交点,施工单位应以仪器复核并检查主要桩橛的稳固性,同时加设防护桩。

3. 采用三角网或精密导线定位的桥隧建筑物,应由设计单位提供测算及精度评定资料。

4. 交接桩的验收标准,应按铁道部公布的《铁路测量技术规程》的有关规定办理,经复核后,若误差超过规定标准应由设计单位更正。

5. 交接桩完毕后,双方应做交接桩记录,说明情况、存在问题及解决办法,并经双方交接负责人及具体交接人员签章。

二、施工测量

(一)开工前的复测

铁路线路施工时,由于施工与定测间隔时间较长,往往会造成定测桩点的丢失、损坏或位移,因此在施工开始之前,必须进行中线的恢复工作和水准点的检验工作,检查定测资料的可靠性和完整性,这项工作称为线路复测。复测时,线路中线应与管界处至少一个交点桩或转点

桩连接贯通,水准点应与管界处邻近水准点高程闭合,以确保中线和水准点高程的正确性和衔接一致。

线路施工复测与定测成果的误差在容许范围之内,应以定测成果为准;若超出容许范围,则应多方查找原因,确实证明定测资料错误或桩点位移时,方可采用复测成果。

线路复测后,在开工前及施工过程中,均应做好以下测量工作:

1. 路基土石方:根据测量计算,标出每个中线桩及加桩,抄中平,作横断面,测钉路基边桩及取土堆、弃土坑、天沟、排水沟(侧向)等的标准。

2. 小桥涵:测量各小桥涵管位置及护桩,钉立基坑边桩,增设临时水准点。

3. 大中桥:测量各墩台位置桩及护桩,钉立基坑边桩,设置临时水准基点。

4. 隧道:测量隧道中线,测钉进出口桩位及进洞引线桩。每端至少设引线桩两个,相距应大于200m。设置护桩及临时水准基点,测钉洞口路基边桩及隧道仰坡边桩。

5. 站场土石方、房屋及设备:除按正线土石方有关规定施测外,还应标定出站场中心点,以及客货设备及站内房屋的位置。

测量人员及复测人员均应签认,负同样技术责任。在进行施工测量时,应向负责施工的领工员及工班长交桩,使其熟悉各种桩橛位置,并负责保护,避免施工中误用或丢失。

(二)工程竣工测量

承担铁路工程项目的施工单位,在施工区段的路基,桥涵及隧道等主要线下工程完工之后,铺轨之前应当进行线路竣工的贯通测量。竣工测量包括桥梁、隧道和线路等竣工测量。

1. 桥梁工程竣工测量

(1)桥梁墩台施工完毕后,应复核墩台顶面的支座十字线,支承垫石顶面中心线的实际偏差值。

(2)测量墩台中心距及各孔跨度值。

(3)放出每片梁的中心线,并在垫石上用红油漆标明位置。

(4)检查垫石是否平整,螺栓孔的位置、深度、孔眼大小是否符合要求。

(5)大桥墩台高度、坡度及墩帽各部位尺寸。

(6)全桥中线贯通测量,其中线贯通应与两端线路上固定转点桩闭合,两端至少设置两个永久中线桩。

(7)墩台基顶、垫石和桥台道碴槽前后沿标高的测量,并在桥梁两端各设一个永久水准基点桩。

2. 隧道工程竣工测量

(1)隧道竣工后,应在直线地段每50 m,曲线地段每20 m,或者需要加测断面处,以中线桩为准,测绘隧道的实际净空。测绘内容包括:拱顶高程、起拱线宽度、轨顶水平宽度、铺底或抑拱高程。

(2)当隧道中线统一检测闭合后,在直线上每200～250 m,曲线上的点均应埋设永久中线桩;洞内每1 km应埋设一个水准点。无论中线点或水准点,均应在隧道边墙上画出标志,以便今后养护维修时使用。

3. 线路竣工测量

线路竣工测量的任务是最后确定线路中线位置,作为铺轨的依据;同时检查路基施工质量是否符合设计要求。它的内容包括中线测量、高程测量和横断面测量。

(1)中线测量

首先根据护桩将主要控制点恢复到路基上，进行线路中线贯通测量；在有桥、隧的地段，应从桥梁、隧道的线路中线向两端引测贯通。贯通测量后的中线位置，应符合路基宽度和建筑物接近限界的要求；同时中线控制桩和交点桩应固桩。

对于曲线地段，应交出交点，重新测量转向角值；当新测角值与原来转向角之差在允许范围内时，仍采用原来的资料；测角精度与复测时相同。曲线的控制点应进行检查，曲线的切线长、外矢距等检查误差在1/ 2 000以内时，仍用原桩点；曲线横向闭合差不应大于5 cm。

中线上，直线地段每50 m、曲线地段每20 m测设一桩；道岔中心、变坡点、桥涵中心等处均需钉设加桩；全线里程自起点连续计算，消灭由于局部改线或假设起始里程而造成的里程不能连续的“断链”。

(2)高程测量

竣工测量时，应将水准点移设到稳固的建筑物上，或埋设永久性混凝土水准点；其间距不应大于2 km；其精度与定测时要求相同；全线高程必须统一，消灭因采用不同高程基准而产生的“断高”。

中桩高程按复测方法进行，路基高程与设计高程之差不应超过5 cm。

(3)横断面测量

主要检查路基宽度，侧沟、天沟的深度，宽度与设计值之差不得大于5 cm；路堤护道宽度误差不得大于10 cm。若不符合要求且误差超限者应进行整修。

第五节　工程项目竣工验收

工程项目的竣工验收是施工全过程的最后一道程序，也是工程项目管理的最后一项工作。它是建设投资成果转入生产或使用的标志，也是全面考核投资效益、检验设计和施工质量的重要环节。

一、竣工验收的准备工作

在项目竣工验收之前，施工单位应配合监理工程师作好下列竣工验收的准备工作。

1. 完成收尾工程

收尾工程的特点是零星、分散、工程量小，但分布面广，如果不及时完成，将会直接影响项目的竣工验收及投产使用。

做好收尾工程，必须摸清收尾工程项目，通过竣工前的预检，做一次彻底的清查，按设计图纸和合同要求，逐一对照，找出遗漏项目和修补工作，制定作业计划，相互穿插施工。

2. 竣工验收资料的准备

竣工验收资料和文件是工程项目竣工验收的重要依据，从施工开始就应完整地积累和保管，竣工验收时应经编目建档。

3. 竣工验收的预验收

竣工验收的预验收，是初步鉴定工程质量，避免竣工进程拖延，保证项目顺利投产使用不可缺少的工作。通过预验收，可及时发现遗留问题，事先予以返修、补修。

二、竣工验收的依据

竣工验收依据主要有：上级主管部门批准的设计纲要、设计文件、施工图纸和说明书，设备技术说明书，招标投标文件和工程合同，图纸会审记录、设计修改签证和技术核定单，现行的施工技术验收标准及规范，协作配合协议，以及施工单位提供的有关质量保证文件和技术资料等，工程项目的规模、工艺流程、工艺管线、生产设备、土地使用、建筑结构、建筑面积，内外装修、质量标准等，必须与上述文件、合同所规定的内容一致。

三、竣工验收的标准

由于工程项目门类很多，要求各异，因此必须有相应竣工验收标准，以资遵循。一般有土建工程、安装工程、人防工程、管道工程、桥梁工程、电气工程及铁路建筑安装工程等的验收标准。

1. 土建工程验收标准

凡生产性工程、辅助公用设施及生活设施按照设计图纸、技术说明书、验收规范进行验收，工程质量符合各项要求，在工程内容上按规定全部施工完毕，不留尾巴。即对生产性工程要求室内全部做完，室外明沟勒脚、踏步斜道全部做完，内外粉刷完毕；建筑物、构筑物周围2 m以内场地平整、障碍物清除，道路及下水道畅通。对生活设施和职工住宅除上述要求外，还要求水通、电通、道路通。

2. 安装工程验收标准

按照设计要求的施工项目内容、技术质量要求及验收规范的规定，各道工序全部保质保量施工完毕，不留尾巴，即工艺、燃料、热力等各种管道已做好清洗、试压、吹扫、油漆、保温等工作、各项设备、电气、空调、仪表、通讯等工程项目全部安装结束，经过单机、联动无负荷及投料试车，全部符合安装技术的质量要求，具备形成设计能力的条件。

3. 人防工程验收标准

凡有人防工程或结合建设的人防工程的竣工验收必须符合人防工程的有关规定，并要求：按工程等级安装好防护密闭门；室外通道在人防密闭门外的部位增设防护门进、排风等孔口，设备安装完毕。目前没有设备的，做好基础和预埋件，具备有设备以后即能安装的条件；应做到内部粉饰完工；内部照明设备安装完毕，并可通电；工程无漏水，回填土结束；通道畅通等。

4. 大型管道工程验收标准

大型管道工程（包括铸铁管和钢管）按照设计内容、设计要求、施工规格、验收规范全部（或分段）按质量敷设施工完毕和竣工，泵验必须符合规定要求达到合格，管道内部垃圾要清除，输油管道、自来水管道还要经过清洗和消毒，输气管道还要经过通气换气。在施工前，对管道材质用防腐层（内壁及外壁）要根据规定标准进行验收，钢管要注意焊接质量，并加以评定和验收，对设计中选定的闸阀产品质量要慎重检验。地下管道施工后，对覆地要求分层夯实，确保道路质量。

更新改造项目和大修理项目，可以参照国家标准或有关标准，根据工程性质，结合当时当地的实际情况，由业主与承包商共同商定提出适用的竣工验收的具体标准。

四、竣工验收的范围

凡列入固定资产计划的工程项目或单项工程，按照批准的设计文件（初步设计、技术设计或扩大初步设计）所规定的内容和施工图纸的要求全部建成，具备投产和使用条件，不论新建、改建、扩建和迁建性质，都要经建设单位及时组织验收，并办理固定资产交付使用的转账手续。

有的工程项目基本符合竣工验收标准，只是零星土建工程和少数非主要设备未按设计规定的内容全部建成,但不影响正常生产,亦应办理竣工验收手续。对剩余工程,应按设计留足投资,限期完成。有的项目投产初期一时不能达到设计能力所规定产量,不能因此而拖延办理验收和移交固定资产手续。

有些工程项目或单项工程,已形成部分生产能力或实际上生产方面已经使用,近期不能按原设计规模续建的,应从实际情况出发,可缩小规模,报主管部门(公司)批准后,对已完的工程和设备,尽快组织验收,移交固定资产。

五、竣工验收的条件

1. 施工单位承建的工程项目,达到下列条件者,可报请竣工验收

(1)生产性工程和辅助公用设施,已按设计建成,能满足生产要求。例如,生产、科研类工程项目、土建、给水排水、暖气通风、工艺管线等工程和属于厂房组成部分的生活间、控制室、操作室、烟囱、设备基础等土建工程均已完成,有关工艺或科研设备也已安装完毕。

(2)主要工艺设备已安装配套,经联动负荷试车合格,安全生产和环境保护符合要求,已形成生产能力,能够生产出设计文件中所规定的产品。

(3)生产性工程项目中的职工宿舍和其他必要的生活福利设施以及生产准备工作,能适应投产初期的需要。

(4)非生产性工程项目,土建工程及房屋建筑附属的给水排水、采暖通风、电气、煤气及电梯已安装完毕,室外的各管线已施工完毕,可以向用户供水、供电、供暖气、供煤气,具备正常使用条件。如因建设条件和施工顺序所限,正式热源、水源、电源没有建成,则须由建设单位和施工单位共同采取临时措施解决,使之达到使用要求,这样也可报竣工提请验收。

2. 工程项目达到下列条件者,也可报请竣工验收

工程项目(包括单项工程)符合上述基本条件,但实际上有少数非主要设备及某些特殊材料短期内不能解决,或工程虽未按设计规定的内容全部建完,但对投产、使用影响不大,也可报请竣工验收。例如:非生产性项目中的房屋已经建成,电梯未到货或晚到货,因而不难安装,或虽已安装但不能同时交付使用;又如住宅小区中房屋及室外管线均已竣工,但个别的市政设施没有配套完成,允许房屋建筑施工企业将承建的工程项目报请竣工验收。

这类项目在验收时,要将所缺设备、材料和未完工程列出项目清单,注明原因,报监理工程师以确定解决的办法。当这些设备、材料或未完工程已安装完或修建完时,仍按前述办法报请验收。

3. 工程项目有下列情况之一者,施工企业不能报请监理工程师作竣工验收

(1)生产、科研性工程项目,因工艺或科研设备、工艺管道尚未安装,地面和主要装修未完成者。

(2)生产、科研性工程项目的主体工程已经完成,但附属配套工程未完成影响投产使用。如:主厂房已经完成,但生活间、控制室、操作间尚未完成;车间、锅炉房工程已经完成,但烟囱尚未完成等。

(3)非生产性工程项目的房屋建筑已经竣工,但由本施工企业承担的室外管线没有完成,锅炉房、变电室、冷冻机房等配套工程的设备安装尚未完成,不具备使用条件。

(4)各类工程的最后一道喷浆、表面油漆活未做。

(5)房屋建筑工程已基本完成,但被施工企业临时占用,尚未完全腾出。

(6)房屋建筑工程已完成,但其周围的环境未清扫,仍有建筑垃圾。

六、竣工验收的程序

竣工验收应由监理工程师牵头，项目经理配合进行，可参考图 7—1 所示的工作程序。

1. 施工单位作竣工预验

施工单位竣工预验是指工程项目完工后要求监理工程师验收前由施工单位自行组织的内部模拟验收，内部预验是顺利通过正式验收的可靠保证，为了不致使验收工作遇到麻烦，最好邀请监理工程师参加。

预验工作一般可视工程重要程度及工程情况，分层次进行。通常有下述三层次：

(1)基层施工单位自验。基层施工单位，由施工队长组织施工队的有关职能人员，对拟报竣工工程的情况和条件，根据施工图要求、合同规定和验收标准，进行检查验收。主要包括竣工项目是否符合有关规定，工程质量是否符合质量检验评定标准，工程资料是否齐全，工程完成情况是否符合施工图及使用要求等。若有不足之处，及时组织力量。限期修理完成。

(2)项目经理组织自验。项目经理部根据施工队的报告，由项目经理组织生产、技术、质量、预算等部门进行自检，自检内容及要求参照前条。经严格检验并确认符合施工图设计要求，达到竣工标准后，可填报竣工验收通知单。

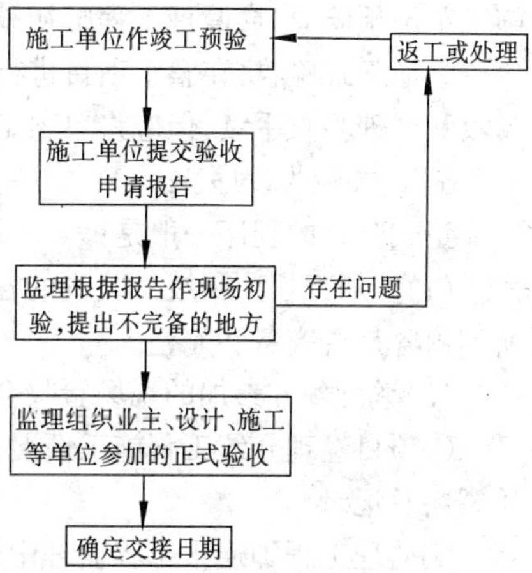

图 7—1　竣工验收程序

(3)公司级预验。根据项目经理部的申请，竣工工程可视其重要程度和性质，由公司组织检查验收，也可分部门(生产、技术、质量)分别检查预验，并进行评价。对不符合要求的项目，提出修补措施，由施工队定期完成，再进行检查，以便决定是否提请正式验收。

2. 施工单位提交验收申请报告

施工单位决定正式提请验收后应向监理单位送交验收申请报告，监理工程师收到验收申请报告后应参照工程合同的要求、验收标准等进行仔细的审查。

3. 根据申请报告作现场初验

监理工程师审查完验收申请报告后，若认为可以进行验收，则应由监理人员组成验收班子对竣工的工程项目进行初验，在初验中发现的质量问题，应及时以书面通知或以备忘录的形式告诉施工单位，并令其按有关的质量要求进行修理甚至返工。

4. 由监理工程师牵头，组织业主、设计单位、施工单位等参加正式验收

在监理工程师初验合格的基础上，便可由监理工程师牵头，组织业主、设计单位、施工单位等参加，在规定时间内进行正式验收。

5. 竣工验收的步骤

竣工验收一般分为两个阶段进行：

(1)单项工程验收。是指在一个总体工程项目中，一个单项工程或一个车间已按设计要求建设完成，能满足生产要求或具备使用条件，且施工单位已预验，监理工程师已初验通过，在此条件下进行的正式验收。

由几个建筑安装企业负责施工的单项工程，当其中某一个企业所负责的部分已按设计完成，也可组织正式验收，办理交工手续，交工时应请总包施工单位参加，以免相互耽误时间。例

如:自来水厂的进水口工程,其中钢筋混凝土沉箱和水下顶管是基础公司承担施工的,泵房土建则由建筑公司承担,建筑公司是总包单位,基础公司是分包单位,基础公司负责的工程施工完毕后,即可办理竣工验收交接手续,请总包单位(建筑公司)参加。

对于建成的住宅可分幢进行正式验收。例如:一个住宅基地一部分住宅已按设计要求内容全部建成,另一部分还未建成,可将建成具备居住条件的住宅进行正式验收,以便及早交付使用,提高投资效益。

(2)全部验收。是指整个工程项目已按设计要求全部建设完成,并已符合竣工验收标准,施工单位预验通过,监理工程师初验认可,由监理工程师组织以建设单位为主,有设计、施工等单位参加正式验收,在整个项目进行全部验收时,对已验收过的单项工程,可以不再进行正式验收和办理验收手续,但应将单项工程验收单作为全部工程验收的附件而加以说明。

6. 正式验收程序

正式验收的程序一般是:

(1)参加工程项目竣工验收的各方对已竣工的工程进行目测检查,同时逐一检查工程资料所列内容是否齐备和完整。

(2)举行各方参加的现场验收会议,通常分为以下几步:

①项目经理介绍工程施工情况、自检情况以及竣工情况,出示竣工资料(竣工图和各项原始资料及记录)。

②监理工程师通报工程监理中的主要内容,发表竣工验收的意见。

③业主根据在竣工项目目测中发现的问题,按照合同规定对施工单位提出限期处理的意见。

④暂时休会,由质检部门会同业主及监理工程师讨论工程正式验收是否合格。

⑤复会,由监理工程师宣布验收结果,质监站人员宣布工程项目质量等级。

(3)办理竣工验收签证书

七、工程项目竣工资料

工程项目竣工验收的资料主要有:

1. 工程项目开工报告;
2. 工程项目竣工报告;
3. 分项、分部工程和单位工程技术人员名单;
4. 图纸会审和设计交底记录;
5. 设计变更通知单;
6. 技术变更核实单;
7. 工程质量事故发生后调查和处理资料;
8. 水准点位置、定位测量记录、沉降及位移观测记录;
9. 材料、设备、构件的质量合格证明资料;
10. 试验、检验报告;
11. 隐蔽验收记录及施工日志;
12. 竣工图;
13. 质量检验评定资料;
14. 工程竣工验收其他资料。

思考题与习题

1. 什么是技术管理？其任务是什么？
2. 试述技术管理的工作内容。
3. 什么是图纸会审？其目的和内容有哪些？
4. 铁路变更设计分哪几类？各自应符合的条件如何？
5. 简述铁路变更设计的程序和分工。
6. 简述施工单位负责人向下级技术负责人技术交底的内容。
7. 简述铁路施工测量的主要内容。
8. 简述竣工验收的准备工作和验收程序。
9. 简述竣工验收的范围。

第八章　施工项目质量与安全管理

第一节　质量管理概述

一、质　　量

根据我国国家标准(GB/T 19000－ISO 9000:2000),质量的定义是“一组固有特性满足要求的程度”。

关于质量定义说明如下:

1. 定义中“固有的”(其反义词是赋予的)就是指在某事或某物中本来就有的,尤其是那种永久的特性。

2. 定义中的“特性”是指可区分的特征,包括各种类别的特征,如:物理的、感官的、行为的、时间的、人体工效的、功能的。特性可以是定性的或定量的。

3. 定义中的“要求”是指明示的、通常隐含的或必须履行的需求或期望。通常隐含是指组织,顾客或其他相关方的惯例或一般做法,所考虑的需求或期望是不言而喻的。

4. 术语“质量”可使用形容词如差、好或优秀来修饰。

综上所述,质量的定义也可表述为“一组固有可区分的特征满足明示的、通常隐含的或必须履行的需求或期望的程度”。

二、产品质量

产品是“过程的结果”(GB/T 19000－ISO 9000:2000),而过程是“一组将输入转化为输出的相互关联或相互作用的活动”。产品包括服务、硬件、流程性材料、软件或它们的组合。产品分为有形产品和无形产品。有形产品是经过加工的成品、半成品、零部件。如设备、预制构件、建筑工程、市政设施等;无形产品包括各种形式的服务,如邮政、运输、商贸、维修等。

产品质量是指产品满足人们在生产及生活中所需的使用价值及其属性。它们体现为产品的内在和外现的各种质量指标。根据质量的定义,可以从两方面理解产品质量。第一,产品质量好环和高低是根据产品所具备的质量特性能否满足人们需要及满足程度来衡量的。一般有形产品的质量特征主要包括:性能、寿命、可靠性、安全性、经济性等。无形产品特性强调及时、准确、圆满与友好等。第二,产品质量具有相对性。即一方面,对有关产品所规定的要求及标准、规定等因时而异,会随时间、条件而变化;另一方面,满足期望的程度由于用户需求程度不同,因人而异。

三、工程项目质量

工程项目质量是国家现行的有关法律、法规、技术标准、设计文件及工程合同中对工程的安全、使用、经济、美观等特性的综合要求。工程项目一般都是按照合同条件承包建设的。工程项目质量具有影响因素多、质量波动大、质量变异大、质量隐蔽性强、终检局限大等特点。

四、工作质量

工作质量是指参与工程的建设者，为了保证工程的质量所从事工作的水平和完善程度。

工作质量包括：社会工作质量如社会调查、市场预测、质量回访等。生产过程工作质量如政治思想工作质量、管理工作质量、技术工作质量和后勤工作质量等。工程质量的好坏是建筑工程的形成过程的各方面各环节工作质量的综合反映，而不是单纯靠质量检验检查出来的。要保证工程质量就要求有关部门和人员精心工作，对决定和影响工程质量的所有因素严加控制，即通过工作质量来保证和提高工程质量。

五、质量管理的发展

随着科学技术的发展和市场竞争的需要，质量管理已越来越为人们所重视，并逐渐发展成为一门新兴的学科。最早提出质量管理的国家是美国。日本在第二次世界大战后引进美国的一整套质量管理技术和方法，结合本国实际，又将其向前推进，使质量管理走上了科学的道路，取得了世界瞩目的成绩，质量管理作为企业管理的有机组成部分，它的发展也是随着企业管理的发展而发展的，其产生、形成、发展和日益完善的过程大体经历了以下几个阶段。

(一)质量检验阶段(20世纪20～40年代)

20世纪前，主要是手工作业和个体生产方式，依靠生产操作者自身的手艺和经验来保证质量，只能称作"操作者质量管理"时期。进入20世纪，由于资本主义生产力的发展，机器化大生产方式与手工作业的管理制度的矛盾，阻碍了生产力的发展，于是出现了管理革命。美国的泰勒研究了从工业革命以来的大工业生产的管理实践，创立了"科学管理"的新理论，他提出了计划与执行、检验与生产的职能需要分开的主张，即企业中设置专职的质量检验部门和人员，从事质量检验。这使产品质量有了基本保证，对提高产品质量、防止不合格产品出厂或流入下一道工序有积极的意义，这种制度把过去的"操作者质量管理"变成了"检验员的质量管理"，标志看进入了质量检验阶段。由于这个阶段的特点是质量管理单纯依靠事后检查、剔除废品。因此，它的管理效能有限，按现在的观点来看，它只是质量管理中的一个必不可少的环节。

1924年，美国统计学家休哈特提出了"预防缺陷"的概念，他认为，质量管理除了事后检查以外，还应做到事先预防，在有不合格产品出现的苗头时，就应发现并及时采取措施予以制止，他创造了统计质量控制图等一套预防质量事故的理论。与此同时，还有一些统计学家提出了抽样检验的办法，把统计方法引入了质量管理领域使得检验成本得到降低。但由于当时不为人们充分认识和理解，故未得到真正执行。

(二)统计质量管理阶段(20世纪40～50年代)

第二次世界大战初期，由于战争的需要，美国许多民用生产企业转为军用品生产，由于事先无法控制产品质量，造成废品量很大，耽误了交货期，甚至因军火质量差而发生事故。同时，军需品的质量检验大多属于破坏性检验，不可能进行事后检验，于是人们采用了休哈特的"预防缺陷"的理论，美国国防部请休哈特等专家研究制定了一套美国战时质量管理方法，强制生产企业执行。这套方法主要是采用统计质量控制图，了解质量变动的先兆，进行预防，使不合格产品率大为下降，对保证产品质量收到了较好的效果。这种用数理统计方法来控制生产过程影响质量的因素，把单纯的质量检验变成了过程管理，使质量管理从"事后"转到了"事中"，较单纯的质量检验进了一大步。战后，许多工业发达国家生产企业也纷纷采用和仿效这种质量工作模式。但因为对数理统计知识的掌握有一定的要求，在过分强调的情况下，给人们以统计质量管理是少数数理统计人员责任的错觉，而忽略了广大生产与管理人员的作用，结果是既没有充分发挥数理统计方法的作用，又影响了管理功能的发展，把数理统计在质量管理中的应用推向了极端。到了50年代人们认识到统计质量管理方法并不能全面保证产品质量，进而导致了“全面质量管理”新阶段的出现。

(三)全面质量管理阶段(20世纪60年代以后)

60年代以后，随着社会生产力的发展和科学技术的进步，经济上的竞争也日趋激烈。特别是一大批高安全性、高可靠性、高科技和高价值的技术密集型产品和大型复杂产品的质量在很大程度上依靠对各种影响质量的因素加以控制，才能达到设计标准和使用要求。人们对控制质量的认识有了升华，意识到单纯靠统计检验手段已不能满足要求了，大规模的工业化生产，质量保证除与设备、工艺、材料、环境等因素有关外，与职工的思想意识、技术素质，企业的生产技术管理等息息相关。同时检验质量的标准与用户中所需求的功能标准之间也存在时差，必须及时地收集反馈信息，修改制定满足用户需要的质量标准，使产品具有竞争性。20世纪60年代，美国的菲根堡姆首先提出了较系统的“全面质量管理”概念。其中心意思是，数理统计方法是重要的，但不能单纯依靠它，只有将它和企业管理结合起来，才能保证产品质量。这一理论很快应用于不同行业生产企业(包括服务行业和其他行业)的质量工作。此后，这一概念通过不断完善，便形成了今天的“全面质量管理”。

全面质量管理阶段的特点是针对不同企业的生产条件、工作环境及工作状态等多方面因素的变化，把组织管理、数理统计方法以及现代科学技术、社会心理学、行为科学等综合运用于质量管理，建立适用和完善的质量工作体系，对每一个生产环节加以管理，做到全面运行和控制。通过改善和提高工作质量和保证产品质量；通过对产品的形成和使用全过程管理，全面保证产品质量。通过形成生产(服务)企业全员、全企业、全过程的质量工作系统，建立质量体系以保证产品质量始终满足用户需要，使企业用最少的投入获得最佳的效益。

(四)质量管理和质量保证标准的形成和发展

1. 国际标准的形成与发展

质量检验、统计质量管理和全面质量管理三个阶段的质量管理理论和实践的发展，促使世界各发达国家和企业纷纷制订出新的国家标准和企业标准，以适应全面质量管理的需要。这样的做法虽然促进了质量管理水平的提高，却也出现了各种各样的不同标准。各国在质量管理术语概念、质量保证要求、管理方式等方面都存在很大差异，这种状况显然不利于国际经济交往与合作的进一步发展。

近30年左右国际化的市场经济迅速发展，国际间商品和资本的流动空间增长，国际间的经济合作、依赖和竞争日益增强，有些产品已超越国界形成国际范围的社会化大生产。特别是不少国家把提高进口商品质量作为限入奖出的保护手段，利用商品的非价格因素竞争设置关贸壁垒。为了解决国际间质量争端，消除和减少技术壁垒，有效地开展国际间技术合作，统一国际质量工作语言，制订共同遵守的国际规范，各国政府、企业和消费者都需要一套通用的、具有灵活性的国际质量保证模式。在总结发达国家质量工作经验基础上，20世纪70年代末，国际标准化组织着手制订国际通用的质量管理和质量保证标准。1980年5月国际标准化组织的质量保证技术委员会在加拿大应运而生。它通过总结各国质量管理经验于1986年发布了ISO 8402《质量—术语》，在1987年又发布了ISO 9000、ISO 9001、ISO 9002、ISO 9003、ISO 9004等6项国际标准，这就是人们常说的“ISO 9000系列标准”，也叫作1987版ISO 9000系列国际标准。

但是,1987 版标准在贯彻实施过程中,各国普遍反映标准系列整体水平不高,过于简单。偏重于供方向需方提供质量保证,而对质量管理要求不严。传统的质量管理思想和方法比较多,现代的质量管理技术应用不够,而且缺乏对人的积极性和创造性的运用,例如只强调纠正措施,而没有运用预防措施。标准中对能够发现变异或变差的统计技术应用不够,对产品质量和服务质量的特性值的统计要求也很少。标准偏重于质量体系认证注册的需要,在一定程度上忽视了顾客对质量体系的要求。1994 年 ISO 发布了对 1987 版修订后的 1994 版ISO 8402、ISO 9000—1、ISO 9001、ISO 9002、ISO 9003和ISO 9004—1等 6 项国际标准,通称为 1994 版 ISO 9000族标准,这些标准分别取代了 1987 版的 6 项标准。

在过去 5 年多的实施过程中,很多国家反映,现行标准主要是针对生产硬件产品的企业,特别是主要针对规模较大的企业,不便于其他类型企业的理解和实施,小型企业更难使用。现行标准提供了三种质量保证模式,在实际应用中也具有一定的局限性。标准的质量要素间的相关性也不好。也有些国家感到现行标准的通用性差,制定了许多指南来弥补,使ISO 9000族发展到 22 项标准和 2 项技术报告,而实际上只有少数标准得到应用。国际标准化组织考虑到上述情况,决定在 2000 版对ISO 9000族标准进行彻底性修改。这次修改的目标是使全世界都接受和使用ISO 9000标准,为提高企业的运行能力提供有效方法。通过标准的修改,增进国际贸易,促进全球的繁荣和发展,达到从世界各地都能得到任何期望和要求的产品和能够将产品顺利地销往世界各地的目的。修改的结果是,ISO 9000族标准只有 4 个标准了,即ISO 9000《质量管理体系——基本原理和术语》、ISO 9001:2000《质量管理体系——要求》、ISO 9004:2000《质量管理体系——指南》和 ISO 19011《质量和环境管理体系——审核》。2000 版 ISO 9000族标准已于 2000 年 12 月 15 日发布实施。

2. 我国应用质量管理和质量保证标准的情况

我国于 1988 年正式引入ISO 900标准,1988 年 12 月发布了等效采用ISO 9000系列标准的GB/T 10300系列标准,宣布于 1989 年 8 月 1 日起在全国实施。1992 年 10 月,国家技术监督局又重新颁布了等同采用ISO 9000系列标准的GB/T 19000系列标准,于 1993 年 1 月 1 日起实施,并以此作为评价企业质量管理能力的主要依据和企业质量体系认证标准。1994 年又等同采用了 ISO 9000 族标准。

2000 版ISO 9000族标准发布实施后,我国随即等同采用并于 2000 年 12 月 28 日发布了GB/T 19000族标准,从 2001 年 6 月 1 日起实施。该标准颁布后,现在使用的 1994 版ISO 9000标准将于 3 年后正式作废(3 年内将是 2000 版标准与 1994 版标准同时存在,作为由 1994 版标准向 2000 版标准的转换期)。

鉴于目前对 2000 版ISO 9000标准在我国仍处于学习、了解阶段,因此本章第二节的内容介绍仍然以 1994 版标准为准。

六、全面质量管理

(一)全面质量管理的含义

全面质量管理是指一个组织以质量为中心,以全员参与为基础,目的在于通过顾客满意和本组织所有成员及社会受益而达到长期成功的管理途径。

上述全面质量管理定义具体地讲就是企业以质量为中心,全体职工及有关部门积极参与,把专业技术、经营管理、数理统计和思想教育结合起来,建立起产品的研究、设计、生产(作业)、服务等产品质量形成全过程的质量体系,从而有效地利用人力、物力、财力、信息等资源,以最经济的手段生产出用户满意的产品,使企业及其全体成员以及社会均能受益,从而使企业获得成功和发展。

全面质量管理的核心是提高人的素质,增强质量意识,调动人的积极性,人人做好本职工作,通过抓好工作质量来保证和提高产品质量或服务质量。

全面质量管理并非等同于质量管理,它是质量管理的更高境界。质量管理只是作为组织所有管理职能之一,与其他管理职能并存。而全面质量管理则是将的所有管理职能纳入质量管理的范畴,具体表现在:强调一个组织以质量为中心,否则不是全面质量管理;强调全员参与;强调全员的教育和培训;强调最高管理者的强有力和持续的领导;强调谋求长期的经济效益和社会效益。

全面质量管理与传统质量管理相比较,其特点是:

(1)把过去的以事后检验和把关为主转变为以预防为主,即从管结果转变为管因素。

(2)从过去的就事论事,分散管理转变为以系统的观点为指导进行全面的综合治理。

(3)突出以质量为中心,围绕质量来开展企业的工作。

(4)由单纯符合标准转变为满足用户需要。

(5)强调不断改进过程质量,从而不断改进产品和服务质量。

(二)全面质量管理的基本观点

1. 全面管理的观点

所谓全面管理,是要贯彻"三全"的管理原则,即"全过程管理"、"全企业管理"和"全员管理"。

"全过程管理"。是指从施工准备到竣工验收交付使用的整个过程,具体对每一工程项目来说,即指从其制定规划、确定项目、勘测定点、设计、施工、安装、试车直到验收起用的整个过程,对此全过程中的每项生产和业务工作都要进行控制和管理。

"全企业管理"。是指对企业各方面的工作,都进行管理,即企业所有单位都必须协调动作,通力合作,不仅是技术计划、生产、物资、机械、质检,同时也包括后勤、政工等部门,都要为完成企业的总目标奋斗,共同对产品质量作出保证,实行全企业的管理。

"全员管理"。是指企业的所有工作人员,必须对完成本职任务承担责任,上自经理下至每个职工,都要树立全面对待产品质量的观点,各尽职守,不断提高技术水平和管理水平,做到人人关心企业,人人管理企业,为企业做贡献。

2. 为用户服务的观点

凡是接收和使用本企业产品(建筑物)的单位和个人,都是企业的用户。而在企业内部,凡是接收上道工序的产品(工程)进行再生产(施工)的下道工序,就是上道工序的用户。即企业必须站在用户的立场上进行生产,把使用户满意和满足用户需要放在第一位。在实施过程中,凡达不到质量要求的产品(或半成品)都不能交给下道工序,保证本工序的合格,使质量管理始终控制在产品生产的全过程中。

3. 预防为主的观点

施工企业在全部施工过程中,每个分部分项工程的质量随时都受到操作者、施工工艺、原材料、施工机具、施工环境等影响,只要其中某个因素发生异常,工程质量就会随之波动,从而出现不同程度的质量问题。以往对工程的验收基本上是采用"事后检查",然后作出评定结果。这种检查是被动的,很难避免低质产品和不合格工程的产生。

好的产品是生产出来的,不是靠最后检查出来的。因此,在全面质量管理中,着重采用"防患于未然"的质量管理制度。即运用数理统计的科学方法,抓生产过程的质量控制,把质量事故消灭在萌芽状态之中,才能预防和避免低质产品(工程)的产生。

4. 一切用数据说话的观点

全面质量管理的一个显著特点就是"一切用数据说话"。数据是质量管理的基础,是科学的依据。任何质量都可以表现为一定的数据,如质量的合格率、成分、性能、指标等。数据要真实可靠。

"一切用数据说话",就是要求管理者应用概率论和数理统计方法,对生产和施工过程中搜集和积累的大量反映客观实际的数据,进行科学的分析和整理,研究质量的波动情况,分析原因,采取措施,对症下药。这样,才能体现全面质量管理的科学性。

(三)全面质量管理的工作程序

全面质量管理工作是按照科学的程序而运转的,其基本形式是 PDCA 管理循环。它通过计划(Plan)、实施(Do)、检查(Check)和处理(Action)4 个阶段不断循环,把企业质量管理活动有机地联系起来。

PDCA 管理循环划分为 4 个阶段、8 个步骤:

1. 4 个阶段

质量管理的基本思想和工作方法是计划、实施、检查和处理 4 个阶段的循环,称为 PDCA 循环。

PDCA 循环是美国质量管理专家戴明(W.E.Deming)20 世纪 50 年代初提出来的,它是指提高工程质量和工作质量、改善企业经营管理的一项十分有效的科学工作方法,因此,国外也称 PDCA 循环为戴明循环。

PDCA 循环使企业管理形象化,适用于企业各个方面的管理工作。因此,整个企业是一个大循环,各级、各部门都有各自的 PDCA 循环。例如,工程公司是一个大循环,下属依次有工程队、工段、直至班组或个人,都有各自的 PDCA 循环。上一级的 PDCA 循环是下一级 PDCA 循环的依据,下一级的 PDCA 循环又是上一级 PDCA 循环的具体贯彻。通过循环把企业各项工作有机地联系起来,彼此协同,互相促进。这也如同大环套小环一样,大小一起转,一层一层解决问题,如图 8—1 所示。4 个阶段,周而复始,循环一次,改善一次,提高一步,螺旋上升,如图8—2所示。在这4个阶段中关键是要抓住A阶段,把成功的经验制定成技术或管理的标

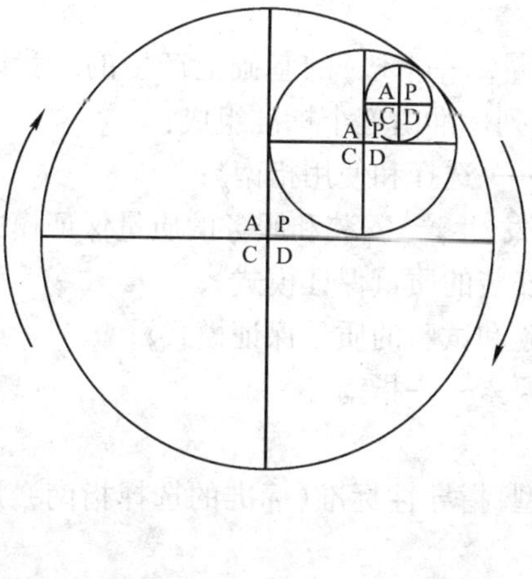

图 8—1　大环套小环

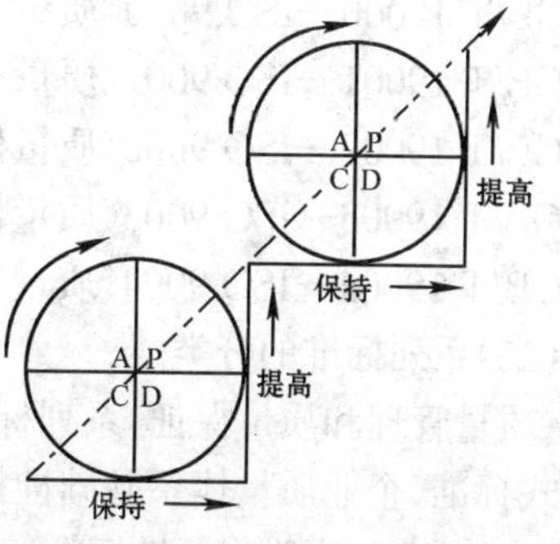

图 8—2　改进提高

准、规范、防止以后再出现同样的缺陷、错误,而对遗留的问题则转入下一个循环加以解决。

2.8个步骤

PDCA循环的4个阶段,可以进一步具体分为8个步骤;

(1)分析现状,找出存在的质量问题,确定方针和目标;

(2)分析这些问题的各种原因和影响因素;

(3)找出影响质量的主要因素;

(4)针对主要因素,制定措施,提出行动计划,并估计效果;

(5)执行措施或计划;

(6)调查、统计所采取措施的效果;

(7)总结经验,制订相应的标准或制度;

(8)提出尚未解决的问题,转入下一个循环。

以上(1)、(2)、(3)、(4)四个步骤就是计划阶段;(5)是实施阶段;(6)是检查阶段;(7)、(8)两上步骤是处理阶段。这8个步骤就是PDCA循环的具体内容。

PDCA循环中的8个步骤,明确地为制定计划措施提出了6个标准要求,国外称为"5W1H"法,即:

(1)必要性:Why——为什么制订计划和措施;

(2)目　的:What——计划要达到什么目的;

(3)地　点:Where——计划在哪里执行;

(4)期　限:When——计划在什么时候执行和完成;

(5)承担者:Who——计划具体由谁执行;

(6)方　法:How——用什么方法执行计划。

实践证明,PDCA循环法是解决质量问题的一个科学的有效的方法。掌握应用它,能使管理工作更切合客观实际,且层次分明,有条不紊。

第二节　质量体系的建立与运行

一、质量管理和质量保证标准简介

(一)系列标准的组成

ISO 9000—94系列标准是在ISO 8402—94《质量——术语》的基础上产生的。我国等同采用ISO 9000—94系列标准制定的GB/T 190000系列标准由五个标准组成:

GB/T 19000—ISO 9000《质量管理和质量保证——选择和使用指南》;

GB/T 19001—ISO 9001《质量体系——设计/开发、生产、安装和服务的质量保证模式》;

GB/T 19002—ISO 9002《质量体系——生产和安装的质量保证模式》;

GB/T 19003—ISO 9003《质量体系——最终检验和试验的质量保证模式》;

GB/T 19004—ISO 9004《质量管理和质量体系要素——指南》。

(二)系列标准的分类

《质量管理和质量保证》系列标准,分为3个类型:指导性标准(标准的选择指南)、质量保证模式标准、企业质量体系基础性标准(体系要素)。

ISO 9000标准为指导性标准,阐述了系列标准的结构和分类,阐明了5个关键质量术语的概念及概念之间的相互关系,规定了使用和选择质量体系标准的原理、原则、程序和方法。该标准在系列标准中起着指导作用,国际标准化组织称它为系列标准中具有交通指南性质的标准。

ISO 9001、ISO 9002、ISO 9003 为质量保证模式标准。这类标准适用于合同环境下的外部质量保证,为供需双方签订含有质量保证要求的合同提供了 3 种质量保证模式,选定的模式标准既可作为生产方质量保证工作的依据,也可作为需方对供方进行质量体系评价的依据,以及企业申请质量体系认证的认证标准。

ISO 9004 标准为企业质量体系的基础性标准。该标准从市场经济需求出发,提出并阐述了企业质量体系的原理、原则和一般应包括的质量体系要素。标准具有高度的普遍性和指导性。对不同工业/经济行业的生产企业给予指导,是企业质量管理和质量体系的通用参考模式。

这 5 个标准构成了《质量管理和质量保证》系列标准。5 个标准是互为关联、互相支持的有机整体,其关系如图 8—3 所示。

(三)系列标准的特点

质量管理和质量保证系列标准既有理论又有实践背景,具有很强的实用性和指导作用。我们在消化过程中,应注意标准的以下几个特点:

1. 标准的目的是提供指导。

2. 标准是规范的补充。

3. 灵活应用,内容可以调整。

4. 推荐性标准被法规或合同确定采用后就是“强制性标准”。

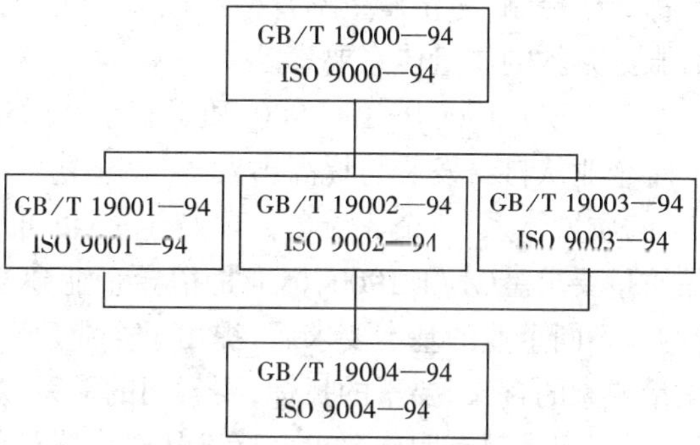

图 8—3　系列标准关系图

GB/T 19000系列标准是一套推荐性标准,编号中“T’就是“推荐”一词的汉语拼音的首写字母。

(四)系列标准内容简介

1. GB/T 19000—ISO 9000 质量管理和质量保证——选择和使用指南

此标准阐明了质量方针、质量管理、质量体系、质量控制和质量保证五个重要质量术语的概念及其相互关系;阐述了企业应力求达到的质量目标及质量体系环境特点和质量体系标准的类型;规定了标准的应用范围、标准的应用程序;规定了证实文件应包括的内容以及供需双方签订合同前应做的准备。

2. GB/T 19001~GB/T 19003(质量保证模式)

质量保证模式是为了满足供需双方在考虑产品特性、保证能力等多种因素的需求后选择的用以签订合同的质量保证要求。这些要求不是企业质量体系的全部要素和内容,只是针对某项产品生产过程质量管理的要求,通过实施这些工作,用户(需方)相信生产企业可以持续稳定地生产质量满足合同规定的产品。

质量保证模式有不同水平的三个标准可供选择:

(1)GB/T 19003—ISO 9003质量体系——最终检验和试验的质量保证模式。该标准适用于产品相对简单或比较成熟的产品。标准明确了产品形成过程检验工作、成品检验和试验的质量体系要求。强调检验工作与有效的检验系统,对检验人员、检验程序和设备,都要进行严格的控制。该标准明确规定此范围的 12 项质量体系要素构成其主要内容,是三个模式标准中质量体系要素内容和数量相对较少的模式标准。

(2)GB/T 19002—ISO 9002质量体系——生产和安装的质量保证模式。该标准适用于设计已定型、生产过程复杂或产品价值昂贵的生产条件，阐述了从原材料采购至产品交付使用全过程的质量体系要求，是三个模式中应用率较高的模式标准。要求生产企业质量体系提供能严格控制生产过程质量的证据，保证生产和安装阶段各环节符合规定的要求，及时解决生产过程中发现的问题，防止、避免不合格的发生及重复出现。标准强调预防控制与检验相结合，并依此范围规定了18项质量体系要素的内容和工作程序。

(3)GB/T 19001—ISO 9001质量体系——设计/开发、生产、安装和服务的质量保证模式。该标准是三个质量保证模式中质量水平最高、覆盖环节(过程)最多，而且质量体系要素最多的质量保证模式标准。阐述了从产品设计、产品开发到售后服务全过程的质量体系要素的要求。遵照标准，企业产品质量体系提供从合同评审、设计、生产和安装过程(服务)各个阶段各个环节都严格控制，防止发生不合格。该标准比较其他两个标准增加了对设计质量控制条款和售后服务条款的质量体系要素。

3. GB/T 19004—ISO 9004质量管理和质量体系要素——指南

企业从自身发展与提高出发，需要建立一个比较完整的、用以控制企业内部各项工作(环节)的质量体系，使企业质量管理最佳化，也可以使各项产品质量控制能力达到或接近达到产品质量要求。GB/T 19004标准是指导企业建立质量体系的指导标准。标准是在总结了不同行业、不同企业的基本要求后，提出了企业建立质量体系一般应包括的基本要素。标准对基本质量要素的含义，要素的目标，要素间的关系以及各项工作的内容、要求、方法、人员和所要求的文件、记录都有明确要求。标准从建立质量体系的组织结构、责任、程序、过程和资源五方面构成对人、技术、管理要素提出要求，明确企业质量体系的基本出发点是：应设计出有效的质量体系，以满足顾客的需要和期望，并保护公司的利益。完善的质量体系应是在考虑风险、成本和利益的基础上使质量最佳化，以及对质量加以控制的重要管理手段。

(五)质量体系标准的选择

我国的建筑业所涉及的设计、科研、房地产开发、市政、施工、试验、质量监督、建设监理等企事业单位，在建立企业内部质量管理体系时，毫无疑问，应该选择ISO 9004标准，这是一致的。由于这些单位又有各自的特点，因此，所建立的质量体系也是不相同的，这主要是质量形成的过程不同而造成的。

在这些企业事业单位按照ISO 9004标准建立质量体系的基础上，如果选择质量保证模式，可以根据用户的要求和企业产品的特点，选择ISO 9001或ISO 9002或ISO 9003标准。具体地说，设计、科研、房地产开发、总承包(集团)公司等单位可以选择ISO 9001标准；市政、施工(土建、安装、机械化施工、装饰、防腐、防水)等企业可以选择ISO 9002标准。

当然，对这些单位的标准选用，也可灵活掌握，这只是一般情况。因为ISO 9001标准中包括了设计，因此对设计院、研究院和房地产开发公司等单位也适用。ISO 9002标准中只包括生产和安装，因此，只对施工企业适用。ISO 9003标准涉及到试验和检验，所以适用于试验室、质监站和监理公司等单位。对一些单位，如施工企业，下设试验室，因此可选择ISO 9002和ISO 9003用于外部的质量保证。

二、有关质量体系的术语

1. 质量方针：由组织的最高管理者正式颁布的该组织总的质量宗旨和质量方向。质量方针是企业总方针的一个组成部分，由最高管理者批准。

2. 质量管理:制定和实施质量方针的全部管理职能。质量管理是企业管理职能的一个方面。质量管理包括为实现质量目标而制定的战略规划、资源配备及其他与质量有关的系统的活动,如质量策划、实施和评价等。为达到规定的质量目标,应要求企业的全体职工参加有关活动并为之承担相应的责任,但质量管理的责任应由企业的最高领导者承担。

3. 质量体系:为实施质量管理的组织机构、职责、程序、过程和资源。质量体系是为了达到质量目标而建立的综合体。为了履行合同和法令,或进行评价,可要求供方提供体系中要素的证明。

4. 质量控制:为了达到质量要求所采取的作业技术和活动。其目的在于监视一个过程并排除质量环上各阶段产生问题的原因,以取得经济效益。

在质量管理工作中质量控制已有特定的含义,为避免混淆,当涉及一项具体的质量控制或当涉及一个更广泛的概念时要注意使用限定词,避免产生歧义。例如:“工序质量控制”、“公司范围的质量控制”。

5. 质量保证:对某一产品或服务能满足规定的质量要求,提供适当信任所必需的全部有计划、有系统的活动。

为了实现有效的质量保证,通常应对那些影响和规范正确性的要素进行评价。此外,还应对生产、安装、检验工作进行验证和审核。为取得对方的信任,可能还需要提供证据。

三、质量体系要素

质量体系要素是指构成质量体系的基本单元。质量体系是为了实施质量管理的组织结构、职责、程序、过程和资源,由若干个相互关联、相互作用的要素所组成。以GB/T 19000标准作为指南,提出建筑施工企业15个体系要素,这15个体系要素由三个层次组成,如表8—1所示。其中7个质量体系要素,具有直接质量管理职能,其他要素均是进行质量管理不可缺少的内容。

质量体系要素可分为3个层次,第一层为总体性要素,由管理职责、质量体系原则和质量体系的财务考虑3个要素构成。这3个要素对质量体系的建立、实施和有效运转以及评价起着保障作用。第二层由施工生产准备、采购质量、施工过程控制、半成品与成品保护、工程质量检验与验证,工程质量事故的控制和纠正措施、回访与保修等7个要素构成,属于基本过程要素。是工程质量形成的主要环节。这7个要素具有直接质量管理职能。第三层由测量和试验设备的控制、工程(产品)安全与责任、质量文件和记录、统计方法、人员等5个要素构成,属于基础性要素,是实施总体性要素、基本过程要素的基础和保证。

表8—1　质量体系要素表

序号	要素名称	
1	管理职责	总体性要素
2	质量体系原则	
3	质量体系的财务考虑	
4	施工生产准备质量	基本过程要素
5	采购质量	
6	施工过程控制	
7	半成品与成品保护	
8	工程质量检验与验证	
9	工程质量事故控制和纠正措施	
10	回访与保修	
11	测量和试验设备的控制	基础性要素
12	工程(产品)安全与责任	
13	质量文件和记录	
14	统计方法的应用	
15	人员	

以上三层质量体系要素中的第二层要素是具有直接质量管理职能的质量体系要素。这些要素可按照施工工程的特点和企业规模、施工生产方式,通过统筹规划,全面安排,分解、分配落实到有关业务部门,形成部门的质量职责。再经部门分解落实到岗位或个人,形成岗位责任或个人质量责任。从企业质量职能的分配

落实直至个人岗位责任，构成了企业质量责任制。例如施工生产准备质量这一要素，要收集用户信息，了解用户对工程适应性要求，为新工艺、新材料的开发提供依据，收集工程使用功能意见，反馈到施工计划与质量管理部门，这部分工作则由经营、销售、技术开发部门承担。

四、质量体系的建立与运行

(一)建立质量体系的原则性工作

GB/T 19004标准对企业建立质量体系明确了几项基本的原则性工作，主要为：确定质量环；明确和完善体系结构；质量体系要文件化；要定期进行质量体系审核与质量体系的评审和评价。

1. 确定质量环

质量环是从产品立项到产品使用全过程各个阶段中影响质量的相互作用的活动的概念模式，这些阶段如市场调研、设计、采购、……、售后服务等构成了产品形成与使用的全过程。每个阶段中包括若干直接质量职能与间接质量职能活动。满足要求的产品质量是质量环各个阶段质量职能活动的综合效果。

建筑施工企业的特定产品对象是工程，无论其工程复杂程度、结构形式怎样变化，无论是高楼大厦还是一般建筑物，其建造和使用的过程、程序和环节基本是一致的。在参照GB/T 19004质量环的基础上，对照施工程序，对建筑施工企业质量环建议由如下 8 个阶段组成：

(1)工程调研和任务承接；

(2)施工准备；

(3)材料采购；

(4)施工生产；

(5)试验与检验；

(6)建筑物功能试验；

(7)竣工交验；

(8)回访与保修。

2. 完善质量体系结构，并使之有效运行

企业决策层领导及有关管理人员要负责质量体系的建立、完善，实施和保持各项工作的开展，使企业质量体系达到预期目标。

质量体系的有效运行要依靠相应的组织机构网络。这个机构要严密完整，充分体现各项质量职能的有效控制，对我们建筑施工企业来讲，一般有集团(总公司)、公司、分公司、工程项目经理部等各级管理组织，但由于其管理职责不同所建质量体系的侧重点可能有所不同，但其组织机构应上下贯通，形成一体。特别是直接承担生产与经营任务的实体公司的质量体系更要形成覆盖全公司的组织网络，该网络系统要形成一个纵向统一指挥、分级管理，横向分工合作、协调一致、职责分明的统一整体。一般讲，一个企业只有一个质量体系，其下属基层单位的质量管理和质量保证活动以及质量机构和质量职能只是企业质量体系的组成部分，是企业质量体系在该特定范围的体现。对不同产品对象的基层单位，如混凝土构件厂、实验室、搅拌站……则应根据其生产对象和生产环境特点补充或调整体系要素，使其在该范围更适合产品质量保证的最佳效果。

3. 质量体系要文件化

质量体系文件化是很重要的工作特征。质量体系结构，采用的各项质量要素、要求和规定等各项工作必须有系统有条理地制订为质量体系文件，要保证这些文件在该体系范围内使有关人员、有关部门理解一致，得到有效的贯彻与实施。

质量体系文件主要分为质量手册、质量计划、工作程序文件与质量记录等几项分类文件。

上述质量体系文件的内容在GB/T 19004标准中作了清楚的规定，

4. 定期质量审核

质量体系能够发挥作用，并不断改进和提高工作质量，主要是在建立体系后坚持质量体系审核和评审(评价)活动。

为了查明质量体系的实施效果是否达到了规定的目标要求，企业管理者应制订内部审核计划，定期进行质量体系审核。

质量体系审核由企业胜任的管理人员对体系各项活动进行客观评价，这些人员独立于被审核的部门和活动范围。质量体系审核范围如下：

(1)组织机构；

(2)管理与工作程序；

(3)人员、装备和器材；

(4)工作区域、作业和过程；

(5)在制品(确定其符合规范和标准的程度)；

(6)文件、报告和记录。

质量体系审核一般以质量体系运行中各项工作文件的实施程度及产品质量水平为主要工作对象，一般为符合性评价。

5. 质量体系评审和评价

质量体系的评审和评价，一般称为管理者评审，它是由上层领导亲自组织的，对质量体系、质量方针、质量目标等项工作所开展的适合性评价，就是说，质量体系审核时主要精力放在是否将计划工作落实，效果如何；而质量体系评审和评价重点为该体系的计划、结构是否合理有效，尤其是结合市场及社会环境，企业情况进行全面的分析与评价，一旦发现这些方面的不足，就应对其体系结构、质量目标、质量政策提出改进意见，以使企业管理者采取必要的措施。

质量体系的评审和评价也包括各项质量体系审核范围的工作。

与质量体系审核不同的是，质量体系评审更侧重于质量体系的适合性(质量体系审核侧重符合性)，而且，一般评审与评价活动要由企业领导直接组织。

质量环、质量体系结构、质量体系文件、质量体系审核、质量体系评审和评价5项原则性工作在GB/T 19004标准里有明确的规定，这些原则性工作贯穿于质量体系各项活动中，要遵守和落实这些原则性工作，方能使质量体系发挥预期效能。

(二)建立和完善质量体系的程序

按照国际标准ISO 9000和国家标准GB/T 19000建立一个新的质量体系或更新、完善现行的质量体系，一般都经历以下步骤。

1. 企业领导决策

企业主要领导要下决心走质量效益型的发展道路，有建立质量体系的迫切需要。建立质量体系是涉及到企业内部很多部门参加的一项全面性的工作，如果没有企业主要领导亲自领导、亲自实践和统筹安排，是很难搞好这项工作的。因此，领导真心实意地要求建立质量体系，是建立、健全质量体系的首要条件。

2. 编制工作计划

工作计划包括培训教育、体系分析、职能分配、文件编制、配备仪器仪表设备等内容。

3. 分层次教育培训

组织学习ISO 9000和GB/T 19000系列标准，结合本企业的特点，了解建立质量体系的目的和作用，详细研究与本职工作有直接联系的要素，提出控制要素的办法。

4. 分析企业特点

结合建筑施工企业的特点和具体情况，确定采用哪些要素和采用程度。

要素要对控制工程实体质量起主要作用，能保证工程的适用性、符合性。

5. 落实各项要素

企业在选好合适的质量体系要素后，要进行二级要素展开，制订实施二级要素所必需的质量活动计划，并把各项质量活动落实到具体部门或个人。

在各级要素和活动分配落实后，为了便于实施、检查和考核，还要把工作程序文件化，即把企业的各项管理标准、工作标准、质量责任制、岗位责任制形成与各级要素和活动相对应的有效运行的文件。

6. 编制质量体系文件

质量体系文件按其作用可分为法规性文件和见证性文件两类。质量体系法规性文件是用以规定质量管理工作的原则，阐述质量体系的构成，明确有关部门和人员的质量职能，规定各项活动的目的要求、内容和程序的文件。在合同环境下这些文件是供方向需方证实质量体系适用性的证据。质量体系的见证性文件是用以表明质量体系的运行情况和证实其有效性的文件（如质量记录、报告等）。这些文件记载了各质量体系要素的实施情况和工程实体质量的状态，是质量体系运行的见证。

（三）质量体系的运行

保持质量体系的正常运行和持续实用有效，是企业质量管理的一项重要任务，是质量体系发挥实际效能、实现质量目标的主要阶段。

质量体系运行是执行质量体系文件、实现质量目标、保持质量体系持续有效和不断优化的过程。

质量体系的有效运行是依靠体系的组织机构进行组织协调、实施质量监督、开展信息反馈、进行质量体系审核、评审与评价实现的。

第三节 质量管理基本工具与方法

一、质量统计数据

数据是进行质量管理的基础，"一切用数据说话"才能作出科学的判断。用数理统计方法，通过收集、整理质量数据，可以帮助我们分析、发现质量问题，以便及时采取对策措施，纠正和预防质量事故。

利用数理统计方法控制质量的步骤是：第一，收集质量数据；第二，数据整理；第三，进行统计分析，找出质量波动的规律；第四，判断质量状况，找出质量问题；第五，分析影响质量的原因；第六，拟定改进质量的对策、措施。

（一）数理统计的几个概念

1. 母体

母体又称总体、检查批或批，指研究对象全体元素的集合。母体分有限母体和无限母体两种。有限母体为有一定数量表现，如一批同牌号、同规格的钢材或水泥等；无限母体则没有一定数量表现，如一道工序，它源源不断地生产出某一产品，本身是无限的。

2. 子样

系从母体中取出来的部分个体，也叫试样或样本。子样分随机取样和系统抽样，前者多用于产品验收，即母体内各个体都有相同的机会或有可能性被抽取；后者多用于工序的控制，即每经一定的时间间隔，每次连续抽取若干产品作为子样，以代表当时的生产情况。

3. 母体与子样、数据的关系

子样的各种属性都是母体特性的反映。在产品生产过程中，子样所属的一批产品(有限母体)或工序(无限母体)的质量状态和特性值，可从子样取得的数据来推测、判断。母体与子样数据的关系如图 8—4 所示。

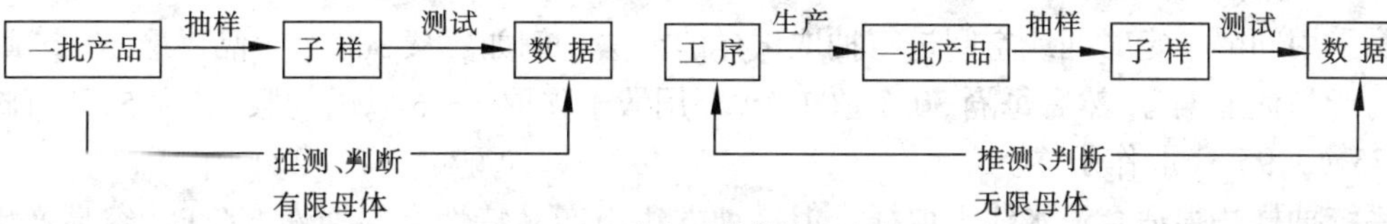

图 8—4　母体与子样数据的关系

4. 随机现象

在质量检验中，某一产品的检验结果可能合格、优良、不合格，这种事先不能确定结果的现象称为随机现象(或偶然现象)。随机现象并不是不可认识的，人们通过大量重复的试验，可以认识它的规律性。

5. 随机事件

随机事件(或偶然事件)系每一种随机现象的表现或结果，如某产品检验为"合格"，某产品检验为"优良"。

6. 随机事件的频率

频率是衡量随机事件发生可能性大小的一种数量标志。在试验数据中，偶然事件发生的次数叫"频数"，它与数据总数的比值叫"频率"。

7. 随机事件的概率

频率的稳定值叫"概率"。如掷硬币试验中正面向上的事件设为 A，当掷币次数较少时，事件 A 的频率是不稳定的；但随着掷币次数的增多，事件 A 的频率越来越呈现出稳定性。当掷币次数充分多时，事件 A 的频率大致在 0.5 这个数附近摆动，所以，事件 A 的概率为 0.5。

(二)数据种类

1. 计数值数据——可用个数计算的数据，即离散型数据，如不合格品数、缺陷数、疵点数等都属于计数值数据。

2. 计量值数据——可连续取值的数据，即连续型数据，如长度、重量、标高等数据，都属于计量值数据。

3. 优劣值——只能定出优劣程度的数据，如产品质量评比中的Ⅰ、Ⅱ、Ⅲ等品。

4. 顺序值——只能排出顺序的数据。

5. 评分值——凭感官由专家评分的数据。

在数理统计中，只把数据分为计数值和计量值两类，这两类数据的分布规律不同，分析时采用的方法也不相同。

(三)数据的收集方法

在质量检验中,除少数的项目需进行全数检查外,大多数是按随机取样的方法收集数据。其抽样的方法较多,仅就其中的几种方法简介于下:

1. 单纯随机抽样法

这种方法适用于对母体缺乏基本了解的情况下,按随机的原则直接从母体 N 个单位中抽取 n 个单位作为样本。样本的获取方式常用的有两种:一是利用随机数表和一个六面体骰子作为随机抽样的工具,通过掷骰子所得的数字,相应地查对随机数表上的数值,然后确定抽取试样编号。二是利用随机数骰子,一般为正六面体,六个面分别标 1～6 的数字。在随机抽样时,可将产品分成若干组,每组不超过 6 个,并按顺序先排列好,标上编号,然后掷骰子,骰子正面表现的数,即为抽取的试样编号。

2. 系统抽样法

系采用间隔一定时间或空间进行抽取试样的方法。例如要从 300 个产品中取 10 个试样,可先将产品标上编号,然后每隔 30 个取 1 个,即用骰子先取 1～6 以内的数,若为 5,便可将编号 5,35,65,95,…取作子样。

系统抽样法很适合流水线上取样。但这种方法当产品特性有周期性变化时,容易产生偏差。

3. 分层抽样法

它是将批分成若干层次,然后从这些层中随机采集样本的方法。

4. 二次抽样法

它是从组成母体的若干分批中,抽取一定数量的分批,然后再从每一个分批中随机抽取一定数量的样本。

一般来说,对于钢材、水泥、砖等原材料可以采用二次抽样;对于砂、石等散状材料可采用分层抽样;对于预制构配件,可采用单纯随机抽样。

(四)样本数据的特征

1. 子样平均值

子样平均值系表示数据集中的位置,也叫子样的算术平均值,即

$$\bar{X} = \frac{1}{n}(X_1 + X_2 + \cdots + X_n) = \frac{1}{n}\sum_{i=1}^{n} X_i$$

式中 $\bar{X}$——子样的算术平均值;

n——子样的大小。

2. 中位数

指将收集到的质量数据按大小次序排列后,处在中间位置的数值,故又叫中值($\tilde{x}$),它也是表示数据的集中位置。当子样数 n 为奇数时,取中间一个数为中位数;为偶数,则取中间 2 个数的平均值作为中位数。

3. 极值

一组数按大小次序排列后,处于首位和末位的最大和最小两个数值称极值。

4. 极差

一组数中最大值与最小值之差,常用 R 表示。它表示数据分散的程度。

5. 子样标准偏差

系反映数据分散的程度,常用 S 表示,即:

$$S=\sqrt{\frac{1}{n-1}\sum_{i=1}^{n}(X_i-\bar{X})^2}$$

式中　S——子样标准偏差;

$(X_i-\bar{X})$——第 i 个数据与子样平均值 $\bar{X}$ 之间的离差;

n——子样的大小。

在正常情况下,子样实测数据与子样平均值之间的离差总是有正有负,在 0 的左右摆动,如果观察次数多了,则离差的代数和将接近于 0,就无法用来分析离散的程度。因此把离差平方以后再求出子样的偏差(即子样标准差),用以反映数据的偏离程度。

当子样较大(如 $n\geqslant30$)时,可以采用下式,即:

$$S=\sqrt{\frac{1}{n}\sum_{i=1}^{n}(X_i-\bar{X})^2}$$

6. 变异系数

是用平均数的百分率表示标准偏差的一个系数,用以表示相对波动的大小,即:

$$C_v=\frac{S}{\bar{X}}\times100\% \text{ 或 } C_v=\frac{\sigma}{\mu}\times100\%$$

式中　C_v——变异系数;

S——子样标准偏差;

σ——母体标准差;

X——子样的平均值;

μ——母体的平均值。

二、质量变异分析

(一)质量变异的原因

同一批量产品,即使所采用的原材料、生产工艺和操作方法均相同,但其中每个产品的质量也不可能丝毫不差,它们之间或多或少总有些差别。产品质量间的这种差别称为变异。影响质量变异的因素较多,归纳起来可分为两类:

1. 偶然性因素

如原材料性质的微小差异,机具设备的正常磨损,模具的微小变形,工人操作的微小变化,温度、湿度微小波动等等。偶然性因素的种类繁多,也是对产品质量经常起作用的因素,但它们对产品质量的影响并不大,不会因此而造成废品。偶然性因素所引起的质量差异的特点是数据和符号都不一定,是随机的。所以,偶然性因素引起的差异又称随机误差。这类因素既不易识别,也难以消除,或在经济上不值得消除。我们说产品质量不可能丝毫不差,就是因为有偶然因素的存在。

2. 系统性因素

又称非偶然性因素。如原材料的规格、品种有误,机具设备发生故障,操作不按规程,仪表失灵或准确性差等。这类因素对质量差异的影响较大,可以造成废品或次品;而这类因素引起的质量差异其数据和符号均可测出,容易识别,应该加以避免。所以系统性因素引起的差异又称为条件误差,其误差的数据和符号都是一定的,或作周期性变化。

把产品的质量差异分为系统性差异和偶然性差异是相对的,随着科学技术的发展,有可能将某些偶然性差异转化为系统性差异加以消除，但决不能消灭所有的偶然性因素，由于偶然性因素对产品质量变异影响很小，一般视为正常变异；而对于系统性因素造成的质量变异，则应采取相应措施，严加控制。

(二)质量变异的分布规律

对于单个产品，偶然因素引起的质量变异是随机的；但对同一批量的产品来说却有一定的规律性，数理统计证明，在正常的情况下，产品质量特性的分布，一般符合正态分布规律。正态分布曲线(图 8—5)的数学方程是：

$$f(x)=\frac{1}{\sigma\sqrt{2\pi}}e^{\frac{-(x-\mu)^2}{2\sigma^2}}$$

式中 x——特性值(曲线的横坐标值)；

π——圆周率($\pi=3.1416$)；

e——自然对数的底(e=2.7183)；

μ——母体的平均值；

σ——母体的标准偏差(要求 $\sigma>0$)。

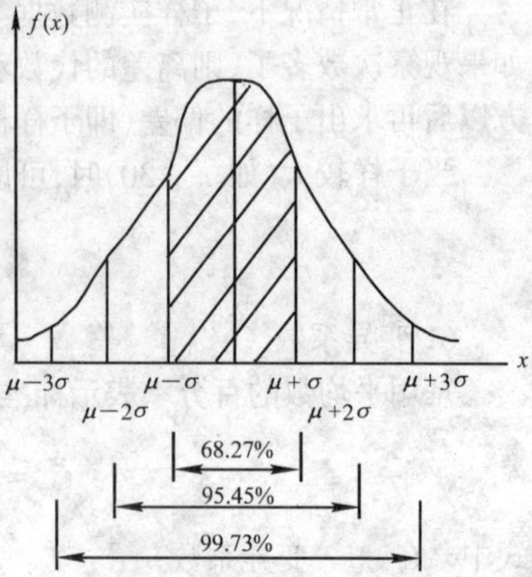

图 8—5　正态分布曲线

正态分布曲线图 8—5 具有以下几个性质：

(1)分布曲线对称于 $x=\mu$；

(2)当 $x=\mu$ 时，曲线处于最高点；当 x 向左右远离时，曲线不断地降低，整个曲线是中间高，两边低的形状；

(3)若曲线与横坐标轴所组成的面积等于 1，则曲线与 $x=\mu\pm\sigma$ 所围成的面积为 0.6827；与 $x=\mu\pm2\sigma$ 所围成的面积为 0.9545；与 $x=\mu\pm3\sigma$ 所围成的面积为 0.9973。

也就是说，在正常生产的情况下，质量特性在区间$(\mu-\sigma)\sim(\mu+\sigma)$的产品有 68.27%；在区间$(\mu-2\sigma)\sim(\mu+2\sigma)$的产品有 95.45%；在区间$(\mu-3\sigma)\sim(\mu+3\sigma)$的产品有 99.73%。质量特性在 $\mu\pm3\sigma$ 范围以外的产品非常少，不到 3‰。

根据正态分布曲线的性质，可以认为，凡是在 $\mu\pm3\sigma$ 范围内的质量差异都是正常的，不可避免的，是偶然性因素作用的结果。如果质量差异超过了这个界限，则是系统性因素造成的，说明生产过程中发生了异常现象，需要立即查明原因予以改进。实践证明，以 $\mu\pm3\sigma$ 作为控制界限，既保证产品的质量，又合乎经济原则。在某种条件下亦可采用 $\mu\pm3.5\sigma$，$\mu\pm2.5\sigma$ 或 $\mu\pm2\sigma$ 作为控制界限，主要应根据对产品质量要求的精确度而定。当采用 $\mu\pm2\sigma$ 作为控制界限，在只有偶然因素的情况下，会有 4.55% 错误警告；采用 $\mu\pm\sigma$ 为控制界限时，将会有 31.7% 的错误警告。在生产过程中，就是根据正态分布曲线的理论来控制产品质量，但在利用正态分布曲线时，必须符合以下条件：

(1)只有在大批量生产的条件下，产品质量分布才符合正态分布曲线；对于单件、小批量生产的产品，则不一定符合正态分布。

(2)必须具备相对稳定的生产过程，如果生产不稳定，产品数量时多、时少，变化无常，则不能形成分布规律，也就无法控制生产过程。

(3)$\mu\pm3\sigma$ 的控制界限必须小于公差范围，否则，生产过程的控制也就失去意义。

(4)要求检查仪器配套、精确，否则，得不到准确数据，也同样达不到控制与分析产品质量的目的。

三、质量管理基本工具与方法

(一)排列图法

排列图法又称巴雷特图法,也叫主次因素分析图法,它是分析影响工程项目(产品)质量主要因素的一种有效方法。

1. 排列图的形式

排列图是由一个横坐标,两个纵坐标,若干个矩形和一条曲线组成,见图 8—6。图中左边纵坐标表示频数,即影响调查对象质量的因素重复发生或出现次数(或件数、个数、点数);横坐标表示影响质量的各种因素,按出现的次数从多至少、从左到右排列;右边的纵坐标表示频率,即各因素的频数占总频数的百分比;矩形表示影响质量因素的项目或特性,其高度表示该因素频数的大小;曲线表示各因素依次的累计频率,也称为巴雷特曲线。

2. 排列图的绘制方法及步骤

(1)搜集整理数据

在质量管理中,排列图主要用来寻找影响质量的主要因素,因此应搜集各质量特性的影响因素或各种缺陷(简称项目)的不合格点数,如建筑产品施工生产中一般是按照《建安工程质量检验评定标准》规定的检测项目进行随机抽样检查,并根据质量标准记录各项目的不合格点出现的次数即频数。按各项目不合格点频数大小顺序排列成表,以全部不合格点数为总额数计算各项频率和累计频率。当项目较多时,可将频数较少的项目合并为"其他"项,列于表中末项。

【例 8—1】 某施工队砌筑工程的质量检查结果是:在全部检查 8 个项目中不合格点有 150 个,为了进一步提高质量应对这些不合格点进行分析,以便找出砌筑工程中的薄弱环节。

首先搜集不合格点的原始资料。然后对原始资料进行整理,本例将频数较少的轴线位移、标高和游丁走缝 3 项合并为"其他"项。按频数由大到小顺序排列各检查项目,"其他"项排列最后,计算各项相应的频率和累计频率,结果见表 8—2。

表 8—2 不合格点项目频数统计表

序 号	项 目	频 数(不合格点数)	频率%	累计频率%
1	水平灰缝厚度	54	36	36
2	水平灰缝平直度	39	26	36+26=62
3	垂 直 度	24	16	62+16=78
4	表面平整度	18	12	78+12=90
5	门窗洞口宽度	9	6	90+6=96
6	其 他	6	4	96+4=100
合 计		150	100	—

(2)画排列图

①画横坐标。将横坐标按项目等分,并按频数由大到小从左至右顺序排列,该例题中横坐标分 6 等分,如图 8—6。

②画纵坐标。左端的纵坐标表示频数,右端的纵坐标表示频率,要求总频数应对应于频率坐标的 100%。如该列中 150 应与 100%在一条水平线上。

③画频数直方形。以频数为高画出各项目的直方形,见图 8—6。

④画累计频率折线。从横坐标左端点开始，依次连接各项目右端点所对应的累计频率值，所得折线称为累计频率折线或叫巴列特曲线，见图8—6。

⑤记录必要事项。如标题、搜集数据的方法和时间等。

图 8—6 为上例砌筑工程质量排列图。

3．排列图的观察与分析

(1)观察直方形。排列图中的每个直方形都表示一个质量问题或影响因素。影响程度与各直方形高度成正比。

(2)确定主次因素。利用 ABC 分类法确定主次因素，具体做法是将累计频率值分(0～80％)、(80～90％)、(90～100％)三部分，与其对应的影响因素分别为 A、B、C 三类，即图 8—6 中虚线表示的三条线。A 类所含因素为主要因素；B 类所含因素为次要因素；C 类所含因素为一般因素。

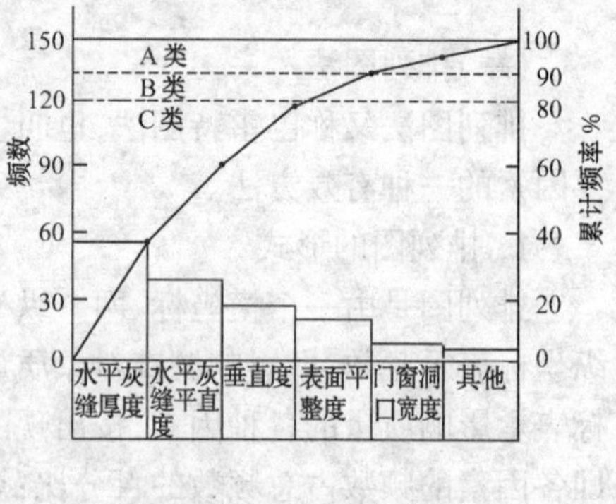

图 8—6 砌砖工程质量排列图

上例中，从排列图可以明显看出，该施工队砌筑工程中出现问题最多的是水平灰缝厚度不合格，占总不合格点数的 1/3 以上；另外水平灰缝平直度及每层垂直度的不合格点也比较多。上述三项的累计频率达 78％，属于 A 类，是影响质量的主要因素。表面平整度属于 B 类，是次要因素。其余属 C 类，为一般因素。综上分析结果，该施工队应在下一步着手解决灰缝厚度、平直度和每层垂直度等质量问题。

4．排列图的应用

排列图可以形象、直观地反映主次因素。其主要应用有：

(1)按不合格的缺陷形式分类，可以分析出造成质量问题的薄弱环节。

(2)按生产工序分类，可以找出生产不合格品最多的关键工序。

(3)按生产班组或单位分类，可以分析比较各单位技术水平和质量管理水平。

(4)将采取提高质量措施前后的排列图对比，可以分析措施是否有效。

(5)此外还可以用于成本费用分析、安全问题分析等。

(二)分层法

所谓分层法就是将收集来的数据，按不同情况和不同条件分组，每组就叫做一层，所以，分层法又称为分类法或分组法。数据分层法往往是调查分析质量问题的关键，它是质量管理中常用的手段之一。

分层的方法很多，可按班次、日期分类；按操作者、操作方法、检测方法分类；可按设备型号、施工方法分类；可按使用的材料规格、型号、供料单位分类等。

多种分层方法应根据需要灵活运用，有时用几种方法组合进行分层，以便找出问题的症结。如钢筋焊接质量的调查分析，调查了钢筋焊接点 50 个，其中不合格的 19 个，不合格率为 38％，为了查清不合格原因，将收集的数据分层分析。现已查明，这批钢筋是由三个师傅操作的，而焊条是两个厂家提供的产品，因此，分别按操作者分层和按供应焊条的工厂分层，进行分析，表 8—3 是按操作分层，分析结果可看出，焊接质量最好的 B 师傅，不合格率为 25％；表 8—4 是按供应焊条的厂家分层，发现不论是采用甲厂还是乙厂的焊条，不合格率都很高而且相差不多。为了找出问题之所在，又进行了更细的分层，表 8—5 是将操作者与供应焊条的厂家综合起来分层，根据综合分层数据的分析，问题即可清楚，解决焊接质量问题，可采取如下措施：

(1)在使用甲厂焊条时,应采用B师傅的操作方法;

表8—3　按操作者分层

操作者	不合格	合格	不合格率(%)
A	6	13	32
B	3	9	25
C	10	9	53
合计	19	31	38

表8—4　按供应焊条工厂分层

工厂	不合格	合格	不合格率(%)
甲	9	14	39
乙	10	17	37
合计	19	31	38

(2)在使用乙厂焊条时,应采用A师傅的操作方法。

(三)频数分布直方图法

频数分布直方图法简称直方图法。它是将搜集到的质量数据进行分组整理,绘制成频数分布直方图,用以描述质量分布状态的一种分析方法。根据直方图可掌握产品质量的波动情况,了解质量特征的分布规律,以便对质量状况进行分析判断。

表8—5　综合分层分析焊接质量

操作者		甲厂	乙厂	合计
A	不合格	6	0	6
	合格	2	11	13
B	不合格	0	3	3
	合格	5	4	9
C	不合格	3	7	10
	合格	7	2	9
合计	不合格	9	10	19
	合格	14	17	31

1. 直方图的绘制方法

(1)搜集整理数据。用随机抽样的方法抽取数据,一般要求数据在50个以上。

【例8—2】 某建筑施工工地浇筑C30混凝土,为对其抗压强度进行质量分析,共搜集了50份抗压强度试验报告单,经整理如表8—6。

表8—6　数据整理表(单位:N/mm²)

序号	抗压强度数据					最大值	最小值
1	39.8	37.7	33.8	31.5	36.1	39.8	31.5
2	37.2	38.0	33.1	39.0	36.0	39.0	33.1
3	35.8	35.2	31.8	37.1	34.0	37.1	31.8
4	39.9	34.3	33.2	40.4	41.2	41.2	33.2
5	39.2	35.4	34.4	38.1	40.3	40.3	34.4
6	42.3	37.5	35.5	39.3	37.3	42.3	35.5
7	35.9	42.4	41.8	36.3	36.2	42.4	35.9
8	46.2	37.6	38.3	39.7	38.0	46.2	37.6
9	36.4	38.3	43.4	38.2	38.0	42.4	36.4
10	44.4	42.0	37.9	38.4	39.5	44.4	37.9

(2)计算极差 R。极差 R 是数据中最大值和最小值之差,本例中:

$$x_{max}=46.2(\text{N/mm}^2)$$

$$x_{min}=31.5(\text{N/mm}^2)$$

$$R=x_{max}-x_{min}=46.2-31.5=14.7(\text{N/mm}^2)$$

(3)对数据分组。包括确定组数、组距和组限。

①确定组数 K。确定组数的原则是分组的结果能正确地反映数据的分布规律。组数应

根据数据多少来确定。组数过少,会掩盖数据的分布规律;组数过多,使数据过于零乱分散,也不能显示出质量分布状况。一般可参考表 8—7 的经验数值确定。

本例中取　$K=8$。

表 8—7　数据分组参考值

数据总数 N	分组数 K
50～100	6～10
100～250	7～12
250 以上	10～20

②确定组距 H。组距是组与组之间的间隔,即一个组的范围。各组距应相等,于是有:

$$极差 \approx 组距 \times 组数$$

即:

$$R \approx H \cdot K$$

因而组数、组距的确定应根据极差综合考虑,适当调整,还要注意数值尽量取整,使分组结果能包括全部变量值,同时也便于以后的计算分析。

本例中:

$$H \approx \frac{R}{K} = \frac{14.7}{8} = 1.8 \approx 2(\text{N/mm}^2)$$

③确定组限。每组的最大值为上限,最小值为下限,上、下限统称组限。

确定组限时应注意使各组之间连续,即较低组上限应为相邻较高组下限,这样才能不致使有的数据被遗漏。对恰恰处于组限值上的数据,其解决的办法有:规定每组上(或下)组限不计在该组内,而应计入相邻较高(或较低)组内;将组限值较原始数据精度提高半个最小测量单位。

本例采取第一种方法划分组限,即每组上限不计入该组内。

首先确定第一组下限:$x_{\min} - \frac{H}{2} = 31.5 - \frac{2.0}{2} = 30.5$

第一组上限:$30.5 + H = 30.5 + 2 = 32.5$

第二组下限 = 第一组上限 = 32.5

第二组上限:$32.5 + H = 32.5 + 2 = 34.5$

以下以此类推,

最高组限为 44.5～46.5,分组结果覆盖了全部数据。

(4)编制数据频数统计表。统计各组频数,可采用唱票形式进行,频数总和应等于全部数据个数。本例频数统计结果见表 8—8。

表 8—8　频数统计表

组号	组限(N/mm^2)	频数统计	频数	组号	组限(N/mm^2)	频数统计	频数
1	30.5～32.5	2	2	5	38.5～40.5	9	9
2	32.5～34.5	6	6	6	40.5～42.5	5	5
3	34.5～36.5	10	10	7	42.5～44.5	2	2
4	36.5～38.5	15	15	8	44.5～46.5	1	1
合　　计							50

从表 8—8 中可以看出,浇筑 C30 混凝土,50 个试块的抗压强度是各不相同的,这说明质量特性值是有波动的。但这些数据分布是有一定规律的,就是数据在一个有限范围内变化,且这种变化有一个集中趋势,即强度值在 36.5～38.5 范围内的试块最多,可把这个范围即第四组视为该样本质量数据分布中心,随着强度值的逐渐增大和逐渐减小而逐渐减小。为了更直观、更形象地表现质量特征值的这种规律,应进一步绘制出直方图。

(5)绘制频数分布直方图。在频数分布直方图中,横坐标表示质量特性值,本例中为混凝土强度,并标出各组的组限值。根据表 8—8 可以画出以组距为底,以频数为高的 K 个直方形,便得到频数分布直方图,见图 8—7。

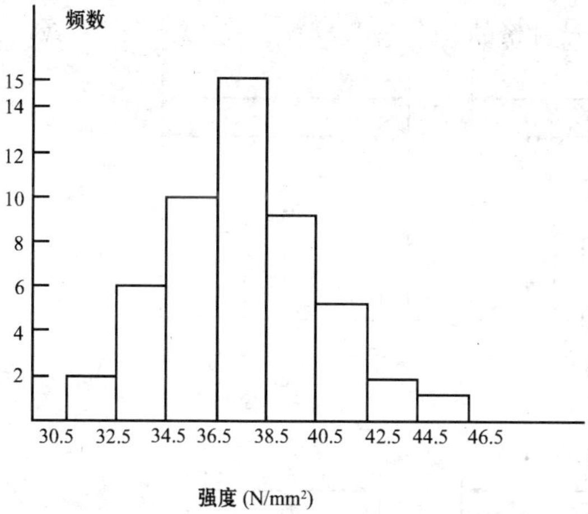

图 8—7　混凝土强度频数分布直方图

2. 直方图的观察分析

(1)观察直方图的形状、判断质量分布状态。作完直方图后,首先要认真观察直方图的整体形状,看其是否属于正常型直方图。正常型直方图应是中间高,两侧低,左右接近对称的图形,如图 8—8 中(a)所示。

出现非正常型直方图时,表明生产过程或搜集数据作图有问题。这就要求进一步分析判断,找出原因,从而采取措施加以纠正。凡属非正常型直方图,其图形分布有各种不同缺陷,归纳起来一般有五种类型,如图 8—8 所示。

①孤岛型(图 b),是原材料发生变化,或者临时他人顶班作业造成的;

②双峰型(图 c),是由于用两种不同工艺或两台设备或两组工人进行生产,然后把两方面数据混在一起整理产生的。

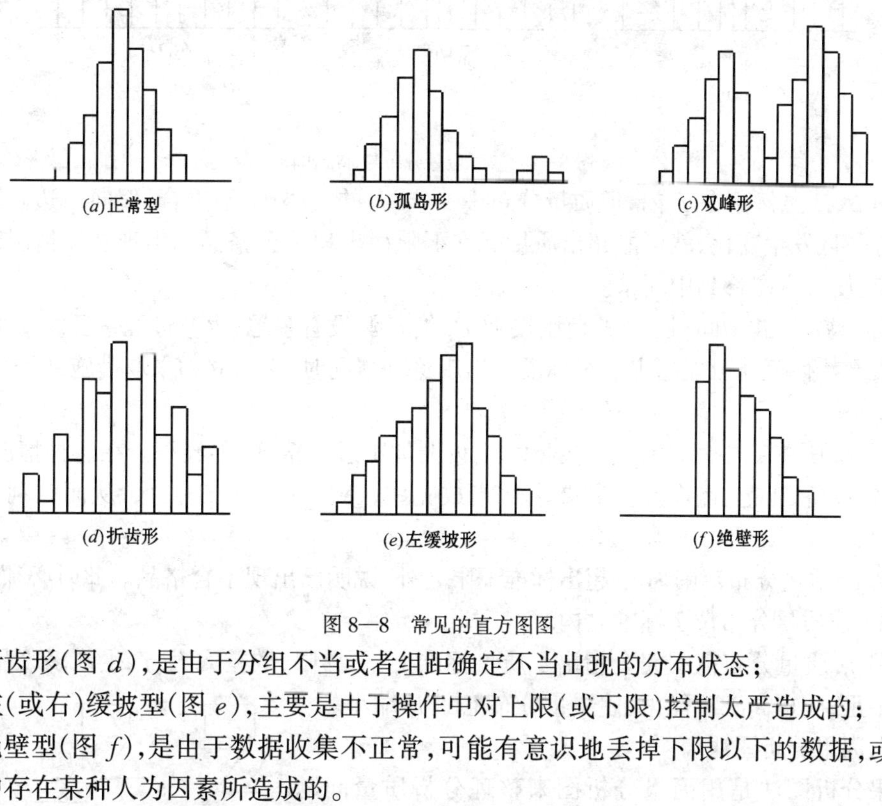

图 8—8　常见的直方图图

③折齿形(图 d),是由于分组不当或者组距确定不当出现的分布状态;

④左(或右)缓坡型(图 e),主要是由于操作中对上限(或下限)控制太严造成的;

⑤绝壁型(图 f),是由于数据收集不正常,可能有意识地丢掉下限以下的数据,或是在检测过程中存在某种人为因素所造成的。

(2)将直方图与质量标准比较,判断实际工序生产能力。作出直方图后,除了观察直方图形状,分析质量分布状态外。再将正常型直方图与质量标准比较,从而判断实际生产(加工)工序能力。正常型直方图与质量标准相比较,一般有如图 8—9 所示 6 种情况。

图中 T 表示质量标准要求界限;B 表示实际质量特性分布范围。

①图 a,B 在 T 中间,质量分布中心 $\bar{x}$ 与质量标准中心 M 重合,实际数据分布与质量标

准相比较两边还有一定余地。这样的工序质量是很理想的，说明生产工序处于正常的稳定状态。在这种情况下生产出来的产品可认为全都是合格品。

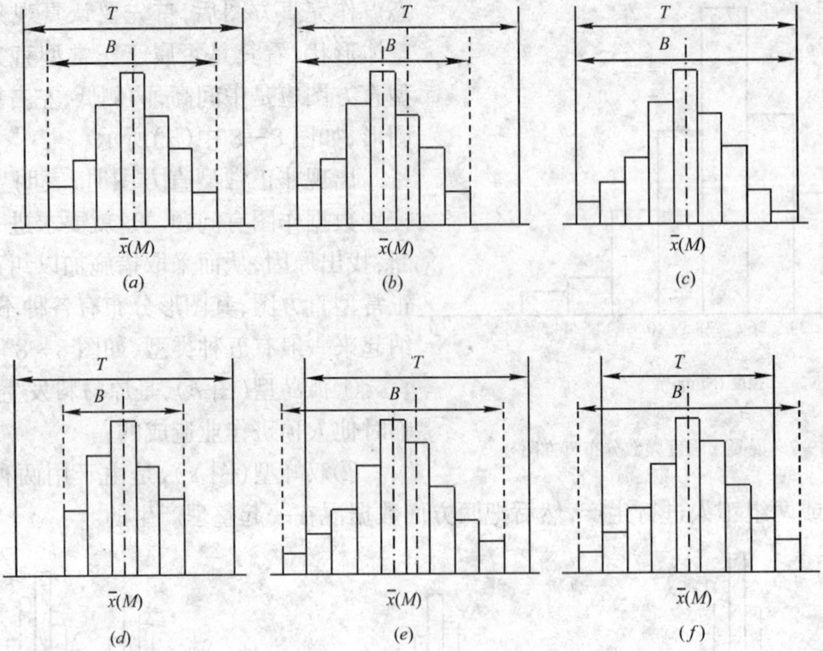

图 8—9　实际质量分布与标准比较

②图 b，B 虽然落在 T 内，但质量分布中 $\bar{x}$ 与 T 的中心 M 不重合，偏向一边。这样如果工序状态一旦发生变化，就可能超出质量标准下限而出现不合格品。出现这样情况时应迅速采取措施，使直方图移到中间来。

③图 c，B 在 T 中间，且 B 的范围接近 T 的范围，没有余地，生产过程一旦发生小的变化，产品的质量特性值就可能超出质量标准。出现这种情况时，必须立即采取措施，以缩小质量分布范围。

④图 d，B 在 T 中间，但两边余地太大，说明加工过于精细，不经济。在这种情况下，可以对原材料、设备、工艺、操作等控制要求适当放宽些，有目的地使 B 扩大，从而有利于降低成本。

⑤图 e，质量分布范围 B 已超出标准下限之外，说明已出现不合格品。此时必须采取措施进行调整，使质量分布位于标准之内。

⑥图 f，质量分布范围完全超出了质量标准上、下界限，散差太大，产生许多废品，说明工序能力不足，应提高工序能力，使质量分布范围 B 缩小。

(四)因果分析图法

因果分析图法是用因果分析图来整理分析质量问题(结果)与其产生原因之间关系的有效工具。因果分析图也称特性要因图，又因其形状常被称为树枝图或鱼刺图。

因果分析图基本形式如图 8—10 所示。

从图 8—10 可见，因果分析图由质量特性(质量结果)、要因、枝干、主干等所组成。

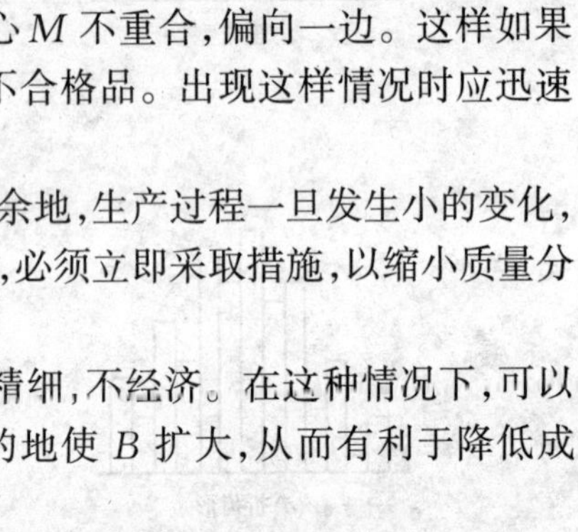

图 8—10　因果分析图的基本形式

因果分析图的绘制步骤与图中箭头方向恰恰相反，是从结果开始将原因逐层分解的。具体绘制步骤是：

(1)明确质量问题——结果。画出质量特性的主干线。

(2)确定影响质量特性大的方面的原因。一般来说，影响质量因素有五大因素，即人、机械、材料、工艺、环境等。另外还可以按产品生产工序进行分析。

(3)将每种大原因进一步分解为中原因、小原因等，直至分解的原因可以采取具体措施加以解决为止。

(4)检查图中所列原因是否齐全，可以对初步分析结果进行广泛征求意见，并做必要修改和补充。

现以混凝土强度不足的质量问题为例来阐明因果分析图法的画法(图 8—11)。

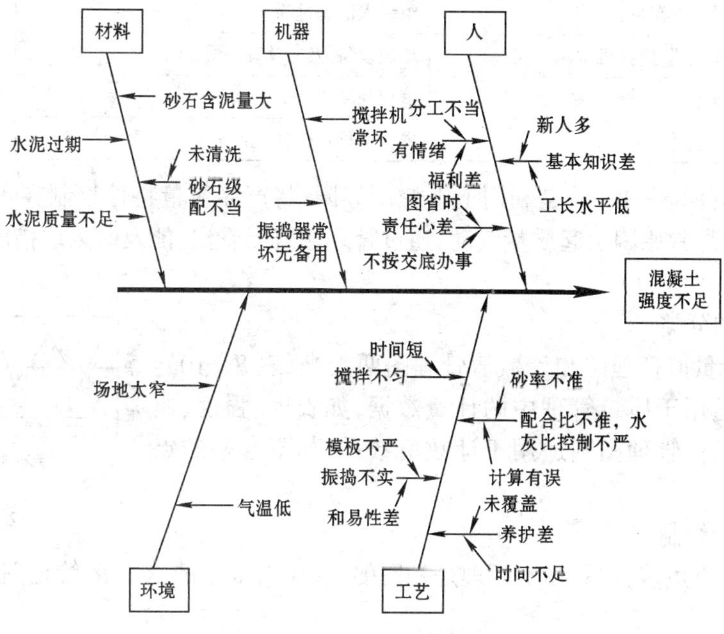

图 8—11　混凝土强度不足因果分析图

(1)决定特性。特性就是需要解决的质量问题，放在主干箭头的前面。

(2)确定影响质量特性的大枝。影响工程质量的因素主要是人、材料、工艺、设备和环境等五方面。

(3)进一步画出中、小细枝，即找出中、小原因。

(4)发扬技术民主，反复讨论，补充遗漏的因素。

(5)针对影响质量的因素，有的放矢地制定对策，并落实到解决问题的人和时间，通过对策计划表的形式列出(表 8—9)，限期改正。

(五)管理图法

管理图又叫控制图，它是反映生产工序随时间变化而发生的质量变动的状态，即反映生产过程中各个阶段质量波动状态的图形。

质量波动一般有两种情况：一种是偶然性因素引起的波动称为正常波动；一种是系统性因素引起的波动则属异常波动。质量控制的目标就是要查找异常波动的因素，并加以排除，使质量只受正常波动因素的影响，符合正态分布的规律。

表 8—9　对策计划表

项目	序号	问题存在原因	采 取 对 策	负责人	期限
人	1	基本知识差	①对新工人进行教育； ②做好技术交底工作； ③学习操作规程及质量标准		
	2	责任心不强，工人干活有情绪	①加强组织工作，明确分工； ②建立工作岗位责任制，采用挂牌制； ③关心职工生活		
工艺	3	配合比不准	实验室重新试配		
	4	水灰比控制不严	修理水箱、计量器		
材料	5	水泥量不足	对水泥计量进行检查		
	6	砂石含泥量大	组织人清洗过筛		
设备	7	振捣器、搅拌机常坏	增加设备，及时修理		
环境	8	场地乱	清理现场		
	9	气温低	准备草袋覆盖、保温		

质量管理图(图 8—12)就是利用上下控制界限，将产品质量特性控制在正常质量波动范围之内。一旦有异常原因引起质量波动，通过管理图就可看出，能及时采取措施预防不合格品的产生。

1. 管理图的分类

管理图分计量值管理图和计数值管理图两大类(表 8—10)。计量值管理图适用于质量管理中的计量数据，如长度、强度、质量、温度等；计数值管理图则适用于计数值数据，如不合格的点数、件数等。

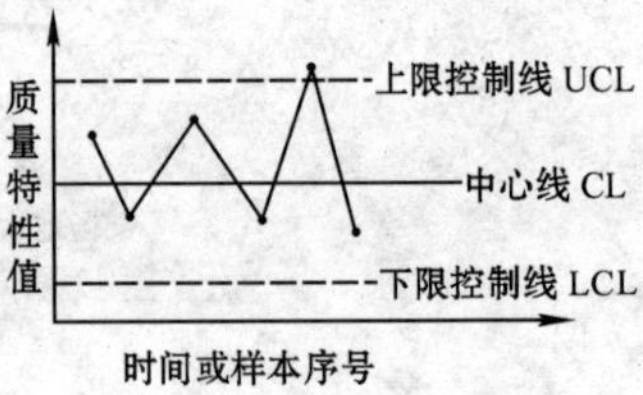

图 8—12　质量管理图

2. 管理图的绘制

管理图的种类虽多，但其基本原理是相同的，现仅以常用的 $\overline{X}—R$ 管理图为例，阐明作图的步骤。

表 8—10　管理图分类表

分　类	图　　名	分　类		图　　名
计量值管理图	X 图(单值管理图)	计数值管理图	计件值管理图	P_n 图(不良品数管理图)
	$\overline{X}—R$ 图(平均值和极差管理图)			P 图(不良品率管理图)
	$\tilde{x}—R$ 图(中位数和极差管理图)		计点值管理图	C 图(样本缺陷管理图)
	$X—R_s$ 图(单值和移动极差管理图)			U 图(单位产品缺陷数管理图)

$\overline{X}—R$ 管理图的作图步骤如下：

(1)收集数据(表 8—11)

(2)计算样本的平均值

$$\overline{X} = \frac{\sum_{i=1}^{n} X_i}{n}$$

本例第一个样本为

$$\overline{X}_1 = \frac{155 + 166 + 178}{3} = 166$$

其余类推,计算值列于表 8—11 中。

表 8—11　$\bar{X}$—R 管理图数据表

样本号	X_1	X_2	X_3	$\bar{X}$	R
1	155	166	178	166	23
2	169	161	164	165	8
3	147	152	135	145	17
4	168	155	151	155	17
⋮					
24	140	165	167	157	27
25	175	169	175	173	6
26	163	171	171	168	8
合　计				4 195	407

(3)计算样本极差 $R_i = X_{max} - X_{min}$

本例第一个样本为　　　$R_1 = 178 - 155 = 23$

其余类推,计算值列于表 8—11 中。

(4)计算总平均值

$$\bar{\bar{X}} = \frac{\sum \bar{X}}{K} = \frac{4\,195}{26} = 161$$

式中　K——样本总数。

(5)计算极差平均值

$$\bar{R} = \frac{\sum R}{K} = \frac{407}{26} = 16$$

(6)计算控制界限

表 8—12　管理图系数表

n	A_2	m_3A_3	D_3	D_4	E_2	d_3
2	1.880	1.880	—	3.267	2.660	0.853
3	1.023	1.187	—	2.575	1.772	0.888
4	0.729	0.796	—	2.282	1.457	0.880
5	0.577	0.691	—	2.115	1.290	0.864
6	0.483	0.549	—	2.004	1.184	0.848
7	0.419	0.509	0.076	1.924	1.109	0.833
8	0.373	0.432	0.136	1.864	1.054	0.820
9	0.337	0.412	0.184	1.816	1.010	0.808
10	0.308	0.363	0.223	1.727	0.975	0.797

注:表中 D_3,D_4 均为 R 管理图控制界限系数。

$\bar{X}$ 管理图控制界限

中　心　线　　$CL = \bar{\bar{X}} = 161$

上控制界限　　$UCL = \bar{\bar{X}} + A_2\bar{R} = 161 + 1.023 \times 16 = 177$

下控制界限　　$LCL = \bar{\bar{X}} - A_2\bar{R} = 161 - 1.023 \times 16 = 145$

式中　A_2——$\bar{X}$ 管理图系数(表 8—12)。

R 管理图的控制界限:

中　心　线　　$CL=\bar{R}=16$

上控制界限　$UCL=D_4R$

$=2.575\times16$

$=41$

下控制界限　$LCL=D_3R=0$(因为 $n=3$,系数表中为一,故下限不考虑)

(7)绘 $\bar{X}-R$ 管理图(图 8—13)

以横坐标为样本序号或取样时间,纵坐标为所要控制的质量特性值,按计算结果绘出中心线和上下控制界限。

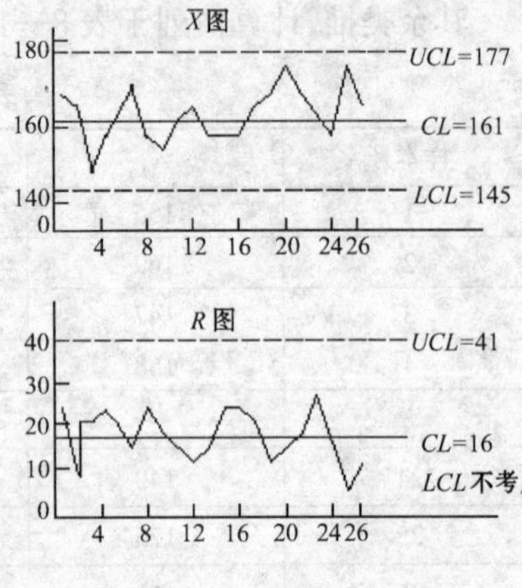

图 8—13　$\bar{X}-R$ 管理图

其他各种管理图的作图步骤与 $\bar{X}-R$ 管理图相同,控制界限的计算公式可参见表 8—13。

表 8—13　管理图控制界限计算公式

分　类		图　名	中心线	上下控制界限	管　理　特　征
计量值管理图		$\bar{X}$ 图	$\bar{X}$	$\bar{X}\pm A_2\bar{R}$	用于观察分析平均值的变化
		R 图	$\bar{R}$	$D_4\bar{R}\quad D_3\bar{R}$	用于观察分析分布的宽度和分散变化的情况
		$\tilde{x}$ 图	$\bar{\tilde{x}}$	$\bar{\tilde{x}}\pm m_3A_2\bar{R}$	$\tilde{x}$代 $\bar{X}$ 图,可以不计算平均值
		X 图	$\bar{X}$	$\bar{X}\pm E_2\bar{R}$	观察分析单个产品质量特征的变化
		R_S 图	$\bar{R}_s$	$D_4\bar{R}_s$	同 R 图,适用于不能同时取得若干数据的工序
计数值管理图	计件值管理图	P 图	$\bar{P}$	$\bar{P}\pm3\sqrt{\dfrac{\bar{P}(1-\bar{P})}{n}}$	用不良品率来管理工序
		P_n 图	P_n	$\bar{P}_n\pm3\sqrt{\bar{P}_n(1-\bar{P}_n)}$	用不良品数来管理工序
	计数值管理图	C 图	$\bar{C}$	$\bar{C}\pm3\sqrt{\bar{C}}$	对一个样本的缺陷进行管理
		u 图	$\bar{u}$	$\bar{u}\pm3\sqrt{\dfrac{\bar{u}}{n}}$	对每一给定单位产品中的缺陷数进行控制

3. 管理图的观察与分析

正常管理图的判断规则是:图上的点在控制上下限之间,围绕中心作无规律波动,连续 25 个点中,无超出控制界限线的点;连续 35 个点中,仅有一点超出控制界限线;连续 100 个点中,仅有两点超出控制界限线。当点子落在控制界限线上时,视为超出界限计算。

异常管理图的判断规则如图 8—14 所示。

(1)连续 7 个点在中心线的同侧。

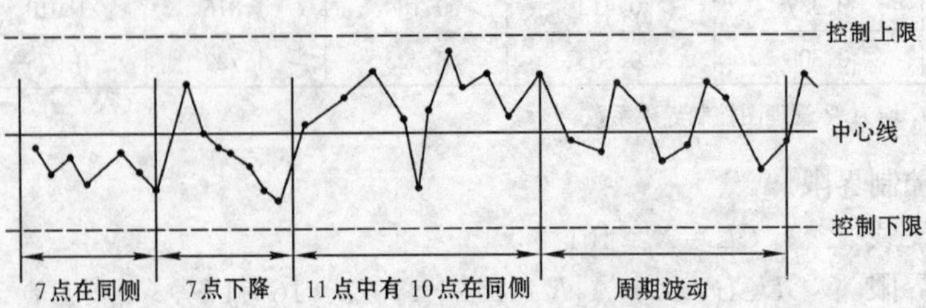

图 8—14　异常管理图的判断规则

(2)有连续7个点上升或下降。

(3)连续11个点中,有10个点在中心线的同一侧;连续14个点中,有12个点在中心线的同一侧;连续17个点中,有14个点在中心线的同一侧;连续20个点中,有16点在中心线的同一侧。

(4)点子围绕某一中心线周期波动。

在观察管理图发生异常后,要分析原因,找出原因,找出问题,然后采取措施,使管理图所控制的工序恢复正常。

(六)相关图法

相关图法又叫散布图法,它是将两个变量(两个质量特性)间的相互关系用一个直角坐标表示出来,从相关图中点子的分布状况就可以看出两个质量特性间的相关关系,以及关系的密切程度。图8—15是几种典型的相关图。

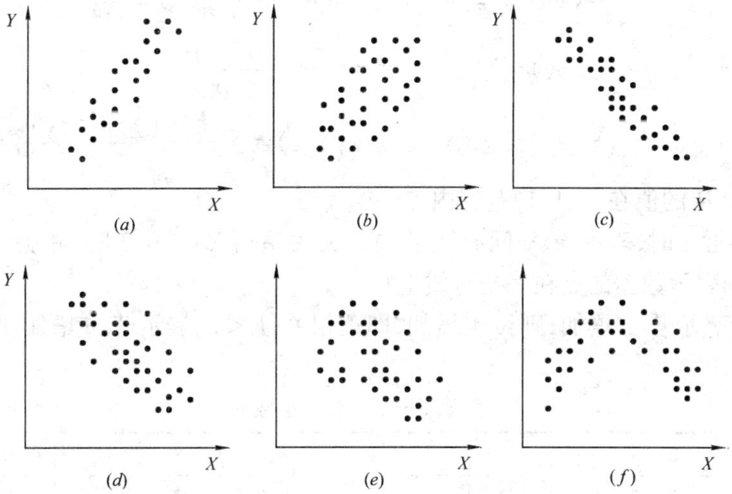

图8—15　几种典型的相关图

1. 相关图的观察分析

(1)正相关。如果随着 x 的增加 y 也增加,这种情况称为正相关。如果随着 x 的增加 y 明显增加,也就是说,x、y 间存在着密切的关系,如图8—15(a)所示,则说 x、y 间强正相关;如果随着 x 的增加,y 基本上也随之增加,如图8—15(b)所示,说明 x,y 间关系不密切,这种情况叫弱正相关。

(2)负相关。如果随着 x 的增加 y 反而减小,这种情况称为负相关。如果随着 x 的增加,y 明显也减小,如图8—15(c)所示,则说 x,y 间为强负相关;如果随着 x 的增加,y 基本上随之减小,即 x、y 间关系不太密切,这种情况,叫做弱负相关,如图8—15(d)所示。

(3)非线性相关。如果 x、y 间呈曲线关系,如图8—15(f)所示,则 x、y 间为非线性相关。

(4)不相关。如果看不出 x、y 间有什么特别的关系,则说 x、y 间不相关,如图8—15(e)所示。

相关图观察分析时,应注意如下两个问题:

①异常点的处理。当相关图中出现远离的异常点时需查明原因,原因不明时,不可轻易将其去掉。

②分层的必要性。有的相关图就整体而言似乎看不出有相关关系,若分层就可看出其相

关性,如图 8—16(a);而有些相关图作为整体看有相关关系,但一分层就又不相关了,如图 8—16(b)所示。

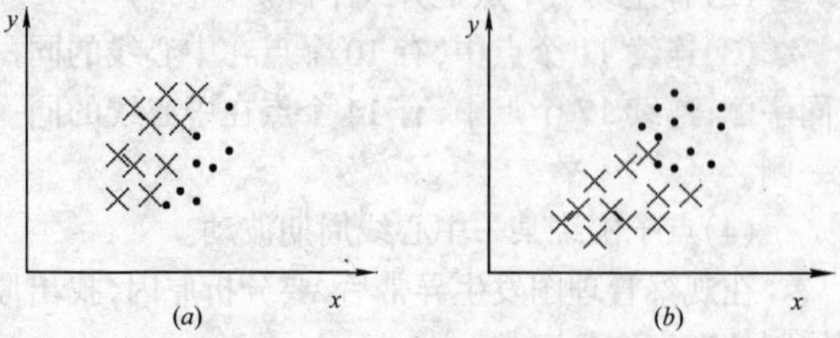

图 8—16　相关图的分层分析

2. 相关系数的计算

两个因素的相关程度根据相关图大体上可以知道,而相关系数则是定量地分析两个变量的相关程度,也就是将两个因素的相关程度用数值表示出来。相关系数的公式为:

$$R=\frac{S(xy)}{\sqrt{S(xx)S(yy)}}$$

式中

$$S(xx)=\sum(x-\bar{x})^2=\sum x^2-\frac{(\sum x)^2}{n}$$

$$S(yy)=\sum(y-\bar{y})^2=\sum y^2-\frac{(\sum y)^2}{n}$$

$$S(xy)=\sum(x-\bar{x})\cdot(y-\bar{y})=\sum xy-\frac{(\sum x\cdot\sum y)}{n}$$

相关系数 R 的值在$[-1,1]$范围内:

①$|R|$接近 1 时,表示 x、y 间有明显的相关关系;$|R|\leqslant 0.3$ 时,相关关系就很弱了;当$|R|=1$ 时,则表示数据的点在一条直线上;

②$R>0$,表示若 x 增加,则 y 也增加,即正相关;$R<0$,表示若 x 增加,则 y 减小,即负相关。

表 8—14　若干组数据

组号	1	2	3	4	5	6	7	8	9	10	11	合计
X	5	5	10	20	30	40	50	60	65	90	120	495
Y	4	6	8	13	16	17	19	25	25	29	46	208
X^2	25	25	100	400	900	1 600	2 500	3 600	4 225	8 100	14 400	35 875
Y^2	16	36	45	169	256	289	361	625	625	841	2 116	5 398
XY	20	30	80	260	480	680	950	1 500	1 625	2 610	4 520	13 755

现就表 8—14 所列数据,计算其相关系数:

$$S(xx)=\sum x^2-\frac{(\sum x)^2}{n}=35\ 875-\frac{(495)^2}{11}=13\ 600$$

$$S(yy)=\sum y^2-\frac{(\sum y)^2}{n}=5\ 398-\frac{(208)^2}{11}=1\ 465$$

$$S(xy)=\sum xy-\frac{(\sum x\cdot\sum y)}{n}=13\ 755-\frac{495\times 208}{11}=4\ 395$$

$$R=\frac{S(xy)}{\sqrt{S(xx)\cdot S(yy)}}=\frac{4\ 395}{\sqrt{13\ 600\times 1\ 465}}=0.98$$

从计算可知,$R=0.98$,表示两因素关系密切,为强正相关。

(七)调查表法

调查表法又称调查分析法、检查表法,是收集和整理数据用的统计表,利用这些统计表对数据进行整理，并可粗略地进行原因分析。按使用的目的不同，常用的检查表有：工序分布检查表、缺陷位置检查表、不良项目检查表、不良原因检查表等，检查表的形式繁多，也可根据收集分析数据的需要自行设计，表 8—15 是钢筋焊接缺陷调查表。

表 8—15　钢筋焊接缺陷调查表

日　期		班　组		检查员	
缺陷类型		检查记录		小　计	
凹　陷		丅		2	
焊　瘤		正一		6	
裂　纹		下		3	
烧　伤		一		1	
咬　边		𠀎		4	
气　孔		正　正　正　一		16	
夹　渣		正　𠀎		9	
其　他		丅		2	
总　　计				43	

第四节　工程质量检验与评定

工程质量检验与评定包括两个方面的工作内容，一是对施工操作过程的质量检验，二是在施工完毕后的质量评定，它们是工程质量管理的主要内容。

全面质量管理强调预防为主，但这并不意味着质量检验可以取消，相反，质量检验工作仍是质量管埋中最根本的基础工作之一，应当加强。全面质量管理中的质量检验不仅仅限于检查产品是否合格剔除废品，事后把关，更重要的是通过质量检验发现质量问题，为质量分析和质量控制提供依据。

进行工程质量检验与评定工作的目的在于，通过质量检验，对产品的质量作出合理的评价，对企业的工作质量作出合理的评价，以便保证和提高产品质量，提高企业的质量管理水平。

一、工程质量检验

(一)工程质量检验的概念

所谓工程质量检验，就是利用一定的方法和手段，对工程(产品)的质量特性进行测定，并将所测得的结果同该质量特性的技术标准进行比较，从而判断工程(产品)质量是否合格或是优良。对于不合格的项目要查明原因，并采取补强措施或返工。上道工序不合格得进行下道工序施工或交给用户。

工程质量检验一般采用施工生产工人的自检、互检和专职检验人员的检验相结合的方式。

(二)工程质量检验的依据

1. 国家或部门颁发的工程施工及验收规范、工程施工技术操作规程、工程质量检验评定标准。

2. 原材料、半成品、构配件的质量检验标准。

3. 设计文件、图纸及施工说明书等。

(三)工程质量检验的范围和分类

1. 范围

工程质量检验的范围包括从原材料进场、各施工工序、构配件的生产到工程的竣工等全过程都必须进行质量检验,并对机械设备、工艺装备、施工生产的环境按需要组织质量检验,以保证生产具有良好的技术状态和适宜的环境条件。

2. 工程质量检验的分类

(1)按检验工作的性质分:尺寸精度检验、外观检验、几何形状位置检验、性能检验、分析检验、可靠性检验等;

(2)按工艺过程分:进场检验、工序检验、入库检验、交工竣工检验等;

(3)按检验地点分:定点检验和流动检验;

(4)按产品检验后的性能分:破坏性检验和非破坏性检验;

(5)按检验数量或方式分:全数检验和抽样检验;

(6)按检验的预防性分:首件检验,统计检验和频数检验等;

(7)按检验的组织形式或人员分:自检、互检、交接检、专职检等。

(四)工程质量检验方法

1. 全数检验

即对产品进行逐项、逐件检验。这种检验方法工作量大,花费的时间长,它主要是用于关键工序部位或隐蔽工程,以及那些在技术规模、质量检验评定标准或设计文件中有明确规定应进行全数检验的对象。

2. 抽样检验

对于主要的建筑材料、半成品或工程产品等,由于数量大,通常大多采用抽样检验。即从一批材料或产品中,随机抽取少量样品进行检验,并根据对其数据经统计分析的结果,判断该批产品的质量状况。这种方法投入检验的人力和费用都较小,因此普遍采用。

(五)工程质量检验的内容

主要包括以下几个方面:

1. 材料、半成品、成品、构配件、设备检验。凡是工程上使用的原材料、半成品、构配件、设备等,在使用前必须由供应部门提供合格证明文件,或由供应部门委托试验部门进行检验,出具合格证明,无合格证明不得使用。在施工中负责施工的技术人员也应经常地检查各种材料的质量情况和使用情况,若发现问题,应及时研究解决办法。

2. 隐蔽工程检验验收。将被后续工序所隐蔽的分项分部工程,在其施工完后(被隐蔽前)必须进行检验验收。对于一般的隐蔽工程项目,施工单位组织自检合格后,应请建设单位代表(或监理工程师)进行检查验收;对重要的或较大的隐蔽工程项目,还必须邀请设计单位代表参加,三方共同检验验收。隐蔽工程合格,经检查验收后应办理签证手续,列入工程档案。对不合格者,要认真进行处理,处理后进行复验。隐验不合格者不能进入下道工序施工。

3. 对于基础工程,砂浆、混凝土应及时取样实行强度试验。

4. 结构工程质量验收。对于工业民用建筑,当单位工程的结构完工以后,由施工单位邀请设计单位、建设单位(或监理单位)、质量监督部门参加,共同对结构质量进行检验验收。不经结构工程质量检验验收,不得进行装修工程。结构工程质量验收制度,可以说是最大的隐蔽工程检查验收。

5. 竣工、交工验收。工程全部完工后,必须做一次综合性全面检查验收,才能正式交工,这就是竣工、交工验收制度。竣工、交工验收是工程项目管理的最后阶段,是对设计、施工、生产准备工作进行检验评定的重要环节,也是对基本建设成果和投资效果的总检查。

二、工程质量评定

(一)工程质量评定标准

1. 建筑工程质量检验评定标准

现行建筑工程质量检验评定标准主要包括以下6个:

(1)《建筑安装工程质量检验评定统一标准》(GBJ 300—88)

(2)《建筑工程质量检验评定标准》(GBJ 301—88)

(3)《建筑采暖卫生与煤气工程质量检验评定标准》(GBJ 302—88)

(4)《建筑电气安装工程质量检验评定标准》(GBJ 303—88)

(5)《通风与空调工程质量检验评定标准》(GBJ 304—88)

(6)《电梯安装工程质量检验评定标准》(GBJ 305—88)

2. 铁路工程质量检验评定标准

现行铁路工程质量检验评定标准包括以下10个:

(1)《铁路轨道工程质量检验评定标准》(TBJ 10413—98)

(2)《铁路路基工程质量检验评定标准》(TBJ 10414—98)

(3)《铁路桥涵工程质量检验评定标准》(TBJ 10415—98)

(4)《铁路隧道工程质量检验评定标准》(TBJ 10417—98)

(5)《铁路给水排水工程质量检验评定标准》(TBJ 10422—98)

(6)《铁路站场建筑工程质量检验评定标准》(TBJ 10423—98)

(7)《铁路通信工程质量检验评定标准》(TB 10418—2000)

(8)《铁路信号工程质量检验评定标准》(TB 10419—2000)

(9)《铁路电力工程质量检验评定标准》(TB 10420—2000)

(10)《铁路牵引供电工程质量检验评定标准》(TB 10421—2000)

(二)工程质量评定项目的划分

按照国家现行的工程质量检验评定标准规定,质量评定项目按分项工程、分部工程和单位工程划分。

分项、分部和单位工程划分应符合以下规定

1. 建筑安装工程

(1)分项工程。通常按主要工种工程划分,例如,砌砖工程、钢筋工程、玻璃工程等。建筑工程的大多数工序项目是单一工种作业,如瓦工的砌砖工程;木工的木门窗安装工程;油漆工的混色油漆工程等。但有的工序项目并不限于一个工种,如钢木组合屋架制作工程是由几个工种配合施工的。

(2)分部工程。按建筑的主要部位划分为6个分部工程,他们是:地基与基础工程、主体工程、地面与楼面工程、门窗工程、装饰工程、屋面工程。

多层及高层房屋工程中的主体分部工程应按楼屋(段)划分分项工程;单层房屋工程中的

主体分部工程必须按变形缝划分分项工程。其他分部工程的分项工程也可按楼层(段)划分。对一些小型项目,或按楼层划分有困难时,也可不按楼层划分。

(3)单位工程

①建筑工程和建筑设备安装工程共同组成一个单位工程,这样能突出建筑物(构筑物)的整体质量。当然一个单一的建筑物或构筑物也为一个单位工程,例如,在一个建筑群中,每一个独立的建筑物或构筑物,即每一栋住宅楼、厂房、商店、锅炉房、变电站,一所学校的每一个教学楼、办公室、传达室等均各为一个单位工程,应分别进行单位工程的鉴定及验收。

按照前面建筑工程和建筑设备安装工程对分部工程的划分,一般建筑物或构筑物的单位工程最多的是由十个分部工程所组成,但每一个具体的单位工程中,不一定全有十个分部工程。例如一个操作棚可能没有门窗分部工程,对于建筑设备安装工程中的四个分部工程来讲,一些高级宾馆可能四个工程宿舍全有,有的则可能不是四个。

②新(扩)建的居住小区和厂区内,室外的给水、排水、供热、煤气等建筑采暖卫生与煤气工程组成为一个单位工程;室外的架空线路、电缆线路、路灯等建筑电气安装工程组成为一个单位工程;道路、围墙等建筑工程组成一个单位工程。

2. 铁路工程

(1)分项工程。按工种工序划分。例如:路基基床由路基面、基床填层、基床改良土质的掺料填层、养路机械化作业平台五个分项工程组成。

(2)分部工程。按一个完整部位或主要结构及施工阶段划分。例如:铁路普通轨道分为铺碴、轨道铺设和整道三个分部工程。

(3)单位工程。一般按完整工程或一个相对规模的施工范围划分。例如:铁路路基工程可划分为:路基,特殊土路基,特殊条件下路基,挡土墙、抗滑桩和改河五个单位工程。

分项、分部和单位工程的具体划分情况请参见相关质量检验评定标准。

(三)工程质量评定程序及评定等级

1. 工程质量评定程序是先分项工程,再分部工程,最后是单位工程。

质量评定工作,只有分项工作的评定是在现场对建筑物进行检查与实测实量后而确定质量等级,它是在施工过程中进行的。因此,分项工程的质量水平便决定了分部工程、单位工程的质量水平。

2. 工程质量评定等级的划分

按照国家质量检验评定标准规定,工程质量等级划分为"合格"与"优良"两个等级。工程质量等级中未设不合格等级,是因为不合格的工程不能验收,不能交工。

(四)分项工程质量评定的内容

对于分项工程的质量评定,由于涉及到分部工程、单位工程的质量评定和工程能否验收,所以应仔细评定,以确定能否验收。按现行质量评定标准,分项工程的质量评定主要有以下内容:

1. 保证项目

是涉及结构安全或重要使用性能的项目,它们应全部满足标准规定的要求。

保证项目中包括的主要内容是以下三方面:

(1)重要材料、成品、半成品及构配件的材质,检查出厂证明及试验数据。

(2)结构的强度、刚度和稳定性等数据,检查试验报告。

(3)工程进行中和完毕后必须进行检测,现场抽查或检查试测记录。

2．基本项目

是对结构的使用要求、使用功能、美观等都有较大影响，必须通过抽样检查来确定能否合格，是否达到优良的工程内容，它在分项工程质量评定中的重要性仅次于保证项目。

基本项目的主要内容是：

(1)允许有一定的偏差项目，但又不宜纳入允许偏差项目内，因此在基本项目中用数据规定出“优良”和“合格”的标准。

(2)对不能确定偏差值又允许出现一定缺陷的项目，则以缺陷的数量来区分“合格”与“优良”。

(3)采用不同影响部位区别对待的方法来划分“优良”“合格”。如油漆工程中，中等油漆的光亮和光滑项目，以大面光亮、光滑均匀，小面可有轻微缺陷为合格；以大、小面光亮、光滑均一致为优良。

(4)用程度来区分项目的“合格”与“优良”。当无法定量时，就用不同程度的用词来区分合格与优良。如一般抹灰工程中的普通抹灰表面，以表面基本光滑、接槎平整作为合格；以表面光滑、洁净、接槎平整为优良。

3．允许偏差项目

是结合对结构性能或使用功能、观感等的影响程序，根据一般操作水平允许有一定偏差，但偏差值在规定范围内的工程内容。

允许偏差值的数据有以下几种情况：

(1)有“正”“负”要求的数值。

(2)偏差值无“正”、“负”概念的数值，直接注明数字，不标符号。

(3)要求大于或小于某一数值。

(4)要求在一定的范围内的数值。

(5)采用相对比例值确定偏差值。

(五)建安工程质量的等级标准

1．分项工程的质量等级标准

(1)合格

①保证项目必须符合相应质量检验评定标准的规定。

②基本项目抽检处(件)应符合相应质量检验评定标准的合格规定。

③允许偏差项目抽检的点数中，建筑工程有70％及其以上，建筑设备安装工程有80％及其以上的实测值在相应质量检验评定标准的允许偏差范围内。

(2)优良

①保证项目必须符合相应质量检验评定标准的规定。

②基本项目每项抽检的处(件)应符合相应质量检验评定标准的合格规定，其中50％及其以上的处(件)符合优良规定，该项即为优良。优良项数占检验项数50％及其以上。

③允许偏差项目抽检的点数中，有90％及其以上的实测值在相应质量检验评定标准的允许偏差范围内。

2．分部工程质量等级标准

(1)合格

所含分项工程的质量全部合格。

(2)优良

所含分项工程的质量全部合格,其中有50%及其以上为优良(建筑安装工程中,必须含指定的主要分项工程)。

3. 单位工程质量等级标准

(1)合格

①所含分部工程的质量全部合格。

②质量保证资料应基本齐全。

③观感质量的评定得分率达70%及其以上。

(2)优良

①所含分部工程的质量全部合格,其中有50%及以上优良,建筑工程必须含主体与装饰工程,以建筑设备安装工程为主的单位工程,其指定的分部工程必须优良。

②质量保证资料应基本齐全。

③观感质量的评定得分率达85%及其以上。

(六)铁路工程质量评定等级标准

1. 分项工程的质量等级应符合下列规定:

(1)合格

①保证项目应符合质量检验评定标准规定的质量要求。

②基本项目抽验的点(处、件、下同)符合质量检验评定标准规定的合格要求。

③允许偏差项目抽检总数中,应有80%及以上的实测值在规定的允许偏差范围内。

(2)优良

①保证项目必须符合标准对该项目规定的质量要求。

②基本项目抽检的点中,应在合格的基础上有60%及以上符合标准对该项目规定的优良标准,该项目即为优良。优良的项目数应占检验项目数的60%及上(特大桥均应达到65%及以上)。

分项工程质量检验评定表如表8—16所示。

当分项工程质量经检验不符合标准合格的规定时,应按以下规定确定其质量等级:

①返工重做的可重新评定其质量等级。

②经加固补强或经法定检测单位鉴定,能够达到设计要求的,其质量仅可评为合格。

③经法定检测单位鉴定达不到原设计要求,但经设计单位认可能够满足结构安全和使用功能要求可不加固补强的,或经加固补强改变外形尺寸但仍满足使用功能要求的,其质量可定为合格。但其所在的分部工程和单位工程不应评为优良。

2. 分部工程的质量等级应符合下列规定:

合格:所含分项工程的质量全部合格。

优良:所含分项工程的质量全部合格,其中有60%(特大桥为65%)及以上为优良。

分部工程质量检验评定表如表8—17所示。

3. 单位工程的质量等级应符合下列规定:

合格:所含分部工程的质量全部合格。

优良:所含分部工程的质量全部合格,其中有60%(特大桥为65%)及以上为优良。

单位工程质量检验评定表如表8—18所示。

表 8—16　××分项工程质量检验评定表

保证项目		项目	质量情况
	1		
	2		
	3		
	4		
	5		
	6		
	7		
	8		

基本项目		项目	质量情况										等级
			1	2	3	4	5	6	7	8	9	10	
	1												
	2												
	3												
	4												
	5												
	6												

允许偏差项目		项目	允许偏差（mm）	实测值（mm）									
				1	2	3	4	5	6	7	8	9	10
	1												
	2												
	3												
	4												
	5												
	6												
	7												
	8												

检验结果		
	保证项目	
	基本项目	检查　　项,其中优良　　项,优良率　　%
	允许偏差项目	检查　　点,其中合格　　点,优良率　　%

评定等级			核定等级		质量检查员:	建设单位或监理部门意见:
		工程负责人:				
		技术负责人:				
		班　组　长:				

年　　月　　日

表 8—17　××分部工程质量评定表

单位工程名称　　　　　　　　　　施工单位

序号	分项工程名称	项　数	其中优良项数	备　　注
1				
2				
3				
4				
5				
6				
7				
8				
9				

续上表

序号	分项工程名称	项　数	其中优良项数	备　注
10				
11				
12				
13				
14				
15				
16				
17				
18				
19				
20				
合　计				优良率　%
评定等级	技术负责人： 工程负责人：	核定等级	质量检查员：	建设单位或监理部门意见：

年　月　日

表 8—18　××单位工程质量评定表

单位工程名称 施 工 单 位 工 程 地 点 工 程 数 量	开工日期　年　月　日 竣工日期　年　月　日		
项次	分部工程名称	核定质量等级	备　注
1			
2			
3			
4			
5			
6			
7			
8			
9			
10			
11			
12			
13			
14			
合计项数	其中优良	优良率　%	

评定等级	施工单位负责人： 公　章 年　月　日	核定等级	工程质量监督站或主管部门负责人： 公　章 年　月　日	建设单位或监理部门意见： 公　章 年　月　日

第五节　施工项目安全管理

一、安全管理的概念

施工项目安全管理，就是施工项目在施工过程中，组织安全生产的全部管理活动。通过对生产因素具体的状态控制，使生产因素不安全的行为和状态减少或消除，不引发为事故，尤其是不引发使人受到伤害的事故。使施工项目效益目标的实现，得到充分保证。

施工项目要实现以经济效益为中心的工期、成本、质量、安全等的综合目标管理。为此，则需对与实现效益相关的生产因素进行有效的控制。

施工项目生产的特点决定了组织安全生产的特殊性。安全生产是施工项目重要的控制目标之一，也是衡量施工项目管理水平的重要标志。因此，施工项目必须把实现安全生产，当作组织施工活动时的重要任务。

二、安全管理的范围

安全管理的中心问题，是保护生产活动中，人的安全与健康，保证生产顺利进行。

宏观的安全管理包括劳动保护、安全技术和工业卫生三个相互联系又相互独立的方面：

(1)劳动保护侧重于以政策、规程、条例、制度等形式，规范操作或管理行为，从而使劳动者的劳动安全与身体健康，得到应有的法律保障。

(2)安全技术侧重对“劳动手段和劳动对象”的管理。包括预防伤亡事故的工程技术和安全技术规范、技术规定、标准、条例等，以规范物的状态，减轻或消除对人的威胁。

(3)工业卫生着重工业生产中高温、粉尘、振动、噪声、毒物的管理。通过防护、医疗、保健等措施，防止劳动者的安全与健康，受到有害因素的危害。

从生产管理的角度，安全管理可概括为：在进行生产管理的同时，通过采用计划、组织、技术等手段，依据并适应生产中人、物、环境因素的运动规律，使其积极方面充分发挥，而又利于控制事故不致发生的一切管理活动。如在生产管理过程实行作业标准化，组织安全点检，安全、合理的进行作业现场布置，推行安全操作资格确认制度，建立与完善安全生产管理制度等。

针对生产中人、物或环境因素的状态，有侧重的采取控制人的具体不安全行为或物和环境的具体不安全状态的措施，往往会收到较好的效果。这种具体的安全控制措施，是实现安全管理的有力的保障。

三、施工现场的安全管理

施工现场是施工生产因素的集中点，其动态特点是多工种立体作业，生产设施的临时性，作业环境多变性，人机的流动性。

施工现场中直接从事生产作业的人密集，机、料集中，存在着多种危险因素。因此，施工现场属于事故多发的作业现场，控制人的不安全行为和物的不安全状态，是施工现场安全管理的重点。也是预防与避免伤害事故，保证生产处于最佳安全状态的根本环节。

直接从事施工操作的人，随时随地活动于危险因素的包围之中，随时受到自身行为失误和危险状态的威胁或伤害，因此，对施工现场的人机环境系统的可靠性，必须进行经常性的检查、分析、判断、调整，强化动态中的安全管理活动。

四、安全管理基本原则

安全管理是企业生产管理的重要组成部分，是一门综合性的系统科学。安全管理的对象是生产中一切人、物、环境的状态管理与控制，安全管理是一种动态管理。

施工现场的安全管理，主要是组织实施项目安全管理规划，指导、检查和决策，同时，又是保证生产处于最佳安全状态的根本环节。施工现场安全管理的内容，大体可归纳为安全组织管理，场地与设施管理，行为控制和安全技术管理 4 个方面，分别对生产中的人、物、环境的行为与状态，进行具体的管理与控制。为有效的将生产因素的状态控制好，实施安全管理过程中，必须正确处理 5 种关系，坚持 6 项基本管理原则。

1. 正确处理 5 种关系

(1)安全与危险并存；

(2)安全与生产的统一；

(3)安全与质量的包涵；

(4)安全与速度互保；

(5)安全与效益的兼顾。

2. 坚持安全管理 6 项基本原则

(1)管生产同时管安全；

(2)坚持安全管理的目的性；

(3)必须贯彻预防为主的方针；

(4)坚持"四全"动态管理。即在生产活动中必须坚持全员、全过程、全方位、全天候的动态管理；

(5)安全管理重在控制；

(6)在管理中发展、提高。

五、安全管理的基础工作

安全管理是为施工项目实现安全生产开展的管理活动。施工现场的安全管理，重点是进行人的不安全行为与物的不安全状态的控制，落实安全管理决策与目标，以消除一切事故，避免事故伤害，减少事故损失为管理目的。

控制是对某种具体的因素的约束与限制，是管理范围内的重要部分。

安全管理措施是安全管理的方法与手段，管理的重点是对生产各因素状态的约束与控制。根据施工生产的特点，安全管理措施带有鲜明的行业特色。

铁路施工项目要搞好安全管理，必须做好安全教育、安全检查、安全生产责任制、安全管理保证体系等基础工作。

1. 安全教育

铁路施工是在野外露天作业，受气候、地质等自然条件影响大，不安全因素的情况复杂。为使职工适应施工作业环境，实现安全生产目标，要求职工必须具有坚实的安全生产技术知识和基本技能，提高对施工作业环境的适应性，养成安全作业规范化习惯。为此，必须有计划开展安全教育工作。

安全教育的内容如下：

(1)思想政治教育。主要是提高企业各级领导和广大职工对安全生产、劳动保护重要性的认识。从理论上搞清楚生产与安全的辩证关系，安全与效益、效率的辩证统一关系，处理好安全工作所需的客观条件与主观努力的关系，局部工作与全局工作的关系。克服在安全管理工作中存在的短期行为、侥幸心理和事故难免的思想，为搞好安全生产奠定坚实的思想基础。

(2)安全生产方针政策法规教育。安全生产方针、政策、法规体现着党和国家的政治路线，是施工项目搞好安全施工的指导方针，为此，必须采取多种形式大力宣传党和国家的安全生产方针、政策，做到人人皆知，家喻户晓，并自觉地认真贯彻执行，确保施工安全。

(3)安全技术知识教育。它包括生产技术知识，一般安全技术知识和专业安全技术知识的教育。

①生产技术知识教育。安全寓于生产过程之中，要掌握安全技术知识，就必须首先掌握施工生产技术知识。所以在进行安全教育时，应结合施工项目特点、工艺流程、作业方法，所用各种机械设备的性能、操作技术进行。使职工在掌握生产技术知识的基础上作好安全工作。

②一般安全技术知识教育。就是每个职工必须具备的起码的安全技术基本知识的教育。通过教育，使职工掌握一般安全守则，具有特殊危险的设备和区域的基本安全防护知识和注意事项，个人防护用品的构造、性能和正确使用方法等知识。

③专业安全技术知识教育。针对施工项目专业工种多，职工缺乏专业安全技术知识而引起多起事故的状况，所进行的专业安全技术知识的教育，尤其是抓好自家规定的电气、起重、锅炉、压力容器、瓦斯检验、电气焊、车辆驾驶、爆破等特殊专业安全技术知识教育，使各专业工种的职工掌握好本专业安全技术操作规程，确保施工安全。

2. 安全检查

(1)安全检查的目的

安全检查是安全管理的重要内容，目的是识别和发现不安全因素，揭示和消除事故隐患，加强防护措施，预防工伤事故和职业危害。安全检查工作具有经常性、专业性和群众性特点。

(2)安全检查的内容

安全检查的内容主要是查思想、查管理、查制度、查隐患、查事故处理。

①查思想。就是检查项目经理部和广大职工安全意识强不强。对安全管理工作认识是否明确，贯彻执行党和国家制定的安全方针、政策、规章、规程的自觉性高不高。是否树立了“安全第一，预防为主”的思想。项目经理是否把安全工作纳入重要议事日程，切实履行安全生产责任制中的职责；是否关心职工安全和健康。广大职工是否人人关心安全生产，在进度与安全发生矛盾时，能否服从安全需要。

②查管理，就是检查在生产过程中，对安全工作是否做到了与生产任务同计划、同布置、同检查、同总结、同评比的“五同时”

③查制度。就是检查项目经理部是否建立和健全了安全管理制度，即安全生产责任制度，安全奖惩制度，定期研究安全工作制度，安全教育制度，安全技术措施管理制度，事故调查处理制度，保健和防护用品的发放管理制度等。同时要检查上述制度执行情况，对违犯规章制度的，要给予批评、教育。

④查隐患。就是深入施工现场，检查劳动条件、劳动环境中有哪些不安全因素，如施工场所的通道、照明、材料堆码、湿度、温度、四口(升降口、楼梯口、预留洞口、通道口)等是否符合安全规定，施工中常用的机电设备和各种压力容器有无信号、刹车、制动等安全装置；用于高空作业的梯子、跳板、马道、架子、围栏和安全网的架设是否牢固可靠；起重作业的机具、绳索、保险装置是否符合安全规定；个人劳保用品的配发和使用是否符合要求等等。检查人员对随时发

现的可能造成伤亡事故的重大隐患，有权下令停工，并报告有关领导，待隐患排除后才能复工。

⑤查事故处理。检查对发生的工伤事故是否按照“三不放过”(即事故原因没有分析清楚不放过；事故责任者和群众没受到教育不放过；没有采取切实可行的预防措施不放过)的原则进行严肃认真地处理，并及时、准确地向上级报告和统计。

3．安全生产责任制

施工项目承担控制、管理施工生产进度、成本、质量、安全等目标的责任，同时也必须承担安全管理、实现安全生产的责任。为此，应建立各级人员安全生产责任制度，明确各级人员的安全责任。抓制度落实、抓责任落实，定期检查安全责任落实情况。

4．建立安全管理保证体系

安全管理保证体系是以保证施工安全为目标，运用系统的原理、理论和方法，把安全管理的各阶段、各环节和各职能部门的安全职能组织起来，形成一个既有明确的任务、职责和权限，又能互相协调、互相促进的有机整体。

安全管理保证体系的内容有：

(1)有明确的安全方针、安全目标和安全计划；

(2)实行严格的安全生产责任制；

(3)设立专职安全管理机构；

(4)建立高效灵敏的安全管理信息系统；

(5)开展群众性的安全管理活动

(6)实行安全管理流程程序化和管理业务标准化；

(7)组织外部协作单位的安全保证活动。

思考题与习题

1．什么是质量？质量概念的含义是什么？

2．质量管理和质量保证系列标准由哪些标准组成？

3．什么是全面质量管理？PDCA 循环包括哪些阶段和步骤？

4．何谓质量方针、质量管理、质量体系、质量控制和质量保证？

5．简述建筑施工企业质量体系要素构成。

6．简述工程质量检验的内容。

7．简述工程质量评定的项目划分和评定程序、等级。

8．安全管理的范围包括哪些？

9．简述安全管理的基础工作？

10．某混凝土构件厂在一个时期不良品较多，需要查一查原因。抽查了 700 块预制板，其中 150 块板存在不同的质量问题，统计结果如下表示。现请你用排列图法为该厂找出影响构件质量的主要因素。

序　号	项　　目	块　数	序　号	项　　目	块　数
1	强度不足	81	4	端部有裂缝	8
2	局部有漏筋	16	5	折　断	10
3	表面蜂窝麻面	35			

11．某混凝土搅拌站搗制 C30 的混凝土，拟采用平均数与极差($\bar{x}$—R)控制图进行分析和

控制，收集数据如下表所示，试绘制 $\bar{x}$—R 控制图。

混凝土强度数据表

组序	抗压强度 (N/mm²)					组序	抗压强度 (N/mm²)				
	X_1	X_2	X_3	X_4	X_5		X_1	X_2	X_3	X_4	X_5
1	32	42	35	34	35	6	36	39	38	36	34
2	36	38	41	30	40	7	33	36	33	35	37
3	37	33	36	37	39	8	38	40	43	35	39
4	41	45	37	34	37	9	35	36	38	41	43
5	37	34	37	35	32	10	39	42	40	42	38

12. 某混凝土预制构件厂某月对生产的 C20 混凝土 130 组试块，其平均抗压强度如下表所示，试绘制其频数直方图，并分析质量分布状态。

行次	混凝土试块抗压强度(N/mm²)									
1	22.0	27.0	26.6	23.4	26.6	22.4	26.4	24.0	21.3	25.7
2	22.8	20.0	27.2	26.9	17.9	21.7	19.1	17.0	15.5	17.6
3	20.0	21.9	21.6	15.0	26.7	25.5	29.4	28.6	20.5	20.3
4	22.6	22.0	19.6	18.5	21.7	17.5	18.7	24.7	26.7	27.1
5	26.3	28.7	23.7	29.9	25.6	26.3	18.4	21.5	21.1	22.3
6	27.6	15.3	19.9	21.7	31.5	19.5	21.2	21.3	22.1	33.0
7	26.4	31.7	23.7	21.5	27.2	25.3	32.1	27.6	25.4	28.8
8	30.6	25.4	27.8	31.3	30.5	25.8	28.2	26.6	23.3	30.0
9	21.7	26.3	22.9	20.8	26.8	25.5	25.6	31.0	15.4	19.5
10	15.0	24.8	23.9	22.5	22.4	31.1	18.9	20.0	27.8	26.6
11	22.9	23.0	27.7	28.2	24.8	26.9	27.4	25.3	22.4	22.4
12	29.1	25.7	27.4	25.3	19.4	21.1	20.3	22.4	19.3	19.4
13	18.4	25.6	23.0	20.6	20.9	18.5	20.9	22.5	23.4	24.8

第九章　施工项目材料管理

第一节　施工项目材料管理概述

一、材料管理的意义

施工项目的材料管理是对施工生产过程中所需要的各种材料的计划、供应、保管、使用所进行的一系列组织和管理工作的总称。施工项目材料管理的目的是贯彻节约原则，节约材料费用，降低工程成本。由于材料费在流动资金和工程成本中所占的比重最大，故搞好材料管理，具有十分重要的意义。

1.搞好材料管理是保证生产正常进行的物质前提。施工项目的施工过程同时也是材料的消耗过程。任何一种材料，如不能在适当的时间，以适当的质量、数量、价格保证供应，就会给生产的正常进行带来影响，严重的可导致施工生产中断，停工停料，直接影响施工计划的完成。因此，要保证生产的顺利进行，就必须做好材料供应的组织管理工作。

2.搞好材料管理，可以加速流动资金的周转，减少流动资金的占用。由于建筑产品生产周期长，材料储备大，储备资金约占全部流动资金的50%～60%。如果加速这部分资金的周转，就可用同样数量的流动资金完成更多的生产任务，或者说，可以用较少的流动资金完成同样多的生产任务，这样就可以充分发挥流动资金的经济效果。因此，在保证生产正常进行的前提下，应尽量减少材料储备，加速流动资金的周转。

3.搞好材料管理，可以降低材料费用，从而降低工程成本。因为材料费用在建筑产品成本中所占的比重很大，以土建工程而言，一般为60%～70%。因此，要从材料的采购、运输、储存、保管、领发、使用等各种环节加强管理，减少材料损耗，降低材料费用，以降低工程成本。

4.搞好材料管理，有利于保证工程质量和提高劳动生产率。如果材质不合格或运输保管不善使材质降低，就会影响工程质量；由于管理不善造成二次搬运以及材料规格不符引起改制代用，会造成物力和人力的浪费，从而降低劳动生产率。所以，加强材料管理，通过合理组织订货、验收、保管等途径来保证材料质量、规格具有重要意义。

二、材料管理的任务

施工项目材料管理的主要任务，可归纳为保证供应、降低消耗、加速周转、节约费用4个方面，具体内容有：

1.保证供应

材料管理的首要任务是根据施工生产的要求，按时、按质、按量供应生产所需的各种材料，经常保持供需平衡，既不短缺导致停工待料，也不超储积压造成浪费和资金周转失灵。

2.降低消耗

合理地、节约地使用各种材料，提高它们的利用率。为此，要制定合理的材料消耗定额，严格地按定额计划平衡材料、供应材料、考核材料消耗情况，在保证供应时监督材料的合理使用、节约使用。

3. 加速周转

缩短材料的流通时间，加速材料周转，这也意味着加快资金的周转。为此，要统筹安排供应计划，搞好供需衔接；要合理选择运输方式和运输工具，尽量就近组织供应，力争直达直拨供应，减少二次搬运；要合理设库和科学地确定库存储备量，保证及时供应，加快周转。

4. 节约费用

全面地实行经济核算，不断降低材料管理费用，以最少的资金占用，最低的材料成本，完成最多的生产任务。为此，在材料供应管理工作中，必须明确经济责任，加强经济核算，提高经济效益。

三、施工项目现场材料管理

凡项目所需的各类材料，自进入施工现场至施工结束清理现场为止的全过程所进行的材料管理，均属施工现场材料管理的范围。施工项目现场材料管理包括以下主要内容：

1. 材料计划管理。项目开工前，向企业材料部门提出一次性计划，作为供应备料依据；在施工中，根据工程变更及调整的施工预算及时间，企业材料部门提出调整供料月计划，作为动态供料的依据；根据施工图纸、施工进度，在加工周期允许时间内提出加工制品计划，作为供应部门组织加工和向现场送货的依据；根据施工平面图对现场设施的设计，按使用期提出施工设施用料计划，报供应部门作为送料的依据；按月对材料计划的执行情况进行检查，不断改进材料供应。

2. 材料进场验收。为了把住质量和数量关，在材料进场时必须根据进料计划、送料凭证、质量保证书或产品合格证，进行材料的数量和质量验收；验收工作按质量验收规范和计量检测规定进行；验收内容包括品种、规格、型号、质量、数量、证件等；验收要作好记录、办理验收手续；对不符合计划要求或质量不合格的材料应拒绝验收。

3. 材料的储存与保管。进库的材料应验收入库，建立台账；现场的材料必须防火、防盗、防雨、防变质、防损坏；施工现场材料的放置要按平面布置图实施，做到位置正确、保管处置得当、合乎堆放保管制度；要日清、月结、定期盘点、账实相符。

4. 材料领发。凡有定额的工程用料，凭限额领料单领发材料；施工设施用料也实行定额发料制度，以设施用料计划进行总控制；超限额的用料，用料前应办理手续，填制限额领料单，注明超耗原因，经签发批准后实施；建立领发料台账，记录领发状况和节超状况。

5. 材料使用监督。现场材料管理责任者应对现场材料的使用进行分工监督。监督的内容包括：是否按材料作法合理用料，是否严格执行配合比，是否认真执行领发料手续，是否做到谁用谁清、谁清谁用、工完料退场地清，是否按规定进行用料交底和工序交接，是否做到按平面图堆料，是否按要求保护材料等。检查是监督的手段，检查要做到情况有记录、原因有分析、责任有明确、处理有结果。

6. 材料回收。班组余料必须回收，及时办理退料手续，并在限额领料单中登记扣除。余料要造表上报，按供应部门的安排办理调拨和退料。设施用料、包装物及容器，在使用周期结束后组织回收，建立回收台账，处理好经济关系。

7. 周转材料的现场管理。按工程量、施工方案编报需用计划。各种周转材料均应按规格分别码放，阳面朝上，垛位见方；露天存放的周转材料应夯实场地，垫高 30cm，有排水措施，按规定限制高度，垛间留有通道；零配件要装入容器保管，按合同发放；按退库验收标准回收，做好记录；建立维修制度；按周转材料报废规定进行报废处理。

第二节　材料供应计划的编制

一、材料定额

材料定额，根据用途不同，可分为两大类，即材料消耗定额和材料储备定额。

1. 材料消耗定额

材料消耗定额是指在一定的生产技术组织条件下，完成一定计量单位的工程或生产单位合格产品所必须消耗材料的标准。

材料消耗一般包括如下三部分：

(1) 有效消耗：它是构成产品实体的材料消耗。

(2) 工艺性消耗：它是材料在准备和产品加工过程中产生的材料损耗。

(3) 非工艺性消耗：它是由于产生废品，运输、保管不善等引起的材料损耗。

现行预算定额中规定的材料消耗，包含了上述三项材料消耗量的总和。施工定额中规定的材料消耗，仅包括了上述三项材料消耗的前面两项。

材料消耗定额在施工项目管理中具有重要作用。它是确定材料需用量、库存量，编制材料计划、组织材料供应的依据；是限额领发料、考核分析材料消耗利用情况的依据；也是加强材料核算，进行材料成本控制的重要工具。

2. 材料储备定额

材料储备定额是指在一定的生产技术组织条件下，为保证生产正常进行所必须的经济合理的材料储备数量的标准。它是编制材料供应计划、组织采购订货、核定材料储备资金、确定仓库面积和仓库设备数量的重要依据。

一般来说，材料储备按作用不同由经常储备、保险储备和季节性储备三部分组成。

(1) 经常储备，亦称为周转储备，是指正常情况下，在前后两批材料到达的供应间隔中为满足日常施工生产连续进行而建立的材料储备。其计算公式为：

$$经常储备量 = 每日平均消耗量 \times 供应间隔日数 \qquad (9—1)$$

(2) 保险储备，是为预防材料运达误期、品种规格不符合需要、企业内部废品率过高等原因影响正常生产而建立的材料储备。其计算公式为：

$$保险储备量 = 每日平均消耗量 \times 材料保险日数 \qquad (9—2)$$

材料保险日数一般可根据过去的经验资料，实际到货平均误期日数来确定。

在正常情况下，保险储备是不动用的，在特殊情况下，动用后应尽快补足。对于随时能取得补充或已建立季节性储备的材料，可以不建立保险储备。

(3) 季节性储备，是指为免受季节性影响而建立的材料储备。这种临时增加的储备，一般只限特定条件下的特定材料。可根据历史统计资料来估算季节储备天数。其计算公式为：

$$季节储备量 = 平均每日消耗量 \times 季节储备天数 \qquad (9—3)$$

二、材料供应计划的编制

材料供应计划编制的主要内容：计算各种材料的需用量，确定材料的期末储存量，经过综合平衡后确定材料的采购量（申请量），再根据采购量编制采购计划。

1. 材料需用量的确定

材料需用量是按材料种类、品种和规格来计算的，不同用途、不同种类的材料需用量的确定方法也不同。概括起来,有直接计算法和间接计算法两种。

(1) 直接计算法

又叫定额计算法。它是直接根据材料消耗定额和计划任务计算材料的需要量,其计算公式如下:

$$材料需用量=计划工程量\times材料消耗定额 \tag{9—4}$$

(2) 间接计算法

主要有动态分析法和同类工程对比法。动态分析法是以历史上实际材料消耗水平为依据,考虑到计划期影响材料消耗变动因素,利用一定的比例或系数对上期的实际消耗进行修正,以确定材料需用量的方法。其计算公式为:

$$材料需用量=本期计划工程量\times\left(\frac{上期实际消耗量}{上期完成工程量}\right)\times调整系数 \tag{9—5}$$

调整系数主要是根据降低材料消耗的目标,在计划期采取的各种节约措施及消除上期实际消耗中的不合理因素来确定。

同类工程对比法是在无定额无设计资料的情况下,根据同类工程的实际消耗材料进行对比分析计算而得。其计算公式为:

$$材料需用量=计划工程量\times类似工程材料消耗定额(指标)\times调整系数 \tag{9—6}$$

间接计算法计算的材料需用量一般比较粗略,常用于辅助材料、无消耗定额的材料以及新工艺、新技术的材料。

2. 材料期初、期末库存量的确定

编制材料计划一般是在计划末期之前进行,这样就要预计计划期初的库存量。这一库存量可根据编制计划时的实际库存量加上期初前的预计到货量减去期初前的预计消耗量求得。可用下面公式表示:

$$计划期初库存量=实际库存量+预计到货量-预计消耗量 \tag{9—7}$$

计划期末库存量是为下期工程顺利进行所建立的储备量,应根据下一计划期初的生产需要和材料供应条件来计算确定,计算公式如下:

$$计划期末库存量=\frac{经常储备量}{2}+保险储备量 \tag{9—8}$$

3. 材料采购量(申请量)的确定

在确定各种材料需用量和期初、期末库存量的基础上,以及考虑计算期初库存量不合用数量和技术措施实施后材料消耗的降低量后,就可以进行综合平衡,编制材料平衡表,提出材料采购量(申请量),其计算公式如下:

$$材料采购量=材料需用量+计算期末库存量-计算期可利用量-技术措施降低量 \tag{9—9}$$

$$计划期可利用量=计划期初库存量-计划期内不合同数量 \tag{9—10}$$

4. 材料计划分类

(1)年度材料计划。是材料的控制性计划,是对内申请,对外订货的依据,因此要特别注意平衡。

(2)季度材料计划。是根据季度施工计划编制的,实施性较强。

(3)月度材料计划。是直接供应材料的依据,因计划期短,要求计划全面、及时、准确。

(4)旬材料计划。是月度材料计划的补充与调整性计划,是直接送料的依据,因而对基层施工单位的指导性作用就更大。

(5)单位工程材料预算。是单位工程一次性申请计划,是编制季、月、旬材料计划的依据。

第三节　库存管理的技术方法

建筑施工企业为了保证施工生产连续地有节奏地进行,需要建立一定的材料储备,也就是我们所说的库存。企业的库存必须经济合理,不能过多也不能过少。如果库存量较多,就会积压资金,增加库存保管费用等;如果库存量过少,就会导致停工待料,延误工期,造成损失。因此,必须对库存量进行科学的管理。库存管理的目标就是在保证按时、按质、按量、按品种规格供应施工生产所需要各种材料的前提下,使得材料储备量为最小,资金占用最少,以充分发挥资金的经济效果。

库存管理的技术方法,常用的有 ABC 分类法、定量订购法和定期订购法。

一、ABC 分类法

施工生产中所需要的材料,品种规格复杂繁多,其消耗数量、占用资金,重要程度各不相同,根据“关键的少数、次要的多数”进行统计排列分类,实行重点控制,才能达到有效管理。

ABC 分类法主要是按库存价值和品种数量之间存在的比例关系,将企业全部库存材料分为 ABC 三类。

A 类材料品种少,数量大,占用资金多;B 类材料品种比 A 类多,占用资金比 A 类少;C 类材料品种很多,但占用资金少,如表 9—1 和图 9—1 所示。

表 9—1　材料 ABC 分类表

分类	占全部品种的百分数(%)	占全部占用资金的百分数(%)
A	5~10	70~75
B	20~25	20~25
C	65~70	5~10

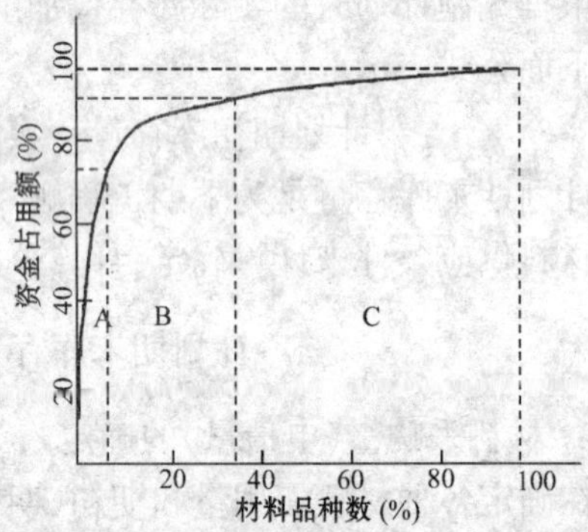

图 9—1　ABC 分类图

通过对企业材料进行 ABC 分类分析后,根据这三类材料的不同特点,应采用不同的库存管理方法。

(1) 对资金占用多,品种数量少的 A 类材料,应实行重点管理。对其中的每种材料都应规定其经济合理的订购批量和安全库存量,要按订购批量订购,并对其库存量随时进行严格盘点,以便采取相应措施,使得库存量最小,减少资金占用。

(2) 对资金占用少,品种数量多的 C 类材料,可采用简单方便的方法进行管理。如采用定量订货方式,并对这类材料放宽库存量。

(3) 对 B 类材料,可采用行 A 类和 C 类物资之间的办法进行管理。对其中占用资金较多的品种,采用定期定购方式;对占用资金较少的品种,采用定量订购方式。

二、定量订购法

定量订购法又称订购点法，是指某种材料的库存量由最高库存消耗到最低库存之前的某一预定的库存量水平时，就提出并组织订货，每次订货的数量是一定的。提出订货时的库存量称之为订购点库存量，简称订购点。每次订货的数量称之为订购批量。

定量订购法是一种不定期的订货方式，即订购的时间不定，而每次订购的数量则固定不变。如图 9—2 所示。

从图 9—2 可以看出，随着施工生产进行，库存材料逐渐使用消耗，当库存量下降到订购点 A 点时，就立即提出订货，订购数量为 Q。这批材料在 B 点时到达入库，库存量升到 C 点，以后继续使用出库，库存量逐渐减少，又到订购点 D 时，再进行订货，订购数量仍为 Q，这样依次重复进行以控制库存。

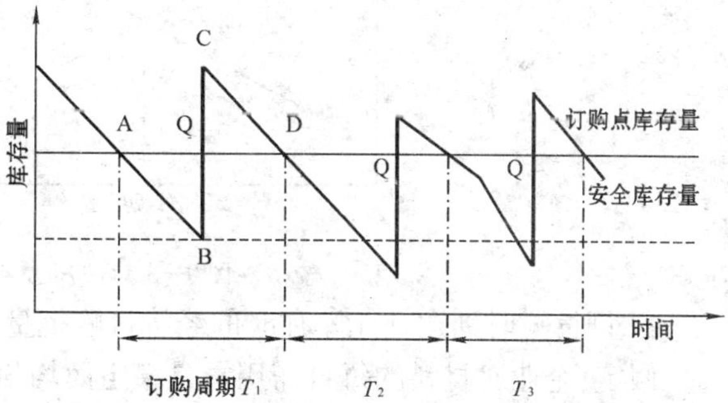

图 9—2 定量订购图

采用定量订购法控制库存，一是要事先确定订购点，即库存量到达什么水平提出订货，也就是什么时间订货补充库存；二是需要确定每次合理的订购数量，即经济订购批量。

从图 9—2 可以看出，订购点库存量是由订购时间内的材料需要量和保险储备量所组成，其计算公式为：

$$Q_0 = RT_m + Q_B \tag{9—11}$$

式中 Q_0——订购点库存量；

T_m——最大订购时间；

R——平均每日需用量；

Q_B——保险储备量。

订购时间是指从材料提出订货到验收入库为止的时间，为了保险起见取最大的订购时间。

经济订购批量是指某种材料的订购费和仓库保管费用之和最低的订购批量。当按这一批量进行订货时，可使总库存费用量小。经济订购批量即经常储备量。

订购费用是指使某种材料成为企业库存的有关费用，主要包括采购人员的工资、差旅费、采购手续费、检验费等。通常按材料的订购次数计算。订购费用的特点是随订购次数的增加而增加。通常需要量一定时，订购费用又随订购批量的增加而减少。

仓库保管费是指材料在库或在场所需要的一切费用。主要包括库存材料占用资金的利息，仓库及仓库机械设备的折旧费和修理费、燃料动力费、采暖通风照明费、仓库管理费，库存材料在保管过程中的损耗，以及由于技术进步而使库存材料性能陈旧贬值而带来的损失等。仓库保管费用的特点是随库存量的增长而增长，也就是说与订购批量成正比。通常按材料的库存量和存储时间来计算。

订购批量与订购费用、仓库保管费用、总费用的关系如图 9—3 所示。

下面分别讨论在不同条件下经济订购批量的计算方法。

(一) 不允许缺货条件下的经济订购批量

在不允许缺货的情况下，又可分瞬时进货方式和陆续进货方式。

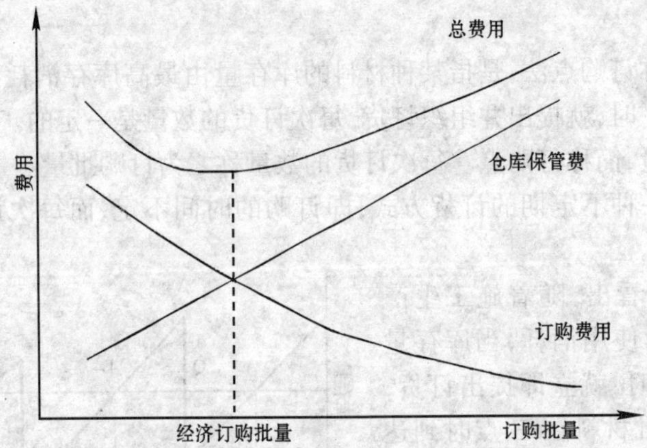

图 9—3　订购批量与费用关系图

1. 订货瞬时到达补充库存时的经济订购批量

假定：企业对材料的每日需用量是稳定而均匀的，且不允许有缺货；原材料供应稳定可靠，什么时候订购，订多少，什么时候到货都能保证；每次订购批量和订购时间间隔也稳定不变；材料不致变质，单位存储费不变。

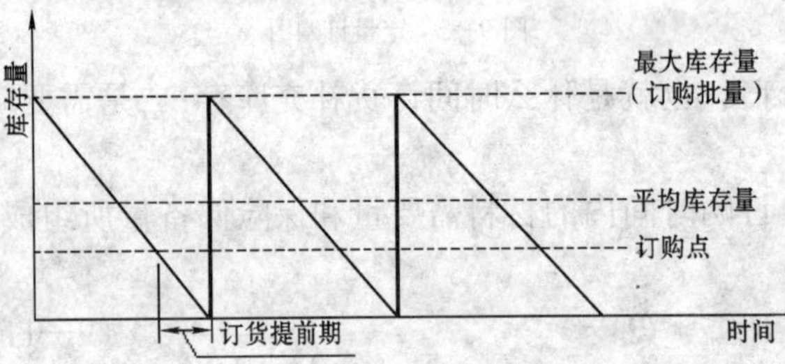

图 9—4　订货瞬时到达的库存情况变化图

符合上述假定条件的材料库存、耗用和订货、到货变动情况如图 9—4 所示。

由图 9—4 可知，当一批订货到达时，材料在最大库存量（即为订购批量），随着生产的进行逐渐均匀地被耗用，根据订货提前期（考虑自订货到材料运送到达的时间间隔）提前订货，正好当前一批材料全部用完时，下一批订货到达，库存水平恢复到订货批量，这样依次重复进行。

现在来计算经济订购批量（假定以年为计划期）

年度总库存费用（E）= 年度订购费（OC）+ 年度库存保管费（HC）

设：A——全年某种材料的需用量；

M——该材料单价；

P——每次订购费用；

C——单位材料年度库存保管费；

Q——每次订购批量。

则　年度订购费　$OC = \dfrac{A}{Q} \times P$

年度库存保管费　$HC = \dfrac{Q}{2} \times C$

故

$$E = OC + HC + \frac{A}{Q} \times P + \frac{Q}{2} \times C$$

为求 E 最小，对 Q 求一阶导数，并令其等于零，即得经济订购批量 Q^* 为：

$$Q^* = \sqrt{\frac{2AP}{C}} \tag{9—12}$$

即　　　　　经济订购批量$=\sqrt{\dfrac{2\times \text{年需要量}\times \text{每次订购费用}}{\text{年单位库存保管费}}}$

如果将上式代入总费用公式，可得最小总库存费用(E^*)的计算公式如下：

$$E^*=\sqrt{2APC} \tag{9—13}$$

【例 9—1】 某公司年需要某种材料 A 为100 000单位，每次订购费用 P 为 100 元，库存年保管费 C 为 0.9 元/单位，则经济订购批量为：

$$Q^*=\sqrt{\frac{2\times 100\ 000\times 300}{0.9}}=8\ 165(\text{单位})$$

相应的最小年总库存费用为：

$$E^*=\sqrt{2APC}=\sqrt{2\times 100\ 000\times 300\times 0.9}=\sqrt{6\times 10^6}=7\ 348(\text{元})$$

每年的最优订购次数为：

$$n=\frac{A}{Q^*}=\frac{100\ 000}{8\ 165}=12(\text{次})$$

从经济订购批量的计算公式可看出，要确定某种材料的经济订购批量，必须事先计算这种材料的每次订购费用 P 和单位库存保管费用 C，这就需要进行大量的情况调查、资料收集和数据整理等工作。从图 9—3 可以看出，总库存费用曲线下凸的部分比较平坦，在 Q^* 左右范围内波动不大，这就说明即使 P 和 C 估算不十分准确，由此算出的 Q^* 对总库存费用的影响也不太大。一般 P 和 C 的误差达 10%，计算所得的经济订购批量 Q^* 仍有足够的参考价值。

2. 订货非瞬时到达补充库存的经济订购批量

在某些情况下，所订材料不是一次到齐，而是在一定时期内陆续运到，即材料边消耗边补充库存的情况，这时材料订货、到货、库存和耗用的变动情况如图 9—5 所示。

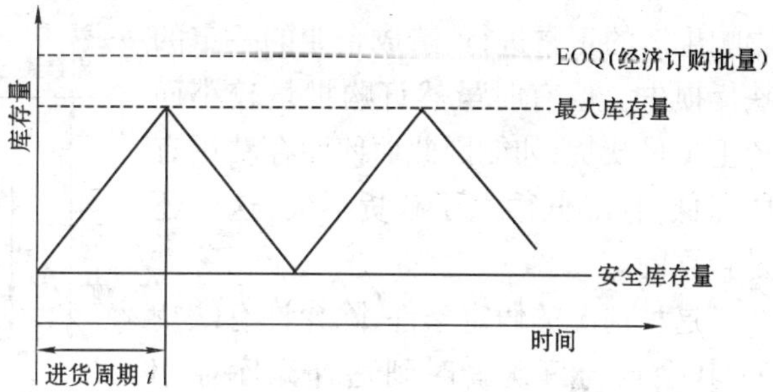

图 9—5　订货非瞬时到达的库存情况变化表

由图 9—5 可知，每次订购批量为 Q，进货期为 t，即在 t 天内，这批订货陆续全部运到。而随着生产的进行材料也在连续的耗用，实际最大库存量永远不会有订购批量 Q 那么多。现在来计算经济订购批量 Q^*。

设 q 为进货率，即平均每天的到货量；d 为耗用率，即平均每天的耗用量；且 $q>d$，t 为进货周期，即接受一批订货所需要的天数，它等于订购批量 Q 除以进货率，即 $t=Q/q$

当订购批量全部到货时的最大库存量 Q'为：

$$Q'=Q-t\cdot d=Q-\frac{Q}{q}\cdot d=Q\left(1-\frac{d}{q}\right)$$

则平均库存量$=\dfrac{Q}{2}\left(1-\dfrac{d}{q}\right)$

仓库保管费用 HC 为：$HC=\dfrac{Q}{2}\left(1-\dfrac{d}{q}\right)\cdot C$

订购费用 OC 为：$OC=\dfrac{A}{Q}\cdot P$

总库存费用 E 为：$E = HC + OC = \frac{Q}{2}\left(1-\frac{d}{q}\right)\cdot C + \frac{A}{Q}\cdot P$

为求 E 最小，对 Q 求一阶导数，并令其等于零，即得经济订购批量 Q^* 为：

$$Q^* = \sqrt{\frac{2AP}{C\left(1-\frac{d}{q}\right)}} \tag{9—14}$$

将 Q^* 代入总费用公式，可得最小总库存费 E^* 为：

$$E^* = \sqrt{2APC\left(1-\frac{d}{q}\right)} \tag{9—15}$$

【例 9—2】 已知某种材料年需要量 $A = 100\ 000$ 单位，每次订货费用 $P = 300$ 元，单位库存年保管费用 $C = 0.9$ 元/(单元·年)，每批订货的每天到货量 $q = 1\ 000$ 单位，材料每天耗用量 $d = 333$ 单位，则经济订购批量 Q^* 为：

$$Q^* = \sqrt{\frac{2\times 100\ 000\times 300}{0.9\times\left(1-\frac{333}{1\ 000}\right)}} = 10\ 000(\text{单位})$$

最小年总库存费用为：

$$E^* = \sqrt{2APC\left(1-\frac{d}{q}\right)} = \sqrt{2\times 100\ 000\times 300\times 0.9\times\left(1-\frac{333}{1\ 000}\right)} = 6\ 000(\text{元})$$

（二）允许有缺货时的经济订购批量

在实际生产和管理活动中，可能由于到货延期或每日材料耗用量估算不准出现库存短缺，影响生产的正常进行，造成企业的一定的缺货损失。但有时虽然订购批量较小而产生少量缺货，如能因此而使库存费用有所降低，且降低额大于缺货损失，这样还是合算的。

这种情况的假定条件，除允许有缺货外，其余均与订购瞬时到达补充库存相同。这时订货、入库、库存、耗用和缺货变动情况如图 9—6 所示。

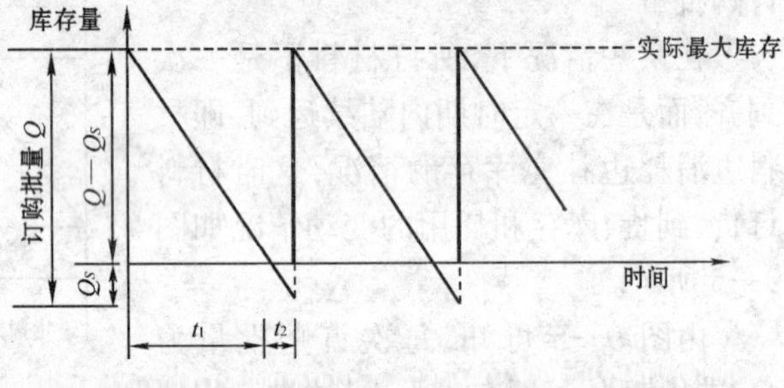

图 9—6　有缺货时的库存情况变化图

由图 9—6 可看出，每批订购数量为 Q，由于到货延期造成缺货，缺货量为 Q_s，缺货时间为 t_2，每批订货的实际库存时间为 t_1，而在每批订货到达后的实际最大存库量 $Q - Q_s$。这时总库存费用 E 为：

$$E = OC + HC + SC$$

式中　SC——库存缺货损失费用；

其余符号同前。

订购费用 OC 为：

$$OC = \frac{A}{Q}\cdot P$$

仓库保管费用 HC 为：

$$HC = \frac{Q-Q_s}{2}\cdot C\cdot\frac{t_1}{t_1+t_2} = \frac{Q-Q_s}{2}\cdot C\cdot\frac{Q-Q_s}{Q} = \frac{(Q-Q_s)^2}{2Q}\cdot C$$

缺货损失费 SC 为：

$$SC=\frac{Q_s}{2}\cdot C_s\cdot\frac{t_2}{t_1+t_2}=\frac{Q_s}{2}\cdot C_s\cdot\frac{Q_s}{Q}=\frac{Q_s}{Q}\cdot C_s\cdot\frac{Q_s^2}{2Q}\cdot C_s$$

因此在有缺货情况下，总的库存费用为：

$$E=\frac{A}{Q}\cdot P+\frac{(Q-Q_s)^2}{2Q}\cdot C+\frac{Q_s^2}{2Q}\cdot C_s$$

为使总库存费用最小，可分别对 Q、Q_s 求一阶偏导数，并令其等于零，然后联立方程求解，则得到在有缺货情况下的经济订购批量 Q^* 和相应的最优允许缺货量 Q_s^*：

$$Q^{*}=\sqrt{\frac{2AP}{C}\left(1+\frac{C}{C_s}\right)} \tag{9—16}$$

$$Q_s^*=\sqrt{\frac{2AP}{C}\left(\frac{C}{C+C_s}\right)} \tag{9—17}$$

将 Q^* 和 Q_s^* 代入总库存量费用公式，得到 E^* 计算公式：

$$E^*=\sqrt{2APC\left(\frac{C_s}{C+C_s}\right)} \tag{9—18}$$

【例 9—3】 已知某材料的年需要量 $A=100\ 000$ 单位，每次订购费用 $P=300$ 元，单位材料年库存保管费用 $C=0.9$ 元/单位·年，单位材料年缺损失费用为：$C_s=0.5$ 元/单位·年，则经济订购批量 Q^* 和最优允许缺货量 Q_s^* 分别为：

$$Q^*=\sqrt{\frac{2\times100\ 000\times300}{0.9}\times\left(1+\frac{0.9}{0.5}\right)}=13\ 663(\text{单位})$$

$$Q_s^*=\sqrt{\frac{2\times100\ 000\times300}{0.9}\times\left(\frac{0.9}{0.9+0.5}\right)}=6\ 546(\text{单位})$$

最小总库存费用为：

$$E^*=\sqrt{2\times100\ 000\times300\times0.9\times\frac{0.5}{0.9+0.5}}=4\ 391(\text{元})$$

由此可见，当允许有缺货情况发生且缺货损失费用较小时，企业虽要增加一部分缺货损失费用，但可使材料库用量和费用减少，从而使总的库存费用下降。这在一定条件下还是可以的，但当缺货损失费用较大时，允许缺货量将逐渐要加以限制。当 C_s 很大时，

$$Q^*\to\sqrt{\frac{2AP}{C}};\ Q_s^*\to0;\ E^*\to\sqrt{2APC}$$

即与不允许缺货情况下的经济订购批量和总费用公式一样。

【例 9—4】 某公司水泥年需要量为3 650 t，订购时间为 10 天，每次订购费用 $P=600$ 元，保管费 $C=48$ 元/(t·年)，保险储备量 $Q_B=100$ t，求订购点库存量和经济订购批量。

解： 订购点库存量为： $Q_0=\dfrac{3\ 650}{365}\times10+100=200(\text{t})$

经济订购批量为： $Q^*=\sqrt{\dfrac{2\times3\ 650\times600}{48}}=302(\text{t})$

这就是说，每当水泥库存量下降到200 t，就应立即订货，而每次的订购数量为302 t。

定量订购法为了及时发现消耗到订购点的材料并提出订货，要求对材料进行连续盘点。在实际工作中，可采用一种能及时知道材料库存是否已经降到订购点的简便方法——双堆法

或三堆法。双堆法是将库存某种材料最高储备量分成两堆(部分)存放,第一部分是订购点库存数量,第二堆是其余的数量。使用时先用第二部分,第二部分用定表示已经到达订购点,应开始订货。三堆法是把材料的最高储备量分成三堆存放,即从第一堆中把保险储备数量再分成一堆。这两种方法的好处是简便易行,便于识别订购点,可准时组织订货。

定量订购法由于订购时间不受限制,所以在材料需要量波动较大的情况下适应性强,可以根据库存情况,考虑需要量变动趋势,随时组织订货,补充库存,这样保险储备量(安全储备量)可少设一些。但采用这种方法,要求外部货源充足,即供货单位能根据订货单位的需要随时供应,或在市场上随时采购得到。另外,要求对材料实行连续盘点,当到达订购点,就要单独组织订货或运输,这不仅加大了材料管理工作量,还可能增加订货费、运输费及采购单价。

一般定量订购法适用于高价物资,需要严格控制,重点管理的材料,以及需要量波动大的材料,不常用或因缺货造成经济损失较大的材料。

三、定期订购法

定期订购法就是事先确定好订货的时间,例如每季、每月或每旬订购一次,到达订货的日期就立即组织订货,订货的周期相等,但每次订货的数量不一定,如图 9—7 所示。

采用定期订货法控制库存,一是要事先确定订购周期,即多长时间订一次货,具体什么时间订货;二是需要确定每次的订购数量。

订购周期,即订购间隔时间。一般是先用材料的年需要量除以经济订购批量求得订购次数,然后用全年日历天数 365 天除以订购次数确定的,即:

$$N=\frac{A}{Q^*} \qquad T_C=\frac{365}{N}$$

式中 A——材料年需要量;

Q^*——经济订购批量;

N——年最佳订购次数;

T_C——订购周期。

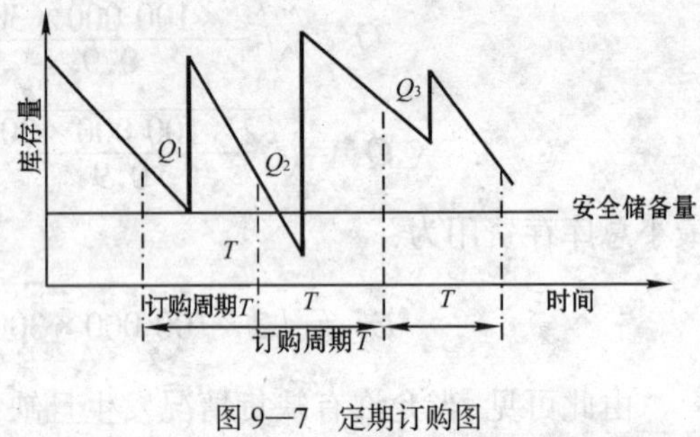

图 9—7 定期订购图

订购的具体日期应考虑提出订购时的实际库存量高于保险储备量,并满足订购时间的材料需要量。

每次订购的数量是根据下一次到货前所需材料的数量减去订货的实际库存量而定,其计算公式为:

$$Q=R(T_n+T_c)+Q_B-Q_A \tag{9—19}$$

式中 Q——订购数量;

R——平均每日需要量;

T_n——订购时间;

T_C——订购间隔时间;

Q_B——保险储备量;

Q_A——实际库存量。

【例 9—5】 对例 9—4 可计算求得订购周期,即订购间隔时间为:

$$T_C=\frac{365}{N}=\frac{365Q^*}{A}=\frac{365\times302}{3\ 650}=30(天)$$

若订购时的实际库存量 $Q_A = 120$ t,订购时间为 $T_n = 10$ 天,则订购数量为:

$$Q = 10 \times (10 + 30) + 100 - 120 = 380(\text{t})$$

由本例可看出,订购间隔为 30 天,那么在通常的情况下,一次订购数量应为 $10 \times 30 = 300$ t,即经济订购批量。而按照现在计算则为380 t,这是由于消耗速度增大,到订购日期时实际库存量已经多使用80 t,或者说到订购到货时使用了保险储备量80 t,所以订购数量应比正常消耗时多订80 t。

定期订购法由于订购日期是固定不变的,所以材料的保险储备必须考虑整个订购间隔期和订购时间的需要,不得不适当多留一些。

采用定期订购法不要求平时对材料严格实行连续盘点,只要到订货日期盘点实际库存量即可。另外有些材料可以统一组织订货,这就简化了订货组织工作。再就是这种订货方式可以事先与供货单位协商供应时间,做到有计划地安排产需衔接,有利于双方实行均衡生产。

定期订购法适用于使用频繁的小量发放的平时不记帐的材料,以及适合组织在一起运输或低价材料等。

思考题与习题

1. 施工项目为什么要加强材料管理?其任务是什么?
2. 施工项目现场材料管理包括哪些主要内容?
3. 材料消耗包括哪几部分?如何确定材料的储备定额?
4. 如何编制材料供应计划?
5. 简述材料库存管理的定量订购法和定期订购法。
6. 某建筑公司全年耗用水泥的总金额为 50 万元,水泥每吨为 300 元,每次订购费为 700 元,仓库保管费率为平均存货价值的 10%,求经济订购批量。
7. 已知某施工企业某一材料每年消耗价值为50 000元,采购费用为 100 元/次,年单位库存保管费为 10 元,产品单价为 100 元/t,每天进货量为50 t,每天发货量为25 t,求经济订购批量。

第十章　施工项目机械设备管理

第一节　机械设备管理概述

一、建筑施工机械设备的种类

建筑施工中所用的机械设备类型很多,从设备的范围来说,可以分为以下几类:

1. 生产性机械设备。一般指直接改变原材料属性、形态或功能的各种工作机械和设备。如各种挖掘机械,铲土运输机械,压实机械,钢筋混凝土机械,路面机械,木工机械,铝材切割、石材切割机械,焊接、热处理、冶炼设备,维修加工设备,锻压设备和风动工具等。

2. 动力设备。指用于生产电力、热力和其他动力的各种设备。如发电机,空压机,蒸汽锅炉等。

3. 传导设备。指用于传送固体、液体、气体和动力的各种设备。如上下水管道,蒸汽、压缩空气的传导管,电力网,输电线路和传送带等。

4. 交通运输设备。指用于运送材料和载人的各种运输工具。如各种汽车,工程起重机械,铲车、行车、电瓶车等。

5. 仪器仪表。指用于工程和其他工作用的各种仪器、仪表和工具等。如测量仪器,测试仪器和科学试验设备等。

本章以生产性机械设备为重点。

二、机械设备管理的概念,特点和意义

1. 机械设备管理的概念

机械设备管理就是对机械设备运动全过程的管理,即从选购机械设备开始、投入生产领域使用、磨损、补偿、直至报废退出生产领域为止的全过程的管理。在机械设备的运行中存在两种状态:一是物质运动状态,包括设备的选择、进厂验收、安装调试、使用、维护、修理、革新改造、封存、保管、调拨、报废和设备事故处理等。二是价值运动状态,即资金运动状态,包括最初投资、折旧、维修费用、更新改造资金的来源及支出等。机械设备管理包括这两种运动形态的管理。在实际工作中,前者是机械设备的使用业务管理,一般叫机械设备的技术管理;后者叫机械设备的经济管理。

2. 机械设备管理的特点

建筑产品的生产所具有的技术经济特点,决定了建筑机械设备的运动也具有如下特殊性:

(1)建筑生产和流动性决定了其机械设备的频繁搬迁和拆装,因而有效作业时间减少,利用率低;每拆装一次都会降低机械设备的精度,加速磨损,缩短机械设备使用寿命。

(2)建筑机械设备多数为露天作业,难以遮盖防护,因而易于受自然条件的不利影响和尘污的侵蚀,加速了机械设备的损耗。

(3)建筑机械设备多为临时固定,稳定性差,加上工作负荷不均衡也加速了设备的磨损。

(4)建筑机械设备施工对象多变,装备的配套性差,品种规格庞杂,从而增加了保修工作的

复杂性。

3. 机械设备管理的意义

机械设备是生产的手段，随着建筑工业化、机械化的发展，机械施工将逐渐代替繁重的体力劳动，机械设备在施工中的作用也愈来愈大。因此，加强机械设备管理，使机械设备经常处于良好的技术状态，不断提高机械设备的完好率、利用率和作业效率，这对减轻工人劳动强度，改善劳动环境，保证工程质量，提高劳动生产率，加快施工进度，防止事故发生，完成企业的施工任务和提高经济效益都有重要的意义。

三、机械设备管理的任务及内容

机械设备管理的主要任务，就是要采取一系列技术、经济、组织措施，对设备实行全过程的综合管理，在机械的经济寿命期限内，提高设备的使用效率，尽可能降低机械成本，提高产出水平，不断提高企业的经济效益。

机械设备管理的具体工作内容有：

1. 机械设备的选择及配套

机械的技术性能必须适合使用要求。除主机外，还要注意辅助机械的配套，在数量和生产能力上必须彼此适应。例如现场混凝土浇灌，应从后台上料、石砂水泥运输、定量搅拌、成品出料运输、就地浇灌捣固等工序，都要相应配备砂石水泥上料机械、搅拌机械、水平运输机械等。其数量必须符合需要的比例，要成龙配套，尽可能使各种机械设备的能力得到充分发挥。同时还必须考虑一机多用。

2. 维修和保养

为了提高机械的完好率，需要做好机械的维修保养工作，努力使本企业的所有大机械设备达到“三无、一好、一高”的水平。即机械设备无失修失保、无丢失损坏、零部件无乱拆乱卸；机械设备台台完好；机械完好率、利用率达到最高。

3. 检查和修理

要定期检查和校验机械设备的运转情况、工作精度，发现隐患及时采取措施。根据机械设备的性能、结构和使用状况，规定小修、中修、大修的时间，以便及时恢复机械设备的工作能力，预防机械设备事故的发生等。

4. 确定管理制度

建立和健全各项规章和管理制度。例如，机械设备的操作规程、计划检修制度、责任制度、以及日常登记、保管、调整等项工作制度等。

5. 提高操作人员技术水平

要经常对操作人员进行正确使用和维修保养设备的思想教育和技术培训，以提高操作人员的技术水平，为合理使用和维护设备创造必要的技术条件。

6. 有计划地做好机械设备的改造和更新。

第二节　机械设备的合理装备

施工项目机械设备合理装备的目的是既保证满足施工生产的需要，又能使每台机械设备发挥最大效率，以达到最佳经济效益。装备的总的原则是生产上适用、技术上先进、经济上合理。

一、机械设备装备的技术经济条件

机械设备的技术条件，是指装备技术对企业生产和管理上的适应性。装备的经济条件是指技术达到的指标同经济耗费对比关系。技术条件和经济条件有密切的关系。技术与经济相比，技术适应是个前提，技术上不适应，也无需讨论经济是否合理。但是，技术上先进，经济效益并不一定是最佳。所以在进行机械设备的装备决策时要进行技术条件和经济条件的分析，才能保证机械设备装备的合理性。

机械设备的技术条件如下：

1. 生产性

这是指机械设备的生产效率，即以单位时间完成的产量来表示，也可以用功率、速度等技术参数表示。原则上设备的生产率越高越好。但是具体选择某一种机械设备时，必须使机械设备的生产效率与施工生产任务相适应。如果选择的机械生产效率很高，但施工生产的任务量很小，则必然使设备的负荷过低反而造成浪费。

2. 可靠性

这是指机械设备精度和准确度的保持性、零件耐用性、安全可靠性等。

3. 维修性，即易修性

现代机械设备一方面向大型、精密、自动化方向发展，同时又向轻型、微型、简易、方便方向发展。所以，在选择设备时应尽量选择比较容易维修的设备。如选择结构简单、零件组合合理，标准化程度高、拆卸迅速、互换性好的设备。这样不但可以缩短修理时间，提高设备利用率，而且还可以大大降低修理费用。

4. 能源和原材料的消耗程度

设备的能源消耗一般以设备的单位开动时间的能源消耗量来表示，如小时耗油量或耗电量。也有以单位产品的能源耗量来表示，如汽车以吨公里的耗油量表示。对于原材料的消耗，是指设备在加工过程中，对原材料的利用程度，如木材加工的成材率等。因此，在选择设备时，必须尽量选用那些能源消耗低和原材料加工利用程度高的设备。

5. 设备的安全性和环保性

随着建筑业现代化的发展，设备的事故和环境污染问题，已成为工程建设中一个十分严重的问题。加强设备的安全性，防止和消除设备的“三废”污染，直接关系到保护人民健康和为子孙后代造福的大问题。选择设备时，应充分考虑设备的安全性和环保性，防止人身事故的发生，保证施工生产顺利进行。

6. 成套性

这是指机械设备配套程度。如果设备数量多，但设备之间不配套，不仅机械效能不能充分发挥，而且经济上可能造成很大浪费。所以不能认为设备的数量越多，机械化水平越高，就一定会带来好的经济效果，而应使设备在性能、能力等方面相互配套。

7. 灵活性

根据建筑机械使用的特点，对建筑机械设备的要求是轻便、灵活、多功能，适用性强，以及要求结构紧凑、重量轻、体积小、拼装性强等。灵活性高的机械，工作效率就高。

8. 专用性和通用性

专用机械一般是大功率大容量大能力的大型机械，专业性较强，适用于大工程、特殊工程的需要。通用机械一般是组装的多功能机械，适用于不同工程对象的不同要求，改换不同的装置就可以完成不同的施工任务，适用面广。施工生产中应视生产范围确定选择专用、通用机械，以便达到提高机械利用率的目的。

二、施工项目机械设备的选择

随着建筑科学技术的发展，建筑工业化、机械化水平迅速提高，以机械施工代替繁重的体力劳动，机械设备的数量、种类、型号也在不断增多，在施工中起的作用越来越大，加强对施工机械设备的管理优化工作日益重要。施工项目机械设备管理优化，就是按照优化原则对施工机械设备进行选择、合理使用与适时更新。

1. 综合考虑多种因素

如果有多种机械的技术性能可以满足施工要求，还应对各种机械的下列特性进行综合考虑，包括：工作效率，工作质量，使用费和维修费，能源耗费量，占用的操作人员和辅助工作人员，安全性，稳定性，运输、安装、拆卸及操作的难易程度和灵活性，在同一现场服务项目的多少，机械的完好性和维修难易程度，对气候条件的适应性，对环境保护的影响程度等。由于项目较多，在综合考虑时如果优劣倾向性不明显，则可用定时计算法求出综合指标再加以比较。方法是较多的，可以用简单评分法，也可用加权评分法。

【例 10—1】 设有 3 台机械的技术性能均可满足施工需要，假如上述各种特性中，前三项满分均为 10 分，其余各项满分均为 8 分，每项指标又分成三级，评定结果见表 10—1。将各机械的分值相加，高者为优，本方案最后选用乙机。

表 10—1 简单评分表

序号	特性	等级	标准分	甲机	乙机	丙机
1	工作效率	A B C	10 8 6	10	10	8
2	工作质量	A B C	10 8 6	8	8	8
3	使用费和维修费	A B C	10 8 6	8	10	6
4	能源耗费量	A B C	8 6 4	8	6	4
5	占用人员	A B C	8 6 4	6	8	8
6	安全性	A B C	8 6 4	8	6	8
7	稳定性	A B C	8 6 4	6	6	8
8	服务项目多少	A B C	8 6 4	6	6	8

续上表

序号	特性	等级	标准分	甲机	乙机	丙机
9	完好性和维修难易	A B C	8 6 4	6	8	4
10	安、拆、用的难易和灵活性	A B C	8 6 4	8	8	6
11	对气候适应性	A B C	8 6 4	6	6	6
12	对环境影响	A B C	8 6 4	4	6	8
总计分数				84	88	82

2. 用单位工程量成本进行比较优选

在使用机械时,总要消费一定的费用,这些费用可分成两类:一类称为操作费或称为可变费用,它随着机械的工作时间而变化,如操作人员的工资、燃料动力费、小修理费、直接材料费等;另一类费用是按一定施工期限分摊的费用,称为固定费,如折旧费、大修理费、机构管理费、投资应付利息、固定资产占用费等。用这两类费用计算"单位工程量成本"的公式是:

$$单位工程量成本=\frac{操作时间固定费用+操作时间\times单位时间操作费}{操作时间\times单位时间产量} \tag{10—1}$$

【例 10—2】 假如有两种挖土机械均可满足施工需要,预计每月使用时间为130 h,有关经济资料见表 10—2,问选哪一种为好?

解:A 机的单位工程量成本和 B 机的单位工程量成本计算如下:

$$A\text{ 机的单位工程量成本}=\frac{7\,000+30.8\times130}{130\times45}=1.88\text{ 元/m}^3$$

$$B\text{ 机的单位工程量成本}=\frac{8\,400+28.0\times130}{130\times50}=1.85\text{ 元/m}^3$$

显然 B 机的单位工程量成本低于 A 机,应当选用 B 机。

表 10—2 挖土机的有关经济资料

机种	月固定费用(元)	每小时操作费(元)	每小时产量(m^3)
A	7 000	30.8	45
B	8 400	28.0	50

3. 费用换算法

采用这种方法,也是在其他条件相同的情况下,计算设备的投资费用和使用后的维持费用,使两者之和(总费用)最小,就是最优设备。具体的计算方法有年费法和现值法两种。

(1)年费法。计算每年的投资费用和每年的维持费用,两者的总费用之和最小,就是最优设备,其计算公式如下:

$$设备一次投资费用\times投资回收系数+每年维持费用=年总费用 \tag{10—2}$$

【例 10—3】 有两台设备 A 和 B，其费用支出如表 10—3 所示。

投资回收系数可按寿命期和年利率直接查表求得，或运用下述公式计算。

表 10—3

	A 设备	B 设备
一次投资费	7 000 元	10 000 元
设备寿命期	10 年	10 年
年利率	6%	6%
每年维持费	2 500 元	2 000 元

$$投资回收系数=\frac{i(1+i)^n}{(1+i)^n-1}$$

式中 i——年利率；

n——设备寿命期。

解：设备 A 每年总费用 = 7 000×0.13587 + 2 500 = 3 451(元)

设备 B 每年总费用 = 10 000×0.13587 + 2 000 = 3 359(元)

计算结果表明 B 设备每年总费用比 A 设备少，故应选择 B 设备。

(2)现值法。计算设备一次投资费用和寿命期全部维持费的现值，两者之和(总费用)最小，就是最优设备。其计算公式如下：

设备一次投资费用 + 每年维持费用×现值系数 = 寿命期总费用 (10—3)

式中现值系数可按寿命期和年利率直接查表求得，或运用公式计算。

$$现值系数=\frac{(1+i)^n-1}{i(1+i)^n}$$

式中 i——年利率；

n——寿命期。

【例 10—4】 数据同例 10—3。

解：设备 A 寿命期总费用 = 7 000 + 2 500×7.36 = 25 400(元)

设备 B 寿命期总费用 = 10 000 + 2 000×7.36 = 24 720(元)

计算结论与年费法相同。

4. 成本平衡点使用时间比较法

成本平衡点使用时间就是两种(可看成是两种类型或两个厂家生产的等)机械设备的单位工程量成本相等时的使用时间，在使用时间达到成本平衡点使用时间之前，使用其中一种机械设备经济，如果超过这个使用时间，则使用另一种机械经济。

成本平衡点使用时间的计算是以机械完成单位工程量成本为基础的。单位工程量成本的计算公式为：

$$C_u=\frac{R+P\cdot T}{q\cdot t} \tag{10—4}$$

式中 R——机械的固定费用。主要包括折旧费、大修费、投资利息、保管费等；

T——机械的实际作业时间；

P——实际单位作业时间内机械运行费；

q——实际单位作业时间内机械的产量。

成本平衡点使用时间，可按下述方法计算。

假设 A 机械年(或月、天)的固定费用为 R_a，每小时运行费用为 P_a，每小时完成的工程量为 q_a，B 机械则分别为 R_b、P_b、q_b；使用时间为 T。

那么单位工程量成本相等的公式为：

$$\frac{R_a+P_aT}{q_a}=\frac{R_b+P_bT}{q_b}$$

若成本平衡点使用时间为 T_0，

上式经过代数变换，则：

$$T_0=\frac{R_bq_a-R_aq_b}{P_aq_b-P_bq_a} \tag{10—5}$$

上式中，如果：

$R_bq_a-R_aq_b>0, P_aq_b-P_bq_a>0$，年使用时间低于 T_0，应选择 A 机械，高于 T_0 则应选择 B 机械。

若 $R_bq_a-R_aq_b<0, P_aq_b-P_bq_a>0$，年使用时间低于 T_0，应使用 B 机械，高于 T_0，则使用 A 机械。

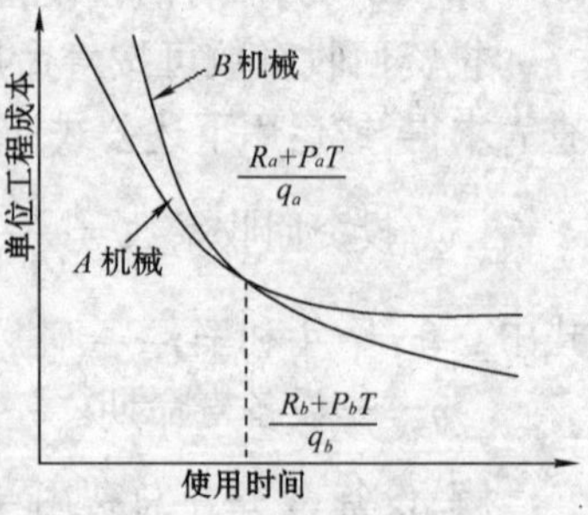

图 10—1　成点使用时间比较

上述平衡点使用时间比较法，可以用图 10—1 表示。图中 A、B 二曲线相交点称为平衡点，它所对应的时间横坐标点为 T_0，即为平衡点的使用时间。

第三节　机械设备的使用、保养和修理

一、机械设备使用中的技术规律

(一)机械设备的损耗及其补偿形式

任何机械设备在长期的使用过程中，会逐渐损耗，从而降低其使用效能，也降低其价值，这就是机械设备的损耗。

机械设备的损耗形式：

1. 有形损耗，又称为物质损耗。

它包括使用损耗和自然损耗。

使用损耗是指机械设备在使用过程中的慢性磨损和损伤(包括机械损伤和化学损伤)引起的损耗。这是机械设备损耗中的主要部分。机械设备的使用损耗主要与以下因素有关：负荷程度、机械设备的质量和耐磨程度、机械设备装配和安装的准确性、机械设备的固定程度、设备使用过程中防避外界(如粉尘、水气、高温等)影响的程度、设备的维修情况、工人操作熟练程度。

自然损耗是指由于自然力的作用，如大气中的水分、粉尘和污染物等产生的锈蚀、腐烂造成的有形损耗。

机械设备的有形损耗，可以通过维修工作，使一部分损耗得到修复和补偿。因此机械设备的有形损耗又可分为可消除的有形损耗与不可消除的有形损耗两类。

2. 无形损耗，又称为精神损耗。

产生无形损耗有以下两种原因：一是机械设备的技术结构、性能没有变化，但由于再生产费用下降，价格降低，而使原有同种机械设备发生贬值。二是由于发明了更完善的高效率的机械设备，使原有同种机械设备的性能相对下降而发生贬值。这两种原因产生的无形损耗，都使得设备继续使用在经济上已不合算而提前淘汰。

针对机械设备损耗的不同形式，应采取不同的措施，加以补偿，即进行维修，改造和更新。机械设备的损耗与补偿之间的关系如图 10—2。

(二)机械设备的磨损规律

机械设备磨损规律，是指机械设备从投入使用以后，机械设备磨损量随时间变化的关系。这里的磨损是指有形损耗的使用损耗，如图 10—3 所示。

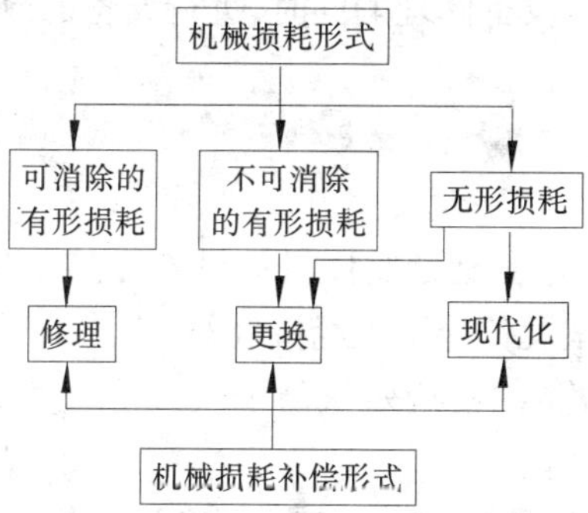

图 10—2　损耗与补偿形式

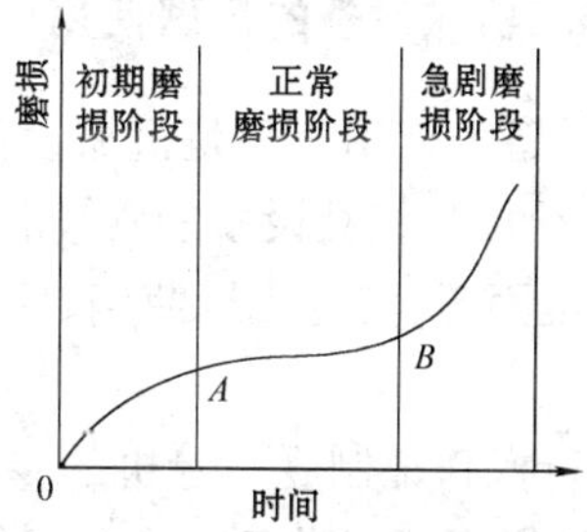

图 10—3　设备磨损曲线

1. 初期磨损阶段(曲线 OA 段)

这个阶段由于零件表面存在一定的微观不平度,磨合开始后磨损快,故曲线趋势较陡,当表面光滑程度提高后,磨损逐渐降低,达到一定程度后(即 A 点)趋向稳定。

2. 正常工作磨损阶段(曲线 AB 段)

这个阶段因零件表面光洁度提高,零件之间抱合良好,润滑条件有了改善,磨损比较小,且磨损比较慢,在较长时间内处于稳定的均匀磨损状态,此阶段的曲线变化平缓。

3. 急剧磨损阶段(曲线 B 点以后)

磨损达到 B 点时,因零部件中间间隙增大,产生冲击负荷,而且润滑油流失大,不易形成液体摩擦,磨损即行加剧,形成恶性磨损。因此到达 B 点时的磨损,称为极限磨损,超过这极限是不经济的,而且会引起机械设备事故性的损坏。

(三)机械设备故障率变化规律

所谓故障率,就是机械设备在工作的单位时间内发生故障的次数。了解机械设备的磨损规律后,也就好理解机械设备故障变化规律,机械设备故障变化规律,参见图 10—4。

1. 初期故障期

初期故障时期设备的故障率很高,发生故障的原因一般是由于设备设计,制造方面所带来的缺陷,零件抱合关系不好,或因搬运、安装时马虎,或者操作者不熟悉不适应等原因所致。针对这些原因,应做到对设备谨慎搬运、合理安装,严格验收及进行试运转,重点放在注意操作方法的合理性上。同时,也要将设计、制造中的缺陷信息向设备制造单位反馈,以求得合理解决和改进。

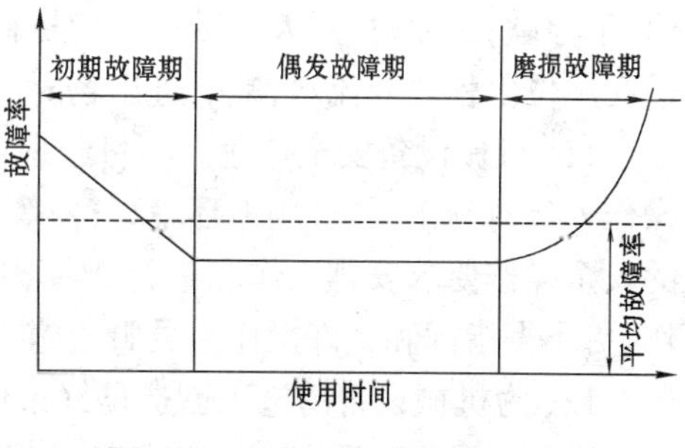

图 10—4　设备故障规律曲线

2. 偶发故障期

偶发故障时期设备的故障率最低,是设备处于正常运转的时期。其故障发生的原因大多数是由于操作者的疏忽和错误使用造成的。采取预防和改进措施的重点应是加强操作管理工作,做好对设备的日常维护保养工作,以尽可能减少和消除这类故障。

3. 磨损故障期

磨损故障时期设备的故障率很高,原因是设备在运转过程中,由于物质磨损、腐蚀所引起的故障。其工作的重点应放在进行预防性维修和改善维修上。即在设备修理时既要对重点设备、一般设备的重点部位进行预防性的维修活动,也要在设备修理的同时,进行设备的改装、改造,以提高设备的性能、效率、精度、节能性等。

二、施工机械设备的合理使用

机械设备的使用管理是机械设备管理的基本环节,为了充分发挥机械设备在施工生产中的作用,必须加强机械设备的管理和合理使用,提高机械设备使用的经济效益。

1. 人机固定,实行机械使用、保养责任制,将机械设备的使用效益与个人经济利益联系起来。

2. 实行操作证制度。专机的专门操作人员必须经过培训和统一考试,确认合格,发给驾驶证。这是保证机械设备得到合理使用的必要条件。

3. 操作人员必须坚持搞好机械设备的例行保养。

4. 遵守走合期使用规定。这样,可以防止机件早期磨损,延长机械使用寿命和修理周期。

5. 实行单机或机组核算,根据考核的成绩实行奖惩,这也是一项提高机械设备管理水平的重要措施。

6. 建立设备档案制度。这样就能了解设备的情况,便于使用与维修。

7. 合理组织机械设备施工。必须加强维修管理,提高机械设备的完好率和单机效率,并合理地组织机械的调配,搞好施工的计划工作。

8. 培养机务队伍。应采取办训练班,进行岗位练兵等形式,有计划、有步骤地做好培养和提高工作。

9. 搞好机械设备的综合利用。机械设备的综合利用是指现场安装的施工机械尽量做到一机多用。尤其是垂直运输机械,必须综合利用,使其效率充分发挥。它负责垂直运输各种构件材料,同时作回转范围内的水平运输、装卸车等。因此要按小时安排好机械的工作,充分利用时间,大力提高其利用率。

10. 要努力组织好机械设备的流水施工。当施工的推进主要靠机械而不是人力的时候,划分施工段的大小必须考虑机械的服务能力,把机械作为分段的决定因素。要使机械连续作业,不停歇,必要时“歇人不歇马”,使机械三班作业。一个施工项目有多个单位工程时,应使机械在单位工程之间流水,减少进出场时间和装卸费用。

11. 机械设备安全作业。项目经理部在机械作业前应向操作人员进行安全操作交底,使操作人员对施工要求、场地环境、气候等安全生产要素有清楚的了解。项目经理部按机械设备的安全操作要求安排工作和进行指挥,不得要求操作人员违章作业,也不得强令机械带病操作,更不得指挥和允许操作人员野蛮施工。

12. 为机械设备的施工创造良好条件。现场环境、施工平面图布置应适合机械作业要求,交通道路畅通无障碍,夜间施工安排好照明。协助机械部门落实现场机械标准化。

三、施工机械设备的保养与修理

1. 施工机械的保养

机械设备的保养是管理工作的重要内容之一,其目的在于保持机械设备的良好技术状态,减少零件的磨损,延长使用寿命,降低消耗,提高机械施工的经济效益。

保养分为例行保养和强制保养。

例行保养,属于正常使用管理工作,它不占用机械设备的运转时间,由操作人员在机械运转过程中或停机前、后进行。内容主要有:保持机械的清洁,检查运转情况,防止机械腐蚀,按技术要求添加润滑剂,紧固易于松脱的螺栓,调整各部位不正常的行程和间隙。

强制保养是隔一定周期停工进行的保养。强制保养的内容是按一定周期分级进行的。保养周期根据各类机械设备的磨损规律、作业条件、操作维修水平以及经济四个主要因素确定。保养级别由低到高,如起重机、挖土机等大型设备要进行一到四级保养;汽车、空压机等应进行一至三级保养;其他一般机械设备多数只进行一二级保养。一级保养和中小型机械的二级保养一般可由机长带领本机械操作人员在现场进行,必要时可派机修人员参加;三、四级保养则应由机修工进行,但操作工也须参加,要对磨损的零件进行更换或修复。

2. 机械设备的修理

机械设备的修理是指对机械设备自然损耗进行的修复,机械运行故障的排除,损坏零件部件的更换、修复。

机械设备的修理分为大修、中修及零星小修。

零星小修一般是临时安排的修理,其目的是消除操作人员无力排除的突然故障、个别零件损坏或一般事故性损坏等问题,基本上都是和保养结合进行,不列入修理计划之中。保养是预防机械故障和损坏,而零星小修是排除机械故障和修理损坏零件。它们之间有内在的联系。在执行保养作业中经常会遇到小修工作,而小修作业又必然要做好有关的保养工作。

中修是大修间隔期内对少数总成进行大修的一次平衡性修理,对其他不进行大修的总成只是执行检查保养。中修的目的是对不能继续使用的部分总成进行大修,使整机状况达到平衡,以延长机械设备的大修间隔期。

大修是机械设备进行全面的解体检查修理,保证各零件质量和配合要求,使其达到良好的技术状态,恢复可靠性和精度等工作性能,以延长机械设备的使用寿命。通常规定,新机到第一次大修,要比大修间隔期长 25% ~50%。

大修和中修需要列入修理计划,并按计划预检修制度执行。

为了缩短修理时间,在修理方法上,在可能条件下可推广应用总成互换修理法,即把零件都按总成、部件和组合件预先修好,然后和其他机械设备上未被修过的总成、部件和组合件调换。

第四节　机械设备的改造与更新

一、机械设备的改造

机械设备的改造是指对原有设备进行技术改造,以改善和提高机械设备的性能、精度及生产效率。对现有设备进行有效的改造,是企业挖潜、革新、改造的重要内容。机械设备的改造是一项极为精细复杂的工作,必须充分考虑其改造的必要性、技术的可能性和经济的合理性。

首先,必须根据生产技术发展的需要,针对设备对产量、成本、安全、能源消耗和环境保护等各方面的影响程度,有计划、有步骤地进行。使设备经过革新改造以后,能达到预期的目的和要求。

其次,必须充分考虑技术上的可能性,一切要通过试验。一般来说改造规模小,不影响设备的主要性能,可由使用单位有关部门批准,自行设计改装。

再次,必须充分考虑经济上的合理性。对于机械设备的各种改造方案,都要经过专业人员进行一系列的详细计算,从而进行技术经济论证和经济效果分析来选择。如果改造费用很高,或者改造后其效果很不理想,必须重新修改方案。

在机械设备进行改造时,必须与机械设备的大修理结合起来。这样,既能达到设备改造的目的,又能大大地节约费用,这是一种行之有效、经济合理的方法。

在机械设备改造过程中,必须坚持"自力更生"的方针,充分发动群众,总结我国自己的先进经验。同时,也要重视吸收国外的科学技术上的新成就,在努力学习的基础上,做到"洋为中用"。

二、机械设备的更新

机械设备在使用过程中,随着时间的推移,将产生两种磨损(或损耗),即物质磨损与精神磨损。机械设备的更新就是为补偿这两种磨损的一个重要手段,只有及时地更新陈旧的机械设备,企业才有可能取得较好的技术经济效益。但更新需要大量的资金,过早或过多地进行机械设备的更新同样也是不合适的。因此,必须科学地确定更新的年限和正确地评价更新方案。

(一)设备的寿命

设备的寿命是指设备从投入生产开始,经过有形磨损和无形磨损,直到技术上或经济上不宜继续使用所经历的全部时间。

进行设备更新时,既要考虑设备的物质寿命,又要考虑设备的技术寿命和经济寿命。

1. 设备的物质寿命,也称设备的自然寿命、设备的使用寿命。它是指从设备的投入使用到不能修理、修复而报废为止所经历的时间。影响设备的物质寿命的主要因素有:设备的结构及工艺性、加工对象、生产类型、工作班次、维修质量等。从设备管理角度看,延长设备的物质寿命,可以通过掌握设备的磨损规律,做好设备使用、维修工作等途径来实现。

2. 设备的技术寿命,又称设备的有效寿命。是指设备从开始投入使用,直至因技术落后而被淘汰为止所经历的时间。这是由于科学技术的迅速发展,在设备使用过程中出现了技术上更先进、经济上更合理的新型设备,从而使现有设备在物质寿命尚未结束前就逐渐被淘汰的结果。

3. 设备的经济寿命。它是指设备从投入使用到因继续使用不经济而提前更新所经历的时间。这是由于在设备的物质寿命后期,由于设备的老化(指物质的),而必须支出过多的维修费用来维持设备的寿命,在经济上已不合理,此时需要计算设备的经济寿命,以便确定设备的最佳更新期。

(二)机械设备更新的经济因素

设备在使用过程中要发生两项费用:一项是折旧费,另一项是经营使用费。这两项费用对确定机械设备的经济寿命有重要意义。

1. 经营使用费

经常使用费又称经营费,主要指机械设备的日常使用和维修费用。这项费用随着机械设备的逐年磨损加剧而增加。下式为计算该项费用的一个公式:

$$Y = G + \frac{1}{N}[g + 2g + 3g + \cdots + (N-1)g] = G - \frac{1}{2}g + \frac{1}{2}gN \tag{10—6}$$

式中 Y——年度经营费;

G——年度固定经营费；

g——年度经营费递增额(由第二年开始)；

N——机械设备的使用年限。

2. 折旧费

设备在使用和不使用时都会产生磨损，磨损是消耗设备的过程也是设备价值转移到产品中去的过程。磨损愈大，转移到产品中去的价值也多，从产品销售(工程验收)收入中，及时提取转移到产品中去的那一部分设备价值，以保证简单再生产的继续进行。这种按照设备损耗程度而提取资金的办法称为折旧。提取的这部分资金叫折旧费。

确定设备的年折旧费数额，是一个非常复杂而重要的问题。因为，如折旧费提取不足，就不能保证简单再生产继续进行，同时也形成产品成本虚假的降低，如提取得过多，则人为的提高了产品成本。这两种情况都不利于评价基本建设工程施工企业生产活动的效果，也不利于正确计算国民收入。因此，合理的、科学的计算年折旧额，具有重要的经济意义。

目前，常用的折旧计算方法有：直线折旧法、余额递减折旧法、双倍余额递减折旧法、年数合计法等。

(1)直线折旧法

直线折旧法又称平均年限法。该法是把应计提折旧费按设备使用年限平均分摊。其计算公式为：

$$K=\frac{1-\frac{h}{p}}{T}\times 100\% \tag{10—7}$$

$$B=K\cdot P \tag{10—8}$$

式中 P——设备原值；

h——设备残值；

T——折旧年限；

K——年折旧率；

B——年折旧额。

【例 10—5】 如一台原值为 3.5 万元的机械，预计残值为 0.35 万元，折旧年限为 10 年，求年折旧率和年折旧额。

解：年折旧率为：

$$K=\frac{1-\frac{0.35}{3.5}}{10}\times 100\%=9\%$$

年折旧额为：

$$B=9\%\times 35\ 000=3\ 150 \text{ 元}$$

直线折旧法计算简单，因此被广泛应用。但它是将设备原价值，平均分摊到使用年限的每一年中去。显然，这与实际的经济活动情况不一致，因为设备在使用前期，所付出的运营费比后期使用所付出的运营费减少，而且产品的质量前期亦比后期好。同时，直线折旧法不利于技术进步。

(2)余额递减折旧法

设备在其使用的年限初期，经济效益总是要好一些。因此，在折旧年限的前期应负担较高的折旧费显然是较合理的。余额递减折旧法是基于这一设想而提出的。具体办法是对设备每年折旧后剩余的价值，都使用一个固定的折旧率去乘，而得到相应的折旧额。由于设备净值随着时间的增长不断减少，而折旧率又是固定不变的，所以折旧费也不断减少。折旧的速度呈现一种先快后慢的趋势，所以它是一种快速折旧法，计算公式如下：

设折旧率为 K，则第 t 年折旧额为：

$$B_t = K \cdot P_{t-1} \tag{10—9}$$

P_t 为第 t 年年末的设备折旧余净值

$$P_t = P \cdot (1-K)^t$$

当 $t=T$ 时，P_K 实际上就是设备的最终残值 h，所以，$h=P(1—K)^T$，由此得

$$K = 1 - \sqrt[T]{\frac{h}{p}} \tag{10—10}$$

利用这个公式求得的折旧率 K 值，固然可以使最后的设备折旧净余值正好等于残值，但当残值 $h=0$ 时，这个公式显然不能使用，而且对残值的估计的大小对 K 值有很大的影响。所以实际使用的 K 值不是利用这个公式计算的。而是在直线折旧率的基础上乘以倍数(1.25倍、1.5倍、2倍……)而获得。这样得来的 K 值显然不能使最后的设备折旧净余值等于残值，而且每次总有余数，永远也折不完。为了解决这一矛盾，允许在最后二、三年里采用直线法将折旧余数全部摊完。这种方式实际上是一种复合的折旧方法。

【例 10—6】 一台 35 000 元的机械，其年折旧率为 18%，求各年的折旧额。

解：第一年折旧额：$B_1 = 18\% \times 35\,000 = 6\,300$ 元

第二年折旧额：$B_2 = 18\% \times (35\,000 - 6\,300) = 5\,166$ 元

第三年折旧额：$B_3 = 18\% \times (35\,000 - 3\,500 - 3\,150) = 4\,236$ 元

其他各年依此类推。具体结果见表 10—5。

(3)双倍余额递减法

双倍余额递减法的折旧计算公式为：

$$K = \frac{2}{T} \times 100\% \tag{10—11}$$

$$B_i = K \cdot (P - \sum_{t=1}^{i-1} B_t) \tag{10—12}$$

用双倍余额递减法折旧的设备，应当在其折旧年限到期的前两年内，将设备的净值扣除预计残值后的净额平均摊销。

【例 10—7】 同例 10—5，用双倍余额递减法，求年折旧额。

解：年折旧率 $K = \frac{2}{10} \times 100\% = 20\%$

年折旧额列表计算如下：

表 10—4

单位：元

项目 \ 折旧年序	1	2	3	4	5	6	7	8	9	10	残值合计
设备净值	35 000	28 000	22 400	17 920	14 336	11 469	9 175	7 340	5 872	4 686	3 500
年折旧额	7 000	5 600	4 480	3 584	2 867	2 294	1 835	1 468	1 186	1 186	31 500

最后两年的折旧是按第 9 年初净值 5 872 元减残值 3 500 元后除以 2 得到的，即：

$$\frac{5\ 872-3\ 500}{2}=1\ 186\text{元}$$

(4)年数总和法

这种方法是以设备使用年数与使用年数总和之比计算折旧率，再乘以应折旧的设备原值与残值之差来求得各年折旧额。因为折旧率逐年递减，故折旧额逐年减少。其计算公式为：

$$K_t=\frac{T-(t-1)}{\frac{1}{2}T(T+1)}\times 100\% \tag{10—13}$$

$$B_t=K_t(p-h) \tag{10—14}$$

式中　t——计算折旧的年份；

其余符号同前。

【例 10—8】 同例 10—5，用年数总和法求各年折旧额。

解：第一年折旧额 $B_1=\frac{10-(1-1)}{\frac{1}{2}\times 10\times 10(10+1)}\times(35\ 000-3\ 500)=5\ 727$ 元

第二年折旧额 $B_2=\frac{10-(2-1)}{55}\times 31\ 500=5\ 155$ 元

第三年折旧额 $B_3=\frac{10-(3-1)}{55}\times 31\ 500=4\ 582$ 元

其余各年依此类推，具体结果见表 10—5。

利用以上四种方法，对原值 35 000 元，预计使用 10 年，残值为 3 500 元，进行逐年计算折旧额，其结果见表 10—5。(注：余额递减折旧法的折旧率取 18%)。

表 10—5　逐年折旧额　　单元:元

年　份	直 线 法	余额递减法	双倍余额递减法	年数总和法
1	3 150	6 300	7 000	5 727
2	3 150	5 166	5 600	5 155
3	3 150	4 236	4 480	4 582
4	3 150	3 474	3 584	4 009
5	3 150	2 848	2 867	3 436
6	3 150	2 336	2 294	2 864
7	3 150	1 915	1 835	2 291
8	3 150	1 571	1 468	1 718
9	3 150	1 827	1 186	1 145
10	3 150	1 827	1 186	573

(三)机械设备经济寿命的计算

设备的经济寿命是指设备从开始使用到其年度费用最小的使用年限。所以在确定设备经济寿命时，必须研究与设备使用午限有关的两个费用：一个是设备年折旧费，另一个是年运营费，它们之间的关系如图 10—5 所示。

设备经济寿命的计算，可利用账面价值法，现值法或使用费用劣化值法来进行。

1. 账面价值法

账面价值法，它是根据账面记载的价值，按预计的年折旧额及年运营费计算年平均使用成本(S_i)，即

$$S_i = \frac{W_i + \Phi_i}{t_i} \quad (i=1,2,\cdots,n) \qquad (10—15)$$

式中 W_i——第 i 年运营费累计；

Φ_i——第 i 年折旧额累计；

t_i——第 i 年年数。

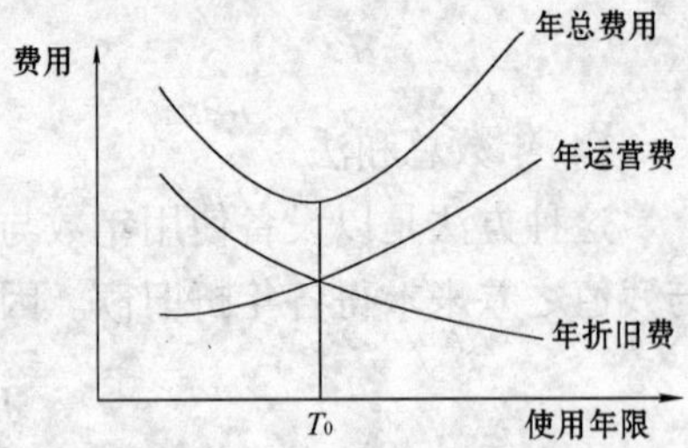

图 10—5 机械设备年度使用

将各年平均成本加以比较，其数额最低的年份即为设备经济寿命的末年。

【例 10—9】 某施工企业一台价值为 30 000 元的机械欲计算其经济寿命。

解：根据同类机械，得到年运营费及使用至某年仍可售得的价值(简称余值)如表 10—6。

表 10—6

年别 项目	1	2	3	4	5	6
余 值(元)	20 000	13 333	10 000	7 500	5 000	3 000
运营费(元)	600	700	1 000	1 600	2 800	5 200

根据表 10—6 的资料，可得各年平均使用成本如表 10—7 所示。从表 10—7 得知，该机械的经济寿命为 5 年。

表 10—7

	1	2	3	4	5	6
运营费累计	600	1 300	2 300	3 900	6 700	11 900
折旧额累计	10 000	16 667	20 000	22 500	25 000	25 000
使用成本	10 600	17 967	22 300	26 400	31 700	38 900
平均使用成本	10 600	8 984	7 433	6 600	6 340	6 483

2. 现值法

上述的账面价值法是未考虑货币时间价值，现值法将考虑投资的利息，即先把各年支出的运营费都换算成现值；然后加上设备的原值逐年累计，再乘以按规定利率的资金回收系数($A/P,i,n$)得到每年的等额支出，再从每年等额支出额中选出数值最小者作为确定经济寿命依据。

【例 10—10】 某设备原价 100 万元，运营费第一年为 4 万元，以后每年增加 8 万元，若年利率为 15%，求该设备的经济寿命。

解：根据现值法计算步骤，得到有关结果列于表 10—8，从表 10—8 得知，此设备的经济寿命应为 6 年。

表 10—8　　单位:万元

年别	运营费	现值系数 $(P/F,i,n)$	现值	设备原价加现值累计	资金回收系数 $(A/P,i,n)$	每年等额支出额
1	4	0.869	3.5	103.5	1.150	119.0
2	12	0.766	9.1	112.6	0.615	69.2
3	20	0.657	13.1	125.7	0.428	55.1
4	28	0.572	16.0	141.7	0.350	49.6
5	36	0.497	17.9	159.6	0.398	47.6
6	44	0.432	19.0	178.6	0.264	47.2
7	52	0.376	19.6	198.2	0.240	47.6
8	60	0.327	19.6	217.8	0.223	48.6

3. 使用费用劣化值法

设备使用费用劣化值方法的依据是设备随使用时间的延长，其有形磨损和无形磨损都在不断增加，其使用费也不断增加，这种随设备使用时间的增长而增加的费用称为使用费用的劣化值。它对设备的经济寿命有着直接的影响。

假设使用费用劣化值的增大和使用时间的延长是线性关系，并且每年按 g 元在变化，这时设备每年的平均费用 C 用下式表示：

$$C=\frac{P}{T}+\frac{1}{2}gT$$

式中　C——设备使用 T 年其年度平均费用；

T——设备的使用年限；

P——设备的原始价值；

G——设备使用费用劣化值(元/年)。

若要使 C 为最小，可将上式对 T 求导数，令其为零，解得：

$$T_{opt}=\sqrt{\frac{2P}{g}} \tag{10—16}$$

式中　T_{opt}——设备的经济寿命。

【例 10—11】　设某机械设备的原始价值 $P=10\ 000$ 元，若 $g=200$ 元/年，求该机械设备的经济寿命。

解: $T_{opt}=\sqrt{\frac{2P}{g}}=\sqrt{\frac{2\times 10\ 000}{200}}=10$ 年

即该设备的经济寿命为 10 年。

思考题与习题

1. 机械设备管理的内容和任务是什么？
2. 简述机械设备的磨损规律及故障变化规律？

3. 什么是设备的自然寿命、技术寿命、经济寿命?

4. 什么是折旧? 计算折旧的方法主要有哪些?

5. 某机械设备购置费 $P=8\ 000$ 元,预计残值 $h=800$ 元,经营成本初始值 $C_1=800$ 元/年,年运行成本劣化值 $\lambda=300$ 元/年,求该设备的经济寿命。

6. 某设备原值为 3 万元,预计残值为 3 000 元,折旧年限为 20 年,用直线折旧法、余额递减折旧法和年数总和法求各年折旧额。

第十一章　施工项目成本管理

第一节　施工项目成本管理概述

一、施工项目成本的定义

按照马克思主义政治经济学原理,成本(cost)是指商品中物化劳动的价值和劳动者为自己劳动的价值之和。它是商品价值的重要组成部分。

当前,我国企业尤其是大中型国有企业正在转换经营机制,其核心是把企业推向市场,使它真正成为自主经营、自负盈亏、自我发展和自我约束的实体,对建筑施工企业同样如此。面临日益竞争的建筑市场,建筑施工企业能否立于不败之地,关键在于企业能否为社会提供质量高、工期短、造价低的建筑产品;而企业能否获得较大的经济效益,关键在于有无低廉的成本。由此可见,成本是衡量企业管理水平的一个综合性指标。

那么,何谓施工项目成本?参照上述成本的定义,结合施工项目的特点,我们认为:施工项目成本是指建筑施工企业以施工项目作为成本核算对象的施工过程中,所耗费的生产资料转移价值和劳动者的必要劳动所创造价值的货币形式。通俗地说,就是某施工项目在施工中所发生的全部生产费用的总和,包括所消耗的各种材料、构配件的费用,施工机械的台班费或租赁费,支付给生产工人的工资、奖金以及项目经理部为组织和管理工作所发生的全部费用支出等。

上述施工项目成本的定义是建立在新的财会制度的基础之上,它遵循的是制造成本法的思想,即把只与施工项目生产直接相关的各项成本和费用计入施工项目成本,而将与项目生产没有直接关系,但却与企业经营期间相关的费用(如企业管理费、财务费用等)作为期间成本,从当期收益中一笔冲减的成本计算方法。由此可见,按制造成本法计算出来的施工项目成本,客观地反映了项目经理部的成本水平,便于对项目经理部成本管理责任的考核,同时也为项目经理部节约开支、降低消耗提供可靠的基础。

二、施工项目成本的主要形式

为了更好地认识和掌握施工项目成本的特性,搞好施工项目成本管理,可根据不同的需要,将施工项目成本分为不同成本形式。

1. 按成本控制需要,从成本发生时间来划分,施工项目成本分为预算成本、计划成本和实际成本。

预算成本是根据施工图由全国统一的工程量计算规则计算出来的工程量,全国统一的建筑、安装工程基础定额和由各地区的市场劳务价格、材料价格信息及价差系数,并按有关取费的指导性费率进行计算的。它反映的是各地区建筑业项目成本的平均水平。

计划成本是指施工项目经理部在预算成本的基础上,根据计划期的有关资料,结合工程项目的技术特征、自然地理特征、劳动力素质、设备情况等,在实际成本发生前预先计算的成本。它是控制施工项目成本支出的标准,也是施工项目成本管理的目标。

实际成本是项目施工过程中实际发生的可以列入成本支出的费用总和,是项目施工活动中劳动耗费的综合反映。

把实际成本与计划成本比较，可反映施工项目成本的实际降低额，揭示项目成本的节约和超支状况，考核项目经理部施工技术水平及技术组织措施的贯彻执行情况和项目的经营效果。计划成本与预算成本比较，可反映施工项目成本的计划降低额，明确施工项目成本管理的奋斗目标。实际成本与预算成本比较，可以反映项目盈亏情况。

2. 按成本核算需要，从生产费用计入成本的方法来划分，施工项目成本分为直接成本和间接成本。

直接成本是指直接耗用于并能直接计入工程对象的费用。它包括人工费、材料费、机械使用费和其他直接费。间接成本是指项目经理部为施工准备、组织和管理施工生产所发生的全部施工间接费支出。它是非直接用于也无法直接计入工程对象，但为进行工程施工所必须发生的费用。

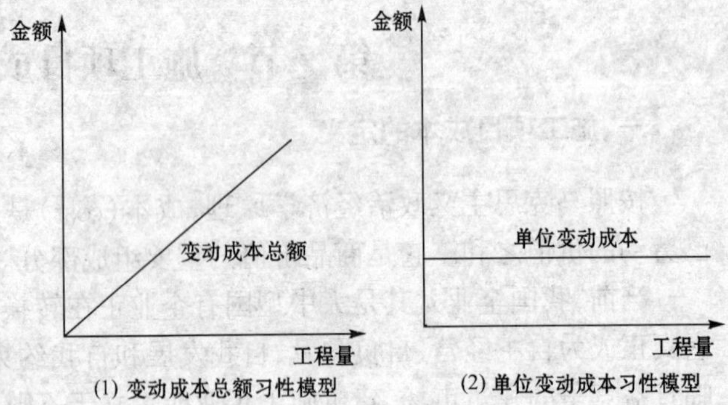

图 11—1 变动成本习性模型

施工项目成本由直接成本和间接成本构成，施工项目成本的这种分类方式，便于考核各项生产费用使用的合理程度，便于找出降低项目成本的途径。

3. 按成本预测的需要，从生产费用与工程量的关系来划分，施工项目成本分为变动成本和固定成本。

变动成本是指一定期间和一定的工程量范围内，其发生的成本额随着工程量的增减变动而成正比例变动的费用，如直接用于项目施工用的原材料、辅助材料、燃料和动力、外协加工费、计件工资制下的生产工人工资等。图 11—1 表示了变动成本与工程量之间的关系。

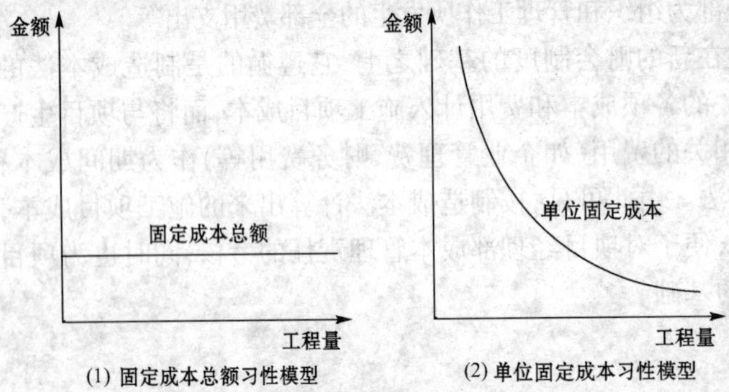

图 11—2 固定成本习性模型

固定成本是指在一定期间和一定的工程量范围内，其发生的成本额不随工程量增减变动的影响而相对固定的成本。但若就单位产品的固定成本而言，则与工程量的增减成反比例变动。如折旧费、大修理费、管理人员工资、办公费、差旅费等。它们的习性模型如图 11—2 所示。

将施工项目成本划分为变动成本和固定成本，对于成本预测和决策具有重要作用，它是成本控制和管理的前提。

三、施工项目成本管理的含义及内容

(一)施工项目成本管理的含义

施工项目成本管理是以工程承包合同为依据，运用项目管理原理和各种科学方法，降低工程成本，创造经济效益的全部管理活动。它是施工企业项目管理系统中的一个子系统，也是项

目管理的核心。

(二)施工项目成本管理的内容

施工项目成本管理的内容包括施工项目成本预测、成本计划、成本控制、成本核算、成本分析和成本考核,每一环节是相互联系和相互作用的,通过以上各环节的工作,促使项目内各种成本要素按一定的目标运行,将实际成本控制在预定的目标成本范围内。

1. 施工项目成本预测

施工项目成本预测是通过成本信息和施工项目的具体情况,并运用一定的专门方法,对未来的成本水平及其可能发展趋势作出科学的估计,其实质就是工程项目在施工以前对成本进行核算。它是编制施工项目成本计划的依据。

2. 施工项目成本计划

施工项目成本计划是以货币形式编制施工项目在计划期内的生产费用、成本水平、成本降低率以及为降低成本所采取的主要措施和规划的书面方案。它是建立施工项目成本管理责任制、开展成本控制和核算的基础。

3. 施工项目成本控制

施工项目成本控制是指项目在施工过程中,对影响施工项目成本的各种因素加强管理,并采取各种有效措施,将施工中实际发生的各种消耗和支出严格控制在成本计划范围内,随时揭示并及时反馈,严格审查各项费用是否符合标准,计算实际成本和计划成本之间的差异并进行分析,消除施工中的损失浪费现象,发现和总结先进经验。通过成本控制,使之最终实现甚至超过预期的成本目标。施工项目成本控制应贯穿在施工项目从招投标阶段开始直到项目保修期结束的全过程,它是企业全面成本管理的重要环节。

4. 施工项目成本核算

施工项目成本核算是指对项目施工过程中所发生的各种费用和形成施工项目成本的核算。它包括两个基本环节:一是按照规定的成本开支范围对施工费用进行归集,计算出施工费用的实际发生额;二是根据成本核算对象,采用适当的方法,计算出该施工项目的总成本和单位成本。施工项目成本核算所提供的各种成本信息,是成本预测、成本计划、成本控制、成本分析和成本考核等各个环节的依据。

5. 施工项目成本分析

施工项目成本分析是在成本形成过程中,对施工项目成本进行的对比评价和剖析总结工作,它贯穿于施工项目成本管理的全过程,也就是说施工项目成本分析主要利用施工项目的成本核算资料,与计划成本、预算成本以及类似的施工项目的实际成本等进行比较,了解成本的变动情况,系统地研究成本变动的因素,检查成本计划的合理性,深入揭示成本变动的规律,寻找降低施工项目成本的途径,以便有效地进行成本控制。

6. 施工项目成本考核

施工项目成本考核是在施工项目完成后,对施工项目成本形成中的各责任者,按施工项目成本目标责任制的有关规定,将成本的实际指标与计划、定额、预算进行对比和考核,评定施工项目成本计划的完成情况和各责任者的业绩,并以此给以相应的奖励和处罚。通过成本考核,做到有奖有惩,赏罚分明。

综上所述,施工项目成本管理系统中每一个环节都是相互联系和相互作用的。成本预测是成本计划的前提,成本计划是成本目标的具体化,也是成本控制的标准。成本控制则是对成本计划的实施进行监督,保证成本目标实现,而成本核算又是成本计划是否实现的最后检验,它所提供的成本信息又对下一个施工项目成本预测提供基础资料。成本考核是实现成本目标责任制的保证和实现成本目标的重要手段。

四、施工项目成本管理的基础工作

施工项目成本管理的基础工作是施工项目成本预测、成本计划、成本控制、成本核算、成本分析与成本考核的前提,也是搞好施工项目成本管理的前提,应努力做好施工项目成本管理的基础工作,这些工作包括:

1. 强化施工项目成本管理观念

长期以来,建筑施工企业成本管理的核算单位不在项目经理部,一般都以工区或工程处进行成本核算,施工项目(或单位工程)的成本很少有人过问。施工项目的盈亏说不清楚,也无人负责。建筑施工企业实行项目管理并以项目经理部作为核算单位,要求项目经理及经理班子和作业层全体人员都必须具有经济观念、效益观念和成本观念,对项目的盈亏负责,这是一项深化建筑业体制改革的重大措施。因此,要搞好施工项目成本管理,必须首先对企业和项目经理部人员加强成本管理教育并采取措施,让参与施工项目管理与实施的每个人员都意识到加强施工项目成本管理对施工项目的经济效益及个人收入所产生的重大影响,这样各项成本管理工作才能在施工项目管理中得到贯彻和实施。

2. 加强定额管理

定额是在一定的生产技术组织条件下,在经济活动中为达到一定目标而对人力、物力、财力的利用和消耗所规定的数量与质量标准。加强定额管理是企业或项目经理部降低成本的一项重要管理制度。为了有效加强施工项目成本管理,必须具有完善的定额资料。除了国家统一的建筑、安装工程基础定额以及市场的劳务、材料价格信息外,企业还应有施工定额,施工定额既是编制单位工程施工预算及成本计划的依据,又是衡量人工、材料、机械消耗的标准。有了科学合理的定额,接下来要做的工作就是严格按定额进行管理。

3. 建立和健全原始记录与统计工作

原始记录是生产经营活动的第一次直接记载,是反映生产经营活动的原始资料,是编制成本计划、制定各项定额的主要依据,也是统计和成本管理的基础。

工程项目的原始记录主要有以下几种:

(1)有关施工生产的记录。如施工日志、施工任务单、专项质量检验单、停工单、交接班记录、事故报告单等,它主要记录有关进度、质量方面的情况。

(2)有关劳动工资方面的记录。如职工的调出、调入、离职、出勤、缺勤,工时利用,加班等方面的记录。

(3)有关材料物资方面的记录。如原材料、辅助材料、工具、半成品、零件等的收入(点验单、出厂证、合格证、质量检验单等)、发出情况,消耗情况,余料退库情况,废料利用情况,材料结存情况等方面的记录。

(4)有关能源方面的记录。如燃料、氧气等的购入、领用、消耗情况,压缩空气、电力的生产与消耗情况,水的消耗等方面的记录。

(5)有关设备方面的记录。如设备的购置、自制、调出、调入、使用、维修等方面的记录。

(6)有关工程款结算方面的记录。如验工计价、中间结算、竣工结算等方面的记录。

(7)有关合理化建议方面的记录。如合理化建议的内容及其实施过程和结果方面的记录。

(8)有关财务方面的记录。如现金出纳、结算和支付工资方面的记录,有关各项费用开支方面的记录。

建立和健全原始记录与统计工作要做好如下工作:一是及时、完整、准确的记录原始数据和资料;二是原始记录应符合成本管理要求,记录格式、内容和计算方法要统一,填写、签署、报送、传递、保管和存档等制度要健全并有专人负责;三是原始记录应有利于开展班组经济核算,力求简便易行,讲求实效,并根据实际使用情况,随时补充和修改,以充分发挥原始凭证的作用;四是借助电子计算机进行信息的收集、加工和输出。

4. 加强计量及验收制度

计量,是指用统一规定的计量仪器,按统一的计量单位,用科学的检测方法,对计量对象量和数的数据进行采集及传递的工作。一般在项目施工中,物质产品、劳动对象、技术标准等需要计量工作,如表示外在数量的长度、体积、容积、面积、重量、弧度等;表示内在物理化学性能的强度、拉力、抗渗、耐水、导热等等。如果没有计量工作,生产和经济交往就无法进行。

计量工作是项目进行科学管理的必要条件。正确的计量不仅为项目施工的数量和质量及材料试验提供可靠的依据,而且,也是进行项目核算,保证核算准确无误的基础。在项目施工过程中,如果没有计量工作或计量工作不健全,或计量器具不准确,要搞好核算工作,有效地进行项目控制是不可能的。因此,在整个施工过程中,从材料进库、工程测量,到质量验收、验工计价、竣工移交等每个环节上都要加强计量工作及管理。

5. 建立和健全各项责任制度

对施工项目成本进行全过程的成本管理,不仅需要有周密的成本计划和目标,更重要的是为实现这种计划和目标的控制方法和项目施工中有关的各项责任制度。有关施工项目成本管理的各项责任制度包括有:计量验收制度,考勤、考核制度,原始记录和统计制度,成本核算分析制度、奖惩制度以及完善的成本目标责任制体系。

五、施工项目成本目标责任制

施工项目成本目标责任制就是项目经理部将施工项目的成本目标,按管理层次进行再分解为各项活动的子目标,落实到每个职能部门和作业班组,把与施工项目成本有关的各项工作组织起来,并且和经济责任制挂钩,形成一个严密的成本管理工作体系的制度。它是美国管理大师彼得·杜鲁克提出的目标管理(Management of Objective)在施工项目成本管理中的应用,其内容包括:

(一)建立以项目经理为核心的项目成本控制体系

项目经理负责制,是项目管理的特征之一。实行项目经理负责制,就是要求项目经理对项目建设的进度、质量、成本、安全和现场管理标准化等全面负责,特别要把成本控制放在首位,因为成本失控,必然影响项目的经济效益,难以完成预期的成本目标,更无法向职工交代。

(二)建立项目成本管理责任制

项目管理人员的成本责任,不同于工作责任。有时工作责任已经完成,甚至还完成得相当出色,但成本责任却没有完成。例如:项目工程师贯彻工程技术规范认真负责,对保证工程质量起了积极的作用,但往往强调了质量,忽视了节约,影响了成本。又如:材料员采购及时,供应到位,配合施工得力,值得赞扬,但在材料采购时就远不就近,就次不就好,就高不就低,既增加了采购成本,又不利于工程质量。因此,应该在原有职责分工的基础上,还要进一步明确成本管理责任,使每一个项目管理人员都有这样的认识:在完成工作责任的同时还要为降低成本精打细算,为节约成本开支严格把关。

这里所说的成本管理责任制,是指各项管理人员在处理日常业务中对成本管理应尽的责任。它包括预算员、技术人员、劳动定额材料员、施工员、机管员、技监员、行政事务员、安全场容管理员、成本员、构件员的成本管理责任,如下图 11—3 所示。

施工项目经理

	主要职责
预算员	编制两算,办理项目增减账,负责外包和对外结算;提供分部完成实物工程量统计表,进行工程变更的成本控制
技术人员	参与编制施工组织设计、优化施工方案,负责落实各项技术节约措施,提供技术措施节约实物量报表
劳动定额员	验收施工任务单,严格控制定额用工;提供人工分析表,核发工资、资金、外包应付账单等
施工员	编制各类施工进度计划,签发施工任务单,控制施工工期和负责做好项目统计工作
机管员	负责编制各类机械台班使用计划,提供各类机械实际使用台班资料,提高机械完好、利用率。负责外来机械租赁费的控制
材料员	编制各类材料合作计划,负责限额发料、进料验收及台账记录;负责提供材料耗用月报、周转材料租赁单及各类供料的验收资料,控制材料采购成本
技监员	负责质量检查、验收工作,控制质量成本,提供为提高质量而发生的实物量统计表及返修、奖惩资料
行政事务员	项目行政事务工作,包括行政报销、办公、生活等方面工作,以及文书档案管理
安全场容管理员	负责保持场容整洁,检查班组落手清工作,落实修旧利废节约代用等降低成本措施。负责安全宣传教育,落实安全措施,预防事故发生
成本员	负责编制项目目标成本(成本计划)。正确、及时核算项目实际成本,及时提供成本资料,进行分部、分阶段的三算分析,编制成本报表
构件员	负责构配件使用的加工计划申请、验收,按月提供配件耗用表,以及现场构配件的合理堆放保管

图 11—3　施工项目成本目标责任分解图

(三)实行对施工队分包成本的控制

在管理层与劳务层分离的条件下,项目经理部与施工队之间需要通过劳务合同建立发包与承包关系。在合同履行过程中,项目经理部有权对施工队的进度、质量、安全和现场管理标准进行监督,同时按合同规定支付劳务费用。至于施工队成本的节约或超支,属于施工队自身的管理范畴,项目经理部无权过问,也不应该过问。

第二节　成本预测与计划

一、施工项目成本预测

(一)施工项目成本预测的含义

所谓预测就是根据历史资料和现实资料,借助科学的方法和手段,来估计客观事物未来的发展趋势。具体来说,施工项目成本预测就是指通过取得的历史数字资料,采用经验总结、统计分析及数学模型的方法对施工项目成本进行判断和推测。通过成本预测,可以为项目确定成本目标提供可靠的依据,为项目挖掘降低成本的潜力指明方向。分析施工项目成本预测的定义,我们不难看出,要做好施工项目成本预测有三个基本工作:一是要有完备的信息资料,这取决于基础工作做得好坏;二是遵循一定的成本预测程序;三是要借助于一定的成本预测方法。

(二)施工项目成本预测程序

1. 制定预测计划

制定预测计划是预测工作顺利进行的保证。预测计划的内容主要包括:组织领导及工作布置,配合的部门,时间进度,搜集材料范围等。如果在预测过程中发现新情况和发现计划有缺陷,则可修订预测计划,以保证预测工作顺利进行并获得较好的预测质量。

2. 搜集和整理预测资料

根据预测计划,搜集预测资料是进行预测的重要条件。预测资料一般有纵向和横向的两个方面数据。纵向资料是施工单位各类材料的消耗及价格的历史数据,据以分析其发展趋势;横向资料是指同类施工项目的成本资料,据以分析所预测项目与同类项目的差异,并做出估计。

预测资料的真实与正确,决定了预测工作的质量,因此对搜集的资料要进行细致的检查和整理。如各项指标的口径、单位、价格等是否一致;核算、汇集的时间资料是否完整,如有残缺,应采用估算、换算、查阅等方法进行补充;对没有可比性或重复的资料,要去伪存真,进行筛选,以保证预测资料的完整件、连续性和真实性。

3. 选择预测方法

预测方法一般分为定性与定量两类。定性方法有专家会议法、主观概率法和特尔菲法等,主要是根据各方面的信息、情报或意见,进行推断预测。定量方法主要有移动平均法、指数平滑法和回归分析法等。

4. 成本初步预测

主要是根据定性预测的方法及一些横向成本资料的定量预测,对施工项目成本进行初步估计。这一步的结果往往比较粗糙,需要结合现在的成本水平进行修正,才能保证预测成本的精度。

5. 影响成本水平的因素预测

影响工程成本水平因素主要有:物价变化、劳动生产率、物料消耗指标、项目管理办公费用开支等。可根据近期内其他工程实施情况、本企业职工及当地分包企业情况、市场行情等,推测未来哪些因素会对本施工项目的成本水平产生影响,其结果如何。

6. 成本预测

根据初步的成本预测以及对成本水平变化因素预测结果,确定该项目的成本情况,包括人工费、材料费、机械使用费和其他直接费等。

7. 分析预测误差

成本预测是对施工项目实施之前的成本预计和推断,这往往与实施过程中及其后的实际成本有出入,而产生预测误差。预测误差大小,反映预测的准确程度。如果误差较大,就应分析产生误差的原因,并积累经验。

(三)施工项目成本预测方法

现代预测方法种类很多，发展很迅速，但一般可分为两大类：定性预测方法和定量预测方法。定性预测方法是根据已掌握的信息资料和直观材料，依靠具有丰富经验和分析能力的内行专家，运用主观经验，对施工项目的成本及其要素进行判断或推测的一类预测方法。常用的定性预测方法有专家会议法、专家调查法。定量预测方法是根据已掌握的比较完备的历史统计数据，运用一定数学方法进行科学的加工整理，借以揭示有关变量之间的规律性联系，用于预测和推测未来发展变化的一类预测方法。定量预测方法有时间序列预测法和回归预测法。时间序列预测法是以一个指标本身历史数据的变化趋势，去寻找市场的演变规律，对未来进行预测的方法。常见的时间序列预测法有移动平均法和指数平滑法。回归预测法它是利用事物内部因素间发展的因果关系来预测其发展变化的趋势。

1. 专家会议法

专家会议法又称之为集合意见法，是将有关人员召集起来，通过会议形式，针对预测的对象，交换意见预测工程成本。参加会议的人员，一般选择具有丰富经验，对经营和管理熟悉，并有一定专长的各方面专家。例如：对材料价格市场行情预测，可请材料设备采购人员、计划人员、经营人员等；对工料消耗分析，可请技术人员、施工管理人员、材料管理人员、劳资人员等；估计工程成本，可请预算人员、经营人员、施工管理人员等。

使用该方法，预测值经常出现较大的差异。在这种情况下，一般可采用预测值的平均值或加权平均值作为预测结果。

【例 11—1】 B 建筑公司承建位于某市的商住楼的主体结构工程（框剪结构）的施工，建筑面积10 000 m^2，20 层，工期 2001 年 1 月～2002 年 2 月。公司在施工之前将进行该工程的成本预测工作。试采用专家会议法预测成本。

解：该公司召开由本公司的 9 位专业人员参加的预测会议，预测该工程的成本。各位专家的意见分别为：685、700、712、675、680、695、693、710、706（单元：元/m^2）。由于结果相差较大，经反复讨论，意见集中在 680（3 人）、695（3 人）、710（3 人），采用上述的方法确定预测成本（Y）为

$$Y=\frac{680\times3+695\times3+710\times3}{9}=695\text{ 元}/\text{m}^2$$

2. 专家调查法（特尔菲法）

这是根据有专业知识的人的直接经验，采用系统的程序，互不见面和反复进行的方式，对某一未来问题进行判断的一种方法。首先，草拟调查提纲，提供背景资料，轮番征询不同专家的预测意见，最后再汇总调查结果。对于调查结果。要整理书面意见和报表。这种方法，具有匿名性，具体程序为：

（1）组织领导

应用特尔菲法预测，需要成立一个预测领导小组。领导小组负责草拟预测主题，编制预测事件一览表，选择专家，以及对预测结果进行分析、整理、归纳和处理。

（2）专家的选择

选择专家是关键。专家一般指掌握某一特定领域知识和技能的人。人数不宜过多，一般 10～20 人为宜。可避免当面讨论时容易产生相互干扰等弊病，或者当面表达意见，可能受到约束。该方法以信函方式与专家直接联系，专家之间没有任何联系。

（3）预测内容

根据预测任务，制定专家应答的问题提纲，说明作出定量估计、进行预测的依据及其对判

断的影响程度。

(4)预测程序

第一次,提出要求,明确预测目标,用书面通知被选定的专家或专门人员。要求每位专家说明有什么特别资料可用来分析这些问题以及这些资料的使用方法。同时,请专家提供有关资料,并请专家提出进一步需要哪些资料。

第二次,专家接到通知后,根据自己的知识和经验,对所预测事件的未来发展趋势提出自己的观点,并说明其依据和理由,以书面答复主持预测的单位。

第三次,预测领导小组,根据专家预测的意见,加以归纳整理,对不同的预测值分别说明预测值的依据和理由(根据专家意见,但不注明哪个专家意见),然后再寄给各位专家,要求专家修改自己原先的预测,以及提出还有什么要求。

第四次,专家等人接到第二次信后,就各种预测的意见、依据和理由进行分析,再次进行预测,提出自己修改的意见、依据和理由。如此反复往返征询、归纳、修改、直到意见基本一致为止。修改的次数,根据需要决定。一般进行 4 轮,预测意见基本统一。

【例 11—2】 上例中,用专家调查法对未来建材价格的变化做出预测。

解:建筑材料价格受到通货膨胀的影响,尤其对基建规模的变化很敏感,实际上很难有一个简单方便的数学模型描述它。对于施工企业来说,预测材料价格变化的较好的方法是采用特尔菲法。具体的做法是以每年初或年末,采用专家调查法预测对以后 1~2 年内的价格变动情况(通常是以上涨或下降的百分率表示)。由于单位工程的工期往往在 1~2 年内,选择预测期为 1 年和 2 年可以满足实际需要。

在本例中,该公司指定由经营科组织和领导进行专家调查,对未来一年内建材价格变化进行预测。选择的专家分布在该市的建筑行业主管部门、建材业主管部门及建材企业、建行等,共 10 人。给专家发送的“征询函”的内容有:

(1)征询的目的和要求,即要求专家预测 2002 年建材价格平均变化率;

(2)向专家提供一些必要的资料供预测时参考,主要有 1996 年至 2001 年的建材价格行情、基建规模、物价指数和建材供求情况。经过四轮征询,最后的结果专家的意见集中在 8%(1 人)、9%(2 人)、9.5%(2 人)、10.5%(2 人)、11%(2 人)和 12%(1 人)。采用平均法求得预测值:

$$Y=\frac{8\%+9\%\times 2+9.5\%\times 2+10.5\%\times 2+11\%\times 2+12\%}{10}=10\%$$

3. 移动平均法

移动平均法是时间序列预测法中的一种基本方法,应用很广泛。所谓移动平均法就是从时间序列的第一项数值开始,按一定项数求序时平均数,逐项移动,边移动边平均。这样,就可以得出一个由移动平均数构成的新的时间序列。它把原有历史统计数据中的随机因素加以过滤,消除数据中的起伏波动情况,使不规则的线型大致上规则化,以显示出预测对象的发展方向和趋势。

移动平均法又可分为:简单移动平均法,加权移动平均法,趋势修正移动平均法和二次移动平均法。这里主要介绍简单移动平均法。

简单移动平均法,又叫一次移动平均法,是在算术平均法的基础上,通过逐项分段移动,求得下一项的预测值。其基本公式是

$$M_t=\frac{Y_{t-1}+Y_{t-2}+\cdots+Y_{t-N}}{N} \tag{11—1}$$

式中　M_t——第 t 期一次移动平均值,即代表第 t 期的预测值;

Y_i——第 i 期的实际数值($i=t,t-1,t-2,\cdots,t-N,\cdots$);

N——移动平均时的分段数据的项数。

上式可改写成:

$$M_t = M_{t-1} + \frac{Y_{t-1} + Y_{t-(N+1)}}{N} \tag{11—2}$$

此公式说明,在计算移动平均数时,只要在前一期移动平均数的基础上,加上一个修正项($Y_{t-1} - Y_{t-(N+1)}$)/N,就可以求得所需要的移动平均数。

【例 11—3】　在例 11—1 中,该公司利用移动平均法预测工程的劳动生产率的提高。

解:取 $N=3$,计算过程和结果见表 11—1(各年度的劳动生产率实际增长率为已知历史资料)。

表　11—1

年　份	年　次	各年度劳动生产率实际增长率(Y)	简单移动平均值($N=3$)(预测值)
1994	1	0	
1995	2	2.2%	
1996	3	3.5%	
1997	4	5.0%	1.9%
1998	5	4.0%	3.6%
1999	6	4.7%	4.2%
2000	7	5.4%	4.6%
2001	8		4.7%

移动平均法的分段数据的项数(N)的选择是一个关键问题。如果 N 取得太大,移动平均值对数列起伏变动的敏感性就差,随着 N 值的增加,趋势线逐渐平稳,但其滞后现象也同时愈益显著,容易滞后于可能的发展趋势。如 N 值取得小,其灵敏度高,对于随机因素反映敏感,容易造成错觉,导致预测失误。

因此,在确定 N 时,要从以下几个方面考虑:

(1)处理的数据数次的多少。如数据项数多,N 可取得大些;

(2)对新数据适应程度的要求。N 取得小,对新数据反映灵敏,否则,对新数据反映不敏感;

(3)考查时间序列的变动是否有明显的周期性波动。如有,应以其周期作为 N,可消除周期性波动,使移动平均序列反映长期趋势;

(4)凭长期积累的经验,决定 N 值大小。

4. 指数平滑法

指数平滑法,也叫指数修正法,是一种简便易行的时间序列预测方法。它是在移动平均法基础上发展起来的一种预测方法。使用移动平均法有两个明显的缺点:一是它需要大量的历史观察值的储备;二是要用时间序列中近期观察值的加权方法来解决,因为最近的观察中包含着最多的未来情况的信息,所以必须相对地比前期观察值赋予更大的权数。即对最近期的观察值应给予最大的权数,而对较远的观察值就给予递减的权数。指数平滑法就是既可以满足这样一种加权法,又不需要大量历史观察值的一种新的移动平均预测法。

指数平滑法又分为:一次指数平滑法、二次指数平滑法和三次指数平滑法。这里主要介绍一次指数平滑法。计算公式为:

$$S_t = \alpha Y_t + (1-\alpha) S_{t-1} \qquad (11—3)$$

式中 S_t——第 t 期的一次指数平滑值,作为第 $t+1$ 期的预测值;

Y_t——第 t 期的实际观察值;

S_{t-1}——第 $t-1$ 期的一次指数平滑值,也就是第 t 期的预测值;

α——加权系数,$0\leqslant\alpha\leqslant1$。

从(11—3)式可见,加权系数 α 取值的大小直接影响平滑值的计算结果。α 越大,其对应的观察值 Y_t 在 S_t 中所占的比重越高,所起的作用也越大。在实际应用中,选取 α 值,应经过反复试算而确定。

公式(11—3)是一递推公式,一般取初值 $S_0 = Y_1$

【例 11—4】 在例 11—1 中,该公司利用指数平滑法预测 2001 年劳动力工资上涨率。

解:取 $\alpha=0.9$,计算过程和结果见表 11—2。

表 11—2

年份	年次	各年度劳动力工资实际增长率(Y)	指数平滑值($N=3,\alpha=0.9$)
1994	1	2%	S_0 取 $Y_1$2%
1995	2	3%	2%
1996	3	6%	2.9%
1997	4	10%	5.7%
1998	5	15%	9.6%
1999	6	18%	14.5%
2000	7	22%	17.7%
2001	8		21.5%

结论:2001 年该公司劳动力工资上涨率为 21.5%。

5. 回归预测法

回归预测法是根据现象之间相关关系的形式,拟合一定的直线或曲线,用这条直线或曲线代表现象间的一般数量变化关系。一般的回归预测方程为 $Y=f(x_1,x_2,\cdots,x_n)$。依据函数 $f(x_1,x_2,\cdots,x_n)$是线性或非线性形式,回归预测分线性回归预测和非线性回归预测;依据自变量 x_n 的个数 n 等于 1 或大于 1,回归预测分为一元回归预测和多元回归预测。由此组合成四种不同的回归预测,它们是一元线性回归预测法、一元非线性回归预测法、多元线性回归预测法和多元非线性回归预测法。四种不同回归预测法其基本原理是一致,所不同的是数学处理的难度不相同。这里仅介绍一元线性回归预测法。

(1)一元线性回归预测法的基本原理

一元线性回归预测法是根据历史数据在直角坐标系上描绘出相应点,再在各点间作一直线,使直线到各点的距离最小,即偏差平方和为最小,因而,这条直线就最能代表实际数据变化的趋势(或称倾向线),用这条直线适当延长进行预测是合适的(图 11—4 所示)。一元线性回归的

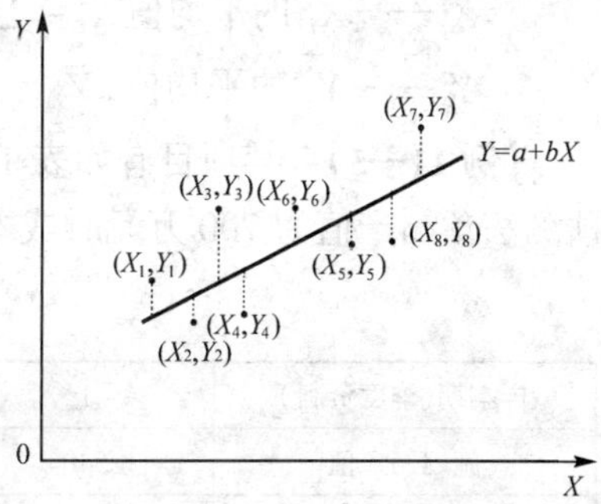

图 11—4 一元线性回归预测法的基本原理

基本公式是:

$$\hat{Y}=a+bX \tag{11—4}$$

式中 X——自变量;

$\hat{Y}$——因变量;

a、b——回归系数,亦称待定系数。

(2)一元线性回归预测的步骤

从式(11—4)中看出,当 $X=0$ 时,$Y=a$,a 是直线在 Y 轴上的截距。Y 是由 a 点起,随着 X 的变化开始演变的。a 是利用统计数据计算出来的经验常数,b 是直线的斜率,也是利用统计数据计算出来的经验常数。它用来表示自变量 X 与因变量的比例关系的。Y 是按着 b 这个比值,随着 X 等比变化的,X 与 Y 这两个变量之间的关系,将在 a,b 这两个回归系数的范围内,进行有规律的演变。因此,运用一元回归分析法的步骤是:

①先根据 X、Y 两个变量的历史统计数据,寻求合理的 a、b 回归系数,然后,依据 a、b 回归系数来确定回归方程。

②利用已求出的回归方程中 a、b 回归系数的经验值,根据具体条件,测算 Y 值随着 X 值的变化而呈现的未来演变。

(3)求回归系数 a 和 b

求解回归直线方程式中 a、b 两个回归系数要运用最小二乘法。具体的计算方法不再叙述,其结果如下:

$$\begin{cases} b=\dfrac{N\sum X_iY_i-\sum Y_i\cdot\sum X_i}{N\sum X_i^2-\sum X_i\cdot\sum X_i} & (11—5)\\ a=\dfrac{\sum Y_i-b\sum X_i}{N} & (11—6)\end{cases}$$

或

$$\begin{cases} b=\dfrac{\sum X_i\cdot Y_i-\bar{X}_i\cdot\sum Y_i}{\sum X_i^2-\bar{X}_i\cdot\sum X_i} & (11—7)\\ a=\bar{Y}_i-b\bar{X}_i & (11—8)\end{cases}$$

式中 X_i——自变量的历史数据;

Y_i——因变量的历史数据;

N——所采用的历史数据的组数;

$\bar{X}_i$——X_i 的平均值 $\bar{X}_i=\sum X_i/N$;

$\bar{Y}_i$——Y_i 的平均值,$\bar{Y}_i=\sum Y_i/N$。

【例 11—5】 某项目有如表 11—3 的表示产值与成本的历史资料,试应用一元线性回归预测法预测产值为 700 万元时成本水平。

表 11—3 单位:万元

样本期(季度资料)	1	2	3	4	5
施工产值	540	560	590	640	680
总成本	506	516	538	588	616

解:由于项目为临时组织,所以在进行成本预测时,或是本项目的成本数据(如用季、月资料来进行季、月预测),或是使用类似项目的历史资料,因而,在求得预测值后还要根据实际情况作必要的修正。

根据上表资料,先作出如表 11—4 的初步计算。

表 11—4

样本期	X_i	Y_i	X_iY_i	X_i^2
1	540	506	273 240	291 600
2	560	516	288 960	313 600
3	590	536	317 420	348 100
4	640	588	376 320	409 600
5	680	616	418 880	462 400
合计	3 010	2 764	1 674 820	1 825 300

$$\overline{X}=\frac{1}{5}\times(540+560+590+640+680)=\frac{1}{5}\times3\ 010=602$$

$$\overline{Y}=\frac{1}{5}\times(506+516+536+588+616)=\frac{1}{5}\times2\ 764=552.8$$

于是,

$$b=\frac{\sum XY-\overline{X}\sum Y}{\sum X^2-\overline{X}\sum X}=\frac{164\ 820-602\times2\ 764}{1\ 825\ 300-602\times3\ 010}=\frac{10\ 892}{13\ 280}=0.8202$$

$$a=\overline{Y}-b\overline{X}=552.8-0.8202\times602-59.04$$

从而,该项目的总成本公式为:

$$Y=59.04+0.8202X$$

已知 $X=700$　$Y=59.04+0.8202\times700=633.18$(万元)

结论:该项目当产值为 700 万元时,其成本水平为 633.18 万元。

二、施工项目成本计划

施工项目成本计划是以货币形式预先规定施工项目进行中的施工生产耗费的计划总水平以及按成本管理层次、有关成本项目以及项目进展的逐阶段进行分解的成本管理目标。它是施工企业、项目经理部对生产耗费进行控制、分析和考核的重要依据,是编制核算单位其他有关计划的基础,可以充分动员全体职工深入开展增产节约、降低项目成本的积极性。

(一)施工项目成本计划编制的原则

为了使成本计划能够发挥它的积极作用,在编制成本计划时应掌握以下一些原则:

1. 从实际情况出发的原则

编制成本计划必须根据国家的方针政策,从企业的实际情况出发,充分挖掘企业内部潜力,使降低成本指标既积极可靠,又切实可行。

2. 与其他计划结合的原则

编制成本计划,必须与施工项目的其他各项计划如施工方案、生产进度、财务计划、材料供应及耗费计划等密切结合,保持平衡。

3. 采用先进的技术经济定额的原则

编制成本计划,必须以各种先进的技术经济定额为依据,并针对工程的具体特点,采取切实可行的技术组织措施作保证。只有这样，才能使编出的成本计划具有科学根据，又有实现的可能，也只有这样，才能使编出的成本计划起到促进和激励职工加强成本管理的作用。

4. 统一领导、分级管理的原则

编制成本计划，应实行统一领导、分级管理的原则，采取走群众路线的工作作风，应在项目经理的领导下，以财务和计划部门为中心，发动全体职工共同进行，总结降低成本的经验，找出降低成本的正确途径，使成本计划的制定和执行具有广泛的群众基础。

5. 弹性原则

编制成本计划，应留有充分余地，保持计划的一定弹性。在计划期内，项目经理部有内部或外部的技术经济状况和供产销条件，很可能发生一些在编制计划时所未预料的变化，尤其是材料供应、市场价格千变万化，给计划拟定带来很大困难，因而在编制计划时应充分考虑到这些情况，使计划保持一定的应变适应能力。

(二)施工项目成本计划的内容

施工项目的成本计划一般由施工项目降低直接成本计划和间接成本计划组成。如果项目设有附属生产单位(如加工厂、预制厂等)，成本计划还包括产品成本计划和作业成本计划。施工项目降低直接成本计划主要反映工程成本的预算价值、计划降低额和计划降低率。间接成本计划主要反映施工现场管理费用的计划数。为了比较明确地表达施工项目成本计划，最好通过成本计划表格的形式表达。目前常用的施工项目成本计划表格有：

1. 项目成本计划任务表

它主要是反映工程项目预算成本、计划成本、成本降低额、成本降低率的文件。成本降低额能否实现主要取决于企业采取的技术组织措施。因此，计划成本降低额这一栏要根据技术组织措施表和降低成本计划表来填写。格式见表 11—5。

表 11—5　项目成本计划任务表

工程名称：　　　　　　项目经理：　　　　　　日期：　　　　　　单位：

项　目	预算成本	计划成本	计划成本降低额	计划成本降低率
1. 直 接 费 用				
人　工　费				
材　料　费				
机械使用费				
其他直接费				
2. 间 接 费 用				
施工管理费				
合　　计				

注：计划成本降低额＝预算成本－计划成本

$$计划成本降低率=\frac{计划成本降低额}{预算成本}\times 100\%$$

2. 技术组织措施表

它是预测项目计划内施工工程成本各项直接费用计划降低额的依据，是提出各项节约措施和确定各项措施的经济效益的文件。由项目经理部有关人员分别就应采取的技术组织措施预测它的经济效益，最后汇总编制而成。编制技术组织措施表的目的，是为了在不断采用新工艺、新技术的基础上提高施工技术水平，改善施工工艺过程，推广工业化和机械化施工方法，以及通过采纳合理化建议达到降低成本的目的，见表11—6。

表11—6 技术组织措施表

工程名称：　　　　　　　　　　　　　　　　　　　　　　　　　　日期：
项目经理：　　　　　　　　　　　　　　　　　　　　　　　　　　单位：

措施项目	措施内容	涉及对象			降低成本来源		成本降低额					责任单位和责任人
		实物名称	单价	数量	预算收入	计划开支	合计	人工费	材料费	机械费	其他直接费	

3. 降低成本计划表

它是根据企业下达给该项目的降低成本任务和该项目经理部自己确定的降低成本指标而制定出项目成本降低计划。它是编制成本计划任务表的重要依据。它是由项目经理部有关业务和技术人员编制的。其根据是项目的总包和分包的分工，项目中的各有关部门提供降低成本资料及技术组织措施计划。在编制降低成本计划表时还应参照企业内外以往同类项目成本计划的实际执行情况，见表11—7。

表11—7 降低成本计划表

工程名称：　　　　　　　　　　　　　　　　　　　　　　　　　　日期：
项目经理：　　　　　　　　　　　　　　　　　　　　　　　　　　单位：

分项工程名称	成本降低额					
	总计	直接成本				间接成本
		人工费	材料费	机械费	其他直接费	

4. 施工现场管理费计划表

施工现场管理费计划表反映的是项目经理部为施工生产经营和服务所发生费用的预算收入、计划数及计划降低额、降低率，见表11—8。

表 11—8　施工现场管理费计划表

项　目	预算收入	计划数	降低额	降低率
1. 工作人员工资				
2. 生产工人辅助工资				
3. 工资附加费				
4. 办　公　费				
5. 差旅交通费				
6. 固定资产使用费				
7. 工具用具使用费				
8. 劳动保护费				
9. 检验试验费				
10. 工程保养费				
11. 财产保险费				
12. 取暖、水电费				
13. 排　污　费				
14. 其　　他				
合　计				

(三)施工项目成本计划的编制程序

施工项目的成本计划工作,是一项非常重要的工作,它不仅仅是几张计划表的编制,更重要的是项目成本管理的决策过程,即选定技术上可行、经济上合理的最优成本方案。编制成本计划的程序,因项目的规模大小、管理要求不同而不同,大中型项目一般采用分级编制的方式,即先由各部门提出部门成本计划,再由项目经理部汇总编制全项目工程的成本计划;小型项目一般采用集中编制方式,即由项目经理部先编制各部门成本计划,再汇总编制全项目的成本计划。无论采用哪种方式,其编制的基本程序如下:

1. 搜集和整理资料

广泛搜集资料并进行归档整理是编制成本计划的必要步骤。所需搜集的资料也是编制成本计划的依据。

2. 估算计划成本,即确定目标成本

财务部门在掌握了完备的资料,并加以整理分析,根据有关的设计、施工等计划,按照工程项目应投入的物资、材料、劳动力、机械、能源及各种设施等等,结合计划期内各种因素的变化和准备采取的各种增产节约措施,进行反复测算、修订、平衡后,估算生产费用支出的总水平,进而提出全项目的成本计划控制指标,最终确定目标成本。确定目标成本以及把总的目标分解落实到各相关部门、班组。

3. 编制成本计划草案

对大中型项目,经项目经理部批准下达成本指标后,各职能部门应充分发动群众进行认真的讨论,在总结上期成本计划完成情况的基础上,结合本期计划指标,找出完成本期计划的有利和不利因素,提出挖掘潜力、克服不利因素的具体措施,以保证计划任务的完成。为了使指标真正落实,各部门应尽可能将指标分解落实下达到各班组及个人,使得目标成本的降低额和降低率得到充分讨论、反馈、再修订,使成本计划既能够切合实际,又成为群众共同奋斗的目标。

各职能部门亦应认真讨论项目经理部下达的费用控制指标，拟定具体实施的技术经济措施方案，编制各部门的费用预算。

4．综合平衡，编制正式的成本计划

在各职能部门上报了部门成本计划和费用预算后，项目经理部首先应结合各项技术经济措施，检查各计划和费用预算是否合理可行，并进行综合平衡，使各部门计划和费用预算之间相互协调、衔接；其次，要从全局出发，在保证企业下达的成本降低任务或本项目目标成本实现的情况下，以生产计划为中心，分析研究成本计划与生产计划、劳动工时计划、材料成本与物资供应计划、工资成本与工资基金计划、资金计划等的相互协调。经反复讨论多次综合平衡，最后确定的成本计划指标，即可作为编制成本计划的依据，项目经理部正式编制的成本计划，上报企业有关部门后即可正式下达至各职能部门执行。

（四）施工项目成本计划的编制方法

施工项目成本计划工作主要是在项目经理负责下，在成本预测、决策基础上进行的。其关键是确定计划成本或计划成本降低额或计划成本降低率，常用的方法有：

1．定额估算法

这是一种最常见的施工项目成本计划编制方法。在概、预算编制力量较强、定额比较完备的情况下，特别是施工图预算与施工预算编制经验比较丰富的施工企业，工程项目的成本目标可由定额估算法产生。

通常以两算对比差额与技术组织措施带来的节约来估算计划成本的降低额，公式为：

计划成本降低额 = 两算对比定额差 + 技术组织措施计划节约额

【例 11—6】 某施工项目两年对比定额差为 326.4 万元，技术组织措施计划节约额为 182.6 万元，计算计划成本降低额。

解：计划成本降低额 = 326.4 + 182.6 = 519 万元。

2．计划成本法

施工项目成本计划中的计划成本的编制方法，通常有以下几种：

（1）施工预算法

施工预算法，是指以施工图中的工程实物量，套以施工工料消耗定额，计算工料消耗量，并进行工料汇总，然后统一以货币形式反映其施工生产耗费水平。以施工工料消耗定额所计算的施工生产耗费水平，基本是一个不变的常数。一个施工项目要实现较高的经济效益（即提高降低成本水平），就必须在这个常数基础上采取技术节约措施，以降低消耗定额的单位消耗量和降低价格，来达到成本计划的目标成本水平。因此，采用施工预算法编制成本计划时，必须考虑结合技术节约措施计划，以进一步降低施工生产耗费水平。用公式来表示：

施工预算法的计划成本（目标成本）= 施工预算施工生产耗费水平（工料消耗费用）− 技术节约措施计划节约额

【例 11—7】 某施工项目按照施工预算的工程实际量，套以施工工料消耗定额，所计算消耗费用为 570.59 万元，技术节约措施计划节约额为 54.37 万元。计算计划成本。

解：施工项目计划成本 = 570.59 − 54.37 = 516.22 万元

（2）技术节约措施法

技术节约措施法是指以该施工项目计划采取的技术组织措施和节约措施所能取得的经济效果为施工项目成本降低额，然后求施工项目的计划成本的方法。用公式表示：

施工项目计划成本＝施工项目预算成本－技术节约措施计划节约额(降低成本额)

【例 11—8】 某施工项目造价为 662.2 万元,扣除计划利润和税金以及企业管理费,经计算其预算成本为 584.82 万元,该施工项目的技术节约措施节约额为 28.75 万元。计算计划成本。

解:施工项目计划成本＝584.82－28.75＝556.07 万元。

(3)成本习性法

成本习性法,是固定成本和变动成本在编制成本计划中的应用,主要按照成本习性,将成本分成固定成本和变动成本两类,以此作计划成本。

在成本按习性划分为固定成本和变动成本后,可用下列公式计算:

施工项目计划成本＝施工项目变动成本总额＋施工项目固定成本总额

【例 11—9】 某施工项目,经过分部分项测算,测得其变动成本总额为 493.01 万元,固定成本总额为 63.07。计算计划成本。

解:施工项目计划成本＝493.01＋63.07＝556.08 万元

(4)按实计算法

按实计算法,就是施工项目经理部有关职能部门(人员)以该项目施工图预算的工料分析资料作与控制计划成本的依据,根据施工项目经理部执行施工定额的实际水平和要求,由各职能部门归口计算各项计划成本。

3. 定率估算法

当项目过于庞大或复杂,可采用定率估算法。即先将工程项目分为少数几个子项,然后参照同类项目的历史数据,采用数学平均数法计算子项目标成本降低率,然后算出子项成本降低额,汇总后得出整个项目成本降低额、成本降低率。

子项目标成本降低率确定时,可采用加权平均法或三点估算法。

(1)加权平均法

【例 11—10】 如某项工程的通风设备安装子项,历史参照资料如表 11—9 所示。

表 11—9 通风设备安装子项成本降低率资料整理表

年度	建筑面积 b(m^2)	通风子项降低率 a(%)	权数 c	降低率分类
1995	50 427	7.33	0.4	A
1996	40 115	5.42	0.5	A
1997	10 278	5.03	0.6	A
1998	33 016	8.06	0.7	B
1999	90 350	9.40	0.6	B
2000	21 500	4.05	0.7	A

将上列数据整理后,可按建筑面积加权平均,计算该子项目标降低率。

解:目标降低率$=\dfrac{\sum(ab)}{\sum b}$

$$\sum(ab)=7.33\times50\ 427+5.42\times40\ 115+5.03\times10\ 278+8.06\times33\ 016+9.40\times90\ 350+4.05\times21\ 500=18\ 412\ 255$$

$$\sum b=50\ 247+40\ 115+10\ 278+90\ 350+21\ 500=245\ 686$$

所以 目标降低率$=\dfrac{\sum(ab)}{\sum b}=\dfrac{1\ 841\ 225.5}{245\ 686}=7.4942\%$

为了体现对近期参考值的重视程度更大一些，还可以计入年份权数。如上例可依近大远小的原则，将 1995～2000 年资料的权数 c 定为 0.4、0.5、0.6、0.7，然后加权平均。

$$目标降低率=\frac{\sum(abc)}{\sum(bc)}$$

$$\begin{aligned}\sum(abc)&=7.33\times50\,427\times0.4+5.42\times40\,115\times0.5+(5.03\times10\,278+9.40\times90\,350)\\&\quad\times0.6+(8.06\times33\,016+4.05\times21\,500)\times0.7\\&=1\,044\,385.3\end{aligned}$$

$$\begin{aligned}\sum(bc)&=50\,427\times0.4+40\,115\times0.5+(10\,278+90\,350)\times0.6+(33\,016+21\,500)\times0.7\\&=138\,766.3\end{aligned}$$

所以 $$目标降低率=\frac{\sum(abc)}{\sum(bc)}=\frac{1\,044\,385.3}{138\,766.3}=7.5262\%$$

(2)三点估算法

三点估算法是在上列计算基础上，进一步考虑了估算的可靠性，突出平均值的作用。作法是：

①求出总体平均值 X(降低率)。由上文得知计算结果 $X=7.4942$。

②求出落后面(低于平均值)的平均值 A。本例中有 4 个工程属于落后面，其平均值为：

$$\begin{aligned}A&=\frac{\sum(ab)}{\sum b}=\frac{7.33\times50\,427+5.42\times40\,115+5.03\times10\,278+4.05\times21\,500}{50\,427+40\,115+10\,278+21\,500}\\&=\frac{725826.55}{122320}=5.9338\%\end{aligned}$$

③求出先进面(高于平均值)的平均值 B。本例中有二个工程属于先进面，其平均值为：

$$B=\frac{\sum(ab)}{\sum b}=\frac{8.06\times33\,016+9.40\times90\,350}{33\,016+90\,350}=\frac{1\,115\,398.9}{123\,366}=9.414\%$$

④应用公式计算

$$子项目标降低率=\frac{A+B+4X}{6}=\frac{5.9338+9.0414+4\times7.4942}{6}=\frac{44.952}{6}=7.492\%$$

可以看出，三点估算法把总体平均值的权数扩大了 4 倍，使定率的把握性更大。为排除异常现象，测算时还可用去掉最高率和最低率的方法。

采用定率估算法的前提，是必须事先掌握有较充分的同类项目的成本数据，如果参照数据过少，可能导致最终结果出现偏差。

第三节　成本控制与核算

一、施工项目成本控制

施工项目的成本控制，通常是指在项目成本的形成过程中，对生产经营所消耗的人力资源、物质资源和费用开支，进行指导、监督、调节和限制，及时纠正将要发生和已经发生的偏差，把各项生产费用，控制在计划成本的范围之内，以保证成本目标的实现。

由于项目管理是一次性行为，它的管理对象是一个具体的工程项目，且将随着项目建设的完成而结束其历史使命。在施工期间，项目成本能否降低，有无经济效益，得失在此一举，不可逆转，有很大的风险性。为了确保项目成本必盈不亏，成本控制不仅必要，而且必须做好。如何做好施工项目成本控制工作，首先就必须遵循一定的基本原则。

（一）施工项目成本控制的原则

1. 开源与节流相结合的原则

降低项目成本，需要一面增加收入，一面节约支出。因此，在成本控制中，也应该坚持开源与节流相结合的原则。

2. 全面控制原则

全面控制原则就是施工项目的全员、全面、全过程的控制，即将施工项目的每个部门、每个成员在施工项目的施工准备阶段、工程施工直至竣工验收，保修期结束都纳入成本控制的轨道，以防止成本控制人人有责又人人不管，并随着项目施工进展的各个阶段连续进行。

3. 中间控制原则

施工项目的成本控制包括施工准备阶段、施工阶段、竣工及保修期阶段的成本控制。施工准备阶段的成本控制，只是根据上级要求和施工组织设计的具体内容确定成本目标、编制成本计划、制订成本控制的方案，为今后的成本控制作好准备。而竣工及保修期阶段的成本控制，由于成本盈亏已经基本定局，即使发生了偏差，也无法在本项目上纠正。因此，把成本控制的重心放在基础、结构、装饰等主要施工阶段上，则是十分必要的，这就是施工项目成本控制的中间控制原则。

4. 目标管理原则

目标管理是贯彻执行计划的一种方法，它把计划的方针、任务、目的和措施等逐一加以分解，提出进一步的具体要求，并分别落实到执行计划的部门、单位甚至个人。

5. 节约原则

节约人力、物力、财力的消耗，是提高经济效益的核心，也是成本控制的一项最主要的基本原则。节约要从三方面入手：一是严格执行成本开支范围、费用开支标准和有关财务制度，对各项成本费用的支出进行限制和监督；二是提高施工项目的科学管理水平，优化施工方案，提高生产效率，节约人、财、物的消耗；三是采取预防成本失控的技术组织措施，制止可能发生的浪费。

6. 例外管理原则

例外管理是西方国家现代管理常用的方法，它起源于决策科学中的“例外”原则，目前则被更多地用于成本指标的日常控制。

在工程项目建设过程的诸多活动中，有许多活动是例外的，如施工任务单和限额领料单的流转程序等，通常是通过制度来保证其顺利进行的。但也有一些不经常出现的问题，我们称之为“例外”问题。这些“例外”问题，往往是关键性问题，对成本目标的顺利完成影响很大，必须予以高度重视。例如：在成本管理中常见的成本盈亏异常现象，即本来是可以控制的成本，突然发生了失控现象；某些暂时的节约，但有可能对今后的成本带来隐患，如由于平时机械维修费的节约，可能会造成未来的停工修理和更大的经济损失等等，都应该为“例外”问题，进行重点检查，深入分析，并采取相应的措施加以纠正。

7. 责、权、利相结合的原则

要使成本控制真正发挥及时有效的作用，必须严格按照经济责任制的要求，贯彻责、权、利相结合的原则。

（二）施工项目成本控制的对象和内容

1. 以施工项目成本形成的过程作为控制对象

根据对项目成本实行全面、全过程控制的要求，具体的控制内容包括：

(1)在工程投标阶段,应根据工程概况和招标文件,进行项目成本的预测,提出投标决策意见;中标之后,应根据项目的建设规模,组建与之相适应的项目经理部。

(2)施工准备阶段,应结合设计图纸的自审、会审和其他资料(如地质勘探资料等),编制实施性施工组织设计,通过多方案的技术经济比较,从中选择经济合理、先进可行的施工方案,编制明细而具体的成本计划,对项目成本进行事前控制。

(3)施工阶段,以施工图预算、施工预算、劳动定额、材料消耗定额和费用开支标准等,对实际发生的成本费用进行控制,并及时做好成本核算、分析工作。

(4)竣工验收交付使用及保修期阶段,应做好竣工验收工作,并对竣工验收过程发生的费用和保修费用进行控制,做好成本考核工作。

2. 以施工项目的职能部门、施工队和生产班组作为成本控制的对象

成本控制的具体内容是日常发生的各种费用和损失。这些费用和损失,都发生在各个部门、施工队和生产班组。因此,也应以部门、施工队和班组作为成本控制对象,接受项目经理和企业有关部门的指导、监督、检查和考评。与此同时,项目的职能部门、施工队和班组还应对自己承担的责任成本进行自我控制。

3. 以分部分项工程作为项目成本的控制对象

为了把成本控制工作做得扎实、细致,落到实处,还应以分部分项工程作为项目成本的控制对象。在正常情况下,项目应该根据分部分项工作的实物量,参照施工预算定额,联系项目管理的技术素质、业务素质和技术组织措施的节约计划,编制包括工、料、机消耗数量、单价、金额在内的施工预算,作为对分部分项工程成本进行控制的依据。

目前,边设计、边施工的项目比较多,不可能在开工以前一次编出整个项目的施工预算,但可根据出图情况,编制分阶段的施工预算。总的来说,不论是完整的施工预算,还是分阶段的施工预算,都是进行项目成本控制的必不可少的依据。

4. 以对外经济合同作为成本控制对象

在社会主义市场经济体制下,施工项目的对外经济业务,都要以经济合同为纽带建立契约关系,以明确双方的权利和义务。在签订各种对外经济合同时,除了要根据业务要求规定时间、质量、结算方式和履(违)约奖罚等条款外,还必须强调要将合同的数量、单价、金额控制在预算收入以内。因为,合同金额超过预算收入,就意味着成本亏损;反之,就能降低成本。

(三)施工项目成本控制的一般方法

施工成本控制方法很多,但一般来说有如下几种:

1. 以施工图预算控制成本支出

即按施工图预算,实行"以收定支"。如假定预算定额规定人工费单价为13.8元,合同规定人工费补贴为20元/工日,两者相加,人工费的预算收入为33.8元/工时,这时项目经理部在与施工队签订劳务合同时,就应将人工费单价定为30元以下。这样,人工费就不会超支,还留有余地,其余费用的控制道理一样,以备关键工序不时之用。

2. 以施工预算控制各种资源的消耗

资源消耗数量的货币表现就是成本费用。因此,控制了资源消耗,也就等于控制了成本费用。这就可以根据施工预算给每个生产班组签发施工任务单和下达限额领料单,并为其建立资源消耗台账,实行资源消耗的中间控制。任务完成后,根据回收的施工任务单和限额领料单进行成本核算,并进行有效的成本分析。

3. 应用成本与进度同步跟踪的方法控制项目成本

施工项目成本与进度是息息相关的两个方面，两者必然同步，也就是说施工到什么阶段，就应该发生相应的成本费用。如两者不对应就应分析原因，采取纠正行动。为有效地进行成本与进度的同步跟踪控制，可借助横道图与网络图计划，达到以计划进度控制实际进度，以计划成本控制实际成本，并随着每道工序进度的提前或拖期，对每个分项工程的成本实行动态控制，以保证项目成本的实现。

4. 加强质量管理，控制质量成本

质量成本是指项目为保证和提高产品质量而支出的一切费用，以及未达到质量标准而产生的一切损失费用之和。质量成本包括两个主要方面：控制成本和故障成本。控制成本包括预防成本和鉴定成本，属于质量保证费用，与质量成正比关系；故障成本包括内部故障成本和外部故障成本，属于损失性费用，与质量水平成反比关系，质量成本的组成见图 11—5。

通过分析质量成本的构成，可以看出，项目成本与其产品质量水平存在着密切的相互依存关系。控制成本(即预防成本和鉴定成本)属于质量保证费用，和质量水平成正比，亦即，工程质量越高，鉴定成本和预防成本就越大；故障成本属于损失性费用，和质量水平成反比，即工程质量越高，故障成本就越低。它们之间的关系如图 11—6 所示。

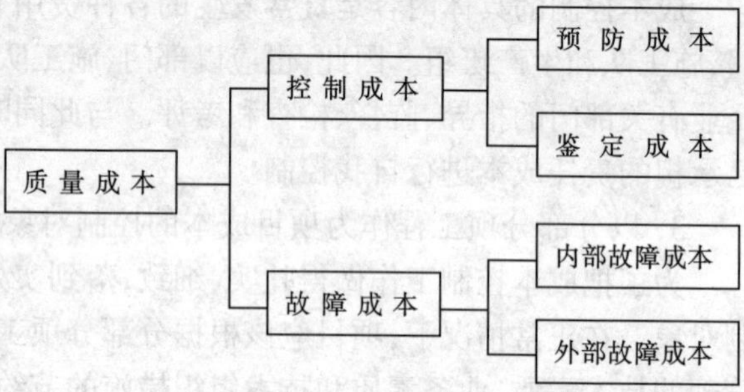

图 11—5　质量成本组成图

从图 11—6 可以看出，我们对工程质量进行控制，并不是要求质量越高越好，质量越高，必然会导致成本费用的增加；反之，质量过低，也将会导致成本费用的增加。因此，从经济角度看，最佳的质量水平应是图 11—6 中的 Q_m 点附近。当质量水平 $Q<Q_m$ 时，则应采取各种预防措施和保证工程质量措施，以提高产品质量，使之向 Q_m 靠近；当质量水平 $Q>Q_m$ 时，则应把工作的重点放在分析研究现行工作标准上，适当地放宽标准，使质量总成本降下来，从右边向 Q_m 靠近。换言之，按设计要求规范和标准施工，就可使质量水平靠近 Q_m。

5. 加强合同管理，注意工程变更对项目成本的影响

工程变更一般是指施工条件和设计的变更。当发生工程变更时，常常对项目的投资和工程成本产生很大影响，如果不能正确、及时地将费用和费用承担者予以合理确定，势必影响项目双方的和谐协作关系，直接影响项目的完成。无论是发生设计变更，还是施工条件发生变化，对项目承包方既定的施工方法、机械设备使用、材料供应、劳动力调配，甚至工期目标的顺利达成都有不同程度的影响，况且，变更内容的实施，往往还要付以特别的资源使用。所以，当工程变更发生时，必须要适当处理，以明确工程项目双方的责任。对大的工程变更，如关于工程建筑物的构造、位置等重大变更时，需要先办理合同变更手续，然而再进行处理；对于小的变更，工程中时有发生，则可在监理工程师的同意下先变更内容，到一定时期再统一办理合理变更手续。以减少工程变更对施工企业的影响。

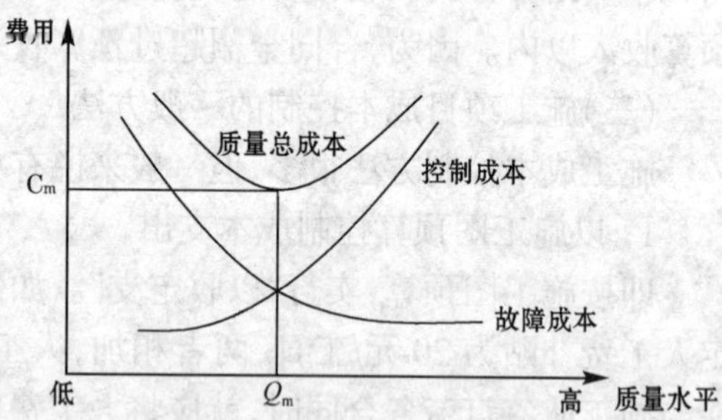

图 11—6　质量成本与质量的关系

6. 定期开展“三同步”检查，防止项目盈亏异常

项目经济核算的“三同步”，就是统计核算、业务核算、会计核算的“三同步”。统计核算即产值统计，业务核算即人力资源和物质资源的消耗统计，会计核算即成本会计核算。根据项目经济活动的规律，这三者之间有着必然的同步关系，即完成多少产值，消耗多少资源，发生多少成本，三者应该同步。项目成本控制中应定期开展“三同步”检查，一时发现不同步，即意味着项目成本出现盈亏异常，应查明原因，及时采取纠正行动。

7. 应用成本分析报表控制项目成本

施工项目成本控制的另一手段是应用成本分析报表，通过这些报表可发现实际完成工程量与成本相对应的情况，预算成本与计划成本的情况，本月成本水平与上月成本水平的情况，以发现问题和趋势，及时采取纠正行动。常用的成本分析报表有月度成本分析表，年度成本分析表，竣工成本分析表。

8. 坚持现场管理标准化，堵塞浪费漏洞

也就是说加强现场平面布置管理和安全生产管理。这就要求施工现场的平面布置，根据工程特点和场地条件，以配合施工为前提，合理安排，有条不紊。施工现场安全生产管理要求现场的所有工作人员一定要遵守现场安全操作规程，在保护施工现场的人身安全和设备安全的条件下，减少和避免不必要的损失。

以上项目成本的控制方法，不可能也没有必要在一个工程项目全部同时使用，可根据各工程项目具体情况和客观需要，选用其中有针对性的、简单实用的方法，这将会收到事半功倍的效果。

(四)降低施工项目成本的途径

降低施工项目成本的途径，应该是既开源又节流，或者说既增收又节支。具体途径有：

1. 认真会审图纸，积极提出修改意见

施工单位应该在满足用户要求和保证工程质量的前提下，联系项目施工的主客观条件，对设计图纸进行认真的会审，并提出积极的修改意见。

2. 加强合同预算管理，增创工程预算收入

首先，要深入研究招标文件、合同内容，正确编制施工图预算。在编制施工图预算的时候，要充分考虑可能发生的成本费用，包括合同规定的属于包干(闭口)性质的各项定额外补贴，并将其全部列入施工图预算，然后通过工程款结算向甲方取得补偿。要做到该收的点滴不漏，以保证项目的预算收入。

然后，把合同规定的“开口”项目，作为增加预算收入的重要方面。例如：合同规定，待图纸出齐后，由甲乙双方共同商定加快工程进度、保证工程质量的技术措施，费用按实结算。按照这一规定，项目经理和工程技术人员应该联系工程特点，充分利用自己的技术优势，采用先进的新技术、新工艺和新材料，经甲方签证后实施。这些措施，应符合以下要求：既能为施工提供方便，有利于加快施工进度，又能提高工程质量，还能增加预算收入。

最后，根据工程变更资料，及时办理增减账。

3. 制订先进的、经济合理的施工方案

制订施工方案要以合同工期和上级要求为依据，结合项目的规模、性质、复杂程度、现场条件、装备情况、人员素质等因素综合考虑。可以同时制订几个施工方案，倾听现场施工人员的意见，以便从中优选最合理、最经济的方案。

4. 落实技术组织措施

为了保证技术组织措施计划的落实，并取得预期的效果，应在项目经理的领导下明确分

工:由工程技术人员订措施,材料人员供材料,现场管理人员和生产班组负责执行,财务成本员结算节约效果,最后由项目经理根据措施执行情况和节约效果对有关人员进行奖励,形成落实技术组织措施的一条龙。

5. 组织均衡施工,加快施工进度

凡是按时间计算的成本费用,如项目管理人员的工资和办公费,现场临时设施费和水电费,以及施工机械和周转设备的租赁费等,在加快施工进度、缩短施工周期的情况下,都会有明显的节约。除此之外,还可从用户那里得到一笔相当可观的提前竣工奖。因此,加快施工进度也是降低项目成本的有效途径之一。

为了加快施工进度,将会增加一定的成本支出。费用按实结算。因为加快施工进度,资源的使用相对集中,往往会出现作业面太小,工作效率难以提高,以及物资供应脱节,造成施工间隙等现象。因此,在加快施工进度的同时,必须根据实际情况,组织均衡施工,切实做到快而不乱,以免发生不必要的损失。

6. 降低材料成本

材料成本在整个项目成本中占用的比重最大,一般可达 70% 左右,而且有较大的节约潜力,往往在其他成本项目(如人工费、机械费等)出现亏损时,要靠材料成本的节约来弥补。因此,材料成本的节约,也是降低项目成本的关键。降低材料成本,关键是抓好材料的采购、保管、使用等各环节。

7. 提高机械利用率

机械使用费占项目预算成本的比重并不大,一般在 5% 左右。但是,预算成本中的机械使用费,是按机械购建时的历史成本计算的,而且折旧率也偏低,以致实际支出超过预算收入的亏损现场相当普遍。为了改变这种状况,现行的财会制度已对机械折旧率和折旧方法作了适当的调整,工程预算定额也将对机械的取定作相应的修改。对项目管理来说,则应联系实际,从合理组织机械施工、提高机械利用率和完好率着手,努力节约机械使用费。

8. 用好用活激励机制,调动职工增产节约的积极性

用好用活激励机制,应从项目施工的实际情况出发,灵活运用。采取各种途径,调动职工增产节约的积极性,如:对关键工序施工的关键班组要实行重奖;对材料操作损耗特别大的工序,可由生产班组直接承包;实行钢模零件和脚手螺丝有偿回收;实行班组落手清承包。

二、施工项目成本核算

施工项目成本核算是指对项目在施工过程中发生的各项费用和形成的实际成本进行的核算与计算。它是施工项目成本管理的重要内容。要做好施工项目成本核算工作,首先就是要执行国家有关成本开支范围和费用开支标准,然后就是正确划分成本核算对象、遵循成本核算原则并借助一定的成本核算方法。

(一)施工项目成本核算对象的划分

成本核算对象是指在计算工程成本中,确定归集和分配生产费用的具体对象,即生产费用承担的客体。成本计算对象的确定,是设立工程成本明细分类账户,归集和分配生产费用以及正确计算工程成本的前提。

具体的成本核算对象主要应根据企业生产的特点加以确定,同时还应考虑成本管理上的要求。由于建筑产品用途的多样性,带来了设计、施工的单件性。这就决定了施工项目成本核算对象的独特性。要说明的是施工项目不等于成本核算对象。有时一个施工项目包括几个单

位工程,需要分别核算。具体来说也可以按照承包工程项目的规模、工期、结构类型、施工组织和方式等情况,结合成本管理要求,灵活划分成本核算对象。一般来说有以下几种划分方法:

(1)一个单位工程由几个施工单位共同施工时,各施工单位都应以同一单位工程为成本核算对象,各自核算自行完成的部分。

(2)规模大,工期长的单位工程,可以将工程划分为若干部位,以分部位的工程作为成本核算对象。

(3)同一建设项目,由同一施工单位施工,并在同一施工地点,属同一结构类型,开竣工时间相近的若干单位工程,可以合并作为一个成本核算对象。

(4)改建、扩建的零星工程,可以将开竣工时间相接近,属于同一建设项目的各个单位工程合并作为一个成本核算对象。

(5)土石方工程,打桩工程,可以根据实际情况和管理需要,以一个单项工程为成本核算对象,或将同一施工地点的若干个工程量较少的单项工程合并作为一个成本核算对象。

成本核算对象确定后,各种经济、技术资料归集必须与此统一,一般不要中途变更,以免造成项目成本核算不实。这样划分成本核算对象,是为了细化项目成本核算和考核项目经济效益。丝毫没有削弱项目经理部作为工程承包合同事实上的履约主体和对工程最终产品以及建设单位负责的管理实体的地位。

(二)施工项目成本核算原则

为了发挥施工项目成本管理职能,提高施工项目管理水平,施工项目成本核算就必须讲求质量,才能提供对决策有用的成本信息。要提高成本核算质量,除了建立合理、可行的施工项目成本管理系统外,很重要的一条,就是遵循成本核算的原则。概括起来一般有下列原则:

1. 确认原则

是指对各项经济业务中发生的成本,都必须按一定的标准和范围加以认定和记录。只要是为了经营目的所发生的或预期要发生的,并要求得以补偿的一切支出,都应作为成本来加以确认。正确的成本确认往往与一定的成本核算对象、范围和时期相联系,并必须按一定的确认标准来进行。这种确认标准具有相对的稳定性,主要侧重定量,但也会随着经济条件和管理要求的发展而变化。在成本核算中,往往要进行再确认,甚至是多次确认。如确认是否属于成本,是否属于特定核算对象的成本(如临时设施先算搭建成本,使用后算摊销费)以及是否属于核算当期成本等。

2. 分期核算原则

施工生产是川流不息的,企业(项目)为了取得一定时期的施工项目成本,就必须将施工生产活动划分若干时期。并分期计算各期项目成本。成本核算的分期应与会计核算的分期相一致,这样便于财务成果的确定。《企业会计准则》第51条指出:“成本计算一般应当按月进行”,这就明确了成本分期核算的基本要求。但要指出、成本的分期核算,与项目成本计算期不能混为一谈。不论生产情况如何,成本核算工作,包括费用的归集和分配等都必须按月进行。至于已完施工项目成本的结算,可以是定期的,按月结转,也可以是不定期的,等到工程竣工后一次结转。

3. 相关性原则

《企业会计准则》第11条指出:“会计信息应当符合国家宏观经济管理的要求,满足有关方面了解企业财务状况和经营成果的需要,满足企业加强内部经营管理的需要”。因此,成本核算要为企业(项目)成本管理目的服务,成本核算不只是简单的计算问题,要与管理融于一体,算为管用。所以,在具体成本核算方法、程序和标准的选择上,在成本核算对象和范围的确定上,应与施工生产经营特点和成本管理要求特性相结合,并与企业(项目)一定时期的成本管理水平相适应。

4. 一贯性原则

这是指企业(项目)成本核算所采用的方法应前后一致。《企业会计准则》第51条指出:“企业也可以根据生产经营特点,生产经营组织类型和成本管理的要求自行确定成本计算方法。但一经确定,不得随意变动”。只有这样,才能使企业各期成本核算资料口径统一,前后连贯,相互可比。坚持一贯性原则,并不是一成不变,如确有必要变更,要有充分的理由对原成本核算方法改变作出解释,并说明这种改变对成本信息的影响,如果随意变动成本核算方法,并不加以说明,则有对成本、利润指标、盈亏状况弄虚作假的嫌疑。

5. 实际成本核算原则

这是指企业(项目)核算要采用实际成本计价。《企业会计准则》第52条指出:“企业应当按实际发生额核算费用和成本。采用定额成本或者计划成本方法的,应当合理计算成本差异,月终编制会计报表时,调整为实际成本”,即必须根据计算期内实际产量以及实际消耗和实际价格计算实际成本。

6. 及时性原则

指企业(项目)成本的核算、结转和成本信息的提供应当在要求时期内完成。要指出的是,成本核算及时性原则,并非越快越好,而是要求成本核算和成本信息的提供,以确保真实为前提,在规定时期内核算完成,在成本信息尚未失去时效情况下适时提供,确保不影响企业(项目)其他环节会计核算工作顺利进行。

7. 权责发生制原则

这是指,凡是当期已经实现的收入和已经发生或应当负担的费用,不论款项是否收付,都应作为当期的收入或费用处理;凡是不属于当期的收入和费用,即使款项已经在当期收付,都不应作为当期的收入和费用。权责发生制原则主要从时间选择上确定成本会计确认的基础,其核心是根据权责关系的实际发生和影响期间来确认企业的支出和收益。根据权责发生制进行收入与成本费用的核算,能够更加准确地反映特定会计期间真实的财务成本状况和经营成果。

8. 划分收益性支出与资本性支出原则

划分收益性支出与资本性支出是指成本、会计核算应当严格区分收益性支出与资本性支出界限,以正确地计算当期损益。所谓收益性支出是指该项支出发生是为了取得本期收益,即仅仅与本期收益的取得有关,如支付工资、水电费支出等,所谓资本性支出是指不仅为取得本期收益而发生的支出,同时该项支出的发生也有助于以后会计期间的支出,如购建固定资产支出。

9. 重要性原则

是指对于成本有重大影响的业务内容,应作为核算的重点,力求精确,而对于那些不太重要的琐碎的经济业务内容,可以相对从简处理,不要事无巨细,均作详细核算。坚持重要性原则能够使成本核算在全面的基础上保证重点,有助于加强对经济活动和经营决策有重大影响和有重要意义的关键性问题的核算,达到事半功倍,简化核算,节约人力、财务、物力,提高工作效率的目的。

10. 明晰性原则

是指项目成本记录必须直观、清晰、简明、可控、便于理解和利用。使项目经理和项目管理人员了解成本信息的内涵，弄懂成本信息的内容，便于信息利用，有效地控制项目的成本费用。

(三)施工项目成本项目核算的方法

1. 人工费核算

(1)内包人工费

是指两层分开后企业所属的劳务分公司(内部劳力市场自有劳务)与项目经理部签订的劳务合同结算的全部工程价款。按月结算计入项目单位工程成本。

(2)外包人工费

按项目经理部与劳务基地(内部劳务市场外来劳务)或直接与外单位施工队伍签订的包清工合同，以当月验收完成的工程实物量，计算出定额工日数乘以合同人工单价确定人工费。并按月凭项目经济员提供的"包清工工程款月度成本汇总表"(分外包单位和单位工程)预提计入项目单位工程成本。

上述内包、外包合同履行完比，根据分部分项的工期、质量、安全、场容等验收考核情况，进行合同结算，以结账单按实据以调整项目实际成本。对估点工任务单必须当月签发，当月结算，严格管理，按实计入成本，隔月不予结算，一律作废。

2. 材料费结算

(1)工程耗用的材料，根据限额领料单、退料单、报损报耗单，大堆材料耗用计算单等，由项目料具员按单位工程编制"材料耗用汇总表"，据以计入项目成本。

(2)钢材、水泥、木材高进高出价差核算

①标内代办。是指"三材"差价列人工程预算账单内作为造价组成部分。通常由项目经理部委托材料分公司(内部材料市场)代办，由材料分公司向项目经理部收取高价差。由项目成本员按价差发生额，一次或分次提供给项目负责统计的经济员报出产值，以便及时回收资金。月度结算成本时，为谨慎起见可不作降低，而作持平处理，使预算与实际同步。单位工程竣工结算，按实际消耗量调整实际成本。

委托代办的单价(差价)可先按合同预算报价内差价为准，原则上由项目负责量差，由材料市场负责价差，也可由项目经理部和材料分公司联手，负担代办差价风险，即标内差价与实际代办差价盈亏双方分享。木材差价核算操作上，应分工程木料和设备木料分别进行。

②标外代办。是指由建设单位直接委托材料分公司代办三材，其发生的"三材"差价，由材料分公司与建设单位按代办合同口径结算，项目经理部不发生差价，亦不列人工程预算账单内，不作为造价组成部分，可作类似于交料平价处理。项目经理部只核算实际耗用超过设计预算用量的那部分量差及应负担市场高进高出的差价，并计入相应的项目单位工程成本。

随着总承包的发展，建设单位多愿与总承包项目经理部一个口子结算，因此标外代办形式将日趋减少。

(3)一般价差核算

①提高项目材料核算的透明度，简化核算，做到明码标价。

②钢材、水泥、木材、玻璃、沥青按实际价格核算，高干预算取费的差价，高进高出。谁用谁负担。

③装饰材料按实际采购价作为计划价核算，计入该项目成本。

④项目对外自行采购或按定额承包供应材料，如砖、瓦、砂、石、小五金等，应按实际采购价或按议定供应价格结算，由此产生的材料、成本差异节超，相应增减项目成本。同时重视转嫁

压价让利风险，获取材料采购经营利益，使供应商让利受益于项目。

3．周转材料费核算

(1)周转材料实行内部租赁制，似租费的形式反映其消耗情况。按"谁租用谁负担"的原则，核算其项目成本。

(2)按周转材料租赁办法和租赁合同，由出租方与项目经理部按月结算租赁费，租赁费按租用的数量、时间和内部租赁单价计算计入项目成本。

(3)周转材料在调入移出时，项目经理部都必须加强计量验收制度，如有短缺、损坏，一律按原价赔偿，计入项目成本(缺损数=进场数－退场数)。

(4)租用周转材料的进退场运费，按其实际发生数，由调入项目负担。

(5)对U型卡、脚手扣件等零件除执行项目租赁制外，考虑到其比较容易散失的因素，故按规定实行定额预提摊耗，摊耗数计入项目成本，相应减少次月租赁基数及租赁费。单位工程竣工，必须进行盘点，盘点后的实物数与前期逐月按控制定额摊耗后的数量差，按实调整清算计入成本。

(6)实行租赁制的周转材料，一般不再分配负担周转材料差价，退场后发生的修复整理费用，应由出租单位作出租成本核算，不再向项目另行收费。

4．结构件费核算

(1)项目结构件的使用必须要有领发手续，并根据这些手续、按照单位工程使用对象编制"结构件耗用月报表"。

(2)项目结构件的单价，以项目经理部与外加工单位签订的合同为准，计算耗用金额进入成本。

(3)根据实际施工形象进度、已完施工产值的统计、各类实际成本报耗三者在月度时点上的三同步原则(配比原则的引伸与应用)，结构件耗用的品种和数量应与施工产值相对应。结构件数量金额账的结存数，应与项目成本员的账面余额相符。

(4)结构件的高进高出价差核算同材料费的高进高出价差核算一致。结构件内三材数量、单价、金额均按报价书核定，或按竣工结算单的数量按实结算。报价内的节约或超支，由项目自负盈亏。

(5)如发生结构件的一般价差，可计入当月项目成本。

(6)部位分项分包，如铝合金门窗、卷帘门、轻钢龙骨石膏板、平顶、屋面防水等，按照企业通常采用的类似结构件管理和核算方法，项目经济员必须做好月度已完工程部分验收记录，正确计报部位分项分包产值，并书面通知项目成本员及时、正确、足额计入成本。

(7)在结构件外加工和部位分包施工过程中，项目经理部通过自身努力获取的经营利益或转嫁压价让利风险所产生的利益，均应受益于施工项目。

5．机械使用费核算

(1)机械设备实行内部租赁制，以租赁费形式反映其消耗情况，按"谁租用谁负担"的原则，核算其项目成本。

(2)按机械设备租赁办法和租赁合同，由企业内部机械设备租赁市场与项目经理部按月结算租赁费。租赁费根据机械使用台班，停置台班和内部租赁单价计算，计入项目成本。

(3)机械进出场费，按规定由承租项目负担。

(4)项目经理部租赁的各类大中小型机械，其租赁费全额计入项目成本。

(5)根据内部机械设备租赁市场运行规则要求，结算原始凭证由项目指定专人签证开班和停班数，据以结算费用。现场机、电、修等操作工奖金由项目考核支付，计入项目机械费成本并分配到有关单位工程。

(6)向外单位租赁机械，按当月租赁费用全额计入项目机械费成本。

上述机械租赁费结算，尤其是大型机械租费及进出场费应与产值对应，防止只有收入无成本的不正常现象，或反之，形成收入与支出不配比状况。

6. 其他直接费核算

项目施工生产过程中实际发生的其他直接费，有时并不"直接"，凡能分清受益对象的，应直接计入受益成本核算对象的工程施工账——"其他直接费"成本项目，如与若干个成本核算对象有关的，可先归集到项目经理部的"其他直接费"总账科目(自行增设)，再按规定的方法分析计入有关成本核算对象的工程施工账——"其他直接费"成本项目内。分配方法可参照费用计算基数，以实际成本中的直接成本(不含其他直接费)扣除三材差价为分配依据。即人工费、材料费、周转材料费、结构件费、机械使用费之和扣除"三材，高进高出价差。

(1)施工过程中的材料二次搬运费，按项目经理部向劳务分公司汽车队托运汽车包天或包月租费结算；或以运输公司的汽车运费计算。

(2)临时设施摊销费按项目经理部搭建的临时设施总价(包括活动房)除项目合同工期求出每月应摊销额，临时设施使用一个月摊销一个月，摊完为止。项目竣工搭拆差额(盈亏)按实调整实际成本。

(3)生产工具用具使用费。大型机动工具、用具等可以套用类似内部机械租赁办法以租费形式计入成本，也可按购置费用一次摊销法计入项目成本，并做好在用工具实物借用记录，以便反复利用。工用具的修理费按实际发生数计入成本。

(4)除上述以外的其他直接费内容，均应按实际发生的有效结算凭证计入项目成本。

7. 施工间接费核算

为了明确项目经理部的经济责任，分清成本费用的可控区域，正确合理地反映项目管理的经济效益，对施工间接费实行项目与项目之间分灶吃饭，"谁受益，谁负担，多受益，多负担，少受益，少负担，不受益，不负担"。项目经理部自己不但应该掌握控制直接成本，而且应该掌握控制间接成本，即对全部项目成本负责。企业的管理费用、财务费用作为期间费用不再构成项目成本，企业与项目在费用上分开核算。项目发生的施工间接费必须是自己可控的，即：有办法知道将发生什么耗费；有办法计量它的耗费；有办法控制并调节它的耗费。一句话，使施工项目成本(包括施工间接费)处于受控状态。凡属项目发生的可控费用均下沉到项目去核算，企业不再硬性将公司本部发生费用向下分摊。如确属项目管理承包考核协议书内明确由项目经理部负担的有关费用，作为技术处理：企业本部可以增设"施工间接费"总账科目(项目必须设置)与项目经理部作同时点、同金额、同口径、反方向的会计处理。这样二收一付，一正一反全企业会计报表可借贷相互轧抵，施工项目成本(制造成本)与期间费用的界限又未打乱。

(1)要求以项目经理部为单位编制工资单和奖金单列支工作人员薪金。项目经理部工资总额每月必须正确核算，以此计提职工福利费、工会经费、教育经费、劳保统筹费等。

(2)劳务分公司所提供的炊事人员代办食堂承包、服务、警卫人员提供区域岗点承包服务以及其他代办服务费用计入施工间接费。

(3)内部银行的存贷款利息，计入"内部利息"。

(4)施工间接费，先在项目"施工间接费"总账归集，再按一定的分配标准计入受益成本核算对象(单位工程)，"工程施工账——间接成本项目"。

分配的方法,可参照费用计算基数,以实际成本中直接成本(扣除三材高进高出价差)为分配依据。

8. 分包工程成本核算

项目经理部将所管辖的个别单位工程以分包形式发包给外单位承包,其核算要求包括:

(1)包清工工程:如前所述纳入人工费——外包人工费内核算。

(2)部位分项分包工程:如前所述纳入结构件费内核算。

(3)双包工程。是指将整幢建筑物以包工包料的形式分包给外单位施工的工程。可根据承包合同取费情况和发包(双包)合同支付情况,即上下合同差,测定目标盈利率。月度结算时,以双包工程已完工程价款作收入,应付双包单位工程款作支出,适当负担施工间接费予结降低额。

(4)机械作业分包工程。是指利用分包单位专业化施工优势,将打桩、吊装、大型土方、深基础等施工项目分包给专业单位施工的形式。对机械作业分包产值统计的范围是,只统计分包费用,而不包括物耗价值。即:打桩只计打桩费而不计桩材费,吊装只计吊装费而不包括构件费。机械作业分包实际成本与此对应包括分包结账单内除工期奖之外的全部工程费用。总体反映其全貌成本。

(5)上述双包工程和机械作业分包工程由于收入和支出比较容易辨认(计算),所以项目经理部也可以对这二项分包工程,采用竣工点交办法,即月度不结盈亏。

(6)项目经理部应增设"分建成本"成本项目,核算反映双包工程,机械作业分包工程的成本状况。

(7)各类分包形式(特别是双包),对分包单位领用、租用、借用本企业物资、工具、设备、人工等费用,必须根据项目经管人员开具的、且经分包单位指定专人签字认可的专用结算单据结算依据入账,抵作已付分包工程款。同时要注意对分包资金的控制,防止资金失控,引起成本亏损。

第四节　成本分析与考核

一、施工项目成本分析

施工项目成本分析是利用成本核算资料及其他有关资料,全面分析了解成本变动情况,系统研究影响成本升降的各种因素及其形成的原因,寻找降低成本的潜力。通过成本分析,可从各种报表反映的成本现象中看清成本的实质,增强项目成本的透明度和可控性,为加强成本控制,实现项目成本目标创造条件。它是施工项目成本管理的重要内容。

(一)施工项目成本分析的具体内容

从成本分析应为生产经营服务的角度出发,施工项目成本分析的内容应与成本核算对象的划分同步。如果一个施工项目包括若干个单位工程,并以单位工程为成本核算对象,就应对单位工程进行成本分析;与此同时,还要在单位工程成本分析的基础上,进行施工项目的成本分析。施工项目成本分析的具体内容包括以下三个方面:

1. 随着项目施工的进展而进行的成本分析

(1)分部分项工程成本分析;

(2)月(季)度成本分析;

(3)年度成本分析;

(4)竣工成本分析。

2. 按成本项目进行的成本分析

(1)人工费分析;

(2)材料费分析;

(3)机械使用费分析;

(4)其他直接费分析;

(5)间接成本分析。

3. 针对特定问题和与成本有关事项的分析

(1)成本盈亏异常分析;

(2)工期成本分析;

(3)质量成本分析;

(4)资金成本分析;

(5)技术组织措施节约效果分析;

(6)其他有利因素和不利因素对成本影响的分析。

(二)施工项目成本分析的基本方法

由于施工项目成本涉及的范围很广,需要分析的内容很多,应该在不同的情况下采取不同的分析方法。这里我们仅介绍基本方法。

1. 比较法

比较法,又称"指标对比分析法"。就是通过技术经济指标的对比,检查计划的完成情况,分析产生差异的原因,进而挖掘内部潜力的方法。这种方法,具有通俗易懂、简单易行的特点,因而得到了广泛的应用,但在应用的必须注意各技术经济指标的可比性。

比较法的应用,通常有下列形式:

(1)将实际指标与计划指标对比,以检查计划的完成情况,分析完成计划的因素和影响计划完成的原因,以便及时采取措施,保证成本目标的实现。在进行实际与计划对比时,还应注意计划本身的质量。如果计划本身出现质量问题,则应调整计划,重新正确评价实际工作的成绩,以免挫伤人的积极性。

(2)本期实际指标与上期实际指标对比。通过这种对比,可以看出各项技术经济指标的动态情况,反映施工项目管理水平的提高程度。在一般情况下,一个技术经济指标只能代表施工项目管理的一个侧面,只有成本指标才是施工项目管理水平的综合反映。因此,成本指标的对比分析尤为重要,一定要真实可靠,而且要有深度。

(3)与本行业平均水平、先进水平对比。通过这种对比,可以反映本项目的技术管理和项目管理与其他项目的平均水平和先进水平的差距,进而采取措施赶超先进水平。

以上三种对比,可以在一张表上同时反映(表 11—10)。

【例 11—11】 某项目本年计划节约"三材"200 000 元,实际节约 220 000 元,上年节约 195 000 元,本企业先进水平节约 230 000 元。根据上述资料编制分析表。

表 11—10 实际指标与上期指标、先进水平对比表 单位:元

指标	本年计划数	上年实际数	企业先进水平	本年实际数	差异数		
					与计划比	与上年比	与先进比
"三材"节约额	100 000	95 000	130 000	120 000	+20 000	+25 000	−10 000

2. 因素分析法

因素分析法，又称连锁置换法或连环替代法。这种方法，可用来分析各种因素对成本形成的影响程度。在进行分析时，首先要假定众多因素中的一个因素发生了变化，而其他因素则不变，然后逐个替换，并分别比较其计算结果，以确定各个因素的变化对成本的影响程度。

因素分析法的计算步骤如下：

(1)确定分析对象(即所分析的技术经济指标)，并计算出实际与计划(预算)数的差异；

(2)确定该指标是由哪几个因素组成的，并按其相互关系进行排序；

(3)以计划(预算)数为基础，将各因素的计划(预算)数相乘，作为分析替代的基数；

(4)将各个因素的实际数按照上面的排列顺序进行替换计算，并将替换后的实际数保留下来；

(5)将每次替换计算所得的结果，与前一次的计算结果相比较，两者的差异即为该因素对成本的影响程度；

(6)各个因素的影响程度之和，应与分析对象的总差异相等。

因素分析法的具体应用，举例说明如下：

【例 11—12】 某工程浇捣一层结构商品混凝土，实际成本比计划成本超支 19 760 元。用“因素分析法”(连锁替代法)分析产量、单价、损耗率等因素的变动对实际成本的影响程度，见表 11—11。

表 11—11 商品混凝土计划成本与实际成本对比表

项 目	单 位	计 划	实 际	差 额
产 量	m^3	500	520	+20
单 价	元	700	720	+20
损耗率	%	4	2.5	−0.5
成 本	元	364 000	383 760	−19 760

根据表 11—11 所列资料，进行连环替代计算，求出产量、单价、损耗率等因素的变动对实际成本的影响程度(表 11—12)。

必须说明，在应用“因素分析法”时，各个因素的排列顺序应该固定不变。否则，就会得出不同的计算结果，也会产生不同的结论。

表 11—12 商品混凝土成本变动因素分析表

顺 序	连环替代计算	差 异	因 素 分 析
计 划 数	500×700×1.04＝364 000		
第一次替代	520×700×1.04＝378 560	14 560	由于产量增加20 m^3 成本增加14 560元
第二次替代	520×720×1.04＝389 376	10 816	由于单价提高 20 元成本增加10 816元
第三次替代	520×720×1.025＝383 760	−5 616	由于损耗率下降 1.5%，成本减少5 616元
合 计	14 560＋10 816－5 616＝19 760	19 760	

3. 差额计算法

差额计算法是因素分析法的一种简化形式，它利用各个因素的计划与实际的差额来计算其对成本的影响程度。举例说明如下：

【例 11—13】 某施工项目某月的实际成本降低额比计划提高了 2.40 万元(表 11—13)。

表 11—13 降低成本计划与实际对比表

项 目	单 位	计 划	实 际	差 额
预算成本	万元	300	320	+20
成本降低率	%	4	4.5	+0.5
成本降低额	万元	12	14.40	+2.40

根据表 11—13 资料，应用“差额计算法”分析预算成本和成本降低率对成本降低的影响程度。

(1)预算成本增加对成本降低额的影响程度

$$(320-300)\times 4\% = 0.80 \text{ 万元}$$

(2)成本降低率提高对成本降低额的影响程度

$$(4.5\% - 4\%)\times 320 = 1.60 \text{ 万元}$$

以上两项合计：0.80+1.60=2.40 万元

4. 比率法

比率法，是指用两个以上的指标的比例进行分析的方法。它的基本特点是：先把对比分析的数值变成相对数，再观察其相互之间的关系。常用的比率法有以下几种：

(1)相关比率。由于项目经济活动的各个方面是互相联系，互相依存，又互相影响的，因而将两个性质不同而又相关的指标加以对比，求出比率，并以此来考察项目成本管理的好坏。例如：产值和工资是两个不同的概念，但它们的关系又是投入与产出的关系。在一般情况下，都希望以最少的人工费支出完成最大的产值。因此，用产值工资率指标来考核人工费的支出水平，就很能说明问题。

(2)构成比率。又称比重分析法或结构对比分析法。通过构成比率，可以考察成本总量的构成情况以及各成本项目占成本总量的比重，同时也可看出量、本、利的比例关系(即预算成本、实际成本和降低成本的比例关系)，从而为寻求降低成本的途径指明方向。

(3)动态比率。动态比率法，就是将同类指标不同时期的数值进行对比，求出比率，以分析该项指标的发展方向和发展速度。动态比率的计算，通常采用基期指数(或稳定比指数)和环比指数两种方法。

二、施工项目成本考核

施工项目成本考核就是施工项目完成后，对施工项目成本形成中的各责任者，按施工项目成本目标责任制的有关规定，将成本的实际指标与计划、定额、预算进行对比和考核，评定施工项目成本计划的完成情况和各责任者的业绩，并以此给以相应的奖励和处罚。其目的在于贯彻落实责权利相结合的原则，促使成本管理工作的健康发展，更好地完成施工项目的成本目标。按照成本目标管理责任制，在编制成本计划后，项目经理和所属部门、施工队直到生产班组，都有明确的成本管理责任，而且有定量的责任成本目标。通过定期和不定期的成本考核，既可对职工加强督促，又可调动他们成本管理的积极性。当然施工项目成本的考核，可以分为两个层次：一是企业对项目经理的考核；二是项目经理对所属部门、施工队、班组的考核。其考核除强调最终成本的考核外，也强调施工过程中的中间考核，除包括责任成本的考核外，还包括成本管理工作业绩的考核,以便对各级人员的成本管理工作进行客观而公正的评价。

(一)施工项目成本考核的内容

根据以上原则,确定施工项目成本考核的内容。

1. 企业对项目经理考核的内容。

(1)项目成本目标和阶段成本目标的完成情况;

(2)建立以项目经理为核心的成本管理责任制的落实情况;

(3)成本计划的编制和落实情况;

(4)对各部门、各施工队和班组责任成本的检查和考核情况;

(5)在成本管理中贯彻责权利相结合原则的执行情况。

2. 项目经理对所属各部门、各施工队和班组考核的内容

(1)对各部门的考核内容

①本部门、本岗位责任成本的完成情况;

②本部门、本岗位成本管理责任的执行情况。

(2)对各施工队的考核内容

①对劳务合同规定的承包范围和承包内容的执行情况;

②劳务合同以外的补充收费情况;

③对班组施工任务单的管理情况,以及班组完成施工任务后的考核情况。

(3)对生产班组的考核内容(平明由施工队考核)

以分部分项工程成本作为班组的责任成本。以施工任务单和限额领料单的结算资料为依据,与施工预算进行对比,考核班组责任成本的完成情况。

(二)施工项目成本考核的实施

1. 施工的成本考核采取评分制

具体方法为:先按考核内容评分,然后按七与三的比例加权平均。即:责任成本完成情况的评分为七,成本管理工作业绩的评分为三。这是一个假设的比例,施工项目可以根据自己的具体情况进行调整。

2. 施工项目的成本考核要与相关指标的完成情况相结合

具体方法为:成本考核的评分是奖罚的依据,相关指标的完成情况为奖罚的条件。也就是:在根据评分计奖的同时,还要参考相关指标的完成情况加奖或扣罚。

与成本考核相结合的相关指标,一般有进度、质量、安全和现场标化管理。以质量指标的完成情况为例说明如下:

(1)质量达到优良,按应得奖金加奖20%;

(2)质量合格,奖金不加不扣;

(3)质量不合格,扣除全部应得奖金,并视不同情况,给予一定的惩罚。

3. 强调项目成本的中间考核

项目成本的中间考核,可从两方面考虑:

(1)月度成本考核。一般是在月度成本报表编制以后,根据月度成本报表的内容进行考核。在进行月度成本考核的时候,不能单凭报表数据,还要结合成本分析资料和施工生产、成本管理的实际情况,然后才能作出正确的评价,带动今后的成本管理工作,保证项目成本目标的实现。

(2)阶段成本考核。项目的施工阶段,一般可分为:基础、结构、装饰、总体等四个阶段。如

果是高层建筑,可对结构阶段的成本进行分层考核。

阶段成本考核的优点,在于可与施工阶段其他指标(如进度、质量等)的考核结合,更好地反映施工项目的管理水平。

4. 正确考核施工项目的竣工成本

施工项目的竣工成本,是在工程竣工和工程款结算的基础上编制的,它是项目经济效益的最终反映。它既是上交利税的依据,又是进行职工分配的依据,由于施工项目的竣工成本关系到国家、企业、职工的利益,必须做到核算正确,考核正确。

5. 施工项目成本的奖罚

施工项目的成本考核,如上所述,可分为月度考核、阶段考核和竣工考核三种。对成本完成情况的经济奖罚,也应分别在上述三种成本考核的基础上立即兑现,不能只考核不奖罚,或者考核后拖了很久才奖罚。因为职工所担心的,就是领导对贯彻责权利相结合的原则执行不力,忽视群众利益。

由于月度成本和阶段成本都是假设性的,正确程度有高有低。因此,在进行月度成本和阶段成本奖罚的时候不妨留有余地,然后再按照竣工成本结算的奖金总额进行调整(多退少补)。

施工项目成本奖罚的标准,应通过经济合同的形式明确规定。这就是说,经济合同规定的奖罚标准具有法律效力,任何人都无权中途变更,或者拒不执行。另一方面,通过经济合同明确奖罚标准以后,职工群众就有了争取目标,因而也会在实现项目成本目标中发挥更积极的作用。

在确定施工项目成本奖罚标准的时候,必须从本项目的客观情况出发,既要考虑职工的利益,又要考虑项目成本的承受能力。在一般情况下,造价低的项目,奖金水平要定得低一些;造价高的项目.奖金水平可以适当提高。具体的奖罚标准,应该经过认真测算再行确定。

此外,企业领导和项目经理还可对完成项目成本目标有突出贡献的部门、施工队、班组和个人进行随机奖励。这是项目成本奖励的另一种形式,不属于上述成本奖罚范围。而这种奖励形式,往往能起到立竿见影的效用。

第五节　价值工程在成本管理中的应用

价值工程,又称价值分析,是美国通用电气公司工程师 L.D.Miles 在 1947 年创立的一套独特的工作方法,其目的是在保证同样功能的前提下降低成本。20 世纪 70 年代末,价值工程传入我国,取得了明显的效果。价值工程在刚开始创立时,仅用于材料的采购和代用,现在,在世界范围内已广泛地应用于航空、造船、汽车、电子、军火工业、机器制造和建筑等行业。

一、价值工程的定义和基本原理

价值工程中的“价值”,是衡量事物(产品或作业)有益程度的尺度,是产品功能与费用的综合反映。关于价值工程概念的描述很多,但都大同小异,比较简单的定义是:

价值工程是以功能分析为核心,使产品或作业能达到适当的价值,即用最低的成本来实现它应具备的必要功能的一项有组织的活动。

根据此定义,我们可以把价值工程的基本原理归结为以下三个方面:

1. 价值工程的目的是力图以最低的成本使产品或作业具有适当的价值,亦即实现其应具备必要功能。价值、功能和成本三者之间呈下列关系:

$$价值=\frac{功能(或效用)}{成本(或生产费用)}$$

以数学公式表示为：

$$V=\frac{F}{C}$$

关于此公式，有三点需要说明。

(1)价值不是从价值构成的角度来理解的，从上式可以看出，是从价值的功能角度出发，表现为功能与成本之比；

(2)功能是一种产品或作业所担负的职能和所起的作用，这里有一个观念问题，即，用户购买产品或作业，并非购买它本身，而是购买它所具有的必要功能。功能过全、过高，必然会导致成本费用提高，而用户并不需要，从而造成功能过剩；反之，又会造成功能不足。

(3)上述公式中的成本，也不是一般意义上的成本，而是产品寿命周期的成本(见表11—14)。

表 11—14

<table>
<tr><td colspan="7">工 程 项 目 寿 命 期 限</td></tr>
<tr><td>可行性研究成本</td><td>勘察设计成本</td><td>施工成本</td><td>非施工成本</td><td>运行成本</td><td>维修成本</td><td>保修成本</td></tr>
<tr><td colspan="4">生 产 成 本</td><td colspan="3">使 用 成 本</td></tr>
<tr><td colspan="7">寿 命 周 期 成 本</td></tr>
</table>

现代建筑市场竞争非常激烈，除了在质量、工期、价格三个基本方面的竞争因素外，如果项目的施工者，处处能为用户着想，结合施工在保证质量的前提下，为用户节约投资，提高功能，降低寿命周期成本，必然能大大地提高自身的竞争能力，赢得更多的用户，自身的经济效益也将会得到大的提高。

(4)从价值工程观点看，用户购买产品或作业，主要是考虑其功能和成本的关系，即价值系数的高低，根据前面的公式，提高产品或作业价值的途径有以下几种：

①功能不变，成本降低；

②成本不变，功能提高；

③功能提高，成本降低；

④成本略有提高，功能大幅度提高；

⑤功能略有下降，成本大幅度下降。

根据上面的分析，我们可以作出以下关系图来表示产品或作业的功能与成本的关系(见图11—7)。

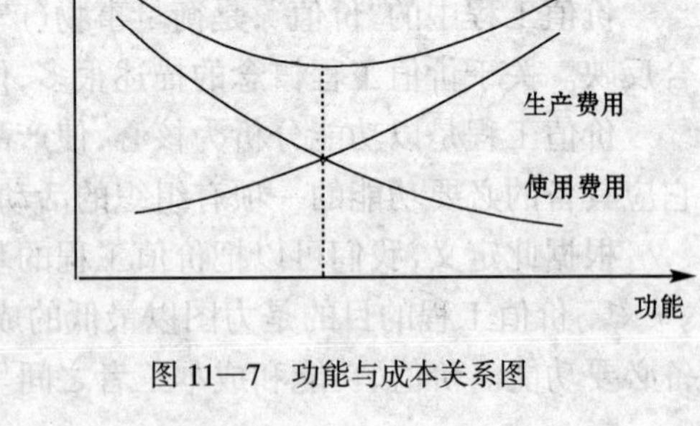

图 11—7 功能与成本关系图

2. 价值工程的核心是对产品或作业进行功能分析。在设计、研制时，应把重点从对产品或作业的结构分析转变到对产品或作业的功能分析上，以确定必要功能和实现必要功能的最低成本方案。

3. 价值工程是一项有组织的活动。因此，在实施价值工程时，必须有一个组织系统，把各专业人员(如施工技术、安全质量、施工管理、材料供应、财会等)组织起来，发挥集体力量，方能达到预定目标。组织的方法有多种多样，在施工企业或项目中，把价值工程活动同质量管理小组活动结合起来进行，不失为一种值得推荐的做法。

二、价值工程工作程序

根据中华人民共和国价值工程工作标准，结合工程项目施工的特点，工程项目施工运用价值工程的工作程序为四个阶段。

第一阶段 准备阶段

1. 对象选择，根据项目的具体情况，确定价值工程的对象、分析的问题，一般可从下列三方面来考虑：

(1)设计方面，如设计标准是否过高，设计内容中有无不必要的功能，等等；

(2)施工生产方面，这里的目的主要是寻找实现设计要求的最佳施工方案；

(3)成本方面，主要是寻找在满足质量、进度要求的前提下，降低成本支出，应选择那些价值量大的工程进行重点的分析。

2. 组织价值工程小组，它的建立要依据所选择的对象而定，可以在项目经理部组织，也可在班组中组织，还可以上下结合来组织。

3. 制定工作计划，其主要内容是确定预期目标，小组成员分工，活动开展的规定等。

第二阶段 分析阶段

1. 收集资料，收集资料的范围包括：

(1)本项目及企业基本情况，如技术素质、施工能力、项目的设计、施工及成本情况等；

(2)技术资料，含项目的设计文件、项目用材料的规格与质量等；

(3)经济资料，如工、料、机费用的价格，项目施工图预算、施工预算及成本计划等；

(4)业主单位意见，主要是指业主单位对该项目在使用上的要求。

2. 功能分析，它是对工程项目实体进行系统的功能分析，分析每个部位、每个单位工程、甚至每道作业的作用具体是什么。

3. 功能评价，对作业、部位和单位工程进行功能评价，求出其成本和价值。

第三阶段 方案创新及评价阶段

1. 提出改进方案，其目的是寻找有无其他方法能实现这项功能，如混凝土工程中有无新的配合比或使用添加剂、隧道开挖的不同开挖方法等。

2. 评价改进方案，主要是从功能和成本两方面来进行，具体算出新方案的成本和功能值。

3. 选择最优方案。

第四阶段 实验与验收阶段

1. 提出新方案，报送项目经理审批，有的还需得到监理工程师、设计单位甚至业主的认可和审批。

2. 实施和检查新方案。

3. 进行成果验收与总结。

三、价值工程在工程项目成本控制中的应用

从上可知，价值工程是一套系统的科学管理方法，它的应用很广，能改变我们关于产品或作业的传统观念，虽然，就目前的大多数文献资料来看，价值工程主要应用于在工业企业中，其实，它在建筑工程施工中仍具体广泛的应用前景。在工程项目施工过程的成本控制中，价值工程的应用主要表现在：

1. 结合施工,研究设计的技术经济合理性,探索有无改进的可能性,包括功能与成本两个方面,以提高工程项目的价值系数。价值工程扩大了成本控制的工作范围,包括产品的寿命周期费用。降低成本,不仅仅是降低工时、材料、机械设备使用等费用支出,也可通过发现并消除不必要的功能来降低成本、降低投资。初看起来,这样做对项目组织并没有太多的益处,甚至会由于降低了投资而减少了工程款收入。但是,我们应该看到,它对项目组织是非常有利的,表现在:

(1)项目施工者在给业主单位在满足功能要求(或提高功能)的前提下,降低了项目投资,业主单位通常都会给予降低部分一定比例的奖励,这个奖励却是项目的净收入。

(2)通过对设计进行分析的价值工程活动,对提高项目组织的素质,改善内部组织管理,降低不合理消耗等有着直接的影响;通过该项活动,能使项目施工者更加明确业主单位的要求,更加熟悉项目的设计要求、结构特点、项目所在地的自然地理条件,从而有利于施工方案的制定、组织和控制。

(3)替业主单位着想,能赢得业主单位的信任,从而有利于维系双方的和谐关系,提高自身的知名度,用户"回头率"也大大提高。

2. 结合价值工程活动,制定技术先进可行、经济合理的施工方案。这主要表现在以下几方面:

(1)通过价值工程活动,进行技术经济分析,确定最佳的施工方法;

(2)结合施工方法,进行材料使用的比选,在满足功能要求的前提下,通过代用、改变配合比、使用添加剂等方法降低材料消耗费用;

(3)结合施工方法,确定最合适的机械设备使用方案。如功能相同选择台班费较低的;台班费相同,选择功能较高的机械设备;

(4)通过价值工程活动,结合项目的施工组织设计及自然地理条件,降低材料的库存成本和运输成本,如材料采购方案确定、运输方案确定、料库设置等。

总而言之,价值工程是把技术与经济结合起来的管理技术,需要多方面的业务知识和技术数据,涉及许多部门,实际应用过程中应将有关部门组织起来,通力合作,才能取得理想的效果。

思考题与习题

1. 施工项目成本的含义是什么?

2. 什么叫施工项目成本责任制?

3. 什么是质量成本?

4. 简述定性预测方法和定量预测方法的含义?

5. 价值工程的含义和原理是什么?

6. 简述施工项目成本管理的内容?

7. 降低施工项目成本的途径有哪些?

8. 简述施工项目成本控制的一般方法?

9. A公司 1988 年~1994 年的利润见下表,试用指数平滑法预测该公司 1995 年可能的利润水平。(取 $a=0.6$)

年　度	1988	1989	1990	1991	1992	1993	1994
利润(万元)	280	290	300	295	320	315	328

10. 某公司拟投标一砖混结构的住宅,建筑面积2 500 m^2,工期为 1996 年 5 月~1996 年

11月，在投标之前，公司将对该项目进行施工的预测及分析，收集整理了7个已建成的同类项目资料如下，考虑影响成本的主要因素之一——材料价格的影响。该公司测算的1994年度的建材上涨系数为23%，1995年度的建材上涨系数为20%，1996年度的建材上涨系数估算为15%，试用一元线性回归法预测该项目成本水平。

工程序号	竣工日期	建筑面积(m^2)	实际总成本(万元)
1	1993.11	2 000	56.00
2	1993.12	1 500	42.75
3	1994.7	1 800	52.00
4	1994.11	2 500	73.75
5	1995.5	2 000	83.00
6	1995.6	1 500	59.00
7	1995.10	2 200	91.50

11．某施工企业1990年至2000年的施工产值见下表，试用一元线性回归法预测2002年该企业可能的施工产值。

年　份	1990	1991	1992	1993	1994	1995	1996	1997	1998	1999	2000
施工产值	120	124	122	125	130	120	130	133	136	130	140

12．已知某公司2001年度砖混结构工程的单方成本，已知各年度单方成本(y)与年度(x)之间的关系为 $y=ab^x$，试用回归预测法预测下年度该公司的单方成本。

年　份	1996	1997	1998	1999	2000
单方成本(元/m^2)	347	362	383	415	464

第十二章　线性规划方法及应用

线性规划是运筹学的一个重要分支,也是运筹学中最基本的内容。这种理论和方法在很多领域得到应用,特别在现代化管理中应用更为广泛。

线性规划主要研究的内容是在一定的技术经济条件限制下,使某项指标成为最大或成为最小,也就是使所求指标优化的问题。在管理工作中主要用来解决:生产规划、原料配比、运输调配、分配任务、合理下料、生产布局等问题。

线性规划的发展与计算手段的关系十分密切,随着电子计算机的普及应用为求解线性规划问题提供了极为有利的条件,从而使线性规划这一理论成熟、计算简单精确、适应性强的优化技术和手段,在管理中得到广泛的应用,取得了良好的效果。

第一节　线性规划问题及其数学模型

一、线性规划问题及其一般模型

在生产与经营活动中,为了提高经济效益,人们往往从两方面考虑:一是如何运用现有的人力、物力、财力等资源安排工作,使经济效益提高;二是在一定的工作任务下,使资源的耗费最小。

【例 12—1】 某工厂生产 A、B 两种产品,都需要使用甲和乙两种材料,如表 12—1 所示。问如何确定 A、B 产品的产量,使工厂获取的总利润最大?

表　12—1

原　材　料	A 产品单耗	B 产品单耗	可供材料数
甲	2 t	5 t	100 t
乙	3 t	7 t	180 t
单位产品利润	5 元	6 元	

解:将上述问题用数学语言描述:设 x_1 和 x_2 分别表示 A 和 B 的产量。因为一个 A 产品消耗材料甲2 t,一个 B 产品消耗材料乙5 t,生产 x_1 个 A 产品和 x_2 个 B 产品共消耗甲材料 $(2x_1+5x_2)$t,所消耗的材料不能超过可供数量,即可用不等式表示为

$$2x_1+5x_2\leqslant 100$$

对材料 B 的消耗得出如下不等式

$$3x_1+7x_2\leqslant 180$$

若用 Z 表示工厂总利润,可知

$$Z=5x_1+6x_2$$

综合上述,将题意归纳为满足条件

$$\begin{cases}2x_1+5x_2\leqslant 100\\3x_1+7x_2\leqslant 180\\x_1\geqslant 0,x_2\geqslant 0\end{cases}\qquad(12—1)$$

使得 $Z=5x_1+6x_2$ 达到最大。

我们称上述数学模型中式(12—1)为约束条件,而称 $Z=5x_1+6x_2$ 为目标函数。

【例 12—2】 有一工厂的第一和第二车间共同加工 A、B、C、D 四种产品。每一产品的加工工时,两个车间可能提供的机时数以及每种产品在不同车间的加工成本如表 12—2 所示。问如何安排车间的加工任务,使工厂加工总成本最低。

表 12—2

车 间	单位 A 产品消耗工时	单位 B 产品消耗工时	单位 C 产品消耗工时	单位 D 产品消耗工时	可供工时
第一车间	1	2	3	4	60
第二车间	5	6	7	8	40
单位产品成本	4	3	2	1	

解:设 A、B、C、D 产品的产量分别为 x_1,x_2,x_3 和 x_4。类似例 12—1,得出数学模型为满足约束条件

$$\begin{cases}x_1+2x_2+3x_3+4x_4\leqslant 60\\5x_1+6x_2+7x_3+8x_4\leqslant 40\\x_1,x_2,x_3,x_4\geqslant 0\end{cases}$$

使目标函数 $S=4x_1+3x_2+2x_3+x_4$ 达到最小。

上述两例描述的问题就是线性规划问题,线性规划问题的数学模型就是线性规划模型。

从数学上看,所有线性规划问题都具有以下共同特征:

(1)每一问题都可以用一组变量($x_1,x_2,\cdots,x_n$)表示某一方案。一般情形下,变量的取值是非负的。

(2)约束条件用线性等式或线性不等式表示。

(3)都有一个目标函数,且这个目标函数可表示为一组变量的线性函数。

(4)每一问题要求目标函数实现最大化(max)或者最小化(min)。

由于问题的性质不同,线性规划模型也有不同的形式。一般地,总可以描述为:使目标函数 $Z_{max}=c_1x_1+c_2x_2+\cdots+c_nx_n$ 满足约束条件

$$\begin{cases}a_{11}x_1+a_{12}x_2+a_{13}x_3+\cdots+a_{1n}x_n\leqslant(=,\geqslant)b_1\\a_{21}x_1+a_{22}x_2+a_{23}x_3+\cdots+a_{2n}x_n\leqslant(=,\geqslant)b_2\\\cdots\cdots\cdots\cdots\cdots\cdots\\a_{m1}x_1+a_{m2}x_2+a_{m3}x_3+\cdots+a_{mn}x_n\leqslant(=,\geqslant)b_m\\x_1,x_2,x_3,\cdots,x_n\geqslant 0\end{cases}$$

为方便,称 $c_1,c_2,\cdots,c_n$ 为目标系数或价值系数;$a_{11},a_{12},\cdots,a_{mn}$ 为消耗系数;$b_1,b_2,\cdots,b_m$ 为资源限制向量。

二、线性规划模型的标准型

线性规划模型中约束条件出现了三种形式($\leqslant,=,\geqslant$),目标函数存在两种形式(max,

min)。这种多样性对讨论问题带来不便。因此规定了线性规划模型的标准型:求目标函数 $Z=c_1x_1+c_2x_2+\cdots+c_nx_n$ 最大化。

满足

$$(M_1)\begin{cases} a_{11}x_1+a_{12}x_2+\cdots+a_{1n}x_n=b_1 \\ a_{21}x_1+a_{22}x_2+\cdots+a_{2n}x_n=b_2 \\ \cdots\cdots\cdots\cdots\cdots\cdots \\ a_{m1}x_1+a_{m2}x_2+\cdots+a_{mn}x_n=b_m \\ x_1,x_2,x_3,\cdots,x_n\geqslant 0 \end{cases}$$

有时需要将线性规划模型的标准型表述为以下形式:

1.缩写形式

$$Z_{\max}=\sum_{j=1}^{n}c_jx_j$$

$$(M_1)\begin{cases} \sum_{j=1}^{n}a_{ij}x_j=b_i(i=1,2,3,\cdots,m) \\ x_j\geqslant 0(j=1,2,3,\cdots,n) \end{cases}$$

M_1 中的 $b_i\geqslant 0$,若有 $b_i<0$ 时,等式左右两端乘 -1,使 b_i 满足 $b_i\geqslant 0$。

2.向量形式

$$Z_{\max}=\boldsymbol{CX}$$

$$(M_1)\begin{cases} \sum_{j=1}^{n}\boldsymbol{P}_jx_j=\boldsymbol{b} \\ x_j\geqslant 0(j=1,2,3,\cdots,n) \end{cases}$$

其中 $\boldsymbol{C}=(C_1,C_2,\cdots,C_n)$

$$\boldsymbol{X}=\begin{bmatrix} x_1 \\ x_2 \\ \vdots \\ \vdots \\ x_n \end{bmatrix};\boldsymbol{P}_j=\begin{bmatrix} a_{1j} \\ a_{2j} \\ \vdots \\ \vdots \\ a_{mj} \end{bmatrix};\boldsymbol{b}=\begin{bmatrix} b_1 \\ b_2 \\ \vdots \\ \vdots \\ b_m \end{bmatrix}$$

3.矩阵形式

$$Z_{\max}=\boldsymbol{CX}$$

$$(\boldsymbol{M}_1)\begin{cases} \boldsymbol{AX}=\boldsymbol{b} \\ \boldsymbol{X}\geqslant 0 \end{cases}$$

其中:

$$\boldsymbol{A}=\begin{bmatrix} a_{11} & a_{12} & \cdots & a_{1n} \\ a_{21} & a_{22} & \cdots & a_{2n} \\ \vdots & \vdots & \ddots & \vdots \\ a_{m1} & a_{m2} & \cdots & a_{mn} \end{bmatrix}$$

称 **A** 为资源约束方程组的系数矩阵($m\times n$ 阶)。在一般情况下 $m<n$。即约束等式的个数少于变量数。

线性规划的求解需要借助标准型来实现,而具体问题的线性规划模型一般都不是标准型。因此需要将非标准型模型化为标准型。

下面介绍将非标准型模型转化为标准型模型的方法。

(1)若目标函数 $Z_{\max}=\boldsymbol{CX}$,可令 $Z=-Z'$,使 $Z_{\max}{}'=-\boldsymbol{CX}$。亦即在原目标函数式 $\boldsymbol{CX}$ 中的各项上乘 -1。

(2)约束不等式的转化

①约束条件不等式为“≤”时。在不等式左边加上一个松弛变量,将不等式变为等式方程。松弛变量的经济意义是没有被利用的资源。

②约束条件不等式为“≥”时。在不等式左边减去一个剩余变量,把不等式约束条件变为等式的约束方程。

有时将松弛变量和剩余变量统称为附加变量或虚变量。附加变量对目标函数不产生影响,故在目标函数中,附加变量的目标系数为零。

③在非标准模型中存在无非负要求的变量,如 x_k 无论取正值或负值都可以。这时令 $x_k=x_k'-x_k''$,其中 $x_k'\geqslant 0$,$x_k''\geqslant 0$,由 x_k' 和 x_k'' 的大小决定 x_k 的正负。

可见任何形式的线性规划模型都可以转化为标准型。现用例 12—3 作综合说明。

【例 12—3】 将下列线性规划模型化为标准型。

$$Z_{\max}=2x_1+3x_2$$

$$\begin{cases}x_1+2x_2\leqslant 8\\4x_1\leqslant 16\\4x_2\leqslant 12\\x_1,x_2\geqslant 0\end{cases}$$

解:在各不等式中分别加上一个松弛变量 x_3,x_4,x_5,使不等式变为等式。这时得标准型:

$$Z_{\max}=2x_1+3x_2+0x_3+0x_4+0x_5$$

$$\begin{cases}x_1+2x_2+x_3=8\\4x_1+x_4=16\\4x_2+x_5=12\\x_1,x_2,x_3,x_4,x_5\geqslant 0\end{cases}$$

三、线性规划问题解的概念

将非标准的线性规划问题化为标准的线性规划问题后,我们讨论线性规划问题解的概念。给出线性规划问题的标准型为

$$Z_{\max}=\boldsymbol{CX} \tag{12—2}$$

$$\boldsymbol{AX}=\boldsymbol{b} \tag{12—3}$$

$$\boldsymbol{X}\geqslant 0 \tag{12—4}$$

则线性规划问题的解有以下基本概念:

1. 可行解

满足上述模型中式(12—3)和式(12—4)的解称为线性规划问题的可行解。

2. 最优解

满足式(12—2)的可行解称为最优解。

3. 基

设 $\boldsymbol{A}$ 是约束方程组的 $m \times n$ 系数矩阵,其秩为 m,若 $\boldsymbol{B}$ 是矩阵 $\boldsymbol{A}$ 中 $m \times m$ 阶非奇异子矩阵(即可逆矩阵,$|\boldsymbol{B}| \neq 0$),则称 $\boldsymbol{B}$ 是线性规划问题的一个基。$\boldsymbol{B}$ 是由 $\boldsymbol{A}$ 中 m 个线性无关的系数列向量组成的。一般地,可设:

$$\boldsymbol{B}=\begin{bmatrix} a_{11} & a_{12} & \cdots & a_{lm} \\ \vdots & \ddots & & \vdots \\ a_{m1} & a_{m2} & \cdots & a_{mm} \end{bmatrix}=(\boldsymbol{P}_1,\boldsymbol{P}_2,\cdots,\boldsymbol{P}_m)$$

称 $\boldsymbol{B}$ 中的一列 $\boldsymbol{P}_j\,(j=1,2,\cdots,m)$。为基向量,与 $\boldsymbol{P}_j$ 对应的变量 $x_j\,(j=1,2,\cdots,m)$ 为基变量。$\boldsymbol{B}$ 中共有 m 个基变量。而称在 $\boldsymbol{A}$ 之内 $\boldsymbol{B}$ 之外的列向量为非基向量,与非基向量对应的变量称作非基变量。$\boldsymbol{A}$ 中有 $n-m$ 个非基变量(设 $m<n$)

4. 基本解

设非基变量 $x_{m+1}=x_{m+2}=\cdots=x_n=0$,用高斯消元法可以得到一组解

$$\boldsymbol{X}=(x_1,x_2,\cdots,x_m,0,0,\cdots,0)^{\mathrm{T}}$$

这个解的非零分量的个数不大于 m,则称 $\boldsymbol{X}$ 为基本解。

5. 基本可行解

满足式(12—3)的基本解称作基本可行解。其个数也不大于 m。

6. 可行基

对应于基本可行解的基,成为可行基。

7. 退化基本解

非零分量的个数小于 m 的基本解即是退化基本解。在一般情况下假设不出现退化。

了解线性规划解的基本概念是十分必要的,这将有助于掌握线性规划的求解过程。

四、线性规划的图解法

图解法只适用于求解两个变量的线性规划问题,它不是线性规划问题的通用算法,但图解法简单直观,有助于了解线性规划问题求解的基本原理。下面用例 12—3 说明图解法的步骤。

例 在以 x_1,x_2 为坐标轴的直角坐标系中,非负条件 $x_1 \geqslant 0, x_2 \geqslant 0$ 是指第一象限。例 12—3 中的每个约束条件都代表一个半平面。如 $x_1+2x_2 \leqslant 8$ 是代表以直线 $x_1+2x_2=8$ 为边界的左下方的半平面,若同时满足 $x_1,x_2 \geqslant 0$, $x_1+2x_2 \leqslant 8$, $4x_1 \leqslant 16$, $4x_2 \leqslant 12$ 的约束条件的点,必然落在由这四个半平面交成的区域内,该区域如图 12—1 中的阴影部分所示。

三条约束直线左下方(包括直线本身)和两条坐标轴围成的多边形(阴影部分)是线性规划解的集合,称它为可行域。可行域中的每一点(包括边界点)是线性规划的可行解。易知,可行解有无限个。

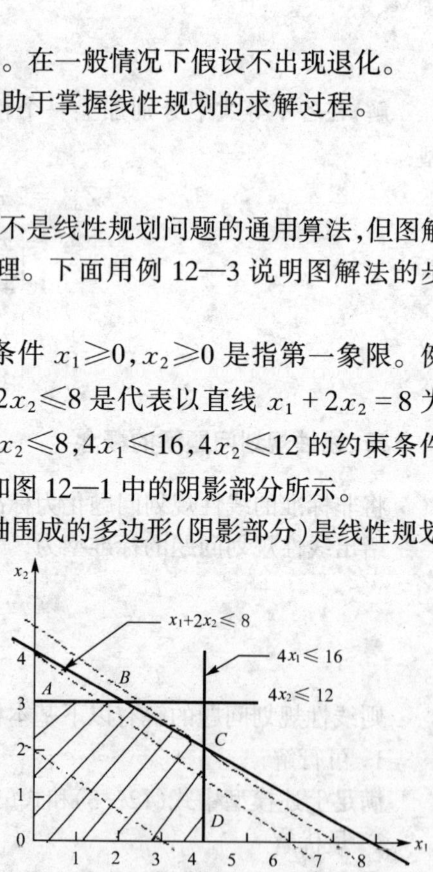

图 12—1

再分析目标函数 $Z=2x_1+3x_2$。在坐标平面上,它可表示以 Z 为参数,斜率为 $-2/3$ 的一簇平行线

$$x_2=Z/3-2x_1/3$$

位于同一直线上的点具有相同的目标函数值。当 x_1 和 x_2 的取值增大时,直线 $x_2=Z/3-2x_1/3$ 沿法线方向向右上方移动,当移至 C 点时,不能再向

右上方移动了，否则超过可行域的范围。这时在顶 C 上实现了目标最大化，即得到了问题的最优解：$x_1=4, x_2=2, Z_{max}=14$。

上例中问题的最优解只有一个，是唯一最优解。但在某些情形下还可能出现以下求解结果：

(1)无穷多组最优解(多重解)。将例 12—3 的目标函数变为 $Z_{max}=2x_1+4x_2$，则以 z 为参数，$-2/3$ 为斜率的目标函数的平行线与约束条件 $x_1+2x_2=8$ 直线平行。当 Z 值逐渐增大而向右上方移动时必与 BC 线段重合，BC 线段上的任一点都使 Z 取得相同的最大值，见图 12—2。显然问题有无穷多组最优解。

(2)无界解。

【例 12—4】 对下述线性规划问题

$$Z_{max}=x_1+x_2$$

$$\begin{cases}-2x_1+x_2\leqslant 4\\ x_1-x_2\leqslant 2\\ x_1, x_2\geqslant 0\end{cases}$$

用图解法其结果如图 12—3 所示。从图中可见此问题的可行域无界，目标函数可以增加到无穷大。这种情况的解为无界解。出现无界时则线性规划无最优解。

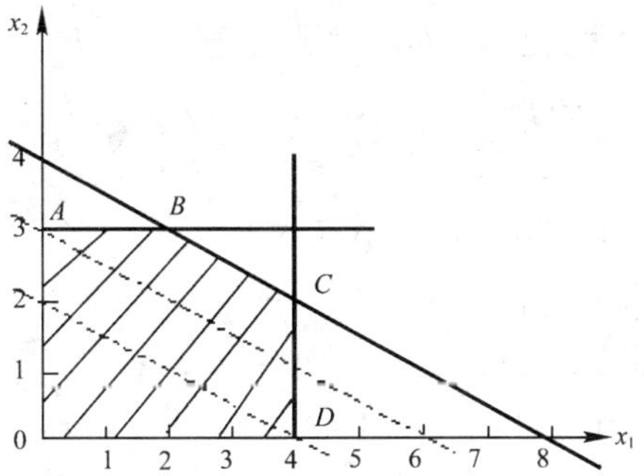

图 12—2

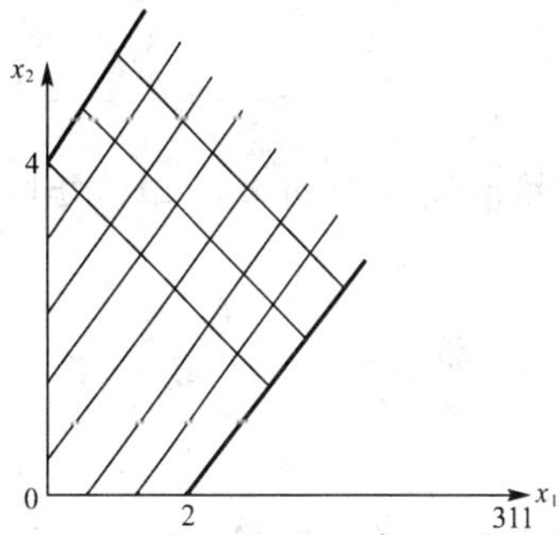

图 12—3

图解法虽然直观简便，当变量在二个以上时在图上无法实现求解过程。因此对于一般线性规划来说，图解法没有实用价值。但图解法的解算过程给我们以重要启示：即①线性规划的最优解一定在可行域的顶点上达到；②可行域中顶点的转移实现了数学的迭代，顶点的转移使目标函数值上升或下降。这正是求解一般线性规划的通用方法——单纯形法的基本原理和算法思想。

第二节 单 纯 形 法

单纯形法的基本思路是：根据问题的标准，从可行域中某个基本可行解(一个顶点)开始，转换到另一个基本可行解(顶点)，进行最优性判别，一直到目标函数达到最优为止。

为了便于理解计算关系，可利用单纯形表来进行计算。

一、初始基本可行解的确定

为了确定初始基本可行解，要首先找到初始可行基，其方法如下：

1. 若线性规划问题

$$Z_{\max} = \sum_{j=1}^{n} c_j x_j$$

$$\begin{cases} \sum_{j=1}^{n} \boldsymbol{P}_j x_j = \boldsymbol{b} \\ x_j \geqslant 0 (j = 1,2,3,\cdots,n) \end{cases}$$

从 $\boldsymbol{P}_j (j=1,2,\cdots,n)$ 中一般能直接观察到存在一个初始可行基

$$\boldsymbol{B} = (\boldsymbol{P}_1, \boldsymbol{P}_2, \cdots, \boldsymbol{P}_n) = \begin{bmatrix} 1 & 0 & \cdots & 0 \\ 0 & 1 & \cdots & 0 \\ \vdots & \vdots & \ddots & \vdots \\ 0 & 0 & \cdots & 1 \end{bmatrix}$$

2. 对所有约束条件是"≤"形式的不等式,可利用化标准型的方法,在每个约束条件的左端加上一个松弛变量。经过整理,重新对 x_j 及 $a_{ij} (i=1,2,\cdots,m; j=1,2,\cdots,n)$ 进行编号,则可得下列方程组

$$\begin{aligned} x_1 \quad & + a_{1m+1} x_{m+1} + \cdots + a_{1n} x_n = b_1 \\ + x_2 \quad & + a_{2m+1} x_{m+1} + \cdots + a_{2n} x_n = b_2 \\ & \cdots\cdots \\ & x_m + a_{mm+1} x_{m+1} + \cdots + a_{mn} x_n = b_m \\ & x_j \geqslant 0 \quad j = 1,2,\cdots,n \end{aligned} \tag{12—5}$$

显然得到一个 $m \times m$ 单位矩阵

$$\boldsymbol{B} = (\boldsymbol{P}_1, \boldsymbol{P}_2, \cdots, \boldsymbol{P}_n) = \begin{bmatrix} 1 & 0 & \cdots & 0 \\ 0 & 1 & \cdots & 0 \\ \vdots & \vdots & \ddots & \vdots \\ 0 & 0 & \cdots & 1 \end{bmatrix}$$

以 $\boldsymbol{B}$ 作为可行基。将式(12—5)每个等式移项得:

$$\begin{aligned} x_1 &= b_1 - a_{1m+1} x_{m+1} - \cdots - a_{1n} x_n \\ x_2 &= b_2 - a_{2m+1} x_{m+1} - \cdots - a_{2n} x_n \\ &\cdots\cdots \\ x_m &= b_m - a_{mm+1} x_{m+1} - \cdots - a_{mn} x_n \end{aligned} \tag{12—6}$$

令 $x_{m+1} = x_{m+2} = \cdots = x_n = 0$,由式(12—6)可得

$$x_i = b_i \quad (i = 1,2,\cdots,m)$$

又因 $b_i \geqslant 0$,所以得到一个初始基本可行解

$$\begin{aligned} X &= (x_1, x_2, \cdots, x_m, \underbrace{0, 0, \cdots, 0}_{n-m\text{个}})^{\mathrm{T}} \\ &= (b_1, b_2, \cdots, b_m, \underbrace{0, 0, \cdots, 0}_{n-m\text{个}})^{\mathrm{T}} \end{aligned}$$

3. 对所有约束条件是"≥"形式的不等式及等式的约束情况,若不存在单位矩阵时,就采用人造基方法。即对不等式约束减去一个非负的剩余变量后,再加上一个非负的人工变量;对于等式约束再加上一个非负的人工变量,总能得到一个单位矩阵。

二、构造初始单纯形表

将(12—5)式与目标函数组成 $n+1$ 个变量，$m+1$ 个方程的方程组。

$$
\begin{aligned}
x_1 \qquad\qquad\qquad & + a_{1m+1}x_{m+1} + \cdots + a_{1n}x_n = b_1 \\
x_2 \qquad\qquad & + a_{2m+1}x_{m+1} + \cdots + a_{2n}x_n = b_2 \\
& \cdots\cdots \\
x_m & + a_{mm+1}x_{m+1} + \cdots + a_{mn}x_n = b_m \\
-Z + c_1x_1 + c_2x_2 + \cdots + c_mx_m & + c_{m+1}x_{m+1} + \cdots + c_nx_n = 0
\end{aligned}
$$

为了便于迭代运算，可将上述方程组写成增广矩阵

$$
\begin{array}{cccccccc|c}
-Z & x_1 & x_2 & \cdots & x_m & x_{m+1} & \cdots & x_n & b \\
\end{array}
$$

$$
\left[\begin{array}{cccccccc|c}
0 & 1 & 0 & \cdots & 0 & a_{1,m+1} & \cdots & a_{1n} & b_1 \\
0 & 0 & 1 & \cdots & 0 & a_{2,\mathrm{m}+1} & \cdots & a_{2n} & b_2 \\
\vdots & \vdots & \vdots & \ddots & \vdots & \vdots & \ddots & \vdots & \vdots \\
0 & 0 & 0 & \cdots & 1 & a_{m,m+1} & \cdots & a_{mn} & b_m \\
1 & c_1 & c_2 & \cdots & c_m & c_{m+1} & \cdots & c_m & 0
\end{array}\right]
$$

若将 Z 看作不参与基变换的基变量，它与 $x_1, x_2, \cdots, x_m$ 的系数构成一个基，这时可采用行初等变换将 $c_1, c_2, \cdots, c_m$ 变换为零，使其对应的系数矩阵为单位矩阵。得到：

$$
\left[\begin{array}{cccccccc|c}
-Z & x_1 & x_2 & \cdots & x_m & x_{m+1} & \cdots & x_n & b \\
0 & 1 & 0 & \cdots & 0 & a_{1,m+1} & \cdots & a_{1n} & b_1 \\
0 & 0 & 1 & \cdots & 0 & a_{2,m+1} & \cdots & a_{2n} & b_2 \\
\vdots & \vdots & \vdots & \ddots & \vdots & \vdots & \ddots & \vdots & \vdots \\
0 & 0 & 0 & \cdots & 1 & a_{m,m+1} & \cdots & a_{mn} & b_m \\
1 & c_1 & c_2 & \cdots & c_m & c_{m+1} - \sum_{i=1}^{m} c_i a_{1,m+1} & \cdots & c_m - \sum_{i=1}^{m} c_i a_{in} & -\sum_{i=1}^{m} c_i b_i
\end{array}\right]
$$

可根据上述增广矩阵设计计算表，见表 12—3。

表 12—3

$C_i \rightarrow$			c_1	$\cdots$	c_m	c_{m+1}	$\cdots$	c_n	θ_i
C_B	X_B	b	x_1	$\cdots$	x_m	x_{m+1}	$\cdots$	x_n	
c_1	x_1	b_1	1	$\cdots$	0	$a_{1,m+1}$	$\cdots$	a_{1n}	θ_1
c_2	x_2	b_2	0	$\cdots$	0	$a_{2,m+1}$	$\cdots$	a_{2n}	θ_2
$\vdots$	$\vdots$	$\vdots$	$\vdots$	$\ddots$ $\cdots$	$\vdots$	$\vdots$	$\ddots$ $\cdots$	$\vdots$	$\vdots$
c_m	x_m	b_m	0		1	$a_{m,m+1}$		a_{mn}	θ_m
	$-Z$	$-\sum_{i=1}^{m} c_i b_i$	0	$\cdots$	0	$c_{m+1} - \sum_{i=1}^{m} c_i a_{i,m+1}$			

$\boldsymbol{X}_B$ 列中填入基变量,这里是 $x_1,x_2,\cdots,x_m$;

$\boldsymbol{C}_B$ 列中填入基变量的价值系数,这里是 $c_1,c_2,\cdots,c_m$;它们是与基变量相对应的。

$\boldsymbol{b}$ 列中填入约束方程组右端的常数;

$\boldsymbol{c}_j$ 行中填入基变量的价值系数 $c_1,c_2,\cdots,c_n$;

$\boldsymbol{\theta}_i$ 列的数字是在确定换入变量后,按 θ 规则计算后填入;

最后一行称为检验数行,对应各非基变量 x_j 的检验数是

$$c_i - \sum_{i=1}^{m} c_i a_{ij} \qquad j = 1,2,\cdots,n。$$

表 12—3 称为初始单纯形表,每迭代一步构造一个新单纯形表。

三、计算步骤

1. 找出初始可行基,确定初始基可行解,建立初始单纯形表。

2. 检验各非基变量 x_j 的检验数是$\sigma_j = c_j - \sum\limits_{i=1}^{m} c_i\sigma_{ij}$,若 $\sigma_j \leqslant 0, j = m+1,\cdots,n$;则已得到最优解,可停止计算,否则转入下一步。

3. 在 $\sigma_j > 0, j = m+1,\cdots,n$ 中,若有某个 σ_k 对应 x_k 的系数列向量 $\boldsymbol{P}_k \leqslant 0$,则此问题是无解,停止计算。否则,转入下一步。

4. 根据 $\max(\sigma_j > 0) = \sigma_k$,确定 x_k 为换入变量,按 θ 规则计算

$$\theta = \min\left(\frac{b_i}{a_{ik}} \mid a_{ik} > 0\right) = \frac{b_1}{a_{1k}}$$

可确定 x_l 为换出变量。转入下一步。

5. 以 a_{lk} 为主元素进行迭代(即用高斯消去法或称为旋转运算),把 x_k 所对应的列向量

$$\boldsymbol{P}_k = \begin{bmatrix} a_{1k} \\ a_{2k} \\ \vdots \\ a_{lk} \\ \vdots \\ a_{mk} \end{bmatrix} \xRightarrow{\text{变换为}} \begin{bmatrix} 0 \\ 0 \\ \vdots \\ 1 \\ \vdots \\ 0 \end{bmatrix} \leftarrow \text{第 } l \text{ 行}$$

将 X_B 列中的 x_1 换为 x_k,得到新的单纯形表,重复(2)~(5),直到终止。

现用例 12—3 的标准型来说明上述计算步骤:

(1)根据例 12—3 的标准型,取松弛变量 x_3,x_4,x_5 为基变量,它对应的单位矩阵为基。这就得到初始基可行解

$$\boldsymbol{X}^{(0)} = (0,0,8,16,12)^{\mathrm{T}}$$

将有关数字填入表中,得到初始单纯形表,见表 12—4。

表 12—4 中左上角的 c_j 是表示目标函数中变量的价值系数,在 C_B 列填入初始基变量的价值系数,它们都为零,各非基变量的检验数为

$$\sigma_1 = c_1 - z_1 = 2 - (0\times2 + 0\times1 + 0\times4 + 0\times0) = 2$$

$$\sigma_2 = c_2 - z_1 = 3 - (0\times2 + 0\times2 + 0\times0 + 0\times4) = 3$$

(2)因检验数都大于零，且 $\boldsymbol{P}_1, \boldsymbol{P}_2$ 有正分量存在，转入下一步；

表 12—4

$c_i \rightarrow$		2	3	0	0	0	
C_B X_B	b	x_1	x_2	x_3	x_4	x_5	θ_i
0 x_3	8	1	2	1	0	0	4
0 x_4	16	4	0	0	1	0	—
0 x_5	12	0	[4]	0	0	1	3
$-Z$	0	2	3	0	0	0	

(3)$\max(\sigma_1, \sigma_2) = \max(2,3) = 3$；对应的变量 x_2 为换入变量，计算 θ

$$\theta = \min\left(\frac{b_i}{a_{i1}} \middle| a_{i2} > 0\right) = \min(8/2, —, 12/4) = 3$$

它所在行对应的 x_5 为换出变量。x_2 所在列和 x_5 所在行的交叉处〔4〕为主元素。

(4)以〔4〕为主元素进行旋转运算，即初等行变换，使 $\boldsymbol{P}_2$ 变换为 $(0,0,1)^{\mathrm{T}}$，在 x_B 列中将 x_2 替换 x_5，于是得到新表 12—5。

表 12—5

$c_i \rightarrow$			2	3	0	0	0	
C_B	X_B	b	x_1	x_2	x_3	x_4	x_5	θ_i
0	x_5	2	[1]	0	1	0	$-1/2$	2
0	x_4	16	4	0	0	1	0	4
3	x_2	3	0	1	0	0	$1/4$	—
	$-Z$	9	2	0	0	0	$-3/4$	

b 列的数字是

$$x_3 = 2, x_4 = 16, x_2 = 3$$

于是得到新的基可行解

$$X^{(1)} = (0,3,2,16,0)^{\mathrm{T}}$$

目标函数的取值 $z = 9$。

(5)检查表 12—5 的所有 $c_i - z_i$，这时有 $c_1 - z_1 = 2$，说明 x_1 应为换入变量，重复 2—4 的计算步骤，得表 12—6。

表 12—6

$c_i \rightarrow$			2	3	0	0	0	
C_B	X_B	b	x_1	x_2	x_3	x_4	x_5	θ_i
0	x_1	2	1	0	1	0	$-1/2$	—
0	x_4	8	0	0	-4	1	[2]	4
3	x_2	3	0	1	0	0	$1/4$	12
	$-Z$	-13	0	0	-2	0	$1/4$	
2	x_1	4	1	0	0	$1/4$	0	
0	x_5	4	0	0	-2	$1/2$	1	
3	x_2	2	0	1	$1/2$	$-1/8$	0	
	$-Z$	-14	0	0	-1.5	$-1/8$	0	

(6)表 12—6 最后一行的所有检验数都已为负或零。这表示目标函数值已不可能再增大，于是得到最优解

$$X^{*}=X^{(3)}=(4,2,0,0,4)^{\mathrm{T}}$$

目标函数值为：

$$z^{*}=14$$

四、单纯形法小结

1. 根据实际问题给出数学模型，列出初始单纯形表，进行标准化，见表 12—7。

表　12—7

变　量	$x_j\geqslant 0$ $x_j\leqslant 0$ x_j 无约束		不需要处理 令 $x_j'=-x_j;x_j'\geqslant 0$ 令 $x_j=x_j'-x_j'',x_j',x_j''\geqslant 0$
约束条件	$b\geqslant 0$ $b<0$ $\leqslant$ $=$ $\geqslant$		不需要处理 约束条件两端同乘 -1 加松弛变量 x_{si} 加人工变量 x_{ai} 减去乘余(松弛)变量 x_{si}；加人工变量 x_{ai}
目标函数	max= min(z) 加入变量的系数	 松弛变量 x_{si} 人工变量 x_{ai}	不需处理 令 $z'=-z$，求 $\max(z')$ 0 $-M$

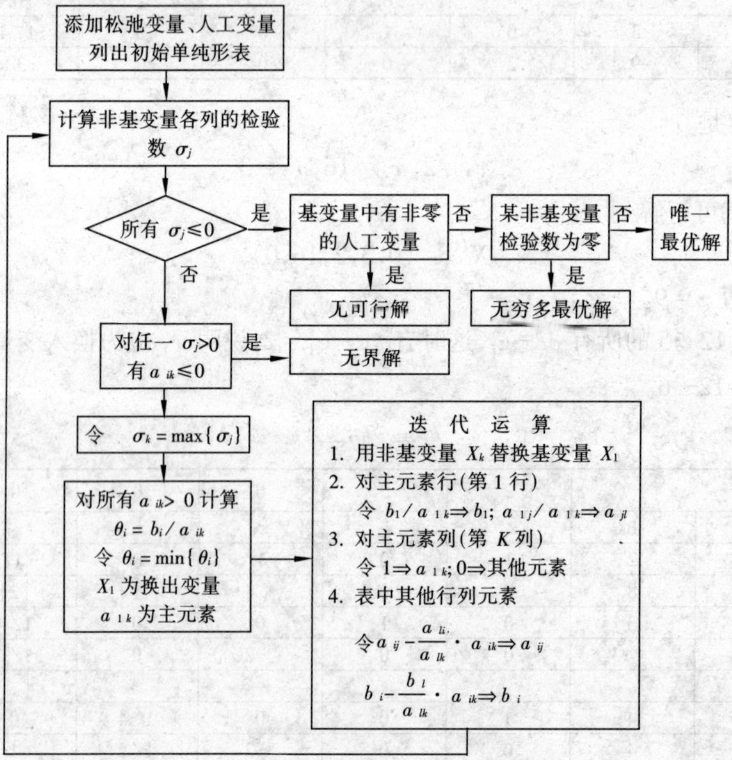

图 12—4　单纯形法计算步骤框图

分别以每个约束条件中的松弛变量或人工变量为基变量，列出初始单纯形表。

2. 对目标函数求 max 的线性规划问题，用单纯形法计算步骤的框图见图 12—4。

第三节　运输问题的求解

一、运输问题及其数学模型

设某种产品有 m 个产地 $A_1, A_2, \cdots, A_m$，产量分别为 $a_1, a_2, \cdots, a_m$ 个单位；另外有 n 个销地 $B_1, B_2, \cdots, B_n$，销量分别为 $b_1, b_2, \cdots, b_n$ 个单位，又假设产销总量是平衡的，即

$$\sum_{i=1}^{m} a_i = \sum_{j=1}^{n} b_j$$

此外，还知道由产地 A_i 向销地 B_j 运输每单位产品的运价为 C_{ij}。这些数据通常用产销平衡表（见表 12—8）和单位运价表（见表 12—9）来表示，有时可把两表合一。问应该如何调运这种产品才能使总的运费为最小？

表 12—8　产销平衡表

销地／产地	销地 B_1	销地 B_2	…	销地 B_n	产量
A_1					a_1
A_2					a_2
⋮					⋮
A_{mi}					a_m
销量	b_1	b_2	…	b_n	

表 12—9　单位运价表

销地／产地	销地 B_1	销地 B_2	…	销地 B_n
A_1	c_{11}	c_{12}	…	c_{1n}
A_2	c_{21}	c_{22}	…	c_{2n}
⋮	⋮	⋮		⋮
A_m	c_{m1}	c_{m2}	…	c_{mn}

除了经常遇到的煤炭、粮食、钢铁、木材等物资的调运问题外，在其他工作中有时也会遇到类似的问题。这类问题就称之为运输问题（Transportation Problem，TP）。

问题可用以下数学语言描述。

设 x_{ij} 表示从产地 A_i 向销地 B_j 调运这种物资的数量，那么在产销平衡（一般称闭口问题）的情况下，由 A_i 运出的物资总量应该等于 A_i 的产量，所以有：

$$\sum_{j=1}^{n} x_{ij} = a_i, j = 1, 2, \cdots, m$$

同样，运进 $\boldsymbol{B}_j$ 的物资总量应该等于 $\boldsymbol{B}_j$ 的销量，可得：

$$\sum_{i=1}^{m} x_{ij} = b_j, j = 1, 2, \cdots, m$$

而总的运费可表示为：

$$Z = \sum_{i=1}^{m} \sum_{j=1}^{n} c_{ij} x_{ij}$$

因此，我们可以把上述表示归纳为以下的数学模型

$$\min Z = \sum_{i=1}^{m} \sum_{j=1}^{n} c_{ij} x_{ij}$$

满足

$$
\begin{cases}
\sum\limits_{j=1}^{m} x_{ij} = a_i, i = 1,2,\cdots,m \\
\sum\limits_{i=1}^{n} x_{ij} = b_j, j = 1,2,\cdots,n \\
x_{ij} \geqslant 0 \left(\sum\limits_{i=1}^{m} a_j = \sum\limits_{j=1}^{n} b_j \right)
\end{cases}
$$

这就是运输问题的数学模型。可见,它是一个线性规划问题。它包含 $m \times n$ 个变量,$m + n$ 个约束方程。运输问题既然是一个线性规划问题,当然可以用单纯形法求解。但由于这个问题具有一种固定的结构比较特殊,人们在单纯形法的基础上,提出了一促更为简便的、专门用来求解运输问题的运输单纯法。在我国,这种方法习惯上称为表上作业法。

当产销不平衡时(一般称开口问题),则需通过增加虚拟的产地(销地),使之变为平衡问题,再来求解。

如产大于销时,即 $\sum\limits_{i=1}^{m} a_j > \sum\limits_{j=1}^{n} b_j$,则增加一个虚拟的销地 b_{n+1},相应的虚销量为:

$$b_{n+1} = \sum_{i=1}^{m} a_j - \sum_{j=1}^{n} b_j$$

如销大于产量,$\sum\limits_{i=1}^{m} a_j < \sum\limits_{j=1}^{n} b_j$,则增加一个虚拟的产地,相应的虚产量为:

$$a_{n+1} = \sum_{j=1}^{n} b_j - \sum_{i=1}^{m} a_i$$

二、表上作业法

(一)表上作业法的步骤

1. 编写产销平衡表,填入相应的价值系数。
2. 制定初始基本可行解,其方法有最小元素法、伏格尔法、西北角法等。
3. 用位势法求检验数,并判断初始基本可行解的最优性质。
4. 若非最优,用闭回路法改善供应计划。
5. 对改善所得新的基本可行解重复执行 3、4,直到最优为止。

下面举例说明以上计算步骤。

(二)计算举例。

1. 确定初始基本可行解的方法很多,一般可从方法是否简便,求出的初始解是否接近最优解两个方面来评价方法的优劣。下面介绍两种方法:最小元素法、伏格尔法。

(1)最小元素法

这种方法的基本思想是就近供应,即从单位运价表中最小的运价开始确定供销关系(若有几个地方同时达到最小,则可任取一个),然后次小。一直到给出初始基本可行解为止。为清楚起见,用下例介绍这个方法,并将单位运价 c_{ij} 写在格子的右上角小方格内,调运量 x_{ij} 写在格子的中间,如表 12—11 所示。

【例 12—5】 根据表 12—10 用最小元素法求初始基本可行解。表中的 x_{ij} 为调运量,x_{ij} 左边的数字为单位运价 c_{ij}。

解:第一步:从表 12—10 中找出最小运价为 $c_{21} = 1$,这表示应优先考虑 A_2 的产品供应给

B_1。于是给 x_{21} 以尽可能大的值，即令 $x_{21}=\min\{3,5\}=3$，在表中 x_{21} 处填上 3。现在，B_1 所需的 3 个单位的销量已得到满足，无需再从其他产地供应，划去 B_1 列。而 A_2 还余下 2 单位的产量。得表 12—11。

表 12—10

销地 \ 产地	B_1	B_2	B_3	B_4	产 量
A_1	2 x_{11}	9 x_{12}	10 x_{13}	7 x_{14}	9
A_2	1 x_{21}	3 x_{22}	4 x_{23}	2 x_{24}	5
A_3	8 x_{31}	4 x_{32}	2 x_{33}	5 x_{34}	7
销 量	3	8	4	6	

表 12—11

销地 \ 产地	B_1	B_2	B_3	B_4	产 量
A_1	[2]	[9]	[10]	[7]	9
A_2	3 [1]	[3]	[4]	[2]	5
A_3	[8]	[4]	[2]	[5]	7
销 量	3	8	4	6	

第二步：在表 12—11 中没有划去的格子中再找一个 c_{ij} 的最小值，这时 $c_{24}=2$，$c_{33}=2$，都是最小，可任取一个。例如，取 c_{24} 类似地，令 $x_{24}=\min\{2,6\}=2$（A_2 只余下 2 单位的产量），在表中 x_{24} 处填上 2。因 A_2 余下的 2 单位的产量现已调运完毕，故相应地划去 A_2 所在的行，得表 12—12。

表 12—12

销地 \ 产地	B_1	B_2	B_3	B_4	产 量
A_1	[2]	[9]	[10]	[7]	9
A_2	3 [1]	[3]	[4]	2 [2]	5
A_3	[8]	[4]	[2]	[5]	7
销 量	3	8	4	6	

类似地一步步进行下去，直到表中所有格子均划去为止。最后得到一个初始调运方案，见表 12—13。这个方案的总运费为：

$$Z=1\times3+9\times5+4\times3+2\times4+7\times4+2\times2=100$$

用最小元素法给出的初始调运方案就是运输问题的初始基本可行解，方格中加粗的数字就为相应的基变量的取值，其特点是：

①用最小元素法给出的初始解，是从单位运价表中逐次地挑选最小元素，并比较产量和销量。当产大于销时，划去的元素所在列。当产小于销时，划去该元素所在行。然后在未划去的元素中再找最小元素，再确定供应关系。这样在产销平衡表中每填入一个数字，在表上就划去一行或一列。表中共有 m 行 n 列，总共可划 $(m+n)$ 条直线。但当表中只剩下一个元素时，

这时当在表中填入最后一个数字时,产量已全部供应完,而销量也正好全部得到满足,这样在表上就同时划去一行和一列。此时把表上所有元素都划去了,相应地在表上填入了$(m+n-1)$个数字,即给出了$(m+n-1)$个基变量的值。

表 12—13

销地 产地	B_1	B_2	B_3	B_4	产　量
A_1	[2]	5 [9]	[10]	4 [7]	9
A_2	3 [1]	[3]	[4]	2 [2]	5
A_3	[8]	3 [4]	4 [2]	[5]	7
销　量	3	8	4	6	

②不存在以有调运量数字的格子为顶点构成的闭回路。

在用最小元素法求初始基本可行解的中间步骤中,若在(i,j)格填入调运量数字后,出现A_i 处的余量等于B_j 处的需量,在填入相应的数字后,应在表上同时划去一行和一列。但为了使表上有$(m+n-1)$个数字格,这时应在对应同时划去的那行或那列的任一空格处,填入一个0,这就表示相应的变量也为基变量,取值为0即出现退化。

(2)伏格尔(Vogel)法

也称差值法。最小元素法的缺点是:为了节省一处的费用,有时造成在其他处要多花几倍的运费。而差值法则考虑到,一产地的产品假如不能按最小运费就近供应,就考虑次小运费,这就有一个差额。差额越大,说明不能按最小运费调运时,运费增加越多。因而对差额最大处,就应当采用最小运费调运。仍以例12—5为例,说明差值法的步骤:

第一步:在表12—10中分别计算出各行和各列的最小运费和次小运费的差值,并填入该表的最后列和最下行,见表12—14。

表 12—14

销地 产地	B_1	B_2	B_3	B_4	产　量	行差值
A_1	3 [2]	[9]	[10]	[7]	9	5
A_2	[1]	[3]	[4]	[2]	5	1
A_3	[8]	[4]	[2]	[5]	7	2
销　量	3	8	4	6		
列差值	1	1	2	3		

第二步:从行或列差值中选出最大者,并选择它所在行或列中的最小元素。在表12—14中A_1行是最大差值所在行。该行中最小元素为2,可确定A_1的产品先供应B_1的需要。给x_{11}以尽可能大的值,即令$x_{11}=\min\{3,9\}=3$,在x_{11}处填上3。此时第一列已满足,故划去B_1列。如表12—14所示。

第三步:对表12—14中未划去的元素再分别计算出各行、各列的最小运费和次小运费的差值。重复第一、二步。最后得出一组基本可行解如表12—15所示。

2. 最优解的判别

判别的方法是计算空格(非基变量)的检验数C_j-Z_j。若所有的检验数C_j-Z_j都非负,表示所检验的基本可行解是最优解；若有负检验数，就需要调整调运方案。因此，首先就需要求出检验数。由于运输问题是线性规划问题的特殊情况，故有其独特的求检验数的方法。下面介绍一种较为简便的求检验数的方法——位势法。

第一步：求位势。

在求位势时，可在表上直接进行，只须保证对每一个有调运量数字的格子(基变量)来说，有 $u_i+v_j=c_{ij}$。取 $u_1=0$，不难看出，$v_2=9,v_4=7$。由 $v_2=9$，可得 $u_3=-5$。由 $u_3=-5$，可得 $v_3=7$。由 $v_4=7$，可得 $u_2=-5$。由 $u_2=-5$，可得 $v_1=6$。将分别填在表 12—16 的右边与下边。该表的初始基本可行解为最小元素法所求得。

表 12—15

产地＼销地	B_1	B_2	B_3	B_4	产　量	行差值
A_1	3 [2]	5 [9]	[10]	1 [7]	9	5
A_2	[1]	[3]	[4]	5 [2]	5	1
A_3	[8]	3 [4]	4 [2]	[5]	7	2
销　量	3	8	4	6		
列差值	1	1	2	3		

表 12—16

产地＼销地	B_1	B_2	B_3	B_4	产　量	u_i
A_1	[2]	5 [9]	[10]	4 [7]	9	0
A_2	3 [1]	[3]	[4]	2 [2]	5	-5
A_3	[8]	3 [4]	4 [2]	[5]	7	-5
销　量	3	8	4	6		
v_j	6	9	7	7		

第二步：求各空格(非基变量)的检验数 λ_{ij}。

检验数的计算式为：$\lambda_{ij}=c_{ij}-(u_i-v_j)$。

对表 12—16 所求的检验数如表 12—17 所示。表中括号内的数字为检验数 λ_{ij}。

若所有的 $\lambda_{ij}\geqslant 0$，则达到最优解，否则应进行调整，求另一组能使目标函数值下降的基本可行解。

3. 用闭回路法调整方案

当在表中出现负检验数时，说明未得最优解。若有两个和两个以上的负检验数时，一般选其中最小的负检验数，以它对应的空格为调入格，即以它对应的非基变量作为换入变量，以此格为出发点，作一闭回路。闭回路的求法如下：从最小的负检验数所在的空格出发，沿行(或列)的方向前进，每碰到有运量的方格则转 90°，继续前进，最后回到起始空格，构成一闭回路。以最小的负检验数为起点，可以找到唯一的闭回路。闭回路的偶顶点上(以调入格为闭回路的第一个顶点，依次编号)，调运量 x_{ij} 的最小值就是调整量，而相应的基变量 x_{ij} 就为换出变量。若有两个或以上的偶顶点同时有同一最小值时，则任取一个作为换出变量。

表 12—17

产地＼销地	B_1	B_2	B_3	B_4	产 量	u_i
A_1	(-4) 2	5 9	(3) 10	4 7	9	0
A_2	3 1	(-1) 3	(2) 4	2 2	5	-5
A_3	(7) 8	3 4	4 2	(3) 5	7	-5
销 量	3	8	4	6		
v_j	6	9	7	7		

然后,按以下方法进行调整:

(1)在上述闭回路的顶点以外的地方,x_{ij} 的值不变。

(2)在上述闭回路的奇顶点上,x_{ij} 的值都加上调整量;在偶顶点上,x_{ij} 值都减去调整量。

例如,表 12—17 中有两个负的检验数,其中最小的是 -4。因此,应该把 x_{11} 作为换入变量。x_{11} 对应的闭回路如表 12—17 虚线所示。

从 x_{11} 出发的第 2 个顶点 x_{14} 的值为 4,第 4 个顶点 x_{21} 的值是 3。因此,x_{21} 是换出变量,调整量是 3。按照上述调整方法,x_{11},x_{21} 的值减 3。这样,得新的基本可行解如表 12—18 所示。表中 x_{21} 变为非基变量。

表 12—18

产地＼销地	B_1	B_2	B_3	B_4	产 量	u_i
A_1	3 2	5 9	10	1 7	9	
A_2	1	3	4	5 2	5	
A_3	8	3 4	4 2	5	7	
销 量	3	8	4	6		
v_j						

用位势法对表 12—18 中的方案求检验数,得表 12—19。

表 12—19

产地＼销地	B_1	B_2	B_3	B_4	产 量	u_i
A_1	3 2	5 9	(3) 10	1 7	9	0
A_2	(4) 1	(-1) 3	(2) 4	5 2	5	-5
A_3	(11) 8	3 4	4 2	(3) 5	7	-5
销 量	3	8	4	6		
v_j	2	9	7	7		

表 12—19 中,x_{22} 处的检验数为负,故该解仍不是最优解,还要调整。从表 12—19 中可以看出,闭回路的第 2 和第 4 个顶点处的 x_{ij} 的值都是 5,所以调整量是 5。但为了保持基变量的个数为 $m+n-1$ 个,故只能取一个作为换出变量。例如,取 x_{12} 作为换出变量,则调整后得表

12—20。

表 12—20 中，$x_{24}=0$ 是基变量，故不能划去，应保留。对表 12—20 求出检验数后，得表 12—21。

从表 12—21 可见，所有检验数都非负，故表所示的解为最优解。它对应的目标函数值为

$$Z=2\times3+7\times6+3\times5+4\times3+2\times4=83$$

表 12—20

产地＼销地	B_1	B_2	B_3	B_4	产　量	u_i
A_1	3 [2]	[9]	[10]	6 [7]	9	
A_2	[1]	5 [3]	[4]	0 [2]	5	
A_3	[8]	3 [4]	4 [2]	[5]	7	
销　量	3	8	4	6		
v_j						

表 12—21

产地＼销地	B_1	B_2	B_3	B_4	产　量	u_i
A_1	3 [2]	(1) [9]	(4) [10]	6 [7]	9	0
A_2	(4) [1]	5 [3]	(3) [4]	0 [2]	5	−5
A_3	(10) [8]	3 [4]	4 [2]	(2) [5]	7	−4
销　量	3	8	4	6		
v_j	2	8	6	7		

以上是表上作业法的主要内容，其求解步骤可用图 12—5 所示的框图表示。表上作业法的实质是单纯形法用于求解运输问题这类特殊线性规划问题时的简化。

最后需要提出的是，在运输问题最优解表中，若某个非基变量的检验数为 0 时，与用单纯形法求解线性规划问题的情形一样，说明该问题有无穷多个最优解。若以相应的空格为起点找闭回路，并在该闭回路中进行方案调整后，便可得到另一最优解。

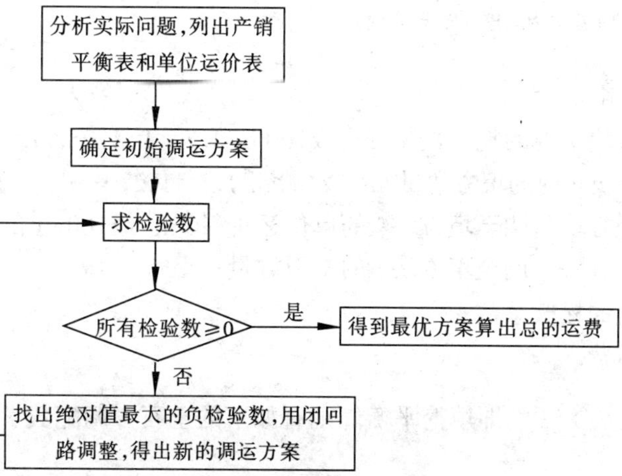

图 12—5　表上作业法计算步骤框图

第四节　线性规划模型的建立

应用线性规划方法来解决某一类实际问题时，由于问题的复杂性和情况的多变性，要真正建立一个反映实际问题的方法得出正确结论的理想模型，并不是一件容易的事。它要求建模者具有丰富的经验，较强的创造力和比较熟练的技巧，可以说，建立某一类问题的数学模型，是科学与艺术的结合，知识与经验的相融。本节简要介绍建立线性规划模型的基本思路和基本技巧，希望传给初学者一点启发。

一、土石方调配问题的数学模型

土方调配问题是典型的运输问题，但与其他一般运输问题相比有其特殊性。

(1)土方调配问题一般均是产销不平衡(开口)问题，即填挖方量不相等；

(2)土方调配中的单位运价 c_{ij} 的确定较为复杂。c_{ij} 与调配使用的机械、土质的类别、运输距离等因素有关。

(3)土石方工程中，并非工地内所有土质均能作填方用，因此并非所有的挖方点均与填方点发生调运关系。

(4)填方应考虑土的松散系数。即一般一立方挖方不够填一立方的填方。假设下图 12—6 为某一土石方工程的平面图。

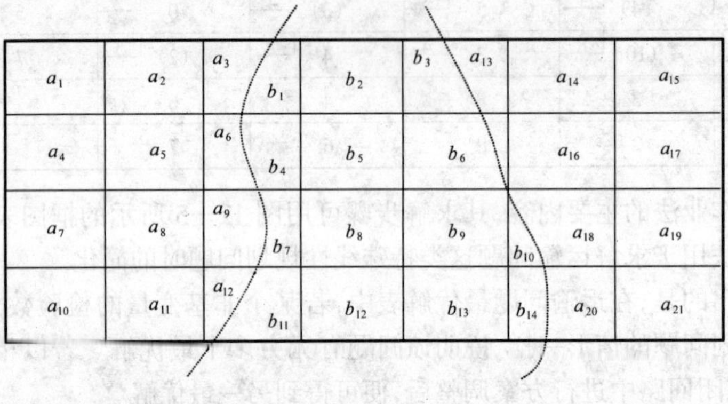

注：图中虚线为填挖分界线(零线)

图　12—6

1. 数学模型的建立

设：a_i——挖方块 i 内的挖方数量(m^3 或100 m^3)，$i=1,2,\cdots,m$；

b_j——填方块 j 内的填方数量(m^3 或100 m^3)，$j=1,2,\cdots,n$；

c_{ij}——从挖方块 i 调至填方块 j 的单位运价(每 m^3 或100 m^3的运价)；

x_{ij}——从挖方块 i 调至填方块 j 的土石方量；

k——土壤的松散系数；

Z——总运费。

假设有 $\sum_{i=1}^{m} a_i = \sum_{j=1}^{n} b_j$，即填挖平衡。则有如下的土石方调配数学模型：

$$\min Z = \sum_{i=1}^{m} \sum_{j=1}^{n} c_{ij} x_{ij}$$

满足：

$$\begin{cases}\sum_{j=1}^{n} x_{ij} = a_i, i = 1,2,\cdots,m \\ \sum_{i=1}^{m} x_{ij} = kb_j, j = 1,2,\cdots,n \\ x_{ij} \geqslant 0, i=1,2,\cdots,m; j=1,2,\cdots,n\end{cases}$$

求解该数学模型，可得土石方调配方案。

2. 讨论

(1)单位运价 c_{ij} 的确定。

以铁路工程为例。根据铁路预算定额，单位运价与土石方调配所用机械类型、土质、运距等因素有关，单位运价可用下式计算。

$$c_{ij} = c_1 + cc_1 \times n$$

式中 c_1——为土石方调运的基价(根据定额土石方量以100 m^3 为单位)；

cc_1——为土石方调运中每增运一个运距档次的增运价(土石方量的单位同上)，运距档次依机械类型不同，有10 m、100 m、1 km；

n——为土石方调配中增运的运距档次数。

(2)当填挖不平衡时，应经过工地调查来增设取土场或弃土场，使之变为平衡问题。

(3)当工地周围有多个取土场和弃土场时，应通过调查，确定各取土场或弃土场的位置和土方量，并使整个工程的填挖平衡，但应禁止取土场与弃土场之间发生调运关系，如可采用令取场与弃土场之间的单位运价为一充分大的正数的办法。

二、土石方工程中机械配备优化问题的数学模型

土石方工程中机械配备优化问题的提出，是在土石方调配方案已定的前提下，如何经济合理地组织现在机械进行施工，使得工程费用最省。

仍以铁路工程为例。假设某工程的土石方调配方案中各运距范围内的土石方量统计如下表 12—22。

表 12—22

运距档次	运距档次 1	运距档次 2	…	运距档次 p	运距档次 $p+1$	…	运距档次 n
土石方量	d_1	d_2	…	d_p	d_{p+1}	…	d_n

注：运距单位为 m，土石方量单位为 m^3 或100 m^3。

现有 m 种机械可用于施工，各种机械在相应运距挡次的台班产量为 $a_{ij}, i=1,2,\cdots,m; j=1,2,\cdots,n$。机械台班费为 $c_{ij}, i=1,2,\cdots,m; j=1,2,\cdots,n$。

各种机械在工程工期内所能提供的最大台班数为 $R_i, i=1,2,\cdots,m$。

$$R_i = \text{有效工天} \times \text{班制} \times \text{拥有该种机械的台数}$$

设 x_{ij} 为第 i 种机械调运第 j 运距档次土石方所需的工作台班数。

则可建立以下数学模型：

$$\min Z = \sum_{i=1}^{m} \sum_{j=1}^{n} c_{ij} x_{ij}$$

满足

$$\begin{cases}\sum_{i=1}^{m} a_{ij}x_{ij} \geqslant d_j\,, j = 1,2,\cdots,n \\ \sum_{j=1}^{n} x_{ij} \leqslant R_i\,, i = 1,2\cdots,m \\ x_{ij} \geqslant 0, i=1,2,\cdots,m; j=1,2,\cdots,n。\end{cases}$$

由于土石方工程的施工机械一般有各自的经济运距,因此对上述模型,可令各种机械在经济运距外的运距档次中的 $c_{ij}=0$,从而确保其在经济运距范围内工作。

求解上述线性规划模型可求得不同机型在各个运距档次的工作台班。各种机械的配备台数可用下式计算:

$$i\text{ 型机械台数} = \frac{\sum_{j=1}^{n} i\text{ 型机械在第 } j\text{ 运距档次的工作台班数 } x_{ij}}{\text{有效工天} \times \text{每天工作班制}} \qquad i = 1,2,\cdots,m$$

然后可根据实际需要取整配备。

思考题与习题

1. 试分别用图解法和单纯形法解下面线性规划问题。

求 $Z_{\max}: Z=15x_1+12x_2$

满足: $2x_1+x_2 \leqslant 480$

$3x_1+3x_2 \leqslant 450$

$x_1 \geqslant 100$

$x_2 \geqslant 80$

$x_1, x_2 \geqslant 0$

2. 现有 A_1, A_2, A_3 三个产地,生产某种产品,产量分别为25 t、30 t、25 t销。售给 B_1, B_2, B_3, B_4 四个销地,它们的需要量分别为25 t、15 t、16 t、24 t,单位运价见下表,试求使总运费最小的调运方案,并计算总运费。

单位运价表　　单位:元/t

	B_1	B_2	B_3	B_4
A_1	7	3	12	7
A_2	4	15	9	5
A_3	9	8	10	11

附　　表

附表 2—1 （i = 1%）

n	(F/P, i, n)	(P/F, i, n)	(A/P, i, n)	(P/A, i, n)	(A/F, i, n)	(F/A, i, n)
1	1.010 0	0.990 1	1.010 0	0.990 1	1.000 0	1.000 0
2	1.020 1	0.980 3	0.507 5	1.970 4	0.497 5	2.010 0
3	1.030 3	0.970 6	0.340 0	2.941 0	0.330 0	3.030 1
4	1.040 6	0.961 0	0.256 3	3.902 0	0.246 3	4.060 4
5	1.051 0	0.951 5	0.206 0	4.853 4	0.196 0	5.101 0
6	1.061 5	0.942 0	0.172 5	5.795 5	0.162 5	6.152 0
7	1.072 1	0.932 7	0.148 6	6.728 2	0.138 6	7.213 5
8	1.082 9	0.923 5	0.130 7	7.651 7	0.120 7	8.258 7
9	1.093 7	0.914 3	0.116 7	8.566 0	0.106 7	9.368 5
10	1.104 6	0.905 3	0.105 6	9.471 3	0.095 6	10.462 2
11	1.115 7	0.896 3	0.096 5	10.367 6	0.086 5	11.566 8
12	1.126 8	0.887 4	0.088 8	11.255 1	0.078 8	12.682 5
13	1.138 1	0.878 7	0.082 4	12.133 7	0.072 4	13.809 3
14	1.149 5	0.870 0	0.076 9	13.003 7	0.066 9	14.947 4
15	1.161 0	0.861 3	0.072 1	13.865 1	0.062 1	16.096 9
16	1.172 6	0.852 8	0.067 9	14.717 9	0.057 9	17.257 9
17	1.184 3	0.844 4	0.064 3	15.562 3	0.054 3	18.430 4
18	1.196 1	0.836 0	0.061 0	16.398 3	0.051 0	19.614 7
19	1.208 1	0.827 7	0.058 1	17.226 0	0.048 1	20.810 9
20	1.220 2	0.819 5	0.055 4	18.045 6	0.045 4	22.019 0
21	1.232 4	0.811 4	0.053 0	18.857 0	0.043 0	23.239 2
22	1.244 7	0.803 4	0.050 9	19.660 4	0.040 9	24.471 6
23	1.257 1	0.795 4	0.048 9	20.455 8	0.038 9	25.716 3
24	1.269 7	0.787 6	0.047 1	21.243 4	0.037 1	26.973 5
25	1.282 4	0.779 8	0.045 4	22.023 2	0.035 4	28.243 2
26	1.295 3	0.772 0	0.043 9	22.795 2	0.033 9	29.525 6
27	1.308 2	0.764 4	0.042 4	23.559 6	0.032 4	30.820 9
28	1.321 3	0.754 8	0.041 1	24.316 4	0.031 1	32.129 1
29	1.334 5	0.749 3	0.039 9	25.065 8	0.029 9	33.450 4
30	1.347 8	0.741 9	0.038 7	25.807 7	0.028 7	34.784 9
31	1.361 3	0.734 6	0.037 7	26.542 3	0.027 7	36.132 7
32	1.374 9	0.727 3	0.036 7	27.269 6	0.026 7	37.494 1
33	1.388 7	0.720 1	0.035 7	27.989 7	0.025 7	38.869 0
34	1.402 6	0.713 0	0.034 8	28.702 7	0.024 8	40.257 7
35	1.416 6	0.705 9	0.031 0	29.408 6	0.024 0	41.660 3
40	1.488 9	0.671 7	0.030 5	32.834 7	0.020 5	48.886 4
45	1.564 8	0.639 1	0.027 7	36.094 5	0.017 7	56.481 1
50	1.644 6	0.608 0	0.025 5	39.196 1	0.015 5	64.463 2

附表 2—2 （i=2%）

n	(F/P, i, n)	(P/F, i, n)	(A/P, i, n)	(P/A, i, n)	(A/F, i, n)	(F/A, i, n)
1	1.020 0	0.980 4	1.020 0	0.980 4	1.000 0	1.000 0
2	1.040 4	0.961 2	0.515 0	1.941 6	0.495 0	2.020 0
3	1.061 2	0.942 3	0.346 8	2.883 9	0.326 8	3.060 4
4	1.082 4	0.923 8	0.262 6	3.807 7	0.242 6	4.121 6
5	1.104 1	0.905 7	0.212 2	4.713 5	0.192 2	5.204 0
6	1.126 2	0.888 0	0.178 5	5.601 4	0.158 5	6.308 1
7	1.148 7	0.870 6	0.154 5	6.472 0	0.134 5	7.434 3
8	1.171 7	0.853 5	0.136 5	7.325 5	0.116 5	8.583 0
9	1.195 1	0.836 8	0.122 5	8.162 2	0.102 5	9.754 6
10	1.219 0	0.820 3	0.111 3	8.982 6	0.091 3	10.949 7
11	1.243 4	0.804 3	0.102 2	9.786 8	0.082 2	12.168 7
12	1.268 2	0.788 5	0.094 6	10.575 3	0.074 6	13.412 1
13	1.293 6	0.773 0	0.088 1	11.348 4	0.068 1	14.680 3
14	1.319 5	0.757 9	0.082 6	12.106 2	0.062 6	15.973 9
15	1.345 9	0.743 0	0.077 8	12.849 3	0.057 8	17.293 4
16	1.372 8	0.728 4	0.073 7	13.577 7	0.053 7	18.639 3
17	1.4002	0.714 2	0.070 0	14.291 9	0.050 0	20.012 1
18	1.4282	0.700 2	0.066 7	14.992 0	0.046 7	21.412 3
19	1.456 8	0.686 4	0.063 8	15.678 5	0.043 8	22.840 6
20	1.485 9	0.673 0	0.061 2	16.351 4	0.041 2	24.297 4
21	1.515 7	0.659 8	0.058 8	17.011 2	0.038 8	25.783 3
22	1.546 0	0.646 8	0.056 6	17.658 0	0.036 6	27.299 0
23	1.576 9	0.634 2	0.054 7	18.292 2	0.034 7	28.845 0
24	1.608 4	0.621 7	0.052 9	18.913 9	0.032 9	30.421 9
25	1.640 6	0.609 5	0.051 2	19.523 5	0.031 2	32.030 3

续上表

n	(F/P, i, n)	(P/F, i, n)	(A/P, i, n)	(P/A, i, n)	(A/F, i, n)	(F/A, i, n)
26	1.673 4	0.597 6	0.049 7	20.121 0	0.029 7	33.670 9
27	1.706 9	0.585 9	0.048 3	20.706 9	0.028 3	35.344 3
28	1.741 0	0.574 4	0.047 0	21.281 3	0.027 0	37.051 2
29	1.775 8	0.563 1	0.045 8	21.844 4	0.025 8	38.792 2
30	1.811 4	0.552 1	0.044 6	22.396 5	0.024 6	40.568 1
31	1.847 6	0.541 2	0.043 6	22.937 7	0.023 6	42.379 4
32	1.884 5	0.530 6	0.042 6	23.468 3	0.022 6	44.227 0
33	1.922 2	0.520 2	0.041 7	23.988 6	0.021 7	46.111 6
34	1.960 7	0.510 0	0.040 8	24.498 6	0.020 8	48.033 8
35	1.999 9	0.500 0	0.040 0	24.998 6	0.020 0	49.994 5
40	2.208 0	0.452 9	0.036 6	27.355 5	0.016 6	60.402 0
45	2.437 9	0.410 2	0.033 9	29.490 2	0.013 9	71.892 7
50	2.691 6	0.371 5	0.031 8	31.423 6	0.011 8	84.579 4

附表 2—3 （$i=3\%$）

n	(F/P, i, n)	(P/F, i, n)	(A/P, i, n)	(P/A, i, n)	(A/F, i, n)	(F/A, i, n)
1	1.030 0	0.970 9	1.030 0	0.970 9	1.000 0	1.000 0
2	1.060 9	0.942 6	0.522 6	1.913 5	0.492 6	2.030 0
3	1.092 7	0.915 1	0.353 5	2.828 6	0.323 5	3.090 9
4	1.125 5	0.888 5	0.269 0	3.717 1	0.239 0	4.183 6
5	1.159 3	0.862 6	0.218 4	4.579 7	0.188 4	5.309 1
6	1.194 1	0.837 5	0.184 6	5.417 2	0.154 6	6.468 4
7	1.229 9	0.813 1	0.160 5	6.230 3	0.130 5	7.662 5
8	1.266 8	0.789 4	0.142 5	7.019 7	0.112 5	8.892 3
9	1.304 8	0.766 4	0.128 4	7.786 1	0.098 4	10.159 1
10	1.343 9	0.744 1	0.117 2	8.530 2	0.087 2	11.463 9
11	1.384 2	0.722 4	0.108 1	9.252 6	0.078 1	12.807 8
12	1.425 8	0.701 4	0.100 5	9.954 0	0.070 5	14.192 0
13	1.468 5	0.681 0	0.094 0	10.635 0	0.064 0	15.617 8
14	1.512 6	0.661 1	0.088 5	11.296 1	0.058 5	17.086 3
15	1.558 0	0.641 9	0.083 8	11.937 9	0.053 8	18.598 9
16	1.604 7	0.623 2	0.079 6	12.561 1	0.049 6	20.156 9
17	1.652 8	0.605 0	0.076 0	13.166 1	0.046 0	21.761 6
18	1.702 4	0.587 4	0.072 7	13.753 5	0.042 7	23.414 4
19	1.753 5	0.570 3	0.069 8	14.323 8	0.039 8	25.116 9
20	1.806 1	0.553 7	0.067 2	14.877 5	0.037 2	26.870 4
21	1.860 3	0.537 5	0.064 9	15.415 0	0.034 9	28.676 5
22	1.916 1	0.521 9	0.062 7	15.936 9	0.032 7	30.536 8
23	1.973 6	0.506 7	0.060 8	16.443 6	0.030 8	32.452 9
24	2.032 8	0.491 9	0.059 0	16.935 5	0.029 0	34.426 5
25	2.093 8	0.477 6	0.057 4	17.413 1	0.027 4	36.459 3
26	2.156 6	0.463 7	0.055 9	17.876 8	0.025 9	28.553 0
27	2.221 3	0.450 2	0.054 6	18.327 0	0.024 6	40.709 6
28	2.287 9	0.437 1	0.053 3	18.764 1	0.023 3	42.930 9
29	2.356 6	0.424 3	0.052 1	19.188 5	0.022 1	45.218 9
30	2.427 3	0.412 0	0.051 0	19.600 4	0.021 0	47.575 4
31	2.156 6	0.400 0	0.050 0	20.000 4	0.020 0	50.002 7
32	2.221 3	0.388 3	0.049 0	20.388 8	0.019 0	52.502 8
33	2.287 9	0.377 0	0.048 2	20.765 8	0.018 2	55.077 8
34	2.356 6	0.366 0	0.047 3	21.131 8	0.017 3	57.730 2
35	2.427 3	0.355 4	0.046 5	21.487 2	0.016 5	60.462 1
40	3.262 0	0.306 6	0.043 3	23.114 8	0.013 3	75.401 3
45	3.781 6	0.264 4	0.040 8	24.518 7	0.010 8	92.719 9
50	4.383 9	0.228 1	0.038 9	25.729 8	0.008 9	112.796 9

附表 2—4 （$i=4\%$）

n	(F/P, i, n)	(P/F, i, n)	(A/P, i, n)	(P/A, i, n)	(A/F, i, n)	(F/A, i, n)
1	1.040 0	0.961 5	1.040 0	0.961 5	1.000 0	1.000 0
2	1.081 6	0.924 6	0.530 2	1.886 1	0.490 2	2.040 0
3	1.124 9	0.899 0	0.360 3	2.775 1	0.320 3	3.121 6
4	1.169 9	0.854 8	0.275 5	3.629 9	0.235 5	4.246 5
5	1.216 7	0.821 9	0.224 6	4.451 8	0.184 6	5.416 3

续上表

n	(F/P, i, n)	(P/F, i, n)	(A/P, i, n)	(P/A, i, n)	(A/F, i, n)	(F/A, i, n)
6	1.265 3	0.790 3	0.190 8	5.242 1	0.150 8	6.633 0
7	1.315 9	0.759 9	0.166 6	6.002 1	0.126 6	7.898 3
8	1.368 6	0.730 7	0.148 5	6.732 7	0.108 5	9.214 2
9	1.423 3	0.702 6	0.134 5	7.435 3	0.094 5	10.582 8
10	1.480 2	0.675 6	0.123 3	8.110 9	0.083 3	12.006 1
11	1.539 5	0.649 6	0.114 1	8.760 5	0.074 1	13.486 4
12	1.601 0	0.624 6	0.106 6	9.385 1	0.066 6	15.025 8
13	1.665 1	0.600 6	0.100 1	9.985 6	0.060 1	16.626 8
14	1.731 7	0.577 5	0.094 7	10.563 1	0.054 7	18.291 9
15	1.800 9	0.555 3	0.089 9	11.118 4	0.049 9	20.023 6
16	1.873 0	0.533 9	0.085 8	11.652 3	0.045 8	21.824 5
17	1.947 9	0.513 4	0.082 2	12.165 7	0.042 2	23.697 5
18	2.025 8	0.493 6	0.079 0	12.659 3	0.039 0	25.645 4
19	2.106 8	0.474 6	0.076 1	13.133 9	0.036 1	27.671 2
20	2.191 1	0.456 4	0.073 6	13.590 3	0.033 6	29.778 1
21	2.278 8	0.438 8	0.071 3	14.029 2	0.031 3	31.969 2
22	2.369 9	0.422 0	0.069 2	14.451 1	0.029 2	34.248 0
23	2.464 7	0.405 7	0.067 3	14.856 8	0.027 3	36.617 9
24	2.563 3	0.390 1	0.065 6	15.247 0	0.025 6	39.082 6
25	2.665 8	0.375 1	0.064 0	15.622 1	0.024 0	41.645 9
26	2.772 5	0.360 7	0.062 6	15.982 8	0.022 6	44.311 7
27	2.883 4	0.346 8	0.061 2	16.329 6	0.021 2	47.084 2
28	2.998 7	0.333 5	0.060 0	16.663 1	0.020 0	49.967 6
29	3.118 7	0.320 7	0.058 9	16.983 7	0.018 9	52.966 3
30	3.243 4	0.308 3	0.057 8	17.292 0	0.017 8	56.084 9
31	3.373 1	0.296 5	0.056 9	17.588 5	0.016 9	59.328 3
32	3.508 1	0.285 1	0.055 9	17.873 6	0.015 9	62.701 5
33	3.648 4	0.274 1	0.055 1	18.147 6	0.015 1	66.209 5
34	3.794 3	0.263 6	0.054 3	18.411 2	0.014 3	69.857 9
35	3.946 1	0.253 4	0.053 6	18.664 6	0.013 6	73.652 2
40	4.801 0	0.208 3	0.050 5	19.792 8	0.010 5	95.025 5
45	5.841 2	0.171 2	0.048 3	20.720 0	0.008 3	121.029 4
50	7.106 7	0.140 7	0.046 6	21.482 2	0.006 6	152.667 1

附表 2—5　($i=5\%$)

n	(F/P, i, n)	(P/F, i, n)	(A/P, i, n)	(P/A, i, n)	(A/F, i, n)	(F/A, i, n)
1	1.050 0	0.952 4	1.050 0	0.952 4	1.000 0	1.000 0
2	1.102 5	0.907 0	0.537 8	1.859 4	0.487 8	2.050 0
3	1.157 6	0.863 8	0.367 2	2.723 2	0.317 2	3.152 5
4	1.215 5	0.822 7	0.282 0	3.546 0	0.232 0	4.310 1
5	1.276 3	0.783 5	0.231 0	4.329 5	0.181 0	5.525 6
6	1.340 1	0.746 2	0.197 0	5.075 7	0.147 0	6.801 9
7	1.407 1	0.710 7	0.172 8	5.786 4	0.122 8	8.142 0
8	1.477 5	0.676 8	0.154 7	6.463 2	0.104 7	9.549 1
9	1.551 3	0.644 6	0.140 7	7.107 8	0.090 7	11.026 6
10	1.628 9	0.613 9	0.129 5	7.721 7	0.079 5	12.577 9
11	1.710 3	0.584 7	0.120 4	8.306 4	0.070 4	14.206 8
12	1.795 9	0.556 8	0.112 8	8.863 3	0.062 8	15.917 1
13	1.885 6	0.530 3	0.106 5	9.393 6	0.056 5	17.713 0
14	1.979 9	0.505 1	0.101 0	9.898 6	0.051 0	19.598 6
15	2.078 9	0.481 0	0.096 3	10.379 7	0.046 3	21.578 6
16	2.182 9	0.458 1	0.092 3	10.837 8	0.042 3	23.657 5
17	2.292 0	0.436 3	0.088 7	11.274 1	0.038 7	25.840 4
18	2.406 6	0.415 5	0.085 5	11.689 6	0.035 5	28.132 4
19	2.527 0	0.395 7	0.082 7	12.085 3	0.032 7	30.539 0
20	2.653 3	0.376 9	0.080 2	12.462 2	0.030 2	33.066 0
21	2.786 0	0.358 9	0.078 0	12.821 2	0.028 0	35.709 3
22	2.925 3	0.341 8	0.076 0	13.163 0	0.026 0	38.505 2
23	3.071 5	0.325 6	0.074 1	13.488 6	0.024 1	41.430 5
24	3.225 1	0.310 1	0.072 5	13.798 6	0.022 5	44.502 0
25	3.386 4	0.295 3	0.071 0	14.093 9	0.021 0	47.727 1
26	3.555 7	0.281 2	0.069 6	14.375 2	0.019 6	51.113 5
27	3.733 5	0.267 8	0.068 3	14.643 0	0.018 3	54.669 1
28	3.920 1	0.255 1	0.067 1	14.898 1	0.017 1	58.402 6
29	4.116 1	0.242 9	0.066 0	15.141 1	0.016 0	62.322 7
30	4.321 9	0.231 4	0.065 1	15.372 5	0.015 1	66.438 8

续上表

n	(F/P, i, n)	(P/F, i, n)	(A/P, i, n)	(P/A, i, n)	(A/F, i, n)	(F/A, i, n)
31	4.538 0	0.220 4	0.064 1	15.592 8	0.014 1	70.760 8
32	4.764 9	0.209 9	0.063 3	15.802 7	0.013 3	75.298 8
33	5.003 2	0.199 9	0.062 5	16.002 5	0.012 5	80.063 8
34	5.253 3	0.190 4	0.061 8	16.192 9	0.011 8	85.067 0
35	5.516 0	0.181 3	0.061 1	16.374 2	0.011 1	90.320 3
40	7.040 0	0.142 0	0.058 3	17.159 1	0.008 3	120.799 8
45	8.985 0	0.111 3	0.056 3	17.774 1	0.006 3	159.700 2
50	11.467 4	0.087 2	0.054 8	18.255 9	0.004 8	209.348 0

附表 2—6　($i=6\%$)

n	(F/P, i, n)	(P/F, i, n)	(A/P, i, n)	(P/A, i, n)	(A/F, i, n)	(F/A, i, n)
1	1.060 0	0.943 4	1.060 0	0.943 4	1.000 0	1.000 0
2	1.123 6	0.890 0	0.545 4	1.833 4	0.485 4	2.060 0
3	1.191 0	0.839 6	0.374 1	2.673 0	0.314 1	3.183 6
4	1.262 5	0.792 1	0.288 6	3.465 1	0.228 6	4.374 6
5	1.338 2	0.747 3	0.237 1	4.212 4	0.177 4	5.637 1
6	1.418 5	0.705 0	0.203 4	4.947 3	0.143 4	6.975 3
7	1.503 6	0.665 1	0.179 1	5.582 4	0.119 1	8.393 8
8	1.593 8	0.627 4	0.161 0	6.209 8	0.101 0	9.897 5
9	1.689 5	0.591 9	0.147 0	6.801 7	0.087 0	11.491 3
10	1.790 8	0.558 4	0.135 9	7.360 1	0.075 9	13.180 8
11	1.898 3	0.526 8	0.126 8	7.886 9	0.066 8	14.971 6
12	2.012 2	0.497 0	0.119 3	8.383 8	0.059 3	16.869 9
13	2.132 9	0.468 8	0.113 0	8.852 7	0.053 0	18.882 1
14	2.260 9	0.442 3	0.107 6	9.295 0	0.047 6	21.015 1
15	2.396 6	0.417 3	0.103 0	9.712 2	0.043 0	23.276 0
16	2.540 4	0.393 6	0.099 0	10.105 9	0.039 0	25.672 5
17	2.692 8	0.371 4	0.095 4	10.477 3	0.035 4	28.212 9
18	2.854 3	0.350 3	0.092 4	10.827 6	0.032 4	30.905 7
19	3.025 6	0.330 5	0.089 6	11.158 1	0.029 6	33.760 0
20	3.207 1	0.311 8	0.087 2	11.469 9	0.027 2	36.785 6
21	3.399 6	0.294 2	0.085 0	11.764 1	0.025 0	39.992 7
22	3.603 5	0.277 5	0.083 0	12.041 6	0.023 0	43.392 3
23	3.819 7	0.261 8	0.081 3	12.303 4	0.021 3	46.995 8
24	4.048 9	0.247 0	0.079 7	12.550 4	0.019 7	50.815 6
25	4.291 9	0.233 0	0.078 2	12.783 4	0.018 2	54.864 5
26	4.549 4	0.219 8	0.076 9	13.003 2	0.016 9	59.156 4
27	4.822 3	0.207 4	0.075 7	13.210 5	0.015 7	63.705 8
28	5.111 7	0.195 6	0.074 6	13.406 2	0.014 6	68.525 1
29	5.418 4	0.184 6	0.073 6	13.590 7	0.013 6	73.639 8
30	5.743 5	0.174 1	0.072 6	13.764 8	0.012 6	79.058 2
31	6.088 1	0.164 3	0.071 8	13.929 1	0.011 8	84.801 7
32	6.453 4	0.155 0	0.071 0	14.084 0	0.011 0	90.889 8
33	6.840 6	0.146 2	0.070 3	14.230 2	0.010 3	97.343 2
34	7.251 0	0.137 9	0.069 6	14.368 1	0.009 6	104.183 8
35	7.686 1	0.130 1	0.069 0	14.498 2	0.009 0	111.434 8
40	10.285 7	0.097 2	0.066 5	15.046 3	0.006 5	154.762 0
45	13.764 6	0.072 7	0.064 7	15.455 8	0.004 7	212.743 5
50	18.420 2	0.054 3	0.063 4	15.761 9	0.003 4	290.335 9

附表 2—7　($i=7\%$)

n	(F/P, i, n)	(P/F, i, n)	(A/P, i, n)	(P/A, i, n)	(A/F, i, n)	(F/A, i, n)
1	1.070 0	0.934 6	1.070 0	0.934 6	1.000 0	1.000 0
2	1.144 9	0.873 4	0.553 1	1.808 0	0.483 1	2.070 0
3	1.225 0	0.816 3	0.381 1	2.624 3	0.311 1	3.214 9
4	1.310 8	0.762 9	0.295 2	3.387 2	0.225 2	4.439 9
5	1.402 6	0.713 0	0.243 9	4.100 2	0.173 9	5.750 7
6	1.500 7	0.666 3	0.209 8	4.766 5	0.139 8	7.153 3
7	1.605 8	0.622 7	0.185 6	5.389 3	0.115 6	8.654 0
8	1.718 2	0.582 0	0.167 5	5.971 3	0.097 5	10.259 8
9	1.838 5	0.543 9	0.153 5	6.515 2	0.083 5	11.978 0
10	1.967 2	0.508 3	0.142 4	7.023 6	0.072 4	13.816 4

续上表

n	(F/P, i, n)	(P/F, i, n)	(A/P, i, n)	(P/A, i, n)	(A/F, i, n)	(F/A, i, n)
11	2.104 9	0.475 1	0.133 4	7.498 7	0.063 4	15.783 6
12	2.252 2	0.444 0	0.125 9	7.942 7	0.055 9	17.888 5
13	2.409 8	0.415 0	0.119 7	8.357 7	0.049 7	20.140 6
14	2.578 5	0.387 8	0.114 3	8.745 5	0.044 3	22.550 5
15	2.759 0	0.362 4	0.109 8	9.107 9	0.039 8	25.129 0
16	2.952 2	0.338 7	0.105 9	93.446 6	0.035 9	27.888 1
17	3.158 8	0.316 6	0.102 4	9.763 2	0.032 4	30.840 2
18	3.379 9	0.295 9	0.099 4	10.059 1	0.029 4	33.999 0
19	3.616 5	0.276 5	0.096 8	10.335 6	0.026 8	37.379 0
20	3.869 7	0.258 4	0.094 4	10.594 0	0.024 4	40.995 5
21	4.140 6	0.241 5	0.092 3	10.835 5	0.022 3	44.865 2
22	4.430 4	0.225 7	0.090 4	11.061 2	0.020 4	49.005 7
23	4.740 5	0.210 9	0.088 7	11.272 2	0.018 7	53.436 1
2 4	5.072 4	0.197 1	0.087 2	11.469 3	0.017 2	58.176 7
25	5.427 4	0.184 2	0.085 8	11.653 6	0.015 8	63.249 0
26	5.807 4	0.172 2	0.084 6	11.825 8	0.014 6	68.676 5
27	6.213 9	0.160 9	0.083 4	11.986 7	0.013 4	74.483 8
28	6.648 8	0.150 4	0.082 4	12.137 1	0.012 4	80.697 7
29	7.114 3	0.140 6	0.081 4	12.277 7	0.011 4	87.346 5
30	7.612 3	0.131 4	0.080 6	12.409 0	0.010 6	94.460 8
31	8.154 1	0.122 8	0.079 8	12.531 8	0.009 8	102.073 0
32	8.715 3	0.114 7	0.079 1	12.646 6	0.009 1	110.218 2
33	9.325 3	0.107 2	0.078 4	12.753 8	0.008 4	118.933 4
34	9.978 1	0.100 2	0.077 8	12.854 0	0.007 8	128.258 8
35	10.676 6	0.093 7	0.077 2	12.947 7	0.007 2	138.236 9
40	14.974 5	0.066 8	0.075 0	13.331 7	0.005 0	199.635 1
45	21.002 5	0.047 6	0.073 5	13.605 5	0.003 5	285.749 3
50	29.457 0	0.033 9	0.072 5	13.800 7	0.002 5	406.528 9

附表 2—8 ($i=8\%$)

n	(F/P, i, n)	(P/F, i, n)	(A/P, i, n)	(P/A, i, n)	(A/F, i, n)	(F/A, i, n)
1	1.080 0	0.925 9	1.080 0	0.925 9	1.000 0	1.000 0
2	1.166 4	0.857 3	0.560 8	1.783 3	0.480 8	2.080 0
3	1.259 7	0.793 8	0.388 0	2.577 1	0.308 0	3.246 4
4	1.360 5	0.735 0	0.301 9	3.312 1	0.221 9	4.506 1
5	1.469 3	0.680 6	0.250 5	3.992 7	0.170 5	5.866 6
6	1.586 9	0.630 2	0.216 3	4.622 9	0.136 3	7.335 9
7	1.713 8	0.583 5	0.192 1	5.206 4	0.112 1	8.922 8
8	1.850 9	0.540 3	0.174 0	5.746 6	0.094 0	10.636 6
9	1.999 0	0.500 2	0.160 1	6.246 9	0.080 1	12.487 6
10	2.158 9	0.463 2	0.149 0	6.710 1	0.069 0	14.186 6
11	2.331 6	0.428 9	0.140 1	7.139 0	0.060 1	16.645 5
12	2.518 2	0.397 1	0.132 7	7.536 1	0.052 7	18.977 1
13	2.719 6	0.367 7	0.126 5	7.903 8	0.046 5	21.495 3
14	2.937 2	0.340 5	0.121 3	8.244 2	0.041 3	24.214 9
15	3.172 2	0.315 2	0.116 8	8.559 5	0.036 8	27.152 1
16	3.425 9	0.291 9	0.113 0	8.851 4	0.033 0	30.324 3
17	3.700 0	0.270 3	0.109 6	9.121 6	0.029 6	33.750 2
18	3.996 0	0.250 2	0.106 7	9.371 9	0.026 7	37.450 2
19	4.315 7	0.231 7	0.104 1	9.603 6	0.024 1	41.446 3
20	4.661 0	0.214 5	0.101 9	9.818 1	0.021 9	45.762 0
21	5.033 8	0.198 7	0.099 8	10.016 8	0.019 8	50.422 9
22	5.436 5	0.183 9	0.098 0	10.200 7	0.018 0	55.456 8
23	5.871 5	0.170 3	0.096 4	10.371 1	0.016 4	60.893 3
24	6.341 2	0.157 7	0.095 0	10.528 8	0.015 0	66.764 8
25	6.848 5	0.146 0	0.093 7	10.674 8	0.013 7	73.105 9
26	7.396 4	0.135 2	0.092 5	10.810 0	0.012 5	79.954 4
27	7.988 1	0.125 2	0.091 4	10.935 2	0.011 4	87.350 8
28	8.627 1	0.115 9	0.090 5	11.051 1	0.010 5	95.338 8
29	9.317 3	0.107 3	0.089 6	11.158 4	0.009 6	103.965 9
30	10.062 7	0.099 4	0.088 8	11.257 8	0.008 8	113.283 2
31	10.867 7	0.092 0	0.088 1	11.349 8	0.008 1	123.345 9
32	11.737 1	0.085 2	0.087 5	11.435 0	0.007 5	134.213 5
33	12.676 0	0.078 9	0.086 9	11.513 9	0.006 9	145.950 6
34	13.690 1	0.073 0	0.086 3	11.586 9	0.006 3	158.626 7
35	14.785 3	0.067 6	0.085 8	11.654 6	0.005 8	172.316 8

续上表

n	(F/P, i, n)	(P/F, i, n)	(A/P, i, n)	(P/A, i, n)	(A/F, i, n)	(F/A, i, n)
40	21.724 5	0.046 0	0.083 9	11.924 6	0.003 9	259.056 5
45	31.920 4	0.031 3	0.082 6	12.108 4	0.002 6	386.505 6
50	46.901 6	0.021 3	0.081 7	12.233 5	0.001 7	573.770 2

附表 2—9 （$i=9\%$）

n	(F/P, i, n)	(P/F, i, n)	(A/P, i, n)	(P/A, i, n)	(A/F, i, n)	(F/A, i, n)
1	1.090 0	0.917 4	1.090 0	0.917 4	1.000 0	1.000 0
2	1.188 1	0.841 7	0.568 5	1.759 1	0.478 5	2.090 0
3	1.295 0	0.772 2	0.395 1	2.531 3	0.305 1	3.278 1
4	1.411 6	0.708 4	0.308 7	3.239 7	0.218 7	4.573 1
5	1.538 6	0.649 9	0.257 1	3.889 7	0.167 1	5.984 7
6	1.677 1	0.596 3	0.222 9	4.485 9	0.132 9	7.523 3
7	1.828 0	0.547 0	0.198 7	5.033 0	0.108 7	9.200 4
8	1.992 6	0.501 9	0.180 7	5.534 8	0.090 7	11.028 5
9	2.171 9	0.460 4	0.166 8	5.995 2	0.076 8	13.021 0
10	2.367 4	0.422 4	0.155 8	6.417 7	0.065 8	15.192 9
11	2.580 4	0.387 5	0.146 9	6.805 2	0.056 9	17.560 3
12	2.812 7	0.355 5	0.139 7	7.160 7	0.049 7	20.140 7
13	3.065 8	0.326 2	0.133 6	7.486 9	0.043 6	22.953 4
14	3.341 7	0.299 2	0.128 4	7.786 2	0.038 4	26.019 2
15	3.642 5	0.274 5	0.124 1	8.060 7	0.034 1	29.360 9
16	3.970 3	0.251 9	0.120 3	8.312 6	0.030 3	33.003 4
17	4.327 6	0.231 1	0.117 0	8.543 6	0.027 0	36.973 7
18	4.717 1	0.212 0	0.114 2	8.755 6	0.024 2	41.301 3
19	5.141 7	0.194 5	0.111 7	8.950 1	0.021 7	46.018 5
20	5.604 4	0.178 4	0.109 5	9.128 5	0.019 5	51.160 1
21	6.108 8	0.163 7	0.107 6	9.292 2	0.017 6	56.764 5
22	6.658 6	0.150 2	0.105 9	9.442 4	0.015 9	62.873 3
23	7.257 9	0.137 8	0.104 4	9.580 2	0.014 4	69.531 9
24	7.911 1	0.126 4	0.103 0	9.709 9	0.013 0	76.789 8
25	8.623 1	0.116 0	0.101 8	9.822 6	0.011 8	84.700 9
26	9.399 2	0.106 4	0.100 7	9.929 0	0.010 7	93.324 0
27	10.245 1	0.097 6	0.099 7	10.026 6	0.009 7	102.723 1
28	11.167 1	0.089 5	0.098 9	10.116 1	0.008 9	112.968 2
29	12.172 2	0.082 2	0.098 1	10.198 3	0.008 1	124.135 4
30	13.267 7	0.075 4	0.097 3	10.273 7	0.007 3	136.307 5
31	14.461 8	0.069 1	0.096 7	10.342 8	0.006 7	149.575 2
32	15.763 3	0.063 4	0.096 1	10.406 2	0.006 1	164.037 0
33	17.182 0	0.058 2	0.095 6	10.464 4	0.005 6	179.800 3
34	18.728 4	0.053 4	0.095 1	10.517 8	0.005 1	196.982 3
35	20.414 0	0.049 0	0.094 6	10.566 8	0.004 6	215.710 8
40	31.409 4	0.031 8	0.093 0	10.757 4	0.003 0	337.882 4
45	48.327 3	0.020 7	0.091 9	10.881 2	0.001 9	525.858 7
50	74.357 5	0.013 4	0.091 2	10.961 7	0.001 2	815.083 6

附表 2—10 （$i=10\%$）

n	(F/P, i, n)	(P/F, i, n)	(A/P, i, n)	(P/A, i, n)	(A/F, i, n)	(F/A, i, n)
1	1.100 0	0.909 1	1.100 0	0.909 1	1.000 0	1.000 0
2	1.210 0	0.826 4	0.576 2	1.735 5	0.476 2	2.100 0
3	1.331 0	0.751 3	0.402 1	2.486 9	0.302 1	3.310 0
4	1.464 0	0.683 0	0.315 5	3.169 9	0.215 5	4.641 0
5	1.610 5	0.620 9	0.263 8	3.790 8	0.163 8	6.105 1
6	1.771 6	0.564 5	0.229 6	4.355 3	0.129 6	7.715 6
7	1.948 7	0.513 2	0.205 4	4.868 4	0.105 4	9.487 2
8	2.143 6	0.466 5	0.187 4	5.334 9	0.087 4	11.435 9
9	2.357 9	0.424 1	0.173 6	5.759 0	0.073 6	13.279 5
10	2.593 7	0.385 5	0.162 7	6.144 6	0.062 7	15.937 4
11	2.853 1	0.350 5	0.154 0	6.495 1	0.054 0	18.531 2
12	3.138 4	0.318 6	0.146 8	6.813 7	0.046 8	21.384 3
13	3.452 3	0.289 7	0.140 8	7.103 4	0.040 8	24.522 7
14	3.797 5	0.263 3	0.135 7	7.366 7	0.035 7	27.975 0
15	4.177 2	0.239 4	0.131 5	7.606 1	0.031 5	31.772 5

续上表

n	(F/P, i, n)	(P/F, i, n)	(A/P, i, n)	(P/A, i, n)	(A/F, i, n)	(F/A, i, n)
16	4.595 0	0.217 6	0.127 8	7.823 7	0.027 8	35.949 7
17	5.054 5	0.197 8	0.124 7	8.021 6	0.024 7	40.544 7
18	5.559 9	0.179 9	0.121 9	8.201 4	0.021 9	45.599 2
19	6.115 9	0.163 5	0.119 5	8.364 9	0.019 5	51.159 1
20	6.727 5	0.148 6	0.117 5	8.513 6	0.017 5	57.275 0
21	7.400 2	0.135 1	0.115 6	8.648 7	0.015 6	64.002 5
22	8.140 3	0.122 8	0.114 0	8.771 5	0.014 0	71.402 7
23	8.954 3	0.111 7	0.112 6	8.883 2	0.012 6	79.543 0
24	9.849 7	0.101 5	0.111 3	8.984 7	0.011 3	88.497 3
25	10.834 7	0.092 3	0.110 2	9.077 0	0.010 2	98.347 1
26	11.918 2	0.083 9	0.109 2	9.160 9	0.009 2	109.181 8
27	13.110 0	0.076 3	0.108 3	9.237 2	0.008 3	121.099 9
28	14.421 0	0.069 3	0.107 5	9.306 6	0.007 5	134.209 9
29	15.863 1	0.063 0	0.106 7	9.369 6	0.006 7	148.630 9
30	17.449 4	0.057 3	0.106 4	9.426 9	0.006 1	164.494 0
31	19.194 3	0.052 1	0.105 5	9.479 0	0.005 5	181.943 4
32	21.113 8	0.047 4	0.105 0	9.526 4	0.005 0	201.137 8
33	23.225 2	0.043 1	0.104 5	9.569 4	0.004 5	222.251 5
34	25.547 7	0.039 1	0.104 1	9.608 6	0.004 1	245.476 7
35	28.102 4	0.035 6	0.103 7	9.644 2	0.003 7	271.024 4
40	45.259 3	0.022 1	0.102 3	9.779 1	0.002 3	442.592 6
45	72.890 5	0.013 7	0.101 4	9.862 8	0.001 4	718.904 8
50	117.390 9	0.008 5	0.100 9	9.914 8	0.000 9	1163.908 5

附表 2—11　($i=11\%$)

n	(F/P, i, n)	(P/F, i, n)	(A/P, i, n)	(P/A, i, n)	(A/F, i, n)	(F/A, i, n)
1	1.110 0	0.900 9	1.110 0	0.900 9	1.000 0	1.000 0
2	1.232 1	0.811 6	0.583 9	1.712 5	0.473 9	2.110 0
3	1.367 6	0.731 2	0.409 2	2.443 7	0.299 2	3.342 1
4	1.518 1	0.658 7	0.322 3	3.102 4	0.212 3	4.709 7
5	1.685 1	0.593 5	0.270 6	3.695 9	0.160 6	6.227 8
6	1.870 4	0.534 6	0.236 4	4.230 5	0.126 4	7.912 9
7	2.076 2	0.481 7	0.212 2	4.712 2	0.102 2	9.783 3
8	2.304 5	0.433 9	0.194 3	5.146 1	0.084 3	11.859 4
9	2.558 0	0.390 9	0.180 6	5.537 0	0.070 6	14.164 0
10	2.839 4	0.352 2	0.169 8	5.889 2	0.059 8	16.722 0
11	3.151 8	0.317 3	0.161 1	6.206 5	0.051 1	19.561 4
12	3.498 5	0.285 8	0.154 0	6.492 4	0.044 0	22.713 2
13	3.883 3	0.257 5	0.148 2	6.749 9	0.038 2	26.211 6
14	4,310 4	0.232 0	0.143 2	6.981 9	0.033 2	30.094 9
15	4.784 6	0.209 0	0.139 1	7.190 9	0.029 1	34.405 4
16	5.310 9	0.188 3	0.135 5	7.379 2	0.025 5	39.189 9
17	5.895 1	0.169 6	0.132 5	7.548 8	0.022 5	44.500 8
18	6.543 6	0.152 8	0.129 8	7.701 6	0.019 8	50.395 9
19	7.263 3	0.137 7	0.127 6	7.839 3	0.017 6	56.939 5
20	8.062 3	0.124 0	0.125 6	7.963 3	0.015 6	64.202 8
21	8.949 2	0.111 7	0.123 8	8.075 1	0.013 8	72.265 1
22	9.933 6	0.100 7	0.122 3	8.175 7	0.012 3	81.213 4
23	11.026 3	0.090 7	0.121 0	8.266 4	0.011 0	91.147 9
24	12.239 2	0.081 7	0.119 8	8.348 1	0.009 8	102.174 2
25	13.585 5	0.073 6	0.118 7	8.421 7	0.008 7	114.413 3
26	15.079 9	0.066 3	0.117 8	8.488 1	0.007 8	127.998 8
27	16.738 6	0.059 7	0.117 0	8.547 8	0.007 0	143.078 6
28	18.579 9	0.053 8	0.116 3	8.601 6	0.006 3	159.817 3
29	20.623 7	0.048 5	0.115 6	8.650 1	0.005 6	178.397 2
30	22.892 3	0.043 7	0.115 0	8.693 8	0.005 0	199.020 9
31	25.410 4	0.039 4	0.114 5	8.733 1	0.004 5	221.913 2
32	28.205 6	0.035 5	0.114 0	8.768 6	0.004 0	247.323 6
33	31.308 2	0.031 9	0.113 6	8.800 5	0.003 6	275.529 2
34	34.752 1	0.028 8	0.113 3	8.829 3	0.003 3	306.867 4
35	28.574 9	0.025 9	0.112 9	8.855 2	0.002 9	341.589 6
40	65.000 9	0.015 4	0.111 7	8.951 1	0.001 7	581.826 1
45	109.530 2	0.009 1	0.111 0	9.007 9	0.001 0	986.638 6
50	184.564 8	0.005 4	0.110 6	9.041 7	0.000 6	1 668.771 2

附表 2—12　（$i=12\%$）

n	$(F/P, i, n)$	$(P/F, i, n)$	$(A/P, i, n)$	$(P/A, i, n)$	$(A/F, i, n)$	$(F/A, i, n)$
1	1.120 0	0.892 9	1.120 0	0.892 9	1.000 0	1.000 0
2	1.254 4	0.797 2	0.591 7	1.690 1	0.471 7	2.120 0
3	1.404 9	0.711 8	0.416 3	2.401 8	0.296 3	3.374 4
4	1.573 5	0.635 5	0.329 2	3.037 3	0.290 2	4.779 3
5	1.762 3	0.567 4	0.277 4	3.604 8	0.157 4	6.352 8
6	1.973 8	0.506 6	0.243 2	4.111 4	0.123 2	8.115 2
7	2.210 7	0.452 3	0.219 1	4.563 8	0.099 1	10.089 0
8	2.476 0	0.403 9	0.201 3	4.967 6	0.081 3	12.299 7
9	2.773 1	0.360 6	0.187 7	5.328 2	0.067 7	14.775 7
10	3.105 8	0.322 0	0.177 0	5.650 2	0.057 0	17.548 7
11	3.478 5	0.287 5	0.168 4	5.937 7	0.048 4	20.654 6
12	3.896 0	0.256 9	0.161 4	6.194 4	0.041 4	24.133 1
13	4.363 5	0.229 2	0.155 7	6.423 5	0.035 7	28.029 1
14	4.887 1	0.204 6	0.150 9	6.628 2	0.030 9	32.392 6
15	5.473 6	0.182 7	0.146 8	6.810 9	0.026 8	37.279 7
16	6.130 4	0.163 1	0.143 4	6.974 0	0.023 4	42.753 3
17	6.866 0	0.145 6	0.140 5	7.119 6	0.020 5	48.883 7
18	7.690 0	0.130 0	0.137 9	7.249 7	0.017 9	55.749 7
19	8.612 8	0.116 1	0.135 8	7.365 8	0.015 8	63.439 7
20	9.646 3	0.103 7	0.133 9	7.469 4	0.013 9	72.052 4
21	10.803 8	0.092 6	0.132 2	7.562 0	0.012 2	81.698 7
22	12.100 3	0.082 6	0.130 8	7.644 6	0.010 8	92.502 6
23	13.552 3	0.073 8	0.129 6	7.718 4	0.009 6	104.602 9
24	15.178 6	0.065 9	0.128 5	7.784 3	0.008 5	118.155 2
25	17.000 1	0.058 8	0.127 5	7.843 1	0.007 5	133.333 9
26	19.040 1	0.052 5	0.126 7	7.895 7	0.006 7	150.333 9
27	21.324 9	0.046 9	0.125 9	7.942 6	0.005 9	169.374 0
28	23.883 9	0.041 9	0.125 2	7.984 4	0.005 2	190.698 9
29	29.749 9	0.037 4	0.124 7	8.021 8	0.004 7	214.582 8
30	29.959 9	0.033 4	0.124 1	8.055 2	0.004 1	241.332 7
31	33.555 1	0.029 8	0.123 7	8.085 0	0.003 7	271.292 6
32	37.581 7	0.026 6	0.123 3	8.111 6	0.003 3	304.847 7
33	42.091 5	0.023 8	0.122 9	8.135 4	0.002 9	342.429 4
34	47.142 5	0.021 2	0.122 6	8.156 6	0.002 6	384.521 0
35	52.799 6	0.018 9	0.122 3	8.175 5	0.002 3	431.663 5
40	93.051 0	0.010 7	0.121 3	8.243 8	0.001 3	767.091 4
45	163.987 6	0.006 1	0.120 7	8.282 5	0.000 7	1358.230 0
50	289.002 2	0.003 5	0.120 4	8.304 5	0.000 4	2400.018 2

附表 2—13　（$i=13\%$）

n	$(F/P, i, n)$	$(P/F, i, n)$	$(A/P, i, n)$	$(P/A, i, n)$	$(A/F, i, n)$	$(F/A, i, n)$
1	1.130 0	0.885 0	1.130 0	0.885 0	1.000 0	1.000 0
2	1.276 9	0.783 1	0.599 5	1.668 1	0.469 5	2.130 0
3	1.442 9	0.693 1	0.423 5	2.361 2	0.293 5	3.406 9
4	1.630 5	0.613 3	0.336 2	2.974 5	0.206 2	4.849 8
5	1.842 4	0.542 8	0.284 3	3.517 2	0.154 3	6.480 3
6	2.082 0	0.480 3	0.250 2	3.997 5	0.120 2	8.322 7
7	2.352 6	0.425 1	0.226 1	4.422 6	0.096 1	10.404 7
8	2.658 4	0.376 2	0.208 4	4.798 8	0.078 4	12.757 3
9	3.004 0	0.332 9	0.194 9	5.131 7	0.064 9	15.415 7
10	3.394 6	0.294 6	0.184 3	5.426 2	0.054 3	18.419 7
11	3.835 9	0.260 7	0.175 8	5.686 9	0.045 8	21.814 3
12	4.334 5	0.230 7	0.169 0	5.917 6	0.039 0	25.650 2
13	4.898 0	0.204 2	0.163 4	6.121 8	0.033 4	29.984 7
14	5.534 8	0.180 7	0.158 7	6.302 5	0.028 7	34.882 7
15	6.254 3	0.159 9	0.154 7	6.462 4	0.024 7	40.417 5
16	7.067 3	0.141 5	0.151 4	6.603 9	0.021 4	46.671 7
17	7.986 1	0.125 2	0.148 6	6.729 1	0.018 6	53.739 1
18	9.024 3	0.110 8	0.146 2	6.839 0	0.016 2	61.725 1
19	10.197 4	0.098 1	0.144 1	6.938 0	0.014 1	70.749 4
20	11.523 1	0.086 8	0.142 4	7.024 8	0.012 4	80.946 8
21	13.021 1	0.076 8	0.140 8	7.101 6	0.010 8	92.469 9
22	14.713 8	0.068 0	0.139 5	7.169 5	0.009 5	105.491 0
23	16.626 6	0.060 1	0.138 3	7.229 7	0.008 3	120.204 8
24	18.788 1	0.053 2	0.137 3	7.282 9	0.007 3	136.831 5
25	21.230 5	0.047 1	0.136 4	7.330 0	0.006 4	155.619 6

续上表

n	(F/P, i, n)	(P/F, i, n)	(A/P, i, n)	(P/A, i, n)	(A/F, i, n)	(F/A, i, n)
26	23.990 5	0.041 7	0.135 7	7.371 7	0.005 7	176.850 1
27	27.109 3	0.036 9	0.135 0	7.408 6	0.005 0	200.840 6
28	30.633 5	0.032 6	0.134 4	7.441 2	0.004 4	227.949 9
29	34.615 8	0.028 9	0.133 9	7.470 1	0.003 9	258.583 4
30	39.115 9	0.025 6	0.133 4	7.495 7	0.003 4	293.199 2
31	44.201 0	0.022 6	0.133 0	7.518 3	0.003 0	332.315 1
32	49.947 1	0.020 0	0.132 7	7.538 3	0.002 7	376.516 1
33	56.440 2	0.017 7	0.132 3	7.556 0	0.002 3	426.463 2
34	63.777 4	0.015 7	0.132 1	7.571 7	0.002 1	482.903 4
35	72.068 5	0.013 9	0.131 8	7.585 6	0.001 8	546.680 8
40	132.781 6	0.007 5	0.131 0	7.634 4	0.001 0	1013.704 2
45	244.641 4	0.004 1	0.130 5	7.660 9	0.000 5	1874.164 6
50	450.735 9	0.002 2	0.130 3	7.675 2	0.000 3	3459.507 1

附表 2—14　($i=14\%$)

n	(F/P, i, n)	(P/F, i, n)	(A/P, i, n)	(P/A, i, n)	(A/F, i, n)	(F/A, i, n)
1	1.140 0	0.877 2	1.140 0	0.877 2	1.000 0	1.000 0
2	1.299 6	0.769 5	0.607 3	1.646 7	0.467 3	2.140 0
3	1.481 5	0.675 0	0.430 7	2.321 6	0.290 7	3.439 6
4	1.689 0	0.592 1	0.343 2	2.913 7	0.203 2	4.921 1
5	1.925 4	0.519 4	0.291 3	3.433 1	0.151 3	6.610 1
6	2.195 0	0.455 6	0.257 2	3.888 7	0.117 2	8.535 5
7	2.502 3	0.399 6	0.233 2	4.288 3	0.093 2	10.730 5
8	2.852 6	0.350 6	0.215 6	4.638 9	0.075 6	13.232 8
9	3.251 9	0.307 5	0.202 2	4.946 4	0.062 2	16.085 3
10	3.707 2	0.269 7	0.191 7	5.216 1	0.051 7	19.337 3
11	4.226 2	0.236 6	0.183 4	5.452 7	0.043 4	23.044 5
12	4.817 9	0.207 6	0.176 7	5.660 3	0.036 7	27.270 7
13	5.492 4	0.182 1	0.171 2	5.842 4	0.013 2	32.088 7
14	6.261 3	0.159 7	0.166 6	6.002 1	0.026 6	37.581 1
15	7.137 9	0.140 1	0.162 8	6.142 2	0.022 8	43.842 4
16	8.137 2	0.122 9	0.159 6	6.265 1	0.019 6	50.980 4
17	9.276 5	0.107 8	0.156 9	6.372 9	0.016 9	59.117 6
18	10.575 2	0.094 6	0.154 6	6.467 4	0.014 6	68.394 1
19	12.055 7	0.082 9	0.152 7	6.550 4	0.012 7	78.969 2
20	13.743 5	0.072 8	0.151 0	6.623 1	0.011 0	91.024 9
21	15.667 6	0.063 8	0.149 5	6.687 0	0.009 5	104.768 4
22	17.861 0	0.056 0	0.148 3	6.742 9	0.008 3	120.436 0
23	20.361 6	0.049 1	0.147 2	6.792 1	0.007 2	138.297 0
24	23.212 2	0.043 1	0.146 3	6.835 1	0.006 3	158.658 6
25	26.461 9	0.037 8	0.145 5	6.872 9	0.005 5	181.870 8
26	30.166 6	0.033 1	0.144 8	6.906 1	0.004 8	208.332 7
27	34.389 9	0.029 1	0.144 2	6.935 2	0.004 2	238.499 3
28	39.204 5	0.025 5	0.143 7	6.960 7	0.003 7	272.889 2
29	44.693 1	0.022 4	0.143 2	6.983 0	0.003 2	312.093 7
30	50.950 2	0.019 6	0.142 8	7.002 7	0.002 8	356.786 8
31	58.083 2	0.017 2	0.142 5	7.019 9	0.002 5	407.737 0
32	66.214 8	0.015 1	0.142 1	7.035 0	0.002 1	465.820 2
33	75.484 9	0.013 2	0.141 9	7.048 2	0.001 9	632.035 0
34	86.052 8	0.011 6	0.141 6	7.059 9	0.001 6	607.519 9
35	98.100 2	0.010 2	0.141 4	7.070 0	0.001 4	693.572 7
40	188.883 5	0.005 3	0.140 7	7.105 0	0.000 7	1 342.025 1
45	363.679 1	0.002 7	0.140 4	7.123 2	0.000 4	2 590.564 8
50	700.233 0	0.001 4	0.140 2	7.132 7	0.000 2	4 994.521 3

附表 2—15　($i=15\%$)

n	(F/P, i, n)	(P/F, i, n)	(A/P, i, n)	(P/A, i, n)	(A/F, i, n)	(F/A, i, n)
1	1.150 0	0.869 6	1.150 0	0.869 6	1.000 0	1.000 0
2	1.322 5	0.756 1	0.615 1	1.625 7	0.465 1	2.150 0
3	1.520 9	0.657 5	0.438 0	2.283 2	0.288 0	3.472 5
4	1.749 0	0.571 8	0.350 3	2.855 0	0.200 3	4.993 7
5	2.011 4	0.497 2	0.298 3	3.352 2	0.148 3	6.742 4

续上表

n	(F/P, i, n)	(P/F, i, n)	(A/P, i, n)	(P/A, i, n)	(A/F, i, n)	(F/A, i, n)
6	2.313 1	0.432 3	0.264 2	3.784 5	0.114 2	8.753 7
7	2.660 0	0.375 9	0.240 4	4.160 4	0.090 4	11.066 8
8	3.059 0	0.326 9	0.222 9	4.487 3	0.072 9	13.726 8
9	3.517 9	0.284 3	0.209 6	4.771 6	0.059 6	16.785 8
10	4.045 6	0.247 2	0.199 3	5.018 8	0.049 3	20.303 7
11	4.652 4	0.214 9	0.191 1	5.233 7	0.041 1	24.349 3
12	5.350 3	0.186 9	0.184 5	5.420 6	0.034 5	29.001 7
13	6.152 8	0.162 5	0.179 1	5.583 1	0.029 1	34.351 9
14	7.075 7	0.141 3	0.174 7	5.724 5	0.024 7	40.504 7
15	8.137 1	0.122 9	0.171 0	5.847 4	0.021 0	47.580 4
16	9.357 6	0.106 9	0.167 9	5.954 2	0.017 9	55.717 5
17	10.761 3	0.092 9	0.165 4	6.047 2	0.015 4	65.075 1
18	12.375 5	0.080 8	0.163 2	6.128 0	0.013 2	75.836 4
19	14.231 8	0.070 3	0.161 3	6.198 2	0.011 3	88.211 8
20	16.366 5	0.061 1	0.159 8	6.259 3	0.009 8	102.443 6
21	18.821 5	0.053 1	0.158 4	6.312 5	0.008 4	118.810 1
22	21.644 7	0.046 2	0.157 3	6.358 7	0.007 3	137.631 6
23	24.891 5	0.040 2	0.156 3	6.398 8	0.006 3	159.276 4
24	28.625 2	0.034 9	0.155 4	6.433 8	0.005 4	184.167 8
25	32.919 0	0.030 4	0.154 7	6.464 1	0.004 7	212.793 0
26	37.856 8	0.026 4	0.154 1	6.490 6	0.004 1	245.712 0
27	43.535 3	0.023 0	0.153 5	6.513 5	0.003 5	283.568 8
28	50.065 6	0.020 0	0.153 1	6.533 5	0.003 1	327.104 1
29	57.575 5	0.017 4	0.152 7	6.550 9	0.002 7	377.169 7
30	66.211 8	0.015 1	0.152 3	6.566 0	0.002 3	434.745 1
31	76.143 5	0.013 1	0.152 0	6.579 1	0.002 0	500.956 9
32	87.565 1	0.011 4	0.151 7	6.590 5	0.001 7	577.100 5
33	100.699 8	0.009 9	0.151 5	6.600 5	0.001 5	664.665 5
34	115.804 8	0.008 6	0.151 3	6.609 1	0.001 3	765.365 4
35	133.175 5	0.007 5	0.151 1	6.616 6	0.001 1	881.170 2
40	267.863 5	0.003 7	0.150 6	6.641 8	0.000 6	1 779.090 3
45	538.769 3	0.001 9	0.150 3	6.654 3	0.000 3	3 585.128 5
50	1 083.657 4	0.000 9	0.150 1	6.660 5	0.000 1	7 217.716 3

附表 2—16　　($i=18\%$)

n	(F/P, i, n)	(P/F, i, n)	(A/P, i, n)	(P/A, i, n)	(A/F, i, n)	(F/A, i, n)
1	1.180 0	0.847 5	1.180 0	0.847 5	1.000 0	1.000
2	1.392 4	0.718 2	0.638 7	1.565 6	0.458 7	2.180
3	1.643 0	0.608 6	0.459 9	2.174 3	0.279 9	3.572
4	1.938 8	0.515 8	0.371 7	2.690 1	0.191 7	5.215
5	2.287 8	0.437 1	0.319 8	3.127 2	0.139 8	7.154
6	2.699 6	0.370 4	0.285 9	3.497 6	0.105 9	9.442
7	3.185 5	0.313 9	0.262 4	3.811 5	0.082 4	12.142
8	3.758 9	0.266 0	0.245 2	4.077 6	0.065 2	15.327
9	4.435 5	0.225 5	0.232 4	4.303 0	0.052 4	19.086
10	5.233 8	0.191 1	0.222 5	4.494 1	0.042 5	23.521
11	6.175 9	0.161 9	0.214 8	4.656 0	0.034 8	28.755
12	7.287 6	0.137 2	0.208 6	4.793 2	0.028 6	34.931
13	8.599 4	0.116 3	0.203 7	4.909 5	0.023 7	42.219
14	10.147 2	0.098 5	0.199 7	5.008 1	0.019 7	50.818
15	11.973 7	0.083 5	0.196 4	5.091 6	0.016 4	60.965
16	14.129 0	0.070 8	0.193 7	5.162 4	0.013 7	72.939
17	16.672 2	0.060 0	0.191 5	5.222 3	0.011 5	87.068
18	19.673 3	0.050 8	0.189 6	5.273 2	0.009 6	103.740
19	23.214 4	0.043 1	0.188 1	5.316 2	0.008 1	123.414
20	27.393 0	0.036 5	0.186 8	5.352 7	0.006 8	146.628
21	32.323 8	0.030 9	0.185 7	5.383 7	0.005 7	174.021
22	38.142 1	0.026 2	0.184 8	5.409 9	0.004 8	206.345
23	45.007 6	0.022 2	0.184 1	5.432 1	0.004 1	244.487
24	53.109 0	0.018 8	0.183 5	5.450 9	0.003 5	289.494
25	62.668 6	0.016 0	0.182 9	5.466 9	0.002 9	342.603
26	73.949 0	0.013 5	0.182 5	5.480 4	0.002 5	405.272
27	87.259 8	0.001 5	0.182 1	5.491 9	0.002 1	479.221
28	102.966 6	0.009 7	0.181 8	5.501 6	0.001 8	566.481
29	121.500 5	0.008 2	0.181 5	5.509 8	0.001 5	669.447
30	143.370 6	0.007 0	0.181 3	5.516 8	0.001 3	790.948

续上表

n	(F/P, i, n)	(P/F, i, n)	(A/P, i, n)	(P/A, i, n)	(A/F, i, n)	(F/A, i, n)
31	169.177 4	0.005 9	0.181 1	5.522 7	0.001 1	934.319
32	199.629 3	0.005 0	0.180 9	5.527 7	0.000 9	1 103.496
33	235.562 5	0.004 2	0.180 8	5.532 0	0.000 8	1 303.125
34	277.963 8	0.003 6	0.180 6	5.535 6	0.000 6	1 538.688
35	327.997 3	0.003 0	0.180 6	5.538 6	0.000 6	1 816.652
40	750.378 3	0.001 3	0.180 2	5.548 2	0.000 2	4 163.213
45	1 716.683 9	0.000 6	0.180 1	5.552 3	0.000 1	9 531.577
50	3 927.356 9	0.000 3	0.180 0	5.554 1	0.000 0	21 813.094

附表 2—17 ($i=20\%$)

n	(F/P, i, n)	(P/F, i, n)	(A/P, i, n)	(P/A, i, n)	(A/F, i, n)	(F/A, i, n)
1	1.200 0	0.833 3	1.200 0	0.833 3	1.000 0	1.000
2	1.440 0	0.694 4	0.654 5	1.527 8	0.454 5	2.200
3	1.728 0	0.578 7	0.474 7	2.106 5	0.274 7	3.640
4	2.073 6	0.482 3	0.386 3	2.588 7	0.186 3	5.368
5	2.488 3	0.401 9	0.334 4	2.990 6	0.134 4	7.442
6	2.986 0	0.334 9	0.300 7	3.325 5	0.100 7	9.930
7	3.583 2	0.279 1	0.277 4	3.604 6	0.077 4	12.916
8	4.299 8	0.232 6	0.260 6	3.837 2	0.060 6	16.499
9	5.159 8	0.193 8	0.248 1	4.031 0	0.048 1	20.799
10	6.191 7	0.161 5	0.238 5	4.192 5	0.038 5	25.959
11	7.430 1	0.134 5	0.231 1	4.327 1	0.031 1	32.150
12	8.916 1	0.112 2	0.225 3	4.439 2	0.025 3	39.581
13	10.699 3	0.093 5	0.220 6	4.532 7	0.020 6	48.497
14	12.839 2	0.077 9	0.216 9	4.610 6	0.016 9	59.196
15	15.407 0	0.064 9	0.213 9	4.675 5	0.013 9	72.035
16	18.488 4	0.054 1	0.211 4	4.729 6	0.011 4	87.442
17	22.186 1	0.045 1	0.209 4	4.774 6	0.009 4	105.931
18	26.623 3	0.037 6	0.207 8	4.812 2	0.007 8	128.117
19	31.948 0	0.031 3	0.206 5	4.843 5	0.006 5	154.740
20	38.337 6	0.026 1	0.205 4	4.869 6	0.005 4	186.688
21	46.005 1	0.021 7	0.204 4	4.891 3	0.004 4	225.026
22	55.206 1	0.018 1	0.203 7	4.909 4	0.003 7	271.031
23	66.247 4	0.015 1	0.203 1	4.924 5	0.003 1	326.237
24	79.496 8	0.012 6	0.202 5	4.937 1	0.002 5	392.484
25	95.396 2	0.010 5	0.202 1	4.947 6	0.002 1	471.981
26	114.475 5	0.008 7	0.201 8	4.956 3	0.001 8	567.377
27	137.370 6	0.007 3	0.201 5	4.963 6	0.001 5	681.853
28	164.844 7	0.006 1	0.201 2	4.969 7	0.001 2	819.223
29	197.813 6	0.005 1	0.201 0	4.974 7	0.001 0	984.068
30	237.376 3	0.004 2	0.200 8	4.978 9	0.000 8	1 181.882
31	284.851 6	0.003 5	0.200 7	4.982 4	0.000 7	1 419.258
32	341.821 9	0.002 9	0.200 6	4.985 4	0.000 6	1 704.109
33	410.186 3	0.002 4	0.200 5	4.987 8	0.000 5	2 045.931
34	492.223 5	0.002 0	0.200 4	4.989 8	0.000 4	2 456.118
35	590.668 2	0.001 7	0.200 3	4.991 5	0.000 3	2 948.341
40	1 469.771 6	0.000 7	0.200 1	4.996 6	0.000 1	7 343.858
45	3 657.262 0	0.000 3	0.200 1	4.998 6	0.000 1	18 281.310
50	9 100.438 2	0.000 1	0.200 0	4.999 5	0.000 0	45 497.191

附表 2—18 ($i=25\%$)

n	(F/P, i, n)	(P/F, i, n)	(A/P, i, n)	(P/A, i, n)	(A/F, i, n)	(F/A, i, n)
1	1.250 0	0.800 0	1.250 0	0.800 0	1.000 0	1.000
2	1.562 5	0.640 0	0.694 4	1.440 0	0.444 4	2.250
3	1.953 1	0.512 0	0.512 3	1.952 0	0.262 3	3.813
4	2.441 4	0.409 6	0.423 4	2.361 6	0.173 4	5.766
5	3.051 8	0.327 7	0.371 8	2.689 3	0.121 8	8.207
6	3.814 7	0.262 1	0.338 8	2.951 4	0.088 8	11.259
7	4.768 4	0.209 7	0.316 3	3.161 1	0.066 3	15.073
8	5.960 5	0.167 8	0.300 4	3.328 9	0.050 4	19.842
9	7.450 6	0.134 2	0.288 8	3.463 1	0.038 8	25.802
10	9.313 2	0.107 4	0.280 1	3.570 5	0.030 1	33.253

续上表

n	(F/P, i, n)	(P/F, i, n)	(A/P, i, n)	(P/A, i, n)	(A/F, i, n)	(F/A, i, n)
11	11.641 5	0.085 9	0.273 5	3.656 4	0.023 5	42.566
12	14.551 9	0.068 7	0.268 4	3.725 1	0.018 4	54.208
13	18.189 9	0.055 0	0.264 5	3.780 1	0.014 5	68.760
14	22.737 4	0.044 0	0.261 5	3.824 1	0.011 5	86.949
15	28.421 7	0.035 2	0.259 1	3.859 3	0.009 1	109.687
16	35.527 1	0.028 1	0.257 2	3.887 4	0.007 2	138.109
17	44.408 9	0.022 5	0.255 8	3.909 9	0.005 8	173.636
18	55.511 2	0.018 0	0.254 6	3.927 9	0.004 6	218.045
19	69.388 9	0.014 4	0.253 7	3.942 4	0.003 7	273.556
20	86.736 2	0.011 5	0.252 9	3.953 9	0.002 9	342.945
21	108.420 2	0.009 2	0.252 3	3.963 1	0.002 3	429.681
22	135.525 3	0.007 4	0.251 9	3.970 5	0.001 9	538.101
23	169.406 6	0.005 9	0.251 5	3.976 4	0.001 5	673.626
24	211.758 2	0.004 7	0.251 2	3.981 1	0.001 2	843.033
25	264.697 8	0.003 8	0.250 9	3.984 9	0.000 9	1 054.791
26	330.872 2	0.003 0	0.250 8	3.987 9	0.000 8	1 319.489
27	413.590 3	0.002 4	0.250 6	3.990 3	0.000 6	1 650.361
28	516.987 9	0.001 9	0.250 5	3.992 3	0.000 5	2 063.952
29	646.234 9	0.001 5	0.250 4	3.993 8	0.000 4	2 580.939
30	807.793 6	0.001 2	0.250 3	3.995 0	0.000 3	3 227.174
31	1 009.742 0	0.001 0	0.250 2	3.996 0	0.000 2	4 034.968
32	1 262.177 4	0.000 8	0.250 2	3.996 8	0.000 2	5 044.710
33	1 577.721 8	0.000 6	0.250 2	3.997 5	0.000 2	6 306.887
34	1 972.152 3	0.000 5	0.250 1	3.998 0	0.000 1	7 884.609
35	2 465.190 3	0.000 4	0.250 1	3.998 4	0.000 1	9 856.761
40	7 523.163 8	0.000 1	0.250 0	3.999 5	0.000 0	30 088.655

附表 2—19 （$i=30\%$）

n	(F/P, i, n)	(P/F, i, n)	(A/P, i, n)	(P/A, i, n)	(A/F, i, n)	(F/A, i, n)
1	1.300 0	0.769 2	1.300 0	0.769 2	1.000 0	1.000
2	1.690 0	0.591 7	0.734 8	1.360 9	0.434 8	2.300
3	2.197 0	0.455 2	0.550 6	1.816 1	0.250 6	3.990
4	2.856 1	0.350 1	0.461 6	2.166 2	0.161 6	6.187
5	3.712 9	0.269 3	0.410 6	2.435 6	0.110 6	9.043
6	4.826 8	0.207 2	0.378 4	2.642 7	0.078 4	12.756
7	6.274 9	0.159 4	0.356 9	2.802 1	0.056 9	17.583
8	8.157 3	0.122 6	0.341 9	2.924 7	0.041 9	23.858
9	10.604 5	0.094 3	0.331 2	3.019 0	0.031 2	32.015
10	13.785 8	0.072 5	0.323 5	3.091 5	0.023 5	42.619
11	17.921 6	0.055 8	0.317 7	3.147 3	0.017 7	56.405
12	23.298 1	0.042 9	0.313 5	3.190 3	0.013 5	74.327
13	30.287 5	0.033 0	0.310 2	3.223 3	0.010 2	97.625
14	39.373 8	0.025 4	0.307 8	3.248 7	0.007 8	127.913
15	51.185 9	0.019 5	0.306 0	3.268 2	0.006 0	167.286
16	66.541 7	0.015 0	0.304 6	3.283 2	0.004 6	218.472
17	86.504 2	0.011 6	0.303 5	3.294 8	0.003 5	285.014
18	112.455 4	0.008 9	0.302 7	3.303 7	0.002 7	371.518
19	146.192 0	0.006 8	0.302 1	3.310 5	0.002 1	483.973
20	190.049 6	0.005 3	0.301 6	3.315 8	0.001 6	630.165
21	247.064 5	0.004 0	0.301 2	3.319 8	0.001 2	820.215
22	321.183 9	0.003 1	0.300 9	3.323 0	0.000 9	1 067.280
23	417.539 1	0.002 4	0.300 7	3.325 4	0.000 7	1 388.464
24	542.800 8	0.001 8	0.300 6	3.327 2	0.000 6	1 806.003
25	705.641 0	0.001 4	0.300 4	3.328 6	0.000 4	2 348.803
26	917.333 3	0.001 1	0.300 3	3.329 7	0.000 3	3 054.444
27	1 192.533 3	0.000 8	0.300 3	3.330 5	0.000 3	3 971.778
28	1 550.293 3	0.000 6	0.300 2	3.331 2	0.000 2	5 164.311
29	2 015.381 3	0.000 5	0.300 1	3.331 7	0.000 1	6 714.604
30	2 619.995 6	0.000 4	0.300 1	3.332 1	0.000 1	8 729.985
31	3 405.994 3	0.000 3	0.300 1	3.332 4	0.000 1	11 349.981
32	4 427.792 6	0.000 2	0.300 1	3.332 6	0.000 1	14 755.975
33	5 756.130 4	0.000 2	0.300 1	3.332 8	0.000 1	19 183.768
34	7 482.969 6	0.000 1	0.300 0	3.332 9	0.000 0	24 939.899
35	9 727.860 4	0.000 1	0.300 0	3.333 0	0.000 0	32 422.868
40	36 118.864 8	0.000 0	0.300 0	3.333 2	0.000 0	120 392.883

参 考 文 献

1 黄渝祥,邢爱芳主编.工程经济学.上海:同济大学出版社,1996

2 刘晓君主编.建筑技术经济学.北京:中国建筑工业出版社,1998

3 郑连庆等编著.建筑工程经济与管理.广州:华南理工大学出版社,1997

4 于守法主编.建设项目评价方法与参数应用讲座.北京:中国计划出版社,1995

5 全国造价工程师考试培训教材编委会编.工程造价管理相关知识.北京:中国计划出版社,2000

6 全国建筑施工企业项目经理培训教材编委会编.全国建筑施工企业项目经理培训教材(全套).北京:中国建筑工业出版社,1997

7 田金信主编.建筑企业管理学.北京:中国建筑工业出版社,1998

8 佘立中编著.建设工程合同管理.广州:华南理工大学出版社,2001

9 刘尔烈主编.工程项目招标投标务实.北京:人民交通出版社,2000

10 白福义主编.建筑企业管理基础.北京:中国铁道出版社,1996

11 《运筹学》教材编写组编.运筹学.北京:清华大学出版社,1999

12 韩同银,刘庆凡主编.建设项目组织与管理.北京:中国铁道出版社,2000

13 王继华主编.建筑工程定额与概预算.北京:中国铁道出版社,1998

14 中国建筑学会编著.工程网络计划技术规程教程.北京:中国建筑工业出版社,2000

15 张起森主编.公路施工组织及概预算.北京:人民交通出版社,1998

16 侯惠茹主编.公路工程施工组织设计.北京:中国铁道出版社,1997

17 铁建管[1998]115号.铁路基本建设工程设计概算编制办法.北京:中国铁道出版社,1998

18 铁建设[2000]95号.施工组织调查与设计办法.北京:中国铁道出版社,2000

19 李书源,高晓兵编著.工程项目经济核算与成本控制.北京:中国铁道出版社,1993

20 陈惠玲,马太建编著.建设工程招标投标指南.南京:江苏科学技术出版社,2000

21 李洁著.建筑工程承包商的投标策略.北京:中国物价出版社,2000

22 黄仕诚主编.建筑工程经济与企业管理.北京:中国建筑工业出版社,1997

23 陈收主编.企业管理与技术经济.长沙:湖南大学出版社,1996

24 金敏求著.建筑经济原理与改革实践.北京:中国建筑工业出版社,1999

25 韩颖主编.技术经济学习题及解答.沈阳:东北大学出版社,1999